国家社会科学基金重点项目

中国国家公园模式探索
2016 首届生态文明与国家公园体制建设学术研讨会论文集

吴承照　主编

中国建筑工业出版社

图书在版编目（CIP）数据

中国国家公园模式探索　2016首届生态文明与国家公园体制建设学术研讨会论文集/吴承照主编.—北京：中国建筑工业出版社，2017.10
ISBN 978-7-112-21009-1

Ⅰ.①中…　Ⅱ.①吴…　Ⅲ.①国家公园-体制-建设-中国-学术会议-文集　Ⅳ.①S759.992-53

中国版本图书馆CIP数据核字（2017）第172621号

责任编辑：刘爱灵
责任校对：焦　乐　刘梦然

国家社会科学基金重点项目
中国国家公园模式探索
2016首届生态文明与国家公园体制建设学术研讨会论文集
吴承照　主编

*

中国建筑工业出版社出版、发行（北京海淀三里河路9号）
各地新华书店、建筑书店经销
北京科地亚盟排版公司制版
北京云浩印刷有限责任公司印刷

*

开本：880×1230毫米　1/16　印张：22¼　字数：703千字
2017年10月第一版　2017年10月第一次印刷
定价：**65.00**元
ISBN 978-7-112-21009-1
（30650）

编辑委员会

前　言

　　研究国家公园近 150 年的发展历程，我们可以看出一个普遍规律，就是国家公园的出现一定是这个国家生态环境面临困境的时候，一定是这个国家生态资源被大面积破坏的时候。今天中国开始推行国家公园体制，同样也是这个问题，是因为我们这个时代所面临的生态和精神健康问题——环境、食物、水、精神、健康、栖居问题，时代呼唤学科重组，时代呼唤生态文明建设。

　　早在 2016 年世界卫生组织即向全球发出呼吁，当今人类健康问题远远超越世界卫生组织的能力，必须动员全人类的能力共同解决人类健康问题。世界自然保护联盟 IUCN 汇聚全球顶尖科学家研究讨论提出基于自然的解决方案是人类解决现实困境的根本出路。国家公园是人类解决健康问题的重要途径。

　　中国国家公园从 2013 年十八届三中全会正式提出，到现在已经 5 个年头了，2017 年试点也将有个结果。是时候要对国家公园的基本性质、功能定位有个明确界定，这也是顶层设计的关键。

　　中国自然保护地的现实问题归纳起来主要有四个方面：

　　一是对保护深层问题研究有待加强，普遍认为当今中国保护地保护不足，发展过度，事实上不是发展过度而是发展方式不对，不合理的发展方式造成资源利用效率低，生态保护压力大；在保护地发展面临的众多矛盾中资源价值保护与地方发展方式之间的矛盾是最根本的矛盾；

　　二是保护地分工不明确，自然保护体系不清晰，不同类别保护地的性质与功能界定模糊，法律与技术规范不能适应保护要求；

　　三是保护责任与保护收益不对等不匹配，地方居民保护责任大，保护收益少，导致保护积极性不高，保护责任主体模糊，责任、义务、受益没有挂钩，国家责任、地方政府责任、居民责任没有明确，过于笼统；

　　四是自然保护机制不健全，政府、社区、社会、市场在保护地事业中分别起什么作用？缺少明确的法律规定和运营管理保障机制，作为一项公益性事业，如何最大程度调动社会力量、如何借助市场力量、如何激励社区参与等均有待从法律、政策到具体措施建立一套完整的保障体系和有效的机制来提高保护绩效和保护地可持续发展。

　　建设国家公园体制作为一项国家战略，是生态文明建设的先行示范区，人与自然和谐共生是示范区的灵魂，政府主导、社区参与、社会支持、企业推动等形成多元合力是保护地机制建设的关键。世界国家公园运动发展经历了早期的自然风景保护、20 世纪初的生态保护、20 世纪 50 年代以来的生态系统保护、21 世纪以来生态系统管理与服务的四个阶段，经济贡献是近年来国际普遍关注的热点，国家公园作为一类生态资本与自然资源资产，通过市场化社会化机制的建立实现全民保护全面收益的绿色发展模式，实现保护与发展双赢格局。

　　推行国家公园体制改革，首先必须统一认识，对国家公园在保护地系统中的地位、性质与功能定位要有明确的界定。

　　国家公园是 IUCN 保护地管理分类体系中的第二类，国家保护地体系的重要组成部分，是以大尺度生态系统或生态过程为保护对象，同时提供环境与文化兼容的精神陶冶、科学研究、自然教育、游憩观赏的机会。国家公园不能代替自然保护区，与自然保护区最大的不同在于社会功能上，自然保护区可以不承担社会服务功能，但国家公园必须承担社会服务功能。

　　国家公园不同于自然保护区，国家公园是自然生态与社会生态系统融合的一种国土保护类型，国家公园既是国土生态安全的保障中心，也是国民身心健康的调节中心，通过促进社区发展实现自然生态系统的更好保护。国家公园作为一种生态资本、文化资本，全民共享带来的发展是国民精神健康发展与地方经济发展融为一体的发展，分享保护收益的发展。

国家公园作为一种可持续生态保护的保护地品牌，依法保护，要有配套政策，严格控制低效发展，引导、激励绿色发展。

国家公园具有双重功能：生态保护与社会服务，保护是基础，社会服务是目标，这个社会服务具有双重内涵：适应社会精神文化与健康发展的需求，促进社区发展。通过改进保护机制，让地方居民在保护中受益，因保护而受益进一步调动社区积极性，由此形成保护地与社区的良性互动机制，从被动保护走向积极保护。通过国家公园公益性的发展促进更多社会力量的参与，构建国家公园与社会参与的良性互动机制，单纯强调其生态保护功能，或单纯强调其旅游开发功能，均不符合国家公园的属性。

中国国家公园体制顶层设计首先必须着眼于整体保护地体系的规划建设，实现国家公园管理目标的三个协同。

一是中央政府、省、市县三级政府之间的协同，在事权、财权上实行对等配置，中央政府主导是国家公园管理的前提，但省、市县政府的协同同样不可缺少，围绕国家公园形成协同合力，才会最大程度实现保护效益、保护质量。

二是政府、企业与社会三类主体的协同，在国家公园公益性目标驱动下，推动社会力量的参与实现共同保护，国家公园社会功能的实现也需要企业的支持，基于国家公园的自然资产与生态资本借助市场的力量开展特许经营，引入资金、技术与智力，自然资本与社会资本的结合提升社会服务的质量和保护质量。

三是国家公园边界内外的协同，国家公园与区域发展的协同，构建以国家公园为中心的绿色区域发展模式，绿色发展是经济发展与精神发展、健康发展协调共进的发展，是城市、乡村、公园、荒野空间的均衡发展。国家公园的设立不应成为区域发展的包袱与制约因素，要充分发挥国家公园生态系统服务功能，利用国家公园生态资本的优势，转化为区域发展的动力，借力现代科技与信息技术，构建生态系统服务产品链、产业链、土地价值链和村镇体系、社会网络，建立适应社会发展需求的新型区域发展动力机制与模式，从区域层面上建立国家公园生态系统保护的协同机制。

国家公园作为自然保护地的一种类型，是以大面积自然生态系统和生态过程保护为核心，资源特征与价值具有国家代表性，社会服务具有全民公益性。国家公园保护管理是一项复杂的系统工程，需要多学科协同研究集成智慧。本次大会的重要收获即是通过各学科专家以及来自保护地管理第一线领导的思想交流与碰撞，对中国保护地现实问题的根源及其复杂性有了更深刻的认识，对国家公园发展的理论框架有了更全面的理解，对国家公园体制建设有了更多的共识，在推动国家公园体制建设道路上留下闪亮的一页。

目　录

国家公园体制与法规政策

中国风景名胜区的特色与美国国家公园　孟兆祯 …………………………………………… 2

中国国家公园体制建设的进展与展望　彭福伟 ……………………………………………… 9

对中国建立国家公园体制的几点认识　张希武 ……………………………………………… 13

风景名胜区与国家公园保护体系　贾建中 …………………………………………………… 18

在国家公园体制试点中率先建成生态文明制度　苏杨 ……………………………………… 21

中国国家公园向何处去　杨锐 ………………………………………………………………… 35

价值体系重构与国家公园体制建设　吴承照 ………………………………………………… 42

从社会的视角看国家公园如何建立、管理及 TNC 的实践　赵鹏 ………………………… 48

自然资源国有资产产权管理改革　邓毅 ……………………………………………………… 52

美国生物遗传资源获取与惠益分享法律制度介评——以美国国家公园管理为中心　王明远 …… 57

中国国家公园体制建设的基本法律问题　夏凌　张珊珊 …………………………………… 67

民族地区生物多样性多元保护的法律机制　魏晓欣　李启家 ……………………………… 72

国家公园管理机构建设的制度逻辑与模式选择　张海霞　钟林生 ………………………… 81

保护地体系与国家公园管理规划

IUCN 自然保护地管理分类标准与国家公园体制建设的思考　朱春全 …………………… 90

国家公园体系总体空间布局研究　欧阳志云　徐卫华 ……………………………………… 96

生物多样性价值与国家公园定位、分区　解焱 ……………………………………………… 101

中国保护地管理类别的特点与问题　刘广宁　吴承照 ……………………………………… 109

钱江源国家公园体制试点区规划探讨　钟林生 ……………………………………………… 117

国家公园功能区划及指标体系探讨　王梦君　张天星 ……………………………………… 123

香格里拉普达措国家公园体制试点区功能分区模式对比研究　杨子江　韩伟超　闫焱 …… 131

福建省各类型国家级保护地空间分布特征及国家公园试点选择　朱里莹　徐姗　周沿海　兰思仁 …… 138

从文化视角解决国家公园设计中的生态问题——以一次教学实践为例　黄艳 …………… 148

风景区道路规划及其美学意义　姚亦峰 ……………………………………………………… 156

国家湿地公园命名指标体系构建与研究　方敬雯　张饮江　谷月　姬芬　周曼舒 ……… 158

澳大利亚国家自然保护区体系建设及其与国家公园的关系解读　王祝根　张青萍　Stephen J. Barry …… 168

美国阿拉伯山国家遗产区域保护管理特点评述及启示　廖凌云 …………………………… 177

美国国家公园荒野区研究及思考　曹越 ……………………………………………………… 179

奥地利国家公园体制：基础、事务与支持——以高陶恩国家公园为例　李可欣 ………… 181

台湾地区国家公园的发展历程与经验借鉴　吴忠宏 ………………………………………… 191

生物多样性保护与生态系统管理

生物多样性保护助推国家公园绿色发展　王祥荣 …………………………………………… 198

实现国家公园管理目标——生态系统服务概念框架能否支持保护地管理制度创新？　何思源 …… 204

生态系统文化服务研究综述　彭婉婷　吴承照　黄智　王鑫 ……………………… 212

国家公园生态系统管理方法研究　吴承照　陶聪 ……………………………………… 221

三江源国家公园建设中社区参与的必要性与可行性分析　仙珠 ………………………… 229

国家海洋公园生态保护补偿与生态损失补偿双轨制度设计思路　陈尚　夏涛　郝林华 ……… 234

社会生态系统方法在国家公园管理中的应用　刘广宁 ……………………………………… 238

国家公园生态旅游与环境解说

中国应发展怎样的生态旅游　张玉钧　张婧雅 ……………………………………… 242

旅游供给变革与国家公园体制建设：机遇与挑战　张朝枝 ………………………… 248

中国国家公园旅游评估模型建设　郭巍　钟珊珊 …………………………………… 250

国家海洋公园：旅游承载力评估的理论模式与应用实践　叶属峰 ………………… 256

自然教育与户外环境解说展示设计　高峻　付晶　王紫　李杰 …………………… 263

基于功能属性的中国国家公园标志用公共信息图形符号适用性研究　范圣玺　徐文娟 …… 279

基于环境行为学理论的中国国家公园标识导向系统的分析　徐文娟 ……………… 284

云南省国家公园标识导向系统的调查与研究　徐文娟　范圣玺 …………………… 289

国家公园试点与实践

三江源国家公园创新行动　王蕾 …………………………………………………… 298

云南省国家公园建设探索与反思　叶文 …………………………………………… 300

仙居县国家公园试点调研报告　王利民　彭军伟 ………………………………… 305

沪苏浙协同共建江南水乡国家公园体制机制研究　周世锋　张旭亮 …………… 310

广东省立国家公园建设管理体制机制研究初探　牛丞禹 ………………………… 315

生态文明视角下定位福建平潭岛"滨海国家公园环"　李金路　何旭 …………… 321

南海诸岛国家公园的建立——以西沙群岛为例　王亚民 ………………………… 330

附　　件

吴志强副校长致辞 …………………………………………………………………… 334

李振宇院长致辞 ……………………………………………………………………… 335

国家社会科学基金重点项目"生态文明与国家公园体制建设"学术研讨会 ……… 336

学科汇聚　共商国是——2016"生态文明与国家公园体制建设"学术研讨会在同济大学举行 ……… 340

CATALOGUE

National Park System, Law and Policy

The Characteristics of Scenic Resorts and Historic Sites in China and American National Parks
MENG Zhao-zhen ⋯⋯⋯⋯⋯⋯⋯⋯⋯⋯⋯⋯⋯⋯⋯⋯⋯⋯⋯⋯⋯⋯⋯⋯⋯⋯⋯⋯⋯⋯ 2

The Progress and Prospect of System Construction of Chinese National Park   PENG Fu-wei ⋯⋯⋯ 9

Some Opinions of Building National Park System in China   ZHANG Xi-wu ⋯⋯⋯⋯⋯⋯⋯⋯⋯ 13

The Conservation System between Scenic Resorts and Historic Sites and National Parks in China
JIA Jian-zhong ⋯⋯⋯⋯⋯⋯⋯⋯⋯⋯⋯⋯⋯⋯⋯⋯⋯⋯⋯⋯⋯⋯⋯⋯⋯⋯⋯⋯⋯⋯⋯ 18

Build Ecological Civilization System Firstly in the Pilot Programs of National Park System in China
SU Yang ⋯⋯⋯⋯⋯⋯⋯⋯⋯⋯⋯⋯⋯⋯⋯⋯⋯⋯⋯⋯⋯⋯⋯⋯⋯⋯⋯⋯⋯⋯⋯⋯⋯⋯ 21

Where Will Chinese National Parks Go?   YANG Rui ⋯⋯⋯⋯⋯⋯⋯⋯⋯⋯⋯⋯⋯⋯⋯⋯⋯⋯⋯ 35

Value System Reconstruction and the Construction of the National Park System
WU Cheng-zhao ⋯⋯⋯⋯⋯⋯⋯⋯⋯⋯⋯⋯⋯⋯⋯⋯⋯⋯⋯⋯⋯⋯⋯⋯⋯⋯⋯⋯⋯⋯⋯ 42

How to Build and Manage National Parks from Social Perspective and TNC's Practice
ZHAO Peng ⋯⋯⋯⋯⋯⋯⋯⋯⋯⋯⋯⋯⋯⋯⋯⋯⋯⋯⋯⋯⋯⋯⋯⋯⋯⋯⋯⋯⋯⋯⋯⋯⋯ 48

Property Rights Reform of State-owned Assets Management of Natural Resources   Deng Yi ⋯⋯⋯ 52

Review on the US law for Access and Benefit-sharing of Genetic Resources- National-Park-
Management Centered   WANG Ming-yuan ⋯⋯⋯⋯⋯⋯⋯⋯⋯⋯⋯⋯⋯⋯⋯⋯⋯⋯⋯⋯ 57

The basic legal issues of construction of national park system in China
XIA Ling, ZHANG Shan-shan ⋯⋯⋯⋯⋯⋯⋯⋯⋯⋯⋯⋯⋯⋯⋯⋯⋯⋯⋯⋯⋯⋯⋯⋯ 67

The Legal System of Biodiversity Diversity Protection in Ethnic Minority Areas
WEI Xiao-xin, LI Qi-jia ⋯⋯⋯⋯⋯⋯⋯⋯⋯⋯⋯⋯⋯⋯⋯⋯⋯⋯⋯⋯⋯⋯⋯⋯⋯⋯ 72

The Logic of System and Mode Selection of National Park Management Organization Construction
ZHANG Hai-xia, ZHONG Lin-sheng ⋯⋯⋯⋯⋯⋯⋯⋯⋯⋯⋯⋯⋯⋯⋯⋯⋯⋯⋯⋯⋯ 81

Protected Area System and National Park Management Planning

Thinking on IUCN Natural Protected Area Management Classification Standard and Construction of
the National Park System   ZHU Chun-quan ⋯⋯⋯⋯⋯⋯⋯⋯⋯⋯⋯⋯⋯⋯⋯⋯⋯⋯⋯ 90

Research on National Park System Overall Space Arrangement
OUYANG Zhi-yun, XU Wei-hua ⋯⋯⋯⋯⋯⋯⋯⋯⋯⋯⋯⋯⋯⋯⋯⋯⋯⋯⋯⋯⋯⋯⋯ 96

Value of Biodiversity and Orientation of National Park   XIE Yan ⋯⋯⋯⋯⋯⋯⋯⋯⋯⋯⋯⋯ 101

The Characters and Problems of Management Category of Protected Areas in China
LIU Guang-ning, WU Cheng-zhao ⋯⋯⋯⋯⋯⋯⋯⋯⋯⋯⋯⋯⋯⋯⋯⋯⋯⋯⋯⋯⋯⋯ 109

Discussion of the Planning of Qianjiangyuan National Park System   ZHONG Lin-sheng ⋯⋯⋯ 117

Discussion of National Park Functional and Index System
WANG Meng-jun, ZHANG Tian-xing ⋯⋯⋯⋯⋯⋯⋯⋯⋯⋯⋯⋯⋯⋯⋯⋯⋯⋯⋯⋯⋯ 123

A Comparative Study on the Functional Zoning Models of Pilot Area of Shangri-la Pudacuo National Park System　YANG Zi-jiang，HAN Wei-chao，YAN Yan ･･････････････････････････････ 131

Spatial Distribution Characteristics of National Protected Areas and National Park Pilot Selection in Fujian　ZHU Li-ying，XU Shan，ZHOU Yan-hai，LAN Si-ren ･･････････････････････ 138

Dealing With Ecological Issues of National Park Design in Cultural Way——Applied in a pedagogical practice　HUANG Yan ･･ 148

Road Planning and the Aesthetic Significance in Scenic Area　YAO Yi-Feng ･･････････････ 156

Construction and Research of Named National Wetland Park Index System
FANG Jing-wen，ZHANG Yin-jiang，GU Yue，JI Fen，ZHOU Man-shu ･･････････････ 158

Australia's National Reserve System and the Relationship with National Park
WANG Zhu-gen，ZHANG Qing-ping，Stephen J. Barry ･････････････････････････････ 168

Critic and Inspiration of Characteristics of Arabic Mountain National Heritage Area protection and management　LIAO Ling-yun ･･ 177

The United States National Park Wilderness Area Research and Thinking　CAO Yue ･･････････ 179

An Introduction to Austria's National Park Institution: Basis, Affairs and Financing——A Case Study of the National Park Hohe Tauern　LI Ke-xin ･････････････････････････････････ 181

The Development and Experience of Taiwan National Parks　WU Zhong-hong ･････････････ 191

Biodiversity Conservation and Ecosystem Management

Biodiversity Protection Promotes Green Development of National Parks　WANG Xiang-rong ･････ 198

Achieve National Park Management Goals——Can Ecosystem Services Concept Framework Support Protected Area Management System Innovation?　HE Si-yuan ･･･････････････････････ 204

Research Review on Ecosystem Cultural Service
PENG Wan-ting，WU Cheng-zhao，HUANG Zhi，WANG Xin ･････････････････････････ 212

Research on National Park Ecosystem Management Method　WU Cheng-zhao，TAO Cong ･･････ 221

Analysis on the Necessity and Feasibility of Community Participation in the Construction of Sanjiangyuan National Park　XIAN Zhu ･･･ 229

Design Ideas of Duales System between Ecological Compensation and Ecological Loss Compensation in National Marine Park　CHEN Shang，XIA Tao，HAO Lin-hua ･････････････････････ 234

Social-ecological Systems Method Application in National Park Management　LIU Guang-ning ･･･ 238

Ecotourism, Environmental Interpretation, and Community Development in National Park

How China Should Develop Ecotourism　ZHANG Yu-jun，ZHANG Jing-ya ･･････････････ 242

Tourism Supply Changes and Construction of National Park System: Opportunities and Challenges　ZHANG Chao-zhi ･･･ 248

Tourism Evaluation Framework for National Parks in China　GUO Wei，ZHONG Shan-shan ･･････ 250

National Marine Park: Research and Practice of Tourism Carrying Capacity Assessment
YE Shu-feng ･･ 256

Interpretation and Display Design of Nature Education and Outdoor environment
GAO Jun，FU Jing，WANG Zi，LI Jie ･･･ 263

Research on Applicability of Public Information Graphic Symbol in Chinese National Park Based on
　the Function Attributes　FAN Sheng-xi，XU Wen-juan ……………………………………… 279
Analysis on Chinese National Park Sign&Guide System Based on Environmental Behavior Theory
　XU Wen-juan ………………………………………………………………………………… 284
Surveys and Researches on Signage system of National Park in Yunnan
　XU Wen-juan，FAN Sheng-xi ……………………………………………………………… 289

Practice of National Park

Innovation Action in Sanjiangyuan National Park　WANG Lei …………………………………… 298
Exploration and Reflection of Yunnan National Park Construction　YE Wen ………………… 300
Research Report on Xianju National Park　WANG Li-min，PENG Jun-wei ………………… 305
Research on Collaborative Construction by Jiangsu and Zhejiang Provinces in Jiangnan
　Watertown National Park System and Mechanism　ZHOU Shi-feng，ZHANG Xu-liang ……… 310
Primary Research on Provincial National Park Construction Management System and Mechanism
　in Guangdong Province　NIU Cheng-yu ………………………………………………… 315
Positioning "The Cycle of National Coast's Park" of Fujian Pingtan Island at the Perspective of
　Ecological Civilization　LI Jin-lu，HE Xu …………………………………………………… 321
The Establishment of the South China Sea Islands National Park——Take Xisha Islands as An
　Example　WANG Ya-min …………………………………………………………………… 330

Appendix

Speech by WU Zhi-qiang，Vice President of Tongji University ……………………………… 334
Speech by LI Zhen-yu，President of CAUP，Tongji University ……………………………… 335
Meeting Schedule ………………………………………………………………………………… 336
Meeting Review …………………………………………………………………………………… 340

国家公园体制与法规政策

中国风景名胜区的特色与美国国家公园

孟兆祯

（北京林业大学教授，中国工程院院士）

【摘　要】 美国国家公园的目的主要是展示自然的美，保持原真性、完整性，展示自然。而中国风景名胜的特色就是遵循天人合一的宇宙观和文化总纲、讲究科学的艺术、以独特优秀的园林屹立于世界民族之林，传承与创新，并且不忘初心。

【关键词】 中国风景名胜区；特色；自然美；人工美；美国国家公园

1　引言

我今天给大家汇报的题目是风景名胜区的特色，还特别请教了英文名字应该怎么说，英文普遍采用的"National Parks in China"就是中国风景名胜区的英文。

为了相比较，我放几个美国国家公园图片，我觉得国家公园名词在翻译上有值得商榷的地方。关于公园，这个 Park 含义很多，就是公园。我们国家满足人民对自然环境的需求有两种类型，一种是风景名胜区，一种是城市公园，所以分法不一样。这是美国的黄石公园，它的门口并没有太多的渲染，就是一个信号，告诉你是黄石公园，其实我不赞成译成公园。

这是黄石公园的内部景色，咱们可以看见，它的目的是原真性、完整地展示自然。有很多自然的面貌很美观，这是在山崖上燕子在上面做的窝。展示了这些，这是一些溪流，这个是一个看台，看台是原来就有的，利用旧的看台，这是溪谷，这是岩壁。这就是大峡谷、瀑布，我们叫做湍浪。国家的建设主要从游览交通上提供条件，桥梁的一些景色，我们看一看，喷得很高的，很多围着看看自然地理的现象，展示了自然美。这是黄石公园，这是洞里面的泉，这里面有野生动物，包括鹿、熊、野牛都是自然的。

这是第二个门，第二个门稍微有点装饰，它的重点不在这儿，就是一个 mark。它把这些枯木保存起来展示，说明一种自然现象，这些全部都是自然的，没有丝毫人工的文笔。他们做木工不是把表面刨得很平，而是斧砍，斧砍的手工。这是古时候留下来的一些小木屋，用石头堆砌起来的烟囱很自然，还保留运用。这是原来古代的建筑，这个建筑作为一个眺望点。

美国国家公园的目的主要是展示自然的美，人工的美不跟它结合，人工的美只是创造条件，提供交通条件，里面的自然景物无论是地形、地貌、动物、植物都是表现原先的自然。下面我再谈谈中国风景名胜的特色。我们风景园林源远流长，以独特优秀的园林屹立于世界民族之林，传承与创新是历史赋予我辈的责任，就是不忘初心。

2　遵循天人合一的宇宙观和文化总纲

中国视宇宙为二元即自然与人。"天人之际合二为一"天为君，人为臣。一人为大，一大为天。管子曰："人与天调而后天下之美生"。我们致力于"人与天调，天人共荣"。此之于文学境界为"物我交融"、之于绘画为"贵在似与不似之间"、与文学绘画有千丝万缕关系的中国园林的境界自然是"虽由人作，宛自天开"或简曰"有真为假，作假成真"。美学家李泽厚先生用现代语言说中国园林是"人的自然化和自然的人化"。学习途径是文学主张的"读万卷书，行万里路"。创作方法是绘画主张的"外师造化，中得心源。"澄怀观象，景以境出，境由心生。第一要法是从"比兴"衍展的借景。巧于借地宜之因，精在体现土地综合资源价值。"人之本在地，地之本在宜"。游赏者得赏心悦目的综合享受。所以我们对自然有些不用加工就形成景观了。

这是澄江南岸，有一个地名叫做清水溪，清水溪上山的道路有10公里，都是台阶。清水溪的定义就是水很丰富，遍地都是水，有泉水，通过泉来形成一个涡，来的过路人就可以喝这个水，大家给它一个名字叫做"一碗水"。它是溢流的，所以很干净。我在70年前大概十四五岁的时候去喝这个水，后来我让我的博士生去拍了照，所以对我来说这是一个乡情，丝毫没动就是自然。另外一个阳朔的，它是石灰岩，石灰岩有溶蚀作用，其中一个山溶成一个大圆洞，削山把山一折就变成半圆面，利用自然条件修了一条路，从山下到山上，逐渐月亮就变大了，到了山顶变成圆月，自然本身没有动丝毫，它只是从文艺上加工。

3　科学的艺术

钱学森大师认为中国园林是科学的艺术。首先是人与自然协调。"大德曰生"、"生生不息"、敬天为根，以人为本，君子比德于山水，孔子乐于观大水。管子说人之所为，"与天顺者天助之，与天逆者天违之；天之所助，虽小犹大；天之所违，虽成必败。"毁林造田、围海造田、人工促淤都属虽成必败，人惹天怒也。夏禹以疏导法治水，迄后李冰父子治理岷江水总结了十字诀："安流顺轨，深淘滩，低作堰"。禹将疏浚的泥土在河边堆九州山，生民免于溺亡。上升到哲学成为"仁者乐山、知者乐水，仁者静，知者动，知者乐，仁者寿"之道。

四川都江堰李冰父子承前启后地创造了治水的典范并总结为理论刻在石上唯恐失传，就是"安流顺轨"，要安定水流必须提供水流运行的河床，鉴于水土流失，水中泥沙沉积会缩小河床的过水断面和容积，又提出"深淘滩低作堰"以持续保养，都江堰两千多年成功的治水实践应为座右铭深入人心。从很多地方志都可看到"国必依山川"的深刻道理。

这是都江堰，这是在宝瓶口，我们治水是强调发挥水的综合效应。而我们现在，有很多地方，要用石头就开大山，这样就是对自然资源的破坏。

地震天灾人不可防治，只能抢救。泥石流的杀伤力令人震惊，但主要原因还是人居房屋占据了泥石流的通道。山居规划中都争谷中平地，正是泥石流汇聚的通道，泥石流的动力是有高差动能的水流，根本之计还在绿化山体并形成地下腐植层，大量吸收降水，减少地面径流。人居地要高于洪水位，并在山坡设泥石流防护林阻挡，这些都要作实际的调查研究。

4　文脉连绵不断的综合艺术

中国的文化艺术都是综合的。书画讲究诗、书、画、印，唱戏要唱、念、做、打，烹调有色、香、味、意。园林要满足游人"赏心悦目"，就要从山水、建筑、道路场地、植物种植、置石掇山、细部处理等综合多变的因素组成统一的园林景物，从各个层面耐人寻味。"日涉成趣"的要求是无尽的，我们做到尽可能的完美。研今必习古，无古不成今。传承创新举目皆然。因为不可能完美，不忘初心，方成始终。

西湖本来是海水淹没的一角，海水退走以后，从西边淡水过来，把它改造成淡水。这是优厚的自然条件，但是再优厚的自然条件，也不是为人做的完美的风景名胜，所以必须要加工。我们从这里可以看，这条长堤就是贯通南北的苏堤。还有一条是在孤山的左上角，叫白堤，然后还有三个大岛。第一个叫小瀛洲，中间的是宋代做的，还有明代做的、清代做的岛。我们看到这么好的自然条件，通过人为加工，把西湖形成一个岛中有湖、湖中有岛这么一个空间，而且里面都有人文的内涵。

所以苏东坡就讲过西湖，而且西湖过去的名称很多。自从苏东坡讲的"若把西湖比西子，淡妆浓抹总相宜"以后，就用西湖的这个名字。唐宋元明清这么多朝代，却仿佛一个人做的设计，到现在就不能往上加了，西湖就作为一个世界风景的中国的地标。

中国上有天堂下有苏杭，这种都是天人合一的成果，以自然为主体，以人工为辅。这是它最大的一个岛，做一个空心的，从外面看是大岛，里面看是水。也就是水中有岛，岛中有湖这样的局面。这次 G20 的会标用的是我们的白堤。

泰山是古代祭天祀地的封禅山，创造上天景谈何容易。作者弃用最高峰置山门，而借对松山两山交夹、一线长阶、陡峭入天，人的视线居于山下虫瞰视觉的地位，视线端点以天际为背景矗立了南天门，符合人们从神仙小说中感受到的情理而又暗自叫绝。山路因陡缓命名，紧十八盘、慢十八盘、不紧不慢十八盘、快活三里，集水流为瀑藉横空石落下，上刻"普霖苍生"，为所有生物润生。这是泰山的起点，上有孔子说的一句话——叫登高必自，这登山也是爬高峰，必须要自己爬上去。几千年来，到现在，它还有教育意义。就是寓教于景，这个南天门上还有对联，叫"门辟九宵仰步三天胜迹，阶崇万级俯临千嶂奇观"。这就是我们看到的南天门。这是真正

泰山的顶点，人往下时，体现山高人为峰。在天人合一的前提下，我自向上的志向就表达出来了。这是泰山的极点。

第三种类型，就是自然和人工几乎对半，但是还是以自然为主。这是一个峨眉山的山腰，有一个景区叫双桥清音，这个景区的自然条件是很别致的，叫三山夹两点，中间的山是一个鞍，就是小山脱离大山而独立存在。水量很充足，坡度很大，所以把这个地方建了一个庙，叫清音阁，两山间做了一个桥，这个亭子是在坡上的，下坡旁边有台阶，用建筑来适应这个地形的变化。

下面还有一个牛心亭，这两个水，一个从北边来的，一个从西边来的，西边中国叫白虎，北边叫玄武，黑的。所以它这两个溪流叫黑白二水。这个西边汇合，从这个口上，叫牛心石，叫做黑白二水洗牛心。为什么？因为中国认为最不能的是对牛弹琴。这个于自然条件是很巧妙的。所以这样一来，就比纯自然丰富得多了，而且有教育人的意义。

这是武夷山的，这是随遇而安，你碰到什么就是什么，但是必须要触动人的心灵。这个山有两个要点，一个就是有一个很陡的峭壁，人爬不上去的，另外一个，这里有一个天柱峰，跟大山之间有一个一米多的空隙。所以从这个小亭子半门上去，到了这里以后，刻两个字，叫不虚。就是人在空中走。人扶着这个栏杆上去，上面刻了仙凡境。所以这就叫随遇而安，碰见什么东西借什么景。

我们海平面刮东南风，里面都富含水分子，遇到泰山以后就过不去，温度就下降。上升到一定的高度，就变成雨下来了，这里有一个县，叫雨县。正好有一个石头，就叫斩云剑。这就是借天然力表达人的意境。

5 山水清音景面文心

我国自东晋陶渊明创造了田园诗后发展为山水诗。南北朝刘宋时宗炳撰写了《山水画序》。现存有隋代山水画，青绿山水，意象相印。山水诗画凝聚成文人写意自然山水园。中国国土百分之六十六是山地，有概括中国为"六山三水一分田"者。因此古代历史有"国必依山水"之要说。治水是国家大事。江山是国家的别称。高山流水是文化艺术的最高境界，知音是人际关系最高层次。因而钱学森大师一九八五年提出的"山水城市"是我国城市的自然归属。"志在山水"的志向就很大了。可山水象中有意。"盖以人为之美入自然故能奇，以清幽之趣入浓丽故能雅。""道法自然"如何落实呢？"以文载道"。自然山水、建筑、植物皆"有大德而不言"。惟人可以文代言。使设计者、兴建者与游人间有心灵交流的平台。景名、额题、楹联、题咏便成为表达意境的根据了。《园冶》石刻"夺天工"。自然美浩瀚深远何以可夺？实是寓社会美于自然美，创造园林艺术美也。

实际上，我们风景区是融社会美于自然美，创造园林艺术美。因为我们的美学是分为自然美、艺术美，而我们的学科就是与社会美创造园林艺术美。

　　四川自贡的盐业馆会客室叫胜读十年书，来宾一听就知道了"听君一席话，胜读十年书"的内涵了。额题一般二到四个字表达园子特色的诗意，诸如颐和园"涵虚"、"罨秀"，北海公园"堆云"、"积翠"，苏州狮子林"读画"、"听香"已令人陶然，虎丘之"吹香"、"嚼蕊"更启发人细嚼秀色堪餐之味。

　　楹联更有大篇幅抒发诗意。杭州岳庙中的岳坟用楹联表达了褒忠贬奸的共同想法：青山有幸埋忠骨，白铁无辜铸佞臣。河南去壶口瀑布路过山寺树木苍郁、环境清新，山门两边醒目楹联："砍吾树木吾不语，伤汝性命汝难逃"。颜开逐笑脸、大腹便便的弥勒佛像有寓教于景联："大腹能容 容天下难容之事，佛颜常笑 笑世间可笑之人"。表演舞台有联曰："金榜有名空欢喜，洞房花烛假鸳鸯"。舞台小天地，天地大舞台。四川有茶酒竹阁联曰："国家事家庭事喝杯茶去，劳心苦劳力苦端碗酒来"，额题"各说各（阁）"。

6　巧于因借，精在体宜

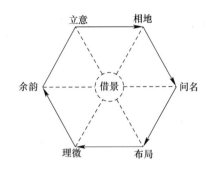

　　右图为中国园林设计序列模式。借景为中国园林主要手法而贯穿设计序列的各个环节。借景随机、借景无由触情俱是（岳坟）、臆绝灵奇（长松筛月、衲霞屏）诠释了借景至要。借景立意（拙者之为政）、借景相地（用地低洼为得水，宜荷表达出污泥而不染）、借景问名（远香堂、雪香云蔚、四面荷风、香洲）、借景布局（主景突出各景写意自然山水园。以山为面、水为心、建筑向心。辟三条水景深远线）、借景理微。（日涉成趣落实到涉门辟路成趣、腰门六境入园、枇杷园和玉澜堂细部处理、绍兴徐渭宅园）。

　　园林化的墓地，首先在门口做半庭，主题叫做精忠柏，精忠柏旁边有柏树，后来变成木化石了。但是精忠柏是一种浪漫主义，所以门口放了精忠柏，墙后是化石。墙背后，精忠报国，也是我们中国儿女的使命，这里面有一个水池。墙都是城墙，岳飞是一个民族抗战的英雄，我们的国防表示金城汤池，这就是做的金城汤池，金城汤池表示我们埋葬这个人的作为。下面还有一个小井的盖子叫做忠泉，同样是泉水在这里面叫做忠泉。门有这个桧柏，这已经不是原来的树了，桧柏有一个咒骂奸臣的。设计来源是中国人恨敌人是什么情况，恨不得把你碎尸万段，这个就是块块把它放在这儿，分尸桧（块），不光褒岳飞，而且恨敌人，雷劈过的景色，人批过的自然。

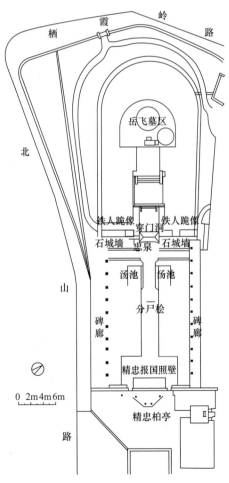

　　这个是泰山山路普照寺，里面有一个松长的很好，叫做长松筛月，旁边做了筛月亭，"高筑两椽先得月，不安四壁怕遮山"。昆明园有一个景点叫做"衲霞屏"。昆明园通寺北借园通山峭壁为屏障，山壁青岩含有氧化铁的成分，附生苔藓之类后，加以朝霞夕辉一抹金，名为"衲霞屏"。"屏"说明相地借景，借山屏势，"霞"生动表达了抹金之景，而衲指明为寺庙，和尚之"百衲僧衣"也。细嚼其味，借景问名达到了臆绝灵奇的最高境界。

　　这是徐渭宅园，上面刻了几个字，叫做天汉飞源。他的园子是天汉的直流，在他的园子里面还有水池，石头顶着地板，石头上刻着四个字叫做中流砥柱，表明他是反对明朝的奸臣。最后是一棵紫藤树，他是青藤学士。

7　片山有致，寸石生情

置石、筑山、掇山是中国园林最灵活、最具体的设计手法。功能多样、布置适境。多样能够适应多方的环境。这是我为工程院设计的门口的石头。这个门口解决了两个问题，工程院的院士是人民的院士，怎么样表达工程院的院士是人民的院士，我就借用一句话：俯首甘为孺子牛。牛里面有我最佩服西藏的牦牛，不够长接了一个，另外它有一个洞。门在那边，叫做片山有致，寸石生情。

8　吸取包容，化外为中

国际交流中学习外来文化。本土风水人情再化外为中，始终"以中为体，以外为用"。须弥座、宝塔、琵琶、胡琴都是外来文化，而今已中国化。

9　从来多古意，可以赋新诗

邯郸赵苑公园定性为有名胜古迹的现代公园，古意新景、茹古涵今。骑射嘶风、妆台梳云、金戈银钗。深圳仙湖植物园相地合宜，构园得体。筑堤出仙湖，随遇而安各景：芦竹深处、药洲、谷群芳、咫尺神游、北京林泉奥梦，化腐朽为神奇。

很高兴邓小平同志去了，说这里的风景很优美，这是我们的人生价值。北京的奥林匹克公园，这是做出来的模型，后来施工做出来跟模型一样。

最后我比较一下。美国的国家公园，为什么叫国家公园？它是现实一种国家土地所有制，为了保护土地不让私人进来狩猎、放牧，划块地这就是国家所有的地，我们中国所有的土地都是国家所有的。第二个它的英文名，一个叫 National Park，一个叫 Scenic and Historical Place。再一个，美国国家公园是保护自然美，对人民进行自然科学的教育，主要是自然地理，而中国它借自然景观融入相应的人为意境。我们由社会美转向自然美。

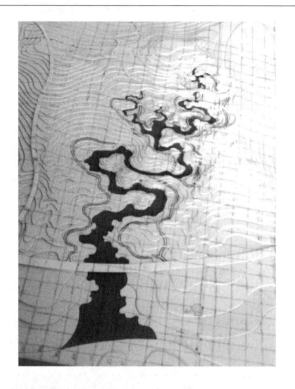

深圳仙湖

两相比较

中文名	风景名胜区	国家公园
英文名	Scenic and Historical Place	National Park
所有制	只有国家所有制	兼有私有制和国家所有制，为了实现用地的保护目的，禁止私人放牧等活动，将用地划定土地所有权归国家所有
兴造目的	天人合一，极尽天然之美，少费人事之功，赏心悦目，游览休息	自然主义，保护自然美，对人民进行自然科学的教育，休息游览
主要内容	借自然景观融入相应的人文意境，景面文心，目寄心期	展示自然地理景观，对大众进行自然地理的科学教育
美学差异	社会美融入自然美创造风景园林艺术美	自然美

我就讲这么多，谢谢大家！

（根据嘉宾报告及多媒体资料整理，未经作者审阅）

中国国家公园体制建设的进展与展望

彭福伟

（国家发改委社会司副司长）

【摘　要】　全面分析了国家公园体制改革的背景，介绍了国家公园体制建设的总体进展，分享了国家公园体制改革的总体思路，即树立正确的理念，整合完善保护地体系，建立统一规范高效的管理体制。

【关键词】　中国国家公园；体制建设；进展；展望

各位领导、各位专家、各位嘉宾：大家上午好，特别高兴到同济大学来参加这次研讨会，刚才孟老先生作了一个很好的报告，把国家风景名胜的特点讲得非常清楚。国家公园确实承载了中国人民的梦想，承载了希望，也广泛引起了全国人民及国际上的广泛关注，国家发改委牵头做这项具体的工作，我们也感觉责任重大。今天给大家报告一下工作的情况和想法，总的来看，建立国家公园体制是我们国家生态文明建设最重要的内容，已经提到国家的重要日程上来。

1　建立国家公园体制的背景

中国是世界上公认的生物多样性大国，新中国成立以来，特别是改革开放以来，我国的自然生态系统和文化遗产保护事业快速发展，取得了显著成就，形成了以自然保护区、风景名胜区、自然文化遗产、森林公园地质公园等为代表的保护地体系，但我国各类保护地存在很多问题，具体体现在 6 个方面：一是缺乏科学完整的保护顶层设计与保护技术规范体系；二是保护对象、目标和要求没有科学的区分标准，法律法规不健全；三是多头管理、碎片化现象严重；四是社会公益属性和公共管理职责不够明确；五是土地及相关资源产权不清晰；六是保护管理效能低下，盲目建设和开发的现象非常严重。针对上述问题，2013 年十八届三中全会首先提出了建立国家公园体制，并将该项改革任务交由国家发改委牵头负责。

2015 年 5 月，《中共中央国务院关于加快推进生态文明建设的意见》（中发〔2015〕12 号）提出，"建立国家公园体制，实行分级、统一管理，保护自然生态和自然文化遗产原真性、完整性。"

2015 年 9 月，中共中央、国务院印发的《生态文明体制改革总体方案》（中发〔2015〕25 号）将"建立国家公园体制"单列一节，明确要求"加强对重要生态系统的保护和利用，改革各部门分头设置自然保护区、风景名胜区、文化自然遗产、森林公园、地质公园等的体制，对上述保护地进行功能重组，合理界定国家公园范围。国家公园实行更严格的保护，除不损害生态系统的原住民生活生产设施改造和自然观光科研教育旅游外，禁止其他开发建设，保护自然生态系统和自然文化遗产原真性、完整性。加强对国家公园试点的指导，在试点基础上研究制定建立国家公园体制总体方案"，并在"探索建立分级行使所有权的体制"一节中，提出"中央政府对部分国家公园直接行使所有权"，在"完善法律法规"一节中，提出"完善国家公园法律法规"。

2015 年 12 月 9 日，习近平总书记主持召开中央全面深化改革领导小组第 19 次会议，审议通过《三江源国家公园体制试点方案》。

2016 年 1 月，习近平总书记主持召开中央财经领导小组第 12 次会议时强调，"建立国家公园，目的是保护自然生态系统的原真性和完整性，给子孙后代留下一些自然遗产，不是为了搞旅游开发，这个基本方向一定要把握住"，要"把最应该保护的地方保护起来，解决好跨地区、跨部门的体制性问题"。

2016 年 8 月，总书记到青海考察时就三江源国家公园体制试点专门提出了要求，希望各级党委和政府进一步摸索和完善国家公园体制试点，切实保护好三江源地区生态环境。

习近平总书记的重要论述，指出了国家公园体制建设的使命、原则和路径。使命就是保护自然生态系统的原真性和完整性，给子孙后代留下一些自然遗产。原则就是坚持的方向，是为了保护生态系统，不是为了搞旅游开发，特别是在确立国家公园选择区域时，我们大的方向要把握准。路径就是要解决好跨地区、跨部门的体制性问题，通过机构的整合、区域的整合来实现。

李克强总理、张高丽副总理、汪洋副总理等中央领导同志也就建立国家公园体制作出了一系列批示指示。建立国家公园体制的政策框架和实现途径越来越明确。

这是背景的情况，下面给大家介绍开展工作的情况。

2　建立国家公园体制总体进展情况

建立国家公园体制涉及多项改革，涉及中央各部委与地方等多方面的利益，改革的难度大。所以既要坚持长远的目标方向又要立足于实际的情况，量力而行，有步骤分阶段的推进。因此我们一方面选择一些地方试点，另一方面加强了顶层设计，研究总体的方案。2017 年底我们要提出总的方案。

这几年我们开展的工作有几个：

第一是提出试点的方案，我们同 13 个部门提出了建立国家公园体制的方案，这个是报中央深改组会议通过，改革的时间表路线图清晰，提出的举措对更好地保护自然生态环境具有重要的作用，这是当时对我们方案的一个评价。

这个方案确定在青海、吉林、黑龙江、北京、湖南、湖北、浙江、福建、云南等 9 个地方开展试点，之后 2016 年四月份，中央确定了大熊猫和东北虎试点的工作，试点地区做了一些调整，增加了四川、陕西、甘肃，最终还是 9 个试点区。

第二是审查和试点的方案，我们会同相关部门做了多次研究，召开多次评审会，目前三江源由中办和国办印发，大熊猫的方案也已经报中央。这个可能要等全国深化改革小组审议。湖北的神农架、福建武夷山、浙江钱江源、湖南南山、北京长城、云南香格里拉等六个已经全部批复。

第三是加强组织领导。成立了试点协调领导小组，下设三个联络组。这两年的工作全都制定了工作要点，最近我们下发了加强进一步统筹的通知。有关部门对国家公园体制试点进行多次调研，及时发现情况进行指导。

第四是启动了总体方案的研究，对管理体制、法律保障、财政保障、资源统一登记、国家公园与当地共享等问题开展了专题研究。

第五是加强国际合作，我们组织了赴美国专题培训，召开国家公园国际研讨会，提高对国家公园的认识的能力。还有全面总结了美国、新西兰等国家公园体制建设等管理方面的经验。

3　下一步工作的考虑和设想

针对目前我国自然生态系统保护面临的问题，我们初步的研究，有一个这样的思路。

第一，必须树立正确的理念是基础

建立国家公园体制应该有一个美好的愿景，中国建立国家公园体制既要符合国情，也要符合国际的惯例。

一是必须坚持生态保护第一，各方面的工作都要服从于保护。对于试点区进行整合时，一定要符合定位和保护的目标。

二是必须坚持资源国家代表性，国家公园应该是全民所有，应该代表国家的形象，资源价值应该具有国家的意义。

三是必须坚持全民公益性优先，国家公园应该属于全体国民所有，不应该是属于哪一个县哪一个市哪一个地方，国家公园的建设必须着力突出公益性，加大政策财政投入，实行特许经营。

四是必须坚持鼓励社会参与，要优化运行机制、鼓励各类社会机构参与建设和管理，妥善处理好保护区与当地居民发展的关系。

我们整合完善保护地体系，不是为了地方盲目旅游开发，不是为了追求经济利益，而是以此为契机，提高保护地的保护质量。一般来看，顶层上宏观要讲保护大局，微观上解决民生的问题。

第二，整合完善国家保护地体系是关键

一是合理确定各类保护地定位。建立保护地的分类原则和标准，确立各类保护地的定位，梳理各种类型，以及各类保护地目标。应该打破过去把发展和保护对立起来的一个传统的思维，把绿水青山和金山银山要统一起来，要实现陆地的统筹和陆海的统筹，实现保护与发展的统一。除了陆地的生态系统，还有海洋的生态系统。

二是合理确定国家公园的定位和范围。国家公园应该是保护大面积的自然生态系统和生态过程，应该具有国家的代表性。能够为国民提供公益的教育和游憩体验，在自然保护地体系中，国家公园应该是价值最高的一类保护地。

国家公园将根据管理目标来设立，对于符合国家公园定义标准的自然保护地可以作为未来国家公园的设计范围。总体看，国家公园的设立首先是整合多头管理的保护地。保护地的空间布局，要考虑我国人多地少的实际情况。建多少、建多大要根据保护的目标、保护的需要，根据不同保护地的地位来科学的调整。

这里面还有一个资金的投入和保障的问题，国家公园是公益性的，缺少不了国家财政保障支持。在充分考虑生态系统完整性的同时，必须结合中国实际，处理好发展与保护的关系，保护地的空间布局如何更合理也需要研究。

三是要统筹自然保护与文化保护的关系。刚才孟院士讲得非常好，我们也深受启发，精神文明讲的就是文化的内涵。物质文明和精神文明是小平同志提出来的，在这个基础上，我们党进一步研究和总结，提出了经济、政治和文化三元的分法。在十七大我们又提出了经济、政治、文化、社会四元的分法，十八大又提出了五位一体。从中可以看到，我们国家现在分得越来越细，但是更需要统筹协调，把握好内在的联系。

总书记也多次强调尊重自然顺应自然、保护自然的理念，这是重要的生态哲学和生态文化。中国是几千年的文明古国，自古崇尚天人合一。我们应该保护中国生态系统的多样性，以及不可分割的人文历史。国家公园应该以保护自然生态系统为首要目标，同时我们也会着力加强不可分割的历史文化保护。

第三，建立统一规范高效的管理体制是核心

一是统一规范的管理。要整合理顺相关部门的职责，是解决现存问题的关键，也是我们的首要任务，这个是25号文件提出的有关内容，未来的国家公园内应该取消其他各种保护地名称，整合各种机构，一个公园就一个牌子，大面积保护就用一个牌子；

二是建立财政保障。财政保障是国家公园建设的一个基础，在研究和设立国家公园的过程中，未来的规模布局中应该是统筹考虑资金的承受能力，应该合理强调中央和地方的支出比例，根据国家的财力增长状况，逐步增加投入，当然这个都要有一些制度和保障做支撑的；

三是建立产权制度。建立统一行使全民所有的产权的体制，是国家体制改革的重要方向，要解决保护地目前的责权利不明的问题，要与国家的自然资源资产权制度改革相衔接，坚持资源公有、物权法定的原则，逐步理清不同所有者的边界。由国家公园主管部门行使国家公园的管理权，对具有多种土地所有权的国家公园，按照要求，实现政府主导、多方保护的原则；

四是完善法律制度。完善的法律体系是国家公园的基础，美国是最早建立国家公园的国家，建立了大量的法律法规体系，保障国家公园目标的实现。我们也应该加快对国家公园立法的研究，对过程中的社会关系和利益环节进行调整。

总的看，建立国家公园体制，我们应该把它摆在五位一体的总体布局和战略布局中去考虑。这些都是中华民族的精髓，也是建立美丽中国的重要阵地。而且应该是生态文明制度的亮丽的名片，当然这是一个很长的过程，还要循序渐进，建立国家公园体制是不是推倒重来，我想不是的。应该是对存在的问题进行分析，与时俱进，改革完善，这样才符合我们的保护事业的发展。

在国家公园体制改革过程中，可能会涉及很多方面的利益，应该是坚持一个改革的精神和创新的思维，能够让更多人参与到我们事业中，应该做改革的推动者，不能做利益归属的守护者。

借这个机会，我给大家通报一个情况，我们最近对2017年课题做了一些梳理，大家看这个要求，内容在后面有单独说明，要求可以看得很清楚。

第一个要符合生态文明体制改革的总体部署和要求，要围绕着改革各部门分头设置，着眼建立统一规范高效的管理体制，解决好跨地区跨部门的体制性问题，就是所有的研究报告的内容应该围绕这四个方面。

第二个就是研究要坚持改革，在改革的思维下在更高的层面研究这个问题。当然这个研究既要借鉴国际的经验，也要符合中国的国情。

第三个要注重成果的转换，研究成果既要有一定的超前性，也要有可操作性，为国家公园体制建设提供基础的支持。我们的研究目标是解决现实中的问题，各方面的研究应该注重国家公园体制建设的问题。

人们对自然生态系统和文化自然遗产的处置，总是源于对自然和历史的态度，不管我们以何种方式去试图保护和利用好大自然和祖先留给我们的遗产，我们都应该秉承同一个理念，那就是对自然和历史的敬畏。这应该是我们每个人都必须遵守的行为底线。

改革是一个艰难的过程，要加强顶层设计，我们不能等，不能靠。对现实中的问题应该要抓落实，我想这个事业有你有我有大家，我们的改革事业一定能够成功。

谢谢大家！

（根据嘉宾报告及多媒体资料整理，未经作者审阅）

对中国建立国家公园体制的几点认识

张希武

（国家林业局野生动物与自然保护司司长）

【摘　要】 本文从宏观的角度讨论建立中国国家公园体制的问题。国家公园受到世界的青睐，但共同点是国家公园均以保护自然生态系统及有关生物、资源作为首要的管理目标；现在面临的问题是国家公园如何落地中国，坚持国家公园建设的正确方向、完备立法有章可循、建立资金保障机制、构建自然资源资产产权制度和顶层设计统一规划是最关键的五点。

【关键词】 中国国家公园体制；如何落地中国；关键问题

各位专家、各位朋友，大家上午好，非常感谢大家对自然保护的关心和支持，也非常感谢同济大学举办这样的研讨会，使我们有关人士和专家学者在这里共聚一堂来研讨大家关注的问题，就像校长所讲的我们"同舟共济"，因为我们面临共同的问题，我们也有着共同的目标，现在需要我们共同去努力。

我给大家讲的都是比较宏观的问题，可能和有关专家在规划设计上的问题相比是比较宏观一些，我主要讲三个问题。

1　国家公园受到世界的青睐

1832年，美国艺术家乔治·卡特林在旅行途中对美国西部开发对印第安文明和野生动植物的影响深表忧虑，最早提出"国家公园"的概念。美国国家公园设立的初衷之一就是为了更好地保护野生动植物。

1872年，美国国会批准设立第一个国家公园——黄石国家公园。截至2016年11月，美国国家公园总数59个。美国国家公园体系对生物多样性保护起到了关键作用。

世界许多国家建立了国家公园，据世界保护地区委员会（WDPA）数据库统计属于国家公园（2类）的有5576个。

在2013年党的十八届三中全会提出，建设国家公园体制。世界上国家公园的提出是1832年首次提出，它的初衷主要是为了保护野生动植物的资源，以及历史遗迹。

这里面很关键的是国家公园的概念，大家一定要认认真真地研究，什么是国家公园，国家公园是一个专属的名词，首先有国家意义，另外就是国家公园更多的是保护自然，保护自然生态系统和珍稀濒危的野生动植物。

美国1872年设立第一个黄石公园。美国国家公园管理局100周年，我们也进行了交流，它现在是59个国家公园。国家公园的体系中有很多类型。应当说国家公园体系对生物多样性的保护起到了重要的作用，截至目前世界上许多国家都建立国家公园，国家公园情况各不相同，据世界保护区委员会数据显示，属于国家公园保护的属于第二类的现在有5000多个。

国家公园因各个国家情况各不相同，称谓不相同，属性不相同，总的需要一个标准来规范它。世界自然保护联盟（IUCN）经数十年对全球各国国家公园的系统研究后，将国家公园定义为"大面积的自然或接近自然的区域，设立的目的是保护大尺度的生态过程，以及相关的物种和生态系统特性。这些自然保护地提供了环境和文化兼容的精神享受、科研、教育、娱乐和参观的机会"，"是一个明确界定的地理空间，通过法律或其他有效方式获得认可、得到承诺和进行管理，以实现对自然及其所拥有的生态系统服务和文化价值的长期保护"，这是国家公园概念的核心。

我们说国家公园受到世界的青睐，各个国家建设国家公园的背景及建设管理模式各不相同，但是有一个共同点，国家公园均以保护自然生态系统及有关生物、资源作为首要的管理目标。首先大家一定要明确，我们建立国家公园要把自然生态系统和其中的生物物种资源的保护作为首要目标。

2　国家公园如何落地中国

我也注意到了杨锐教授的报告题目。怎么落地，怎么发展？现在是我们目前面临的关键问题。国家公园是一个舶来品，我们中国要引入它，所以我们一定要把它弄清楚，为什么要引入。

2.1　首先看起源

这个事情来自于十八大，十八大明确了生态文明的方向和目标。我们为什么要倡导生态文明，这是问题导向，问题是时代的号角。正是因为我们问题比较多，现在问题比较严重才提出生态文明建设，因为我们现在面临着资源约束趋尽，环境污染严重，环境资源匮乏这样的严峻形势，大家要看到这样的问题。我们现在空气污染、水体污染、土壤污染，都非常严重。我们的生态系统遭到了严重的破坏，而我们现在生态系统不仅是破坏，而且包括我们自己设置的管理方面也出现碎片化，包括部门管理、多头管理等等这些问题，总的来说，生态系统退化，资源遭到破坏的形势非常严峻，正是因为这些问题的存在，我们提出生态文明，而且三中全会、四中全会、五中全会，提出了生态文明改革，绿色发展，中央又专门出台了生态文明体制改革的总体方案，都具体指明了生态文明的建设的目标和方向，这是起源。

2.2　接着看起点

从中央的文件上第一次出现，是十八届三中全会做出的《中共中央关于全面深化改革若干重大问题的决定》，其中划定生态保护红线这个小题目下，"坚定不移地实施主体功能区的制度，建立国土空间开发保护制度，严格按照主体功能区的定位来推动发展，建立国家公园体制"。这个文件就说了这么短的话，后面就出现了好多的解析，各方面的解读，因为这个文件是第一次出现国家公园。

刚才彭司长讲得很清楚，2013年文件发布之后，中央就明确了。因为我们国家管理的保护地确实是多头管理，当然我们国家主要是以自然保护区为主体的保护地体系，但是毕竟还是多头管理，建立国家公园这样的事情，大家都有积极性，各部门都有积极性，大家都想要牵头，都想要来做，总的来说找一个部门，发改委牵头13个部门参加，共同组织中央国家机关这个层次来参加国家公园的建设。

2.3　再来看启动

真正的启动是2015年国家发改委联合13个部委下发了《建立国家公园体制试点方案》，确定在九个省市开展国家公园体制试点工作。后来在九个当中又单独提出了一个就是青海的三江源。因为前一段时间总书记去了三江源，跟书记、省长说保护好三江源多重要，因为它是三江之源，中华的水塔，你们的责任就是保护好三江源，保证清水向东流，青海的领导责任很大、压力很大。另外中央根据总书记的批示精神，又在吉林和黑龙江建立一个东北虎豹国家公园，因为大家知道我们这些年保护实行的比较好，而且现在全面的停伐，森林的质量好了，林子里面的食草动物多了，老虎数量就多了。因为我们邻国自然保护区，有400-500只老虎，那边的食物不足了，或者是天气寒冷、大雪封山了它就往我们这儿移动，前一段时候WWF说我们现在有老虎26-28只，吉林自己宣布有27只东北豹，我们通过北京师范大学的团队，长期监测有东北豹42只，总书记非常高兴做了批示要按照自然规律把它很好地保护起来。东北虎聚集的地方，规划1.4万km²的东北虎豹森林公园，大熊猫是我们的国宝，在世界上影响非常大。我们虽然说大熊猫的栖息地的面积在陕、甘等地方的很大，相应的33个种群，而且一个种群小于20只，可见大一点的种群很少，为什么？因为被我们片断化的割裂了，再加上有一些开发，水电、矿产开发等。

现在我们要通过国家公园这样的形式，把整个自然生态系统进行整合，通过国家公园的方式来建立，刚才说了除了9个，有的不太具备，可能申报上或者是其他原因，再加上东北虎豹和大熊猫的，这是我们目前的状况。它到底如何落地，这里面不免要谈一下，中国为什么要建设国家公园，为什么引入，我们一定要弄清楚，不弄清楚的话太盲目，学习别人的目的是为了发展好我们自己，否则的话，你把东西搬过来不伦不类干什么？我们要说自然保护地，我们中国已经形成了自然保护区为主的保护地，我们再把它搬过来干什么呢？它是什么，我们把它搬来干什么，我们一定要把它弄清楚，因为这个事情中央生态改革文明方案当中已经讲了这样的一个方案。

国家公园实行更严格的保护，除不损害生态系统的原住民生活生产设施和用于自然观光科研教育游憩，禁止其他开发建设，保护自然生态和自然文化遗产原真性、完整性，加强对国家公园的指导，在试点基础上研究制定建设国家公园体制，构建保护珍稀野生动植物的长效机制。重点还是加强保护，我不反对其他的科研，宣传教育、文化展示非常重要，给大家一种教育，大家都提高了保护的意识这样更能促进保护，我是非常赞同的，而且是一种精神的享受，但是保护是我们的基础，我们的前提，如果不保护好，其他的都谈不上。

另外在意见当中也提出，建立国家公园体制，实行分级统一管理，保护自然生态和自然文化遗产的原真性和完整性，另外还有很重要的一个，应当说是我们建立国家公园要遵循的，就是在今年的1月26日，习近平总书记主持召开了财经领导小组第十二次会议，在听取国家林业局的汇报后强调了四个着力，着力建设国家公园，保护自然生态系统的原真性、完整性，给子孙后代留下自然遗产。要整合设立国家公园，更好保护珍稀濒危动物。因为这个是见了报的原话，应当说为我们今后国家公园的建设指明了方向。建立国家公园的目的是保护自然生态系统的原真性、系统性，不是搞旅游开发，后面还有解决体制性、机制性问题，因为讲目的，关于这个问题我觉得现在我们中央的各部门层面，我觉得这个问题基本上得到解决了，为什么我在这里还说这个，因为在我们从上到下，包括各个省申报国家公园，我们已经建立的国家公园如何规划、如何分区问题还很多，需要我们用中央的精神，总书记所讲的国家公园建设精神来统一思想。

因为我是负责自然保护的，面临着许多的压力，昨天有媒体报道，国务院派出的8个环境督查组，报告8个省区都存在发展的冲动，把手伸向自然保护区。这个问题现在是非常严重，我们在倡导生态园林，一面在生态园林，建立生态文明的理念、制度，严格的自然保护，可是一面还是开发建设，大规模的开发建设，没有其他地方了，就把手伸向我们的自然保护区。国家公园也是一样，我们有的建设国家公园，我们现在批的，国家公园的分区，很有意思，为未来的开发留了口子，我不讲哪个具体的国家公园，而且他要申请建道路，要开发，因为它是在自然保护区的基础上建的，申请我们说不行，现在已经批了国家公园了，你得给发改委、国家深化督察小组说，国家公园没有法律定位，还得按原来自然保护区，问题回来了。因为我们不仅仅有保护的专家还有规划的专家，设计的专家，你们要注意这个问题，因为我们有时候搞规划、设计要拿项目，活儿给你了，给你钱了，你得听我的。所以大家一定要把握这样的一个方向，很重要。

为什么我刚才说这个问题，在中央层面基本上统一思想，建立国家公园体制试点必须突出生态系统的严格保护、整体保护、系统保护，一切工作服务和服从于保护，要进一步明确建立国家公园的目的是保护自然生态系统的原真性和完整性，给子孙后代留下珍贵的自然遗产，防止借机大搞旅游开发。这里面的问题就得出这样的结论：

第一，要增强改革紧迫性、自觉性，建立国家公园体制是党的十八届三中全会提出的一项重要改革任务，是生态文明制度建设的重要内容；

第二，必须坚持生态保护优先，极高的保护价值、脆弱的生态环境以及落后地区的发展冲动，国家公园建设从一开始就面临着博弈，直到现在我们的问题还没有解决。给大家举一个例子，我们讲国家公园的可进入性、讲公益性、讲进入的数量、人的数量调控。我们有这样的地方，平时人非常多，所以当时一说你这个地方非常典型，你应当建国家公园，他说我可不建。现在也是这样的，如果你要对它的发展有约束他就没有积极性，有好多地方它是想要这个牌子，这个牌子的目的是考虑到后面自己的发展，并没有考虑到公益性的问题；

第三，突出体制机制的创新，探索解决跨地区、跨部门体制性问题和保护管理机制性问题，增强连通性、协调性和完整性，实现严格保护、整体保护、系统保护。因为我们现在的生态区基本已经占满了，保护区、自然保护地，而且各种保护地有的生态系统比较完整，有的可以说生态系统是片段化的，甚至是孤岛化的，这样的保护地而且又归属到我们有些地方的一个县区或者是一个地来管理这样就变成破碎化了。怎么样解决这个问题，甚至还有我们部门分多头管理的问题，确确实实要探索、解决跨地区、跨部门的体制性问题和机制性问题。

现在我们也已经批了福建武夷山自然保护区。武夷山这样完整的生态系统，不仅有福建还有江西的，从山顶到山下，作为完整的生态系统还应当包括江西的这才叫完整，这些问题怎么办？这就需要我们体制机制的问题来解决这个问题。

3　建立国家公园体制关键问题

明确国家公园的使命、完备法律体系，联邦垂直管理、科学规划设计和高素质管理队伍，这是美国国家公园体系发挥作用和得以高效运营的重要保障。这是我们知道的，我也看到材料，内参上也反映这个国家为什么成功和这个有关系。结合中国的国情，建立国家公园体制必须要解决的问题。

3.1　首先一定要坚持国家公园建设的正确方向

要把思想认识统一到中央关于国家公园建设的精神和决策部署上来，坚持国家公园建设正确方向和舆论导向。建立国家公园体制试点领导小组组长、国家发展改革委副主任王晓涛在研究推进三江源国家公园工作时强调：要坚持最严格的生态保护理念、落实最严格的生态保护标准、实施最严格的生态保护措施。

要用中央的精神来统一我们上上下下的思想，为什么要建，怎么样建。

3.2　完备立法有章可循

尽早启动国家公园法律法规研究，明确国家公园法律地位，对国家公园的设立、建设、管理、运行等作出明确规定，保证对国家公园进行依法管理，保证国家公园规划的科学性和严肃性，减少对国家公园的干预和破坏。

3.3　建立资金保障机制

要建立国家公园体制试点工作专项资金，保障国家公园体制试点工作的顺畅进行。特别对于重点国有林区、重要湿地、珍稀濒危物种栖息地等生态区位极为重要区域，以及跨省级行政区域建立的国家公园，应建立以中央财政为主的资金保障机制。

3.4　构建自然资源资产产权制度

中国的自然保护地目前是实行业务上由职能部门监管，并按属地由地方政府分级管理的体制，许多保护地存在着交叉重叠、多头管理等问题，由此造成各类自然资源之间用途及监管责任的重叠或缺失。必须构建归属清晰、权责明确、监管有效的国家公园自然资源资产产权制度。

保护地归属不清晰、权责不明确、监管不到位，我们必须要通过现在中央提出的自然资源资产产权制度改革这样的有利时机来理顺国家公园，构建国家公园监管有效的产权制度。既然我划了国家公园，山水林田湖统筹管理，一个牌子其他都撤掉，其他部门少到这里来，就由这个直接对政府。这个制度非常重要，如果没有这个制度还是那种多部门、多地区管理方式根本不行。

3.5　顶层设计统一规划

吸取自然保护区等保护地自下而上申报问题的教训，国家公园必须实行顶层设计、统一规划，包括国家公园的空间布局、分区规划、生态资源保护和旅游开发的关系等。

这个事情太重要了，如果我们不实行统筹顶层设计的话，其他保护地也是这样的，有积极性就报，对地方有好处就报，就这些问题，这样就带来一系列的问题。整个在全国进行布局，按照自然生态系统和文化遗产来统筹考虑，统一的来进行规划，避免了刚才我们谈到的一系列的问题。

我想以上就是这五个关键问题，我们在今后的发展上应该把它处理好，谢谢大家！

（根据嘉宾报告及多媒体资料整理，未经作者审阅）

风景名胜区与国家公园保护体系

贾建中

（中国城市规划设计研究院风景园林分院）

【摘　要】 中国对国家公园的探索经历了几代人的努力。经过这十多年的探索，我们更加接近完善的国家公园体制。本文就中国国家公园管理规划发展过程进行了深入的讨论，包括：中国国家公园的探索过程，中国国家公园共同特征与本质，中国现有保护体系，中国建立国家公园试点的要点。通过对我国现阶段管理规划发展的梳理，提出了现有保护地体系所存在的问题，并对国家公园试点工作提出了积极的建议。

【关键词】 风景名胜区；国家公园；保护体系

国家公园经历100多年发展，逐渐被世界认可。中国对国家公园的探索有几代人的努力，最近十多年的探索，让我们更加接近国家公园体制。作为研究者和推动者之一，我们能够共同为国家公园体制建设做出贡献是我们的荣幸。

1　中国国家公园探索过程

我主要探讨三个方面的问题，第一个是中国国家公园的探索过程。我们分三个时段。

第一个时段是在地方和局部探索阶段，在20世纪30年代初期，当时民国政府就提出建设国家公园方向，同时我们在国内有几个像太湖（乳山）国家公园的规划。这可以看出，是从那个时间开始。到了80年代台湾开始建设了国家公园，香港地区也做了比较早的探索，两个英国专家研究以后说香港不能建设国家公园，没有条件，所以建了郊野公园。在1956年中国建立了第一个自然保护区，到了60年代建立了我们国家的文化保护战略。

第二个时段是在改革开放以后，这段时间有一个明显标志性的，全国风景名胜区制度建立，是想借鉴国家公园，名山大川如何管理。我们要求政府给一个帽子，到了旅游部门，旅游部门说我们只管旅行社。林业系统以林业生产为主，也顾不上。文化部门说我们管文物保护。建设部门说我们管规划和建设，但是那些不完全一致。后来国务院确定由5个部委联合打报告，这个事情怎么办。中间有一些部委主动退出来，然后国务院交给城乡建设保护部，因为规划前期研究，设计你要把关，建设要审查，最后我们的风景名胜区还有游览的功能，最后国务院把这个事情交给建设部具体分管。在2000年的时候，部分省内搞一些国家公园的试点。

第三个时段是从十八届三中全会以后，提出建立国家公园体制的工作。国际视野从我们借鉴的内容说起。黄石国家公园建起以后，美国国会强调的是在国家的法律下，免予开垦、占据和买卖，变成国家的公园、生物的栖息地。早期国家公园的建立，没有对生产系统有更多认识，是在西部大开发的阶段，发现黄石好的自然环境和状态，为了避免西部大开发破坏这个状况，就提出建设国家公园的思想。后来逐步重视生态系统的保护，当时教育功能进一步强化，已经成为现在科学、历史和爱国主义教育的主要场地。美国有保护地体系，国家公园是其中之一，这个保护地体系是以国家公园最具代表性，也是最综合的。英国国家公园是以乡村的生活为主，在国家公园里面存在大量居民，他们的保护和利用是相结合的，是一种中央政府管理和地方的议会社团和居民配合的方式，这种方式在欧洲也有代表性。日本的国家公园，没有走美国国家公园的道路，日本的管理是统一的规划，在公园内部有非常严格的规划，非常重视法律的制度和实行。

这是 IUCN 的分类，这个分类反映出多重利用不同变化的不同层次，但是这套系统作为国家公园，在全世界各国应用不是太广泛，因为存在操作和国情上的差异。特别是文化历史比较悠久的国家，很难采取这样的系统。

2 中国国家公园的共同特征与本质

国家公园的共同特征和本质是什么呢？有 6 个方面，一个就是资源国家代表性，一个是保护游憩双重性，法定性，国家依法设立和管理，公益性和科学性，还有是中国的特色。我们国家公园的体制试点，主要困惑有几个，一个是九龙治水还是九龙戏水。如果想治水是可以治好，但是每一个部门都有自己的想法，就把治水的环节搅浑了。我们分不清中央政府依法设立还是部门自立门户，我们分不清主次。第二一些地方政府被经济利益冲昏头脑，把国家公园看成新的摇钱树，把生态文明放在一边，他们很积极，但是都有自己的小九九。有一些部门为部门利益考虑，把国家公园当成新的利益点，没有站在国家高度看待问题，对于国外的观点研究不透。从一个极端走向另一个极端。这些都影响国家公园的建设。原有矛盾许多没有解决好，对新出现的矛盾准备不足。

3 中国国家公园保护体系

怎么对待试点，怎么做好，这是具体的问题，在困扰我们。其实我们国家从 50 年代开始，建立了三大保护地体系：自然保护区、文物保护单位、风景名胜区。实际上这三类保护区在现在的保护过程中，从法理上全部覆盖，但是出现一些不和谐的因素，在这个之外又出现一些东西，这些东西的出现，都在这个之后，最快有一些是同一年。启动的时间不重要，是一个同类的东西，是同类议题，有很多相似性。国家的保护地体系在理论上说得清。在规划上文物保护主要是强调文化遗产和文物保护。自然保护是科学研究、严格保护、限制有人活动。风景名胜区是强调人文与自然资源保护，介于严格自然与旅游开发之间，强调保护。

自然保护区很重要，但是我是搞风景区的，我简单说一下风景区的作用。中国的风景名胜区，有 5000 年的历史，有 7 个阶段，我专门做过研究分析，还是有一定的底气。风景名胜区经过 5000 年发展从民间到国家的体系，资源是国家公共资源。从 1982 年到现在，风景名胜区的发展起了很大作用，凝结了全中国最具有代表性的景观，我们很多发展都可以在里面看到。跟风景名胜区相关的遗产占到 60% 以上，是中国的名山大川和名人汇聚之地。在新中国成立以后，自然保护比较好的区域，成为自然保护区的新兴区域。我们这些名山大川都在历史上长期生存，刚才王老师问了一个问题很好，为什么海洋不做国家公园？这个问题非常好，因为它的矛盾少，为什么不在这些名山大川里面做国家公园试点呢？它的基础很好，我也想问为什么。

我简单说一下风景区取得的主要成就。到现在风景名胜区是 8 批 225 个，面积占到国土面积的 1%，这是国家风景名胜的分布图。保护我们国家最珍贵的国家遗迹。与自然保护重叠部分是按照自然保护的要求进行保护。保护国家大量文化遗产，整体保护传统对文化的环境，对国家传承文化起到很大作用，对旅游事业也有贡献。也是教育重要基地，全国科普教育基地和全国青少年的教育基地在风景区里面有一半，爱国教育基地有 162 处。规划体系应该是比较健全，在保护地体系里面最健全，有风景区体系规划，一个省域的几个风景区之间的体系，也有风景名胜区的总体规划，这个国务院要审查。在详细规划实施的时候做规划、设计和施工是一整套系统。

在国家对外交往方面风景名胜区走在前面，其实是从 1979 年邓小平访美的时候，签订了第一个与美国合作协议的时候，就签订了美国的国家公园跟中国的交流，我们现在有 27 个国家公园在建立，现在还有 5、6 个在洽谈当中。风景名胜区坚持科学规划、统一管理、严格保护、有序利用的基础方针。鼓励特许经营制度、严格管理景区门票、坚持保护优先，突出风景名胜区公益性。我们建设过多，我们企业进入风景区还有一部分上市问题，这个在十多年前就有遏制。中国的特点是自然和文化的结合，风景和名胜在一起，才定了这么一个名词。风景名胜区在设立目的、法定地位、资源国家代表性、性质定位、规划体系、空间布局等等与国家公园有很多共性。风景名胜区实际经验，为国家公园实际的建设提供了有利的条件。

我们国家的国家公园的含义、定义刚才谢老师也讲了，一个是国家管理，一个是法律依据，一个是以自然为基础，自然与文化结合，具有保护和游憩等功能。这是我们做国家公园标准研究的时候，把那些内容归纳为国家依法设立，以自然生态和景观为基础，自然与文化相融合，具有科研、审美、教育和游憩的功能。作为国家公园，不是孤立的，应该是一个分层次的体系，最严格的是国家保护地的概念，或者国家自然保护区的概念；第二个是国家公园，是我们所探讨的；第三部分跟 IUCN 对应的第三个参差，没有达到这两个标准，可以放开，让大家在保护资源的情况下，更多参与、保护和管理，引入社会力量。这是一个方向性考虑，也是一种建议。这个当时的材料已经送到发改委。

4 中国国家公园试点的要点

最后归纳一下，中国建立国家公园的试点，有几个方面我觉得应该考虑。

1）哲学理念，中国的国家公园不同于其他的任何国家的体系，体现天人合一，人与自然和谐发展的生态文明理念。

2）借鉴依托，国际上依托成功的国家公园经验，国内依托中央政府依法设立的国家级风景名胜区和自然保护区。

3）价值功能，体现社会公益属性，资源价值具有国家代表性，突出科学和教育功能。

4）科学研究，配备专业科研队伍与多学科的科技力量。

5）科学管理，中央政府设立专门机构进行垂直管理和地方政府共管相结合，自然产权明晰的分类，分别管理，社会、媒体、非政府组织等实行监督。

6）资金安排，国家的财政和地方支持双管齐下。

7）特许经营，经营项目实行特许经营，不以盈利为目的，体现公益性。

8）结构布局，划分严格保护空间、适度使用（游憩教育等）、社区与设施空间等三大空间，在资源保护基础上合理利用。

9）社区参与，积极应对新型城镇化，探讨农民自愿进城与本土发展并存，居民享有保护权、参与权、收益权和监督权的社区发展新模式。

10）规范设置一地一名，规范设置区域管理。

以上是当前比较突出的，或者方向上特别需要认同的问题。

国家自然保护区和国家级风景名胜区两类保护地用途管理上不尽相同，管理模式也存在一些差异，但是有很多保护共性，如果能从国家层面，新的制度设计以这两类保护区作为基础，建立国家公园保护体制，可以加快试点工作步伐，凸现中国特色。

（根据嘉宾报告及多媒体资料整理，未经作者审阅）

在国家公园体制试点中率先建成生态文明制度

苏 杨

（国务院发展研究中心研究员）

【摘 要】 围绕国家公园试点过程中存在的问题从六个方面释疑解惑：国家公园体制试点的缘起和内容，国家公园体制建设难点，国家公园管理体制选择标准，破局之道，仙居案例，国家公园品牌增值体系。

【关键词】 国家公园体制；试点；难点；生态文明制度；国家公园品牌

1 国家公园体制试点的缘起和内容

我国保护地管理体制的弊端主要体现在三个方面：一是宏观管理体制——绿色发展的制度大环境尚未形成；二是管理单位体制——保护地管理不统一、不规范、不高效；三是资金机制——缺少保障且使用低效。

从 2013 年十八届三中全会提出建设国家公园体制以来，中央及有关部委出台了一系列文件（表1），仔细解读这些文件，可以发现文件中的二组关键词：

（1）改革方向：统一、规范、高效，体制改革意图达到的三方面目标。

（2）终极目的：保护为主、全民公益性优先，更严格的保护，保护自然生态和自然文化遗产原真性、完整性。

十八届三中全会以来有关国家公园体制的文件解读　　　　　　　　　　　　表 1

文件名	文件中的提法	文件初衷解读
三中全会《决定》	建立国家公园体制	严格按照主体功能区定位推动发展
《关于开展生态文明先行示范区建设的通知》（2014 年 6 月）	安徽省黄山市等 7 个首批先行示范区"探索建立国家公园体制"	将国家公园体制作为生态文明先行示范区改革的重要制度建设工作
十三部委《试点方案》	明确九个试点区；试点目标：保护为主、全民公益性优先；体制改革方向：统一、规范、高效	国家公园体制试点：强调制度创新
国家发改委办公厅《试点区实施方案大纲》	倡导管理和经营权分立的机制探索，推行探索特许经营，强调建立社区发展机制，鼓励创新社会参与机制	
《中共中央国务院关于加快推进生态文明建设的意见》	建立国家公园体制，实行分级、统一管理，保护自然生态和自然文化遗产原真性、完整性	建立国家公园的目的是保护生态和自然文化遗产
国务院批转国家发展改革委关于 2015 年深化经济体制改革重点工作意见的通知	在 9 个省份开展国家公园体制试点	作为生态文明制度改革的重要内容，也与经济体制改革有关
生态文明体制改革总体方案	（十二）建立国家公园体制	作为生态文明制度建设的重要组成部分，并由中央制定总体方案
《关于开展国家公园体制建设合作的谅解备忘录》	双方在国家公园的立法等方面开展共同研究；国家公园管理体制的角色定位等方面开展深入探讨。	习近平主席访问美国期间的外交成果，旨在深化中美双方国家公园体制建设合作

文件名	文件中的提法	文件初衷解读
中央十三五规划建议	整合设立一批国家公园，设立统一规范的国家生态文明试验区。	"十三五"期间正式设立国家公园
中央深改组第十九次会议	在青海三江源地区选择典型和代表区域开展国家公园体制试点	《三江源国家公园体制试点方案》被直接通过中央深改办评审
中央财经领导小组第十二次会议	中央发展国家公园的路径：建立国家公园体制——国家公园体制试点——整合设立一批国家公园（十三五）——着力建设国家公园	国家公园相关工作进入"着力建设"期
中央深改组第二十一次会议	开化列为全国 28 个多规合一试点县市之一	联动开展国家公园体制、国家主体功能区建设、多规合一等 5 项国家级试点
十三五规划纲要（2016 年 3 月）	建立国家公园体制，整合设立一批国家公园	
关于 2016 年深化经济体制改革重点工作意见的通知	抓紧推进三江源等 9 个国家公园体制试点	
《关于设立统一规范的国家生态文明试验区的意见》及《国家生态文明试验区（福建）实施方案》	将武夷山国家级自然保护区、武夷山国家级风景名胜区和九曲溪上游保护地带作为试点区域，2016 年出台武夷山国家公园试点实施方案，整合、重组区内各类保护区功能，改革自然保护区、风景名胜区、森林公园等多头管理体制，坚持整合优化、统一规范，按程序设立由福建省政府垂直管理的武夷山国家公园管理局，对区内自然生态空间进行统一确权登记、保护和管理。根据保护对象敏感度、濒危度、分布特征，结合居民生产生活需要对试点区进行分区，划定特别保护区、严格控制区、生态修复区和传统利用区，确保核心保护区不变动、保护面积不减少、保护强度不降低，到 2017 年形成突出生态保护、统一规范管理、明晰资源权属、创新经营方式的国家公园保护管理模式	整合试点示范。将已经部署开展的福建省生态文明先行示范区……武夷山国家公园体制试点……等各类专项生态文明试点示范，统一纳入国家生态文明试验区平台集中推进，各部门按照职责分工继续指导推动

　　文件表达了国家公园就是"人民公园"的亲民理念，要从制度层面确保保护地事业的公益性，"绿水青山就是金山银山"的通俗版就是"保护好了、要见效益"。

　　保护是共识，但如何保护存在认识上的分歧，分歧在于什么是国家公园、怎么整合、国家公园归谁管。

　　保护为主是一个基础，也是大家的共识。这个保护不是传统的保护，而是一种细化保护，需求的精准保护。在这样的保护基础上，才有可能实现全民公益性。我们可以这么说，自然保护区要保护是比较简单的，但是在这个基础上，你要细化保护需求，然后实行精准保护，把全民公益性提出来，这个其实技术含量是相当高的。我们觉得在这个问题上，国家公园比自然保护区更加复杂，更加亲民，而且希望保护来了要见效益。保护是前提，就是所谓的宁要绿水青山不要金山银山，但是不能止于保护，我是这么来理解这个意思的。所以我觉得有一个总体的狭义的思路，实现两个整合：空间上要整合，体制上也要整合，最后才能达到这样的效果。在这样的过程中，实现一个转换，我们才能实现保护方式的转型。

　　重点在体制，国家公园体制比国家公园更加重要。

　　保护地管理体制是社会公益事业的决定性因素，如同医改，激励不相容的体制必须调整，破碎化管理的局面必须纠正。

　　资源管理各相关部委更多站在各部委利益角度思考界定国家公园的归属，有"争权夺利"之嫌，林业系统强调生态保护和野生动物保护，国家公园是保护区升级版，体制相同，类别不同，目标不同，以云南为主要试点区；环保系统强调生态保护和综合管理；住建部风景园林系统强调风景名胜区就是中国的国家公园，风景名胜区的英文名称就是 national park，最早同国际接轨，但风景名胜区的高门票、过度建设引起众多非议。

保护地旅游开发在各地兴起热潮，地方支持、社区参与程度高，一些地方把国家公园作为提高知名度的一个招牌，以旅游发展为目的。

从管理角度对国家公园体制试点区（9＋2）的分类 表2

造成的统一管理难度	范围内的资源地权等异质性 高	低	备注
高	武夷山、八达岭	南山、钱江源、东北虎豹、大熊猫	武夷山和八达岭包括文化和自然遗产
低	长白山	伊春、普达措、神农架、三江源	三江源和伊春资源统一管理难度较小

美国对国家公园的定位是"为了人民的利益和快乐"，是为了增强人民形成国家共同意识的能力（美国国家公园 21 世纪议程），是美国最伟大的思想。国家公园是爱国主义、国民自豪的地方，是对国家的爱的一种深情表达，其价值超越了风景（National parks are a profound expression of love for one's country. They are more than scenery. They are about patriotism, national pride a country's place in the world）。

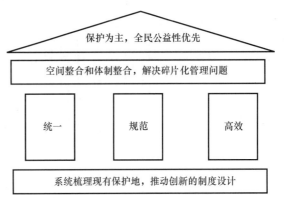

美国黄石国家公园西入口荣誉碑：Honoring West Yellowstone Veterans and all the American men and women who have served their country/ARMY-NAVY-AIR FORCE-MARINE CORPSCOAST QUARD.

美国为什么把国家公园看得这么重要，实际上在美国有很多人专门去强调国家公园在文化建设里面有一个不可替代的作用，代表着美国的灵魂。这是美国国家地理杂志的专题里面，讲到我们应该为了利益和快乐。就像我们中国的长江、长城，黄山、黄河，它已经是我们国家的一个依托。可以看出国家公园这个作用是相当重要的，国家公园里面是一个深刻的对国家的爱的表达，不仅是景观，更是爱国的表达。我们觉得上升到这个高度，这是一个国家的灵魂，大好河山，江山如此多娇，你引以为荣你要靠这个来体现。美国确实有很多办法。

加拿大阿尔伯塔省贾斯珀国家公园（Jasper National Park）境内的艾迪丝·卡维尔山（Mount Edith Cavell）以神秘的高山景观和消融中的悬冰川而著名，其名称来源于一位英国护士：一战，艾迪丝·卡维尔作为比利时布鲁塞尔市红十字医院的总护士长，坚守阵地组织抢救各国伤病员工作。在救护工作中，她协助超过 200 名比利时、法国战俘逃往中立的荷兰。不久，她的所为被德国士兵发现并遭残忍杀害。

美国国家公园也有丰厚的经济社会效益包括就业带动作用和游憩机会供给：

（1）吸引游客数量：2015 年美国国家公园接待访客 2.76 亿访客；其中大峡谷访客数位居全美第二，400 万访客。

（2）带动周边社区产生的经济效益：国家公园参观者在周边社区总共近 146 亿美元消费支出的具体构成及产生了 14.3 万个就业岗位（2013 年数据）。

（3）游憩机会供给（种类拓展和保护约束）。

美国国家公园体系成员（401 个）的经济效益 表3

支出构成	总支出（亿美元）	占支出比例	每天每团平均消费（美元）
本地游客各项消费	8.56	5.9%	40.41
非本地游客各项消费	23.82	16.3%	90.79
公园内旅店住宿	4.85	3.3%	391.31
露营地支出	4.23	2.9%	130.46

续表

支出构成	总支出（亿美元）	占支出比例	每天每团平均消费（美元）
公园周边旅店住宿	88.10	60.5%	271.57
公园外露营地支出（包括停车费等）	8.55	5.9%	121.64
其他	7.62	5.2%	40.47
合计	145.72	100%	132.24

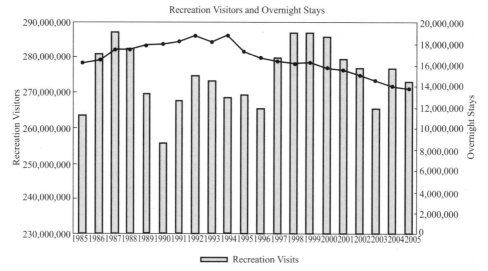

图1　美国国家公园游客人数与过夜人数

对旅游我们还要换一个角度看，有本书叫《旅游与国家公园》，他们的要点是发展历史与演进的国际视野。在这本书里面，关于旅游有一个非常到位的定义，它里面这句话非常出名，"是旅游业才决定了什么是国家公园"。它有两个方面的所指，第一个国家公园是要让人参与进去的，而旅游是公众接触国家公园的一种方式。

第二个也是比较重要的，对很多发展中国家来说，确实构建了一个比较和谐的保护和旅游发展之间的关系，这样使它得到了当地民众的支持，没有这种充分，我们所做的国家公园很可能是失败的。举个例子，法国建立了第一个国家公园，然后花了三十年的时间变成了国家公敌。然后从2006年开始进行国家公园改革，后来才得到了当地居民的支持。我们要知道旅游实际上是提供了一种接触公园的方式，不是单纯我们讲的观光旅游。就这些方面，我们确实是需要认识的。

我们要加强保护，但是我们更要想怎么才能落地，我们通过规划是一个平台让它落地有保障，然后我们还要处理好跟旅游的关系。这样我们做这个事情才能通天接地，我们觉得这才是一个务实的国家公园体系的态度。

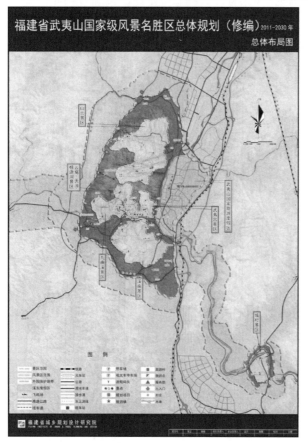

2　国家公园体制建设难点

国家公园体制试点过程中面临二个难点：权与钱。土地权属、管理机构与利益结构要调整，资金机制、补偿机制与绿色发展机制要建立，怎么要钱？怎么挣钱？

以武夷山国家公园体制试点区为例看难点。武夷山国家公园体制试点区包括四个保护区域，三个管理机构，两种管理体制：

自然保护区管理局：垂直管理机构

风景名胜区管委会：风景名胜区（64km^2）、森林公园

旅游度假区管委会：12km^2

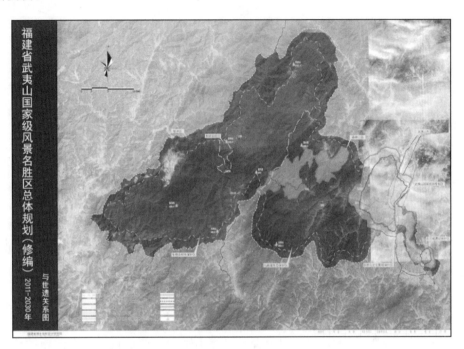

武夷山国家公园试点区范围内现有的管理关系   表4

管理关系 空间范围		管理机构	地方政府
自然保护区（565km^2）		福建省林业厅垂直的自然保护区管理局（参照公务员法管理的正处级事业单位），居民由星村镇及其他两县管理（部分区域属于建阳市和邵武市）	
风景名胜区规划范围（64km^2）	旅游度假区（12km^2）	武夷山市派出机构旅游度假区管委会（副处级机配正处级干部）	由地方政府和风景名胜区管委会共同管理，相关资源和行政许可审批权属于地方政府，管委会属于前置审批模式，其居民由星村镇，武夷街道管理
	风景名胜区（52km^2）	武夷山市派出机构风景名胜区管委会（副处级机配正处级干部），下辖森林公园管理处（正科级）管理森林公园	
九曲溪上游（353km^2）	森林公园（78km^2）		
	九曲溪光倒刺鲃水产种质资源保护区（12km^2）	武夷山市农业局进行业务指导	居民由星村镇进行管理
	其他区域（263km^2）	武夷山市林业局，茶叶局进行业务指导	主要是公益林、茶灶和基本农田，由星村镇进行管理
江西武夷山自然保护区（160km^2）		江西省林业厅垂直管理的自然保护区管理局（正处级事业单位）	

发改委试点方案中设计的体制要点及武夷山实施方案的问题   表5

体制机制类别		中央文件要求	武夷山实施方案的问题
体制	管理单位体制	统一管理、省政府垂直管理	横跨多个行政区，省级层面部门利益的协调存在挑战
	资源管理体制	明确资源权属、确保重要资源国家所有、土地多元化流转、合理经济补偿	土地权属复杂多样，社区以当地资源为生产条件创造了较高的经济效益，补偿成本较高

续表

体制机制类别		中央文件要求	武夷山实施方案的问题
机制	资金机制	测算成本、拟定筹资渠道、明晰支出预算	没有进行事权划分，没有明确高层级应承担的事权大小
	日常管理机制	评估保护利用现状、拟定保护传承机制、强化监督执行、规范利用和管理	没有提出评估的技术方法和实施机制，没有明确衍生的产业（如漂流等）试点期和试点结束后的管理机制变化
	社会发展机制	规范、引导社区发展	社区较多，基本形成其固有的依赖当地资源为生的产业模式，规范和引导的成本和难度较大
	特许经营机制	明确组织方式、资金管理机制	各区域之间经营产业发展程度不一，旅游发展成熟区域具备成体系的企业经营模式，但并非以特许经营的模式运作，旅游开发较少区域基本以农户零散的经营为主
	社会参与机制	鼓励多方参与、实施社会监督	社会参与渠道和模式较为单一，尚未形成体系化的捐赠制度、志愿者制度等
	合作监管机制	界定责权利边界、明晰监管范围	各层级、各部门之间财权事权划分不够清晰，影响保护和监管成效

管理体制的障碍：①四个区域（特别保护区、严格控制区、生态恢复区、传统利用区）均突破了目前形成的管理关系，严格控制区内存在较大规模原住民生产生活活动；②对管理权责划分的影响不同：九曲溪上游地带的大部分面积为原管理机构没有覆盖区域，管理较为薄弱，原住民的生产生活活动影响较大，且需要立即从乡镇政府分权；③对居民利益结构的影响不同：各区域的人口密度差别较大，原住民的收入渠道和收入水平差别较大，被统一的国家公园体制试点区纳入后对既得利益结构的影响差别较大。

必须了解国家公园试点区各核心利益相关者对武夷山国家公园试点区管理问题的认识和其利益诉求，才可能明晰批复的实施方案中的体制机制构建中的困难并评价其操作性，然后提出相关体制机制的优化方案。

管理者角度看管理体制的问题和对职能部门的期望：主要管理和职能部门的有关业务人员进行了访谈；

原住民对现有生活和生计状况与自然保护关系的认知以及对未来国家公园发挥功能的预期等，武夷山全域乡镇进行抽样入户调查。

3　国家公园管理体制的选择标准

（1）生态系统的资源属性

能够被选为国家公园，通常其生态系统和资源价值均较高，但在设计具体管理体制时，还需对这方面进行进一步的区分，本报告将其分为两类，即：有较大面积的全球或全国层面的典型或敏感生态系统和资源类型、生态系统和资源重要性高，但其典型性和敏感性相对不突出。

（2）保护地类型数量

由于国家公园关注的是生态系统完整性和原真性的保护，因而在中国现行的以资源类型为分类依据的保护地体系下，一个国家公园往往会覆盖几类保护地。但因各地的资源异质性不同，涉及的保护地类型数量也有差异，可将其分出三类，即：保护地类型众多、较多、相对较少。

（3）不同保护地的管理强度

不同保护地类型在资源保护强度、社区监管强度等方面均有不同，即管理强度相差各异，可用高、中、低三个等级来区分各类保护地的管理强度。

（4）管理体制的统筹难度

管理体制的统筹难度与涉及的各类保护地管理单位体制的异质性有关，在这一基础上再评估各类保护地管理体制统筹的难度。

在此基础上划分三类：①特区政府型，②统一管理型，③前置审批型。

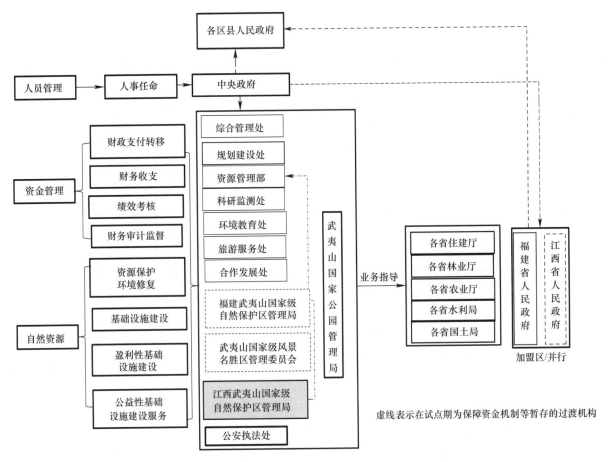

图2　特区政府型国家公园管理体制

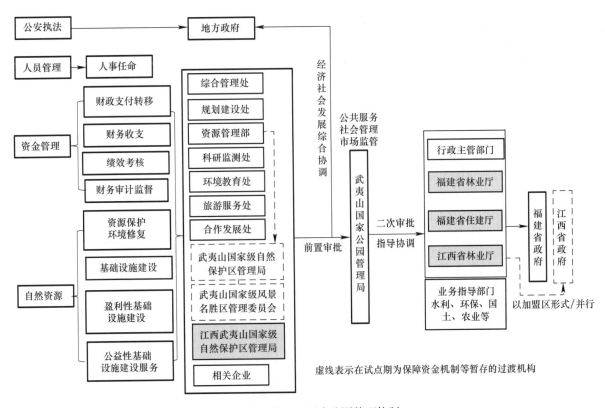

图3　统一管理型国家公园管理体制

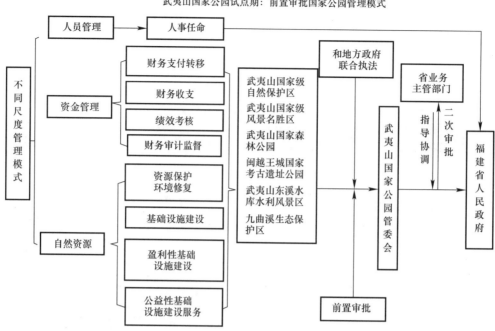

图 4　前置审批型国家公园管理体制

4　破局之道——统一、规范的生态文明试验区

（1）生态文明体制与国家公园的关系

习近平总书记指出"共抓大保护、不搞大开发"，长期以来形成的大开发小保护制度系统，现实中让诸多干部感觉为难，是因为长期的"以经济建设为中心"已经形成了成龙配套的制度体系，几乎所有政府部门都形成了搞大开发的合力，而搞保护的动力局限于为数有限、权力有限的几个部门（多半是直接获得了保护专项资金和相关执法权的，如林业、环保、文物等）。

从绿色发展与生态文明基础制度的关系来看，顶层设计制度要成龙配套，改革落实机制也要全程高效。生态文明八项制度全过程、全方位发挥作用，必须成龙配套，难以单打独斗也难以齐头并进，各项制度相互之间有衔接也有构建顺序。

中央全面深化改革领导小组第二十一次会议的讲话："抓改革落实，要遵循改革规律和特点，建立全过程、高效率、可核实的改革落实机制，推动改革举措早落地、见实效"。

（2）国家公园体制与生态文明试验区的关系

国家公园是生态文明建设的重要物质基础、生态文明制度建设的先行先试区、生态文明基础制度因地制宜的创新实践区，也是生态文明建设特区，在制度设计、考核指标、奖惩措施、资源调配（土地等）等方面均体现出特殊性，以彻底转变这个区域的发展方式。

生态文明八项基础制度与国家公园管理"钱、权"制度设计的关系　　　　　表 6

生态文明八项基础制度	制度创新	制度影响和可解决的现实问题
归属清晰、权责明确、监管有效的自然资源资产产权制度	全部确权、责有攸归	权（解决土地等自然资源权属问题，确保山水林田湖统一管理）
以空间规划为基础、以用途管制为主要手段的国土空间开发保护制度	多规合一、规划落地	
以空间治理和空间结构优化为主要内容。全国统一、相互衔接、分级管理的空间规划体系		
覆盖全面、科学规范、管理严格的资源总量管理和全面节约制度	全程管理	钱、权兼有
反映市场供求和资源稀缺程度，体现自然价值和代际补偿的资源有偿使用和生态补偿制度	为生态服务付费	钱（谁奉献、谁得利；谁受益、谁补偿）

续表

生态文明八项基础制度	制度创新	制度影响和可解决的现实问题
以改善环境质量为导向，监管统一、执法严明、多方参与的环境治理体系	质量管理、齐抓共管	权（确保谁污染、谁付费甚至谁污染、谁遭罪）
更多运用经济杠杆进行环境治理和生态保护的市场体系	分清政府和市场的界限，引导市场力量	钱（谁治理、谁得利）
充分反映资源消耗、环境损害、生态效益的生态文明绩效评价考核和责任追究制度	终身责任到主管	权（政府、相关机构和领导干部的权，确保指挥棒正确有力）

（3）相关体制改革重点举例：产权制度

《生态文明体制改革总体方案》中的规定：探索建立分级行使所有权的体制。对全民所有的自然资源资产，按照不同资源种类和在生态、经济、国防等方面的重要程度，研究实行中央和地方政府分级代理行使所有权职责的体制，实现效率和公平相统一。中央政府主要对石油天然气、贵重稀有矿产资源、重点国有林区、大江大河大湖和跨境河流、生态功能重要的湿地草原、海域滩涂、珍稀野生动植物种和部分国家公园等直接行使所有权。

如何行使所有权：

① 是否都需要封闭、隔离式保护？

② 如何体现"行使所有权"（在集体所有的土地上，在土地已经承包到户后，土地的产权、治权能否根据保护需要分离？）

③ 合理行使所有权需要配套什么制度才能确保执行到位？

（4）以自然资源资产产权制度看国家公园的权属

建立有效率的产权结构制度，明晰所有权、行政管理权和经营权边界。

国家公园内包含或可能包含土地、水、矿产、生物、气候和海洋六大类自然资源。国家公园资源所有权应该包括若干个不同的相互独立的所有权属所构成，国家公园所有权由国家享有是有效率的。但是国家所有权的主体有事实的缺位和由各级政府或者政府的各个部门行使，从而形成多个利益主体的情况，有进一步明晰产权、完善国家所有权管理机制的必要。

现实中自然资源国家所有权往往附属于行政管理权之中，降低了资源物权交易的效率和行政权的威信，甚至可能成为行政机关设租和寻租的手段，是低效率的制度安排。

依据国家公园分级管理而设定由不同级别的政府行使所有权、所有权与经营权相分离以及所有权与行政管理权相分离是有效率的选择。

（5）多种方式、不同步骤明晰国家公园自然资源资产权属

对国家公园范围内的自然资源资产进行确权登记；建立公共资源的所有权归全民所有、管理权委托相关部门统一规范管理、经营权以特许经营等方式实现的产权管理结构。部分管理权可以通过地役权方式体现，使保护代价变低，并与社区形成良性互动。

（6）美国文化与自然遗产保护中的地役权相关制度

土地或历史建筑的拥有人（供役者，donor）和特定的保护组织或政府机构（受役者，donee，grantee）为实现遗产保护达成法定协议，供役者永久性地出让部分权益并由此而受到物业使用的限制。

受、供双方达成的地役权协议通常包含如下内容：①景观必须和历史建筑的风格、年代相吻合；②未得受役者的首肯，禁止对外立面、结构等做出变动，禁止拆除和改建；③禁止变更或移除室内装饰；④业主必须尽到维护物业的责任；⑤禁止私自建造围墙、灌木而妨碍公众的观赏视线；⑥允许每年有若干天将物业向公众开放；⑦物业需要出售变更时，受役者有优先选择权；⑧未得受役者的首肯，禁止移除病树、花卉等。

对于供役者而言，出让自己的财产处置权，不仅造成使用上的永久限制，也会失去未来进行商业开放的潜能。为此美国政府提供了减税或实物补偿的方法，调动业主的积极性，自愿地签署地役权协议：

①出台以"慈善捐税减"为主的优惠政策，减少供役者的所得税和遗产税数额；②直接动用基金从业主手中购买地役权。得到税惠和基金补助的地役权必须在限制程度上超过原有的区划管理和物业管理规定。

（7）地役权设计

保护地役权的实现主要是包括以下四方面：供役地人，受役地人，保护地役权合同规定的供役地人权利和义务，受役地人的权利和义务。

保护地役权必须目的明确，因此地役权合同涉及内容多样。

武夷山试点区多年来较为突出的保护需求是中亚热带常绿阔叶林生态系统保护和茶树作为重要生计来源维持和潜在扩张；

针对茶农作为供役地人的"森林保护地役权"在保护森林生态系统和维持传统文化的平衡上具有一定的可行性。

既有制度基础：武夷山风景名胜区山林"两权分离"的管理模式，在不碰触土地所有权改变的情况下，将使用权、经营权和收益权分离出来。

既有"两权分离"管理模式可能存在三个方面的不足：

使用权的全部转让存在一刀切和笼统的问题，没有考量依赖自然资源的生产生活的合理需求；

在补偿测定方面没有考虑居民对保障其他生态系统服务，如水源地的贡献；

只有风景名胜区管理委员会一方出资，没有尽可能的扩大补偿资金来源；

地役权设计的六个步骤

"森林保护地役权"的设计步骤：

① 明确森林群落种类和演替的空间分布，现有茶树分布，地形和土质的空间分布；

② 根据演替阶段、珍贵树种分布建立缓冲区；根据地形和土质确定土壤易侵蚀区；

③ 根据地形条件，确定现有茶树分布范围可以保留和需要削减的部分；根据森林保护需求，确定保留部分里需要控制生产方式的部分；

④ 根据③，结合土地权属分布，确定需要限制茶树扩张并规定茶树种植的各项细节，并统筹设计规模性生产方案；

⑤ 估算由于限制而造成的经济损失，从负面影响的控制进行资金需求评估；

⑥ 定需役地代表机构（政府、企业、非政府组织等）并设计合同样式和细节。

在地役权制度设计中，成本-收益测算方面，茶叶产值净变化可以通过下面公式进行，主要针对处于运行期的茶园：

茶农净损失＝茶山拔除面积×原亩产×原单位价格－茶山拔除面积×原单位生产成本

土地调整后净收益变化＝调整后茶山面积×原亩产×亩产变化系数×原单位价格×单位价格变化系数－调整后茶山面积×原单位生产成本×单位生产成本变化系数

资金补偿总量＝茶农净损失－土地调整后净收益变化

5　国家公园体制建设中国故事仙居案例

以浙江仙居国家公园建设为例看体制机制和区域绿色发展中的若干问题。

（1）问题必须统筹解决（区域的问题必须整体解决，国家公园内的问题必须靠生态文明制度解决）

（2）如何要钱：事权划分

（3）如何挣钱：

发展路径：绿色产业发展及其配套制度建设

筹资模式：政策性贷款

笔者认为，三江源国家公园立法的重点应当放在行为管制方面，主要针对人类行为进行管控约束，尤其在自然环境脆弱的三江源地区，对各类行为进行民事、刑事、行政方面的多重保护，在民商事法律方面，主要针对挖虫草对环境造成的草场损害进行进一步明确、矿产资源的开采及恢复工作、进一步完

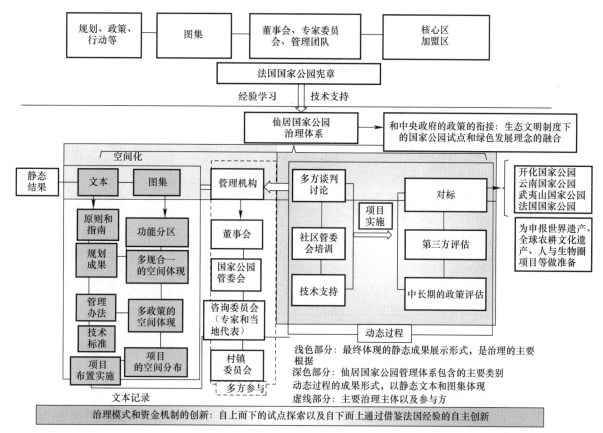

图 5　仙居国家公园管理体制

善税收政策；在刑事法律方面，主要对违法捕猎破坏生态系统平衡的重大行为应重罚，准确适用污染环境罪，要下得起狠手；在行政法律方面，进一步完善许可证制度、加大排污处罚力度，完善总量控制制度，完善生态补偿机制。在对三江源自然保护区进行行为管控中，最为突出的就是退牧还草，生态移民项目的实施，对自然环境保护起到了突出的作用，将牧民从草原里请出来，让脆弱的草场得到休养生息是一种解决方式，然而我们要考虑到的是网围栏的建设和生态移民是否切断了生态系统的链接。在事后救济阶段，不能只立法不守法不用法。我国已经重视环境的破坏恢复工作，对恢复原状的，人民法院可以直接裁判污染者对环境进行修复，并且费用自理。

开化围绕规划体系、空间布局、基础数据、技术标准、信息平台和管理机制"六个统一"为目标的改革，"多规合一"试点经验是可行的（图 6）。

6　国家公园产品品牌增值体系

（1）法国经验

资源环境的优势转化为产品品质的优势，并通过品牌平台固化推广，体现为价格优势和销量优势，最终在保护地友好和社区参与的情况下实现单位产品的价值明显提升。

福建武夷山自然保护区的雏形和仙居的模仿

用资上自然保护区社区仍然居于很次要的地位。武夷山自然保护区管理局目前各类财政性经费来源接近 4000 万元/年，在全国的自然保护区中名列前茅。但长期以来，这些资金主要用于自然保护区管理机构自身，保护区社区分享的并不多，这与自然保护区管理机构的业绩考核中没有将保护区社区的发展放到应有地位有关。2005 年以来，保护区社区群众与自然保护区管理机构的数次群体性事件，已经说明了加大对社区的生态效益补助的必要性。2008 年后，由于自然保护区社区生产的茶叶在自身努力和市场形势下实现了产业结构的全面升级，这种矛盾得以缓和。但由于在这种资源—产品—商品的整个产业链升级中自然保护区管理局没有发挥应有的作用（如表所示），这种矛盾的源头仍然存在。

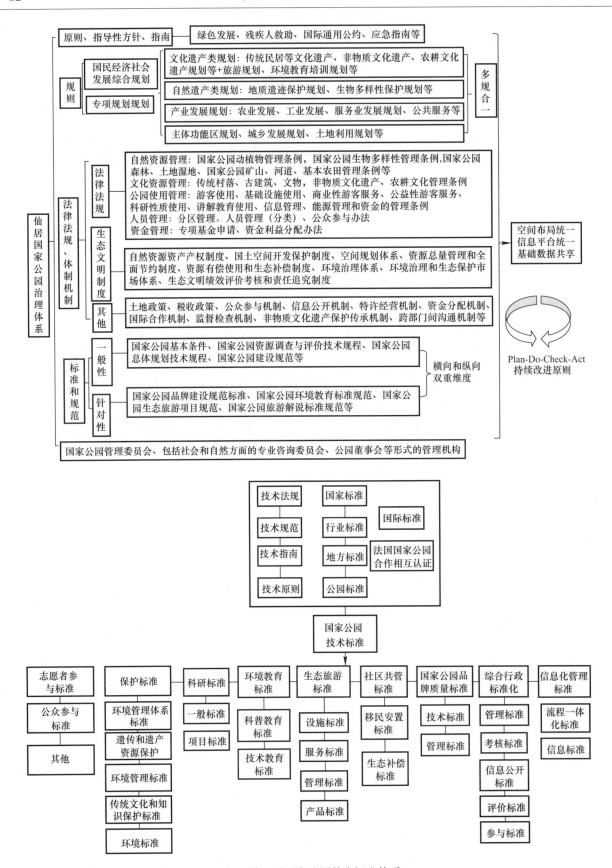

图 6　钱江源国家公园技术标准体系

　　这种情况说明，相对较好的武夷山自然保护区社区的生态效益补助资金可以说仍然没有稳定的来源。中央政府应该承担更大的出资责任，何况基层地方政府的资金来源有限。对武夷山这样的自然保护区，国家应有相关专项资金并保证能专款专用，满足生态效益补助需要，才可能使武夷山保护区社区可持续地减少虚拟地占用，从而控制生产活动带来的干扰。

（2）特色产业发展思路：以保护地友好产品增值体系为例平台高端全面、制度成龙配套

"自然保护地友好产品增值体系"（简称保护地友好体系），由中国科学院动物研究所副研究员解焱博士于 2013 年发起。通过在自然保护地周边社区推广有机农业、推广保护地友好产品的生产，并为产品搭建完整的产业链和配套制度，确保在保护的前提下完成产品增值。

除了要求产品生产过程不得使用农药、化肥、转基因、激素等有害化学物质，遵循有机农业的原则之外，保护地友好体系还要求，不得种养有入侵风险的外来种，不能导致生态系统单一化，如果是采集野生产品，必须要保证采集后还可再生……如果从事养殖，需采取措施应对养殖动物与野生动物竞争以及捕食或者食用野生生物等问题。生产过程对野生植被的影响、对土壤和水源的影响、废弃物的处理方式等等，都需要申请者在评估问卷上做出详细的回应。产品生产对于当地社区收入的影响、与当地传统文化的联系，也是评估当中重要的考察内容（图7）。

还要求："当地自然保护地要达到一定的保护管理水平要求"，也就是说，当地的保护地管理机构必须要愿意监测保护地友好产品生产对保护地造成的影响。

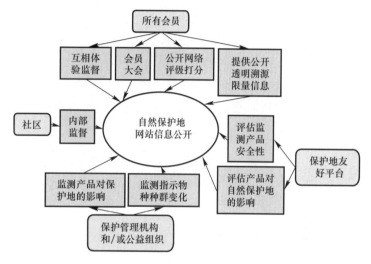

图 7 保护地友好体系的结构与职能

迄今已有近 400 家单位及个人成为保护地友好体系的会员，也已经有不少产品获得了"保护地友好"认证。

（3）国家公园品牌产品增值体系的要点

① 产业链的提升和自然文化遗产保护的结合，形成互促式发展；

② 产品和产业发展指导体系、产品质量标准体系、产品认证体系、品牌管理和推广体系；

③ 从自然资本角度的投入产出比核算内容：自然资本；生态服务的核算，定量表达生态保护对实现绿色发展的贡献；

（4）其他发展案例：黄石国家公园之城——美国波兹曼

美国博兹曼：经历从淘金小镇到国家公园再到新经济小镇的发展轨迹（图8）。

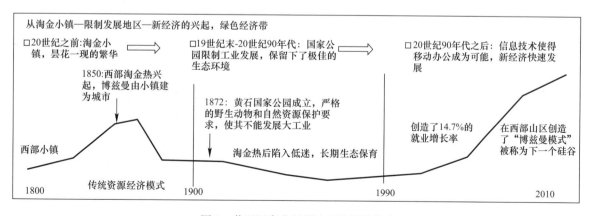

图 8 黄石国家公园周边城镇发展模式

20 世纪之前，博兹曼始建于西部淘金热，后随淘金者撤出而萧条。

19 世纪末，黄石国家公园成立，执行长期生态保育政策，严格的野生动物和自然资源保护要求限制工业发展。

1997 年之前，博兹曼地区的对外职能主要以景点观光为主。

20 世纪 90 年代后，伴随着信息技术革命，新经济快速发展，其更青睐于风景化的地区，呈现"有风景的地方有新经济"的特征。满足这一特征的波兹曼地区，吸引了诸多以互联网为主的小微型初创企业，推动先进产业大力集聚，成为美国西部地区的绿色经济带，创造了 14.7％的就业增长率，高于同期全美平均水平的 3 倍，被称为下一个"硅谷"

（根据嘉宾报告及多媒体资料整理，未经作者审阅）

中国国家公园向何处去

杨 锐

（清华大学景观学系）

【摘　要】　本文主要讲四个方面的内容，第一个要讲中国国家公园向何处去，要知道中国国家公园从何处来。第二个是我们发展的痛点和难点的问题。第三个就是我们的发展路径等等。第四个就是示范区的进展分析。

【关键词】　中国国家公园；何处去；难点问题；发展路径；试点区进展

1　国家公园概念的起源

　　1810 年英国诗人 William Wordsworth（1770-1850）主张"（英格兰湖区）每个人都应享有权益的某种国家财产，供人们用眼睛来感知，用心灵来感受。"湖区是一类国家资产（National Property）。

　　1832 年 Gorge Catlin（1796-1872）写道"这是多么美丽而激动人心啊，为美国有教养的国民、为全世界、为子孙后代保存和守护这些标本。一个国家公园，其中有人也有野兽，所有的一切都在自然之美中处于原始和鲜活的状态"。

William Wordsworth　　　　　　　　Gorge Catlin

　　我们知道现在英格兰的湖区已经变成了英国的一个国家公园。但是很不幸，在国际上是被批评的，因为他们认为英国的国家湖区已经变成了一个游乐场。

　　英国不管是国家公园或者国家公园体系，在国家的影响力方面都不如美国，而且一些国家公园的建设操作者有比较大的问题，这个说明什么呢？有一个好的概念是不够的，有一个好的思想也是不够的，实际上还是需要一步一步去落实。我们中国现在提出要建国家公园，我觉得是个非常好的事物。但是我们不能重蹈英国的覆辙。这是我想讲的第一点。有一些基本的数据，全球现在有差不多二十万的保护地，我们中国是超出了全球的平均面积，但是里面到底有多少水分，这是我们要关注的事情。

1.1　从国家公园到保护地体系

　　从 19 世纪至今，国家公园和自然保护地实践从美国一个国家发展到世界上 193 个国家和地区，从"国家公园"单一概念发展成为"自然保护地体系"、"世界遗产"、"人与生物圈保护区"等自然保护领域的系列概念。国家公园概念本身也从公民风景权益和朴素的生物保护扩展到生态系统、生态过程和生物多样性的保护。

根据《2014 联合国自然保护地名录》的统计，全球共有 209429 处自然保护地，面积为 32868673km²，占陆地面积的 15.4％和海洋面积的 3.4％。其中最大的陆地自然保护地是丹麦的东北格陵兰岛，面积约 72 万 km²；最大的海洋自然保护地是法国的珊瑚海国家公园，面积约为 129 万 km²。

根据《保护地球 2014 年报告》，符合 IUCN 分类标准的自然保护地中大约 26.6％的面积属于国家公园这一类别，即国家公园所占的地球表面积约 560 万 km²。

不同国家对国家公园的定义有所不同，但设立国家公园的目的是共同的：代际保护与国家（民族）自豪感。国家公园的性质是共同的：全民公益性，国家公园是保护地和公众的媒介。

1.2　中国自然保护地发展历程和存在问题

1）中国保护地类型与成立时间

自然保护区（1956 年）、风景名胜区（1982 年）、森林公园（1982 年）、世界遗产（1987 年）、地质公园（2001 年）、水利风景区（2001 年）、湿地公园（2005 年）、城市湿地公园（2005）、海洋特别保护区（2011 年）、海洋公园（2011 年）。

2）中国自然保护地发展的 3 个阶段

缓慢发展期（1956-1978）：1978 年全国共有 34 处保护地，占国土面积的 0.13％，平均每年设立的自然保护地仅 1.6 处。类型单一，只有自然保护区 1 种类型。

高速发展期（1979-2013）：各种类型的自然保护地数量达到 7403 处，增长 218 倍；占国土面积的 18％，增长了 131 倍；平均每年命名自然保护地 309 处，增长 193 倍。

全面改革期（2013-）：以"建立中国国家公园体制"为契机，通过全面深化改革，"打破各种体制机制弊端"，"突破各种固化利益的藩篱"，为当代和子孙后代，建设整体性强、协同度高、健康高效的中国自然保护地体系。

3）中国自然保护地存在的问题

总的问题是不成体系——整体性差、协同度低、内耗低效。

体制问题：

——尚未形成协同高效的自然保护地管理制度

——部门之间竞相圈地，一地多名，多头管理

——重设立、轻管理

——立法质量不高或法律法规之间矛盾冲突等问题（表 1）

各类型自然保护地的立法级别、指定机构级别的比较　　　　　　　表 1

类型	保护地名称	专门立法级别	指定机构级别	专门管理机构	数量	面积（×10⁴hm²）	占国土面积比例（％）
属于"禁止开发区"的保护地（保护强度较高）	国家级自然保护区	⊙	●	●	407	9586.4	9.95％
	国家级风景名胜区	⊙	●	●	225	1036	1.08％
	国家级地质公园	○	⊙	⊙	223	不详	—
	国家级湿地公园	○	⊙	●	429	1892	1.96％
	国家级森林公园	○	⊙	●	779	1048.1	1.09％
	国家级海洋特别保护区（含国家级海洋公园）	○	●	●	56（30）	690	2.3％
未被纳入"禁止开发区"的保护地（保护强度较低）	国家级水产种质资源保护区	○	⊙	⊙	428	不详	—
	国家级畜禽遗传资源保护区	○	⊙	⊙	22	不详	—
	国家矿山公园	×	⊙	⊙	72	不详	—
	国家级水利风景区	○	⊙	⊙	588	不详	—

类型	保护地名称	专门立法级别	指定机构级别	专门管理机构	数量	面积 (×10⁴hm²)	占国土面积比例（%）
其他有保护性质的用地	饮用水水源保护区	○	○	×	不详	不详	—
	国家级水土流失重点防治区（含预防保护区）	×	●	×	23	4392.094	4.56%
	国家级生态功能保护区（国家重点生态功能区）	×	●	×	25	38600	40.07%
	国家典型地震遗址	×	⊙	×	6	不详	—

注：1. 立法级别包括法律●、行政法规⊙、管理办法或规定○、无（指南）×；

    2. 指定机构级别包括国务院●、国家行政部门○、地方政府或政府部门⊙；

    3. 专门管理机构包括必须设立专门的管理机构●、根据情况考虑是否设置⊙、无专门管理机构×；

    4. 海洋特别保护区占国土比例按照 300 万 km² 计算，其余按照保护区占陆地国土面积 963.4057 万 km² 计算。

空间分布问题：

——尚未形成合理完整的自然保护地空间网络

——孤岛化破碎化现象严重

——大部分边界划定没有经过充分的科学论证和完整性分析

——自然保护地之间的连接问题重视不够

——自然保护地边界范围内重要素性保护、轻整体性保护

2　中国国家公园向何处去？

我认为中国现在没有一个真正意义上的国家公园，虽然我们从百度上、在新闻报道上，有各种自称的国家公园。但是我觉得还没有一个真正意义上的国家公园，是要实现保护优先、全民公益的。

第二个就是我们中国实际上有各种类型的保护地及子系统，但还没有形成一个完整的系统，这决定我们有非常大的空间去发展。

而从目前讲的八个字实际上引来一系列的行动，一个是打破各种体制机制的弊端，一个是突破固化利益的藩篱。这都是文件中的话，我认为讲得非常到位。最主要的是我们怎么能够打破体制机制的弊端，怎么能够突破固化利益的藩篱。从这个改革里面有几个子问题，为什么要一石双鸟，这个成功的关键，就是看我们在认识方面，是不是对国家公园保护地有准确和高度的认识，然后是不是有足够的财政投入，实际上前两个都是表面的，根源是我们是不是能够突破。

我们一直强调不能就国家公园论国家公园，不能把所有的保护地都建成国家公园，而是在国家自然保护体系内做这个任务。因为如果把国家公园单独拎出来，有一个非常大的风险，就是冲击了我国现有的自然保护体系和成绩。我们从 1956 年建立自然保护区之后，实际上中国的自然保护事业取得了非常大的成绩。在这样的情况下，如果是国家公园的这种介入不能促进自然保护的提升，还不如不做。自然保护比一个名词要重要得多。这 18% 的土地是中国最好的土地，我们怎么保护这18%，每个部门、每个地区，建设国家公园背后的动机到底是什么，这个需要我们每个人去扪心自问的。

那到底如何衡量，我觉得就是四个方面整体协同和良性运转。那包括哪些改革的内容？有机构的改革，有法制的建设，有技术的支持，管理的支持等等。但是所有的强调一点，就是要在十九大上能通过机构的改革把国家资源保护地管理局建设起来。而且在立法前面，我坚持一个观点，机构改革一定要全面，如果不能建立国家公园与自然保护地管理局，这个立法很难起步。

当然能建一个比这个国家资源保护地管理局国家内部更高的生态保护部这个是更好的，因为我们研究了美国、加拿大、新西兰的情况，新西兰的级别是最高的，是内阁成员。你保护级别越高，效果是越

好的，所以我认为就是一点，就是要在明年，要促进这一个管理机构的改革，在十九大上，因为这18%太重要。因为这是我们最好的土地，能把这个管理局建立起来，别的东西都迎刃而解。如果这个都建立不起来，所有的改革都是步履维艰。

我觉得在中国的国家公园体制改革里头，一定要防止变质、变形，因为好的东西做得不好，就会变质变形。在这个里头要防止将自然保护区简单的变换为国家公园，第二个防止将中国国家公园同旅游地并行，成为旅游度假区、城市公园、公园或者游乐园。国家公园不适应旅游业，这个我们都可以去讨论，国家公园到底是什么？是一个国家王冠上的明珠，而且不止我们当代的，也是我们子孙后代的，我们不能让它大材小用。我们的责任应该是要考虑好这一个，要思考清楚的。防止变质就是防止成为企业的摇钱树或者地方政府的经济发动机。美国以前也是出现了很多的问题，就是以旅游去建设的。

3　国家公园体制试点区分析

国家公园体制试点区比较分析　　　　　　表2

试点区	管理						保护			资金	法律	宣传	科研	社会
	多部门管理，责、权、利关系不清	保护地交叉重叠	编制不足，部分自然保护地无独立管理机构	资源权属关系复杂	过度性开发与监管缺位	专业人才不足，协作和交流待加强	保护地行政分割、破碎化严重	保护与利用的冲突	保护地与社区协调发展能力不足	资金投入有限，机制不健全	法制建设不完善	宣传力度不够	科学研究技术力量薄弱	社会公益属性体现不足
北京														
吉林	●	●			●	●	●		●	●				
黑龙江	●									●			●	●
浙江	●	●	●		●			●		●				
福建	●	●				●		●		●				
湖北														
湖南	●	●		●		●		●		●				●
云南	●	●		●				●		●	●			
青海	●	●	●					●		●				

区位差异：中国东南部的试点如浙江开化、福建武夷山、湖南南山试点范围内的集体土地占比例都大于50%，而中国东北部、西部的试点如吉林长白山、黑龙江伊春、青海玛多的土地都为国有。各试点范围内的自然资源（土地）存在所有权、使用权等的主体不一致的情况，如北京、青海玛多。

国家公园体制试点区面积一览表　　　　　　表3

试点区	面积（km²）	排序
北京	59.91	9
吉林长白山	1969.65	4
黑龙江伊春红松	2269.984	3
浙江开化	231	8
福建武夷山	982.59	5
湖北神农架	3253	2
湖南南山	505.43	7
云南香格里拉普达措	602.1	6
青海玛多	18310.63	1

数量级：18000km²（1），2000km²以上（3），500km²以上（3），250km²以下（2）平均2242km²，

东部和南部经济相对发达地区面积偏小（表3）。

国家公园体制试点区涉及保护地类型　　　　　表4

	自然保护区	风景名胜区	地质公园	森林公园	水利风景区	湿地公园	城市湿地公园	海洋特别保护区	世界遗产	新增	总面积（km²）	备注
北京长城		○	●	●					●		59.91	全部、部分不详
吉林长白山	●	—	●	—	—						1969.65	两者原有重合
黑龙江伊春	●		●	●							2269.984	伊春花岗岩石林国家地质公园与小兴安岭石林国家森林公园范围重叠
浙江开化	●			●					连接区域		231	
福建武夷山		●	—	●					●		982.59	
湖北神农架	●	●	●	●		●			2015年申报项目		3253	重叠现象多
湖南南山	●	○	—	○	—	○	—	—	—	○	505.43	自然保护区与森林公园有重合
云南普达措	●	○							○		602.10	自然保护区、风景名胜区不重叠
青海三江源玛多	●				●					有新增	18310.63	
总计	8	4	4	5	1	2	0	0	3	2		

●全部包括在国家公园试点范围内；○部分包括在国家公园试点范围内。

试点区问题分析（1）

□ 试点区选择

1. 国家公园的代表性和典型性缺乏比较论证，说服力不强

2. 价值载体及其特征的完整性缺乏科学评估，边界划定说服力不强

3. 对自然生态系统的目标状态界定不清，对已开发土地、已利用河流等未设置上限

□ 管理单位体制

1. 委托地方政府代管影响国家公园管理的权威性和管理效率

2. 从政府型向事业型管理机构的转变，对管理机构的协调能力和执法能力是否产生负面影响

3. 人员编制预算差距大，缺乏科学的人员编制标准和方法

□ 资源管理体制

1. 集体土地的处置方式笼统，缺乏资金量化方法

2. 试点方案缺乏对国家公园周边的集体土地的应对策略

□ 资金机制

1. 缺乏统一的运行成本预测方法和标准

2. 对门票收入的依赖是否将影响国家公园运营的公益性

□ 规划规范

1. 如何统一现状空间重叠且管理政策不一致的功能分区

2. 未提出与已有规划的具体协调途径

3. 规划过程中的公众参与环节，缺少参与时间节点和表决权重的要求

□ 日常管理机制

1. 保护对象与核心价值没有建立起对应关系

2. 保护目标的状态过于笼统，缺乏量化

3. 四个等级功能分区的面积比例差异大，是否需要底限规定

4. 游客容量确定缺乏量化依据

5. 游憩体验以生态旅游为笼统目标，缺乏体现国家公园的价值特征

6. 在解说教育的硬件和软件系统的提升基础上，机制保障有待加强

7. 大型基础设施的生态影响分析缺少相关监测数据

□ 社会发展机制

1. 消极保护观念/生态移民。社区搬迁必要性论证不足。

2. 产业转型"重"旅游，缺乏对发展适度、生态旅游等原则的强调

3. 缺乏对周边社区的考虑。

4. 社区补偿机制不完善。试点方案多注重货币补偿，补偿方式单一

5. 缺乏对已有社区参与基础及现状问题的针对性

□ 特许经营机制

没有明确具体需要转变的现状经营项目和转变方式

□ 社会参与机制

1. 如何应对现状公众参与中的难点、如何将各种机制落实到日常管理的操作中

2. 对于"国家公园设立的公众参与"相关内容基本没有涉及

3. 对于"规划编制与实施的公众参与"的重视度不够

主要进展

□ 共识：在自然保护地体系内建立国家公园体制

□ 成果 1：一区一部门管理

□ 成果 2：发现了更多更深层的问题及其根源

我们可以看到试点取得了进展，虽然这两年半非常困难。但是我们取得了两个成果，我觉得第一个就是取得了建立国家公园体制的共识，第二个是取得了一区一部门的管理，而且发现了更多深层次的问题。将来针对东部西部采取不同的方式。

4 总结—呼吁价值共同体

中国自然保护地体系和国家公园体制正处在一个关键的十字路口，呼唤我们这一代中国人的使命感、勇气和担当，呼唤我们心胸开阔、目光长远，呼唤我们超越各种形式的个人利益、地区利益和部门利益，形成中国国家公园价值共同体！

国家公园这方面的事情，刚才说了总数，这个是国家公园的定义，刚才都讲了，我想实际上有两点确实是共同的。第一点就是全民的公益性，而且不仅是保护第一，而且实际上是一个代际保护的问题。我们知道美国是代际保护，美国在立法里面强调了不仅是为当代的美国人，而且是为子孙后代保护。我也很强调，国家公园是保护地的一类，它的一个很重要的特征就是保护地和公众之间的媒介，可能是离每一个公众最近的保护地。所以我一直觉得国家公园是每一个人的国家公园，也是每一个人都应该贡献的。

最后跟大家分享一个故事，美国的国家公园的建立，这两位是发挥了重大的作用。第一个是美国黄石公园的第一任园长。他们本来可以宣布黄石公园为私有财产，后来认为不能。最后参加国家公园建设，并且当了园长，他的年薪是一美元。下面是国家公园管理局的局长，他的年薪也是一美元。而且由于推动的过程非常艰难，得了忧郁症，但是半年之后又返回到工作岗位，因为他在国家公园里面疗养，

然后国家公园又把忧郁症治好了。所以说保护应该是有两个手去推动，一个是价值去推动，一个是利益的推动。

我们知道美国国家公园，除了刚才的两个人，很多人做了很多的工作。我相信他们当时没有想到他们的利益，他们想到的是国家的价值，这需要我们每个人去努力，谢谢大家。

（根据嘉宾报告及多媒体资料整理，未经作者审阅）

价值体系重构与国家公园体制建设

吴承照

（同济大学建筑与城市规划学院）

【摘　要】　对保护地价值的全面认识以及由此形成的保护地价值观直接影响到国家保护政策制定，我国现阶段的主要问题就是对保护地价值的判断不准确，这是在过去几十年间一直存在的问题。本文主要从四个方面讨论国家公园：国际差距、价值体系重构、保护地体系重建与国家公园建立、国家公园与地方关系重建等。

【关键词】　国家公园；价值体系；保护地体系；体制建设

1　自然保护的世界潮流与中国差距

中国与世界的差距在哪里？上面这条线是国际上的发展轨迹，从 1872—2000 年以后的。下面是我们国家的，我们 1956 年自然保护区成立，1964 年大黄石开始推行生态系统保护，我们 1964 年在干什么，大家都很清楚。到 1991 年，生态系统保护思想在很多国家推行，我们在干什么，大家看到差距（图 1）。

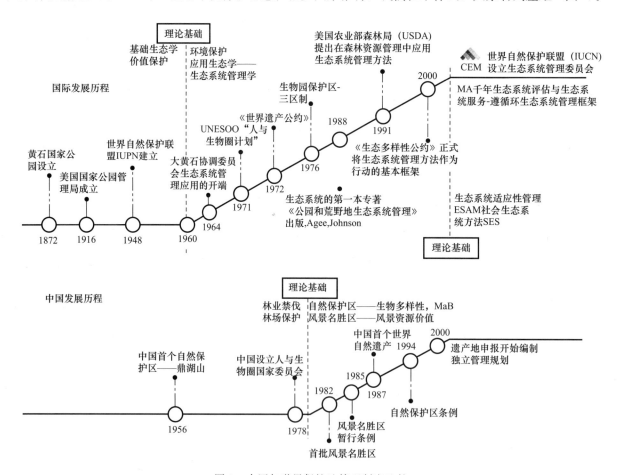

图 1　中国与世界保护地管理制度比较

我们把差距进行简化，可以看到两个曲线（图 2），从 1872 年从被动保护走向积极保护，最早推行是因为它有价值。到 1964 年大黄石发现很多野生动物食物来源是跨黄石边界线的，所以提出了大黄石生态系统，开始推行整个生态系统管理保护。我们现在还在强调环境保护，生态也谈，但是不够。我们每到一个地方，自然保护区边界其实是一个很大的问题。我们为什么看不到野生动物，到底里面是不是有还不知道，这里面很重要的问题就是食物链结构。我们从这个时间来看，各个国家在迅速的推进。

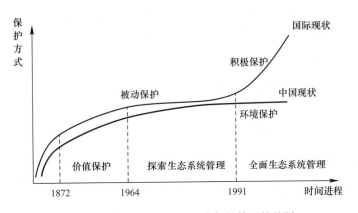

图 2   中国与世界保护地生态保护管理的差距

从这个地方看出来，20 世纪 40 年代左右，世界各国开始建设国家公园（图 3）。昨天晚上专门请教了朱春全教授。为什么中国这么少（图 4）？他说中国自然保护地很多没有在 IUCN 登记，这个数据不真实，但是也说明我们跟国际接轨有问题。

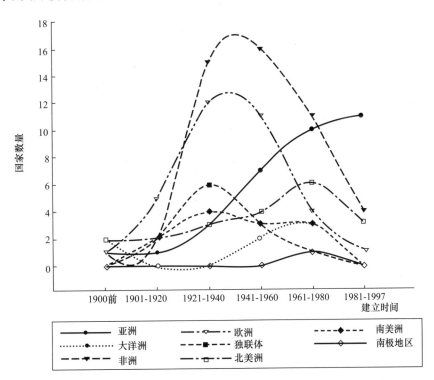

图 3   各大洲首个建立自然保护区的国家数量和时间分布

总体来看，20 世纪下半叶世界保护地发展快速，75% 是下半叶建立的。从最早的 IUPN 改为 IU-CN，这个是非常有意义的，从 preservation 到 conservation。保护地类型从 11 类简化到现在的 6 类，为什么？大家要好好理解这个问题。国家公园既是保护地先驱，也是至今最受关注的最活跃的一类保护地。

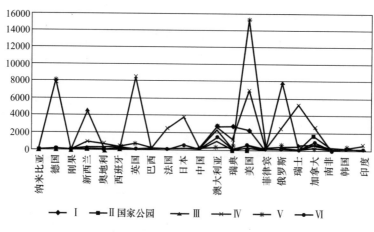

图4　IUCN分类统计的世界主要国家保护地类型数量

2　保护地价值的新认知体系

这里面的核心问题就是保护地价值的重新认识。我们认为我国保护地政策的制定应该基于保护地价值判断的基础上。很多问题产生的根源也是来自于对价值认知的问题。如果价值认识不对、不完整，那么政策就有问题，政策有问题，现实就有问题。我们一直强调科学价值、历史文化价值、美学价值、生物多样性价值。我们自然保护区生物多样性是第一位的，风景名胜区有三大价值：美学、科学、历史文化价值，这些价值都是从世界遗产的角度看的。但是这块地对地方价值在哪里？往往被忽视。我们认为国家公园一个很核心的东西就是复合价值，是多层、多元、多时的价值，不光是盯着遗产价值和国家价值，同样要关注地方价值和区域价值。遗产很重要，但是保护地对一个国家、区域、地方同样重要。如果忽视地方居民，这个事情就有很多问题，这就是中国现在面临的问题，也是世界的问题。这些价值都非常重要，相提并论。遗产价值重要、地方居民生存也非常重要。

再一个它的价值是多时的。从农业社会，我们谈文化特别是风景，很多是农业社会的精神遗产。但是到了工业的社会，到了现在社会，大家对自然的理解，对精神健康的理解不同。我们总结了一下，对国家公园价值认知是动态的，是多时的。

从19世纪20世纪初，是自然保护、风景保护，20世纪60年代生态系统保护，到了80年代以后，发现它的精神与身份价值很重要，这一片土地不仅仅是土地。那么到现在一直强调健康价值和经济价值。除了生态安全还有健康安全。当今中国有三大危机，生态危机、精神危机、健康危机。按照价值理论，一个是遗产价值，还有生存价值和生态价值。这些价值是需要载体的，不是空中楼阁，所以一定是通过空间、要素、时间体现。从产权看是个体、集体、国家所有，载体是地方性的，但是它的价值是国家的、世界的、历史的。我们现在的问题是分离了，过于强调国家价值、遗产价值，忽视了地方利益，这个矛盾没有解决。

这个是引用2014年IUCN大会上英国的保护地专家的一张图（图5）。他用资本、产权的概念解释保护地怎么跟金融结合促进保护。这是2014IUCN国家公园大会上最火爆的分论坛话题。它强调四个资产，人力资产、基础设施资产、制度资产、文化资产。保护地是生物物理资产，要保值升值必须要通过这四个资产的升值。地方居民如果你要收益，你必须要维护，否则生存都是问题。价值的载体和生态系统，我们把一个保护地比喻成鸡蛋，蛋黄就是核心保护区，还有蛋白，就是生态系统，没有蛋白就承载不下去。

我们认为国家公园不能替代自然保护区。自然保护区在中国很重要，国家公园有国家公园的使命。两者价值不同，自然保护区的价值就是生态价值。国家公园的价值不仅是生态，还有风景价值、家园价值、健康价值。21世纪健康价值走上历史舞台，因为人类的健康危机问题。

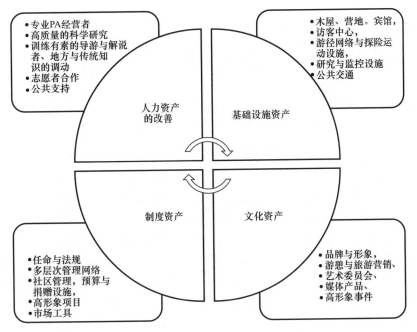

图 5　保护地生物物理资产的保护恢复与管理

3　保护地体系重构与国家公园建立

中国的国土从保护层面看，分成 3 块（表 1）：一个是绝对要保护的，生态保存，国家拿钱；第二个是生态保护为主，有限利用，就是 conservation；第三是农业文化遗产的传承，保护与利用的有机统一。要满足国民的精神和健康需求，不仅仅是单纯的自然，国家公园的目标应该是生态目标、价值目标、功能目标和区域目标（表 2）。国土保护必须建立统一的保护体系，主要有一个部门统一管理。

中国国家保护地管理类别体系　　　　　　　　　　　　　　　　　表 1

编号	类别	种类	资源类型特征	管理目标	对应 IUCN 类别
1	国家生态保存区	荒野保存地	完整的自然生态系统和物种栖息地；一定面积的无人类干扰的荒野自然环境	A2	Ⅰa，Ⅰb
		动植物栖息地	人为恢复或干预保护的动植物栖息环境	A1	Ⅳ，Ⅰa，
		自然保护地	具有突出自然遗产价值或典型生态系统	B3B4	Ⅳ，Ⅰb
		海洋生态保护地	海洋生态及其动植物栖息环境	B4	Ⅰa，
2	国家公园	国家公园	自然和文化资源的杰出代表性；具有完整的自然生态系统	B34567，D9	Ⅱ，Ⅴ
		国家风景名胜地	具有突出普遍价值的对人类文化、历史有重要意义的风景优美的陆地、河流、湖泊或海洋景观	B4567，D9	Ⅲ，Ⅴ
		国家游憩地	具有完整的自然生态系统，保持较好的自然状态	B7D9	Ⅱ
		国家文化圣地	对国家历史演进、文化传承、文明演化、宗教信仰有重要意义和价值的陆地或海洋景观	B6D9	Ⅲ，Ⅴ
		国家遗址纪念地	人类或民族文明进程中有重要价值的遗址遗迹	B6D9	Ⅲ，Ⅴ
		国家森林公园	典型的森林生态系统、森林景观	B67D9	Ⅱ，Ⅴ
		国家地质公园	地球演化的重要地质遗迹和地质景观	B67D9	Ⅱ，Ⅲ，Ⅴ
		国家湿地公园	湿地生态系统和动植物栖息环境	B67D9	Ⅱ，Ⅲ，Ⅳ
		其他	其他突出的文化或自然资源价值和生态系统特征	BD9	
3	国家农业遗产地	国家农业文化景观	保持地区生态稳定的传统农业生态景观	C8D9	Ⅵ
		国家林业文化景观	保持地区生态稳定的传统林业生态景观	C8D9	Ⅵ

中国国家公园管理目标体系 表2

目标	序号	管理目标		保护管理级别
		保护目标	利用目标	
生态目标	1	濒危物种保护	禁止利用	绝对保护 A
	2	荒野保存	禁止利用	绝对保护 A
	3	生态系统完整	有限利用	严格保护 B
价值目标	4	价值完整	有限利用	严格保护 B
	5	精神健康	有限利用	严格保护 B
功能目标	6	自然文化教育	有限利用	严格保护 B
	7	生态游憩	有限利用	严格保护 B
区域目标	8	生态社区	生态文化传承与发展	完整保护 C
	9	绿色区域发展	可持续发展	科学调控 D

基于中国的行政区划特点以及国家公园管理的有效性角度，中国保护地体系应该实行分级分类管理体系——三级多类：国家保护地、省级保护地、城市保护地，国家保护地分3大类；其中以生态保护与游憩体验为目标的公园体系分为国家公园、省立公园、城市公园，我们现在省立公园这一类谈得少，谈体系一定是完整的体系来考虑这个问题。每级保护地可以分不同类型。国家公园系统分9类，建立国家公园管理局，实行统一管理。

把现有的自然保护区分二类，一类是严格自然保护区，二类是可以适度发展游憩的保护区，更名为国家公园，这样赋予自然保护区以真正严格保护的自然地域，不发展游憩旅游，其功能就是保存与研究。

对现有的风景名胜区进行评估，根据资源的产权归属，一类是真正的国家风景名胜区，就是体现整体价值。其他的很多归到森林公园或者是地质公园、湿地公园。符合国家公园条件的就归为国家公园。

国家公园的保护，从美国角度看世界，世界国家公园家族有二个另类。一个是英国，从荒野型走向乡村型。澳大利亚，中央集权型走向地方共管型。这就是另类。在民主国家，民主型和集权型都使国家公园得到了保护，我们国家到底走哪条道路，这个是值得思考的问题。

大家现在强调美国国家公园是以保护荒野为主，实际上不是这么回事，美国现在的宣传资料从来不提这段不光彩的历史。黄石公园为了把印第安人赶走发生了两次战争，最后军队入驻，才变成国家公园。这一段历史现在是不讲的，所以美国的国家公园并不是荒野。今天世界国家公园那么多品牌——栈道、木屋，都是印第安人的生活场景，今天变成世界的品牌，所以这个很有意思。英国乡村型，那么多乡村无法迁出去，所以不如合作。澳大利亚各个州是有自主权的，过去是殖民地，所以它是地方共管的。日本是分两类一个是国立、一个是国定。在中国还有待进一步思考。

我们讲到世界上国家公园有三个模式，三种模式的核心是什么？所谓的集权，地方是没有席位的；合作管理，地方是有席位的，没有人、没有权怎么合作；共管也是按比例分配权力的。在管理委员会当中，地方占了几个席位，国家占了几个席位，我觉得这才是正确的、可实施的。

把国家公园放在国家战略下思考——四大战略（图6）：生态文明战略（荒野文明、风景智慧）、社会发展战略（精神家园、民族自豪）、经济发展战略（生态资本、绿色经济）、文化发展战略（历史延续、乡土依恋）。将来乡愁、乡土的文明在哪里？很多地方都被城镇化化掉了，只有国家公园才保留了乡村和原有的文化。国家公园是这四大战略的交汇点，国家公园要和自然保护区有明确的分工。

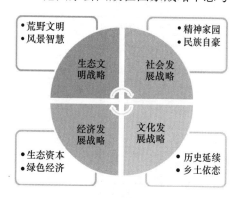

图6　国家公园在国家战略中的作用

国家公园代表一种基于生态系统服务的新型发展模式。一个是外部发展，因为建设国家公园，周边收益。还有一个是内部发展，生态保护与社区发展和谐共进共生，我们称之为保护性发展、绿色发展、可持续发展。

我们现阶段的旅游发展还不能叫绿色发展，我们现有的旅游发展存在四大问题：（1）资源利用效率很低，千军万马一条线，门票经济，这是资源极大的浪费。我们也做了一些分析，我们现有的风景区、保护区有个很大的问题。我们在其他地方也做了一些调研，我们在瘦西湖做的调查，游客对信息的了解跟我们预计的信息差了60%-80%。资源极大浪费，保护压力又非常大，非常不合算。就是拍照走人，投入产出比值低，社会效益低；（2）生态影响严重，生物多样性减少，人流超载，污染严重，绿色能源少。我们保护地现在在解决环境保护问题，不是生态系统管理问题；（3）发展质量低，究竟谁受益？老百姓贫穷的依然贫穷，少数人受益，多数人还是处在那个状态，到国外看看，我们资源不比人家差，可是我们为什么会这样子？（4）缺乏文化的过度商业化极大影响了国家公园的国家自豪感和民族自信心，过度商业化，缺乏文化，这是我们发展上存在的很严重的事情。

4　国家公园与地方关系的重建

国家公园与地方关系的重建，包括边界关系、经济关系、生态关系、社会关系。其中一个关键问题是边界问题，至少在边界内野生动物有吃的，没吃的怎么办，肯定饿死，要么就跨越边界，那就不属于保护区管了。还有一个就是地方居民问题，这个问题不解决我们就无法从根本上解决生态系统管理（图7）。中国农民问题是最大的政治问题，我们在生态补偿等领域实际上花了很多钱，问题没有根本解决，原因是什么？

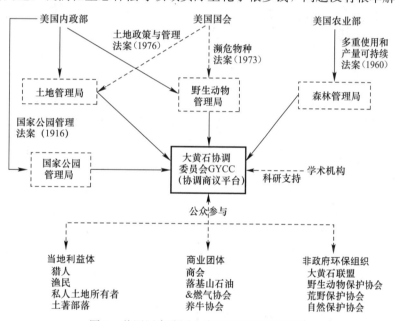

图7　美国国家公园生态系统管理框架结构

这个关系是什么？我们画了简单的图，国家公园是蛋黄，生态系统是蛋白，社区系统在这里。这些关系一定要处理好，处理的水平就是决定了我们保护的水平。

原住民社区的价值观问题。它是有精神价值、身份价值的，我们缺失这个。对原住民土地所有权的尊重。什么叫原住民？建立国家公园之前在这里居住的就是原住民。所以说我们把概念稍微扩大了一下，当地人生活了几代，他们就是原住民。

我们到黄石到其他地方最希望看到野生动物。我们的保护区山水都很美，一大缺憾就是看不到野生动物，这需要多少年的努力，它的背后需要科学的机制来保障，这是我们今天大家关注的事情。我们认为这是中国的国情，这么多居民点，这么多人。我们谢焱博士，在这一块做了很多大胆的探索。帮助地方居民，让他们在发展中促进保护，达到共赢。

国家公园绿色发展是指精准、精细、精致、精确的发展，是国民精神健康发展与地方经济发展融为一体的发展，分享保护收益的发展。美国国家公园，你要看野生动物，可以，什么时间、什么地点告诉你去看，5000美金，你就得付出这个代价。像美国的一些生物资源的利用，它的价值是数十、百亿，我们还停留在第一个层次，第二、第三层次水平没上去。谢谢大家！

从社会的视角看国家公园如何建立、管理及 TNC 的实践

赵 鹏

（TNC 美国大自然保护协会中国区代表）

【摘 要】 中国国家公园的建设模式还处于探索发展阶段，如何建设和管制是目前备受关注的问题。本文从当前国家公园建设面临的社会问题出发，提出国家公园的建设要与保护地区别开来，理清运营模式。国家、地方、社区三方利益的协调需要我们深入思考。文章最后总结了三个国家公园建设的难点，即保护、社区利益及相关产品的经营。

【关键词】 国家公园；运营模式；保护管理工具；社会发展

我们从 2002 年在云南探索中国的国家公园的模式，过去这十几年，经历了国家公园的起起落落，这里面有很多反思，第一个是为什么建，怎么建，怎么管，如何管。我们最近这 5 年，重点研究后面两个问题，如何建和怎么管。等体制大方向定好之后，马上会关注到具体做一个国家公园应该怎么样做好的问题，这是我们最近几年关注的工作。

1 为什么？

从我们观点来看，如果仅仅是从保护的角度，保护的视角看是否需要建国家公园，我认为不需要建，因为咱们国家到目前为止各种保护地面积达到 18％，已经超过了 IUCN 倡导的到 2020 年 17％的目标，即使没有国家公园这种新的类型，只要考核正确，保护也能搞好；这些地块不管有什么纠纷，大家把地块基本上分好了，下一步是如何管好。如果没有国家公园这种类型也可以管好，如果仅考虑保护不需要建国家公园。但从使命看，国家公园应当成为激发新时代年轻人"爱国情怀"的载体，特别是 00后，越来越高比例的学生去海外留学，在这种人才全球化的背景下，对国家的价值观认同将向何处去？从各个国家的实践经验表明，国家公园是一笔最好的投资；因此，我们国家不仅要建，而且应当作为最高的"政治任务"去落实。

2 建多少？

如果我们把国家公园建设作为最高政治之任务，我认为每一个省市自治区都应该负责建一个，这是一个国家形象的网络，每一个省市自治区都应该这么做，最好是 32 个，我知道这不科学，但有操作性；如果从科学讲，我们国家大概可划分为 67 个陆地生态区，每个生态区应当有一个，则是 67 个；对比美国，国土面积差不多，所处维度差不多，他是 59 个自然类国家公园，所以应该是 60～70 个。我认为我们的国家公园数量应当在 30-70 个之间。这是我们之前大概 7、8 年做的工作，基于全国的生物多样性的保护，有关全国关键地的保护地的支撑。国家公园的多样性，保护地格局之间的融合，找到具有代表性的保护网络，这非常具有可行性，取决于我们怎么做决策。

当然，如果更加科学严谨一些，可以基于系统保护规划的方法，与现有的自然保护地体系相结合，可以从完全客观的角度设计出一个具有科学意义上具有国家代表性的体系。这个底图可以作为一个重要的参考，但一个国家公园的落地，更会受到地方经济、土地权属和社区等方面的综合影响。即使在美

国，设立国家公园也是一事一议，其边界也一般是从联邦土地上开始的，然后联合各种力量再逐步扩大。

3 花多少钱?

如果我们建 70 个国家公园，国家财政拿 10 个亿，相当于是 700 个亿，就是两个迪士尼的费用，上海迪士尼是 400 亿左右。从投资的角度讲，因为国家公园是从现有的保护地体系整合出来，大部分现有的具有国家重要性的保护地，在过去几十年陆续的投入，主要的基本条件已经达成了，实际上国家公园也不是要大搞基础设施建设，我认为不需要太多钱就可以做到提升。10 个亿是比较高的，可以激励一个地方的行动。如果钱确实不够，还可以采取 PPP 方式融资。在运营过程中，不管我们现在是 9 个试点还是 10 个试点就是两个模式，一个是赚钱模式，比如武夷山，每年门票收入是 3 个亿，一个是不能赚钱模式，比如三江源，需要国家输血。我们如果能把这两个模式总结清楚，把国家公园背后的逻辑弄清楚就好。总体来看，国家公园是一个性价比非常高的投入。只有把钱说清楚了，利益分配机制才能有基础，后面的事情就都好办了。

4 哪些利益相关方?

这几个核心原则需要把握好，这是成功的基础:
(1) 国家要权，涉及土地、财政和人事，这个必须体现国家意志;
(2) 地方要钱，国家建国家公园的目的是公益性的，当然可以把收益返回地方，但注意要按照保护效果付费;
(3) 社区不仅要能受益，还要有自豪感;
(4) 公众不仅愿意付钱，还要有好的体验。

5 怎么管?

不管是什么类型的保护地，有三个方面的问题特别突出:
第一是普遍不会管理保护，大部分是以"看守"不出事为主要工作，有能力多做一点的要么是以宣传为主，要么是以科研为主，这些宣传片或者是科研报告跟保护管理实际没有挂钩，根源是管理不是以考核保护成效为导向的;
第二是普遍不会跟社区相处，矛盾很多，表面上是土地纠纷或者是资源管理，背后是利益诉求没有摆平，社区工作需要特别细致的工作;
第三是普遍不会做好的产品，还停留在非常初级的水平，大家有机会去游览任何形式的保护地，那些土特产、纪念品等都长的差不多，没有创造额外的价值。
这是三个难点，我们一直做尝试改变。

5.1 以保护对象为中心

只要以保护为中心，所有东西都可以设立对错。这是我们保护工作的内容，当你把保护对象列清楚，目前的状态，保护的目的等等一张图就可以列出来（图1），技术上不难，是管理上要解决的问题。

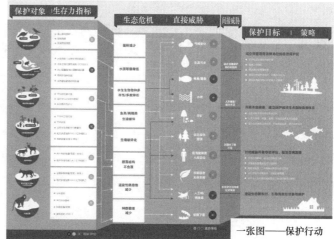

一张图——保护行动

图 1 以保护对象为中心的保护行动计划

5.2 国家的考核以保护成效为原则

这张图是我们在云南的老君山组织一个由 10 人组成的社区巡护队过去一年的统计成绩（图2～图4），只要是考核保护效果这个导向对了，从技术上实现是没有多大问题的。

● 考核以保护成效为原则

图2　云南老君山巡护监测路线及猴群发现点

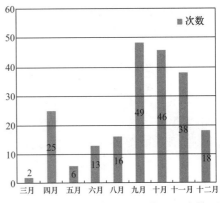

图3　2015年人为活动干扰记录次数

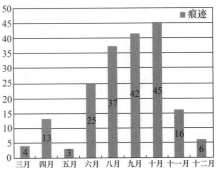

图4　2015年发现猴群活动痕迹次数

5.3　社区利益的协调

这个保护区有非常原真的自然生态系统，通过文创系统的开发提高价值。社区的利益需捆绑到保护系统中，一方面让社区参与巡护，另一方面设计利益分享机制。这是我们组织的社区巡护队10人，不仅让他们上山巡护，还要设计产品提高他们的收入。开发文创产品（图5），把衣服、产品等等建设整合，带动当地一些收入，虽然这个大概的流水一年就是几十万，但是这个方式完全可以做，如果把它放到国家公园的体系中，是非常容易做，只是你自己有没有努力做。

6　保护管理的行动工具与路线图

图5　云南老君山社区巡护队与文创产品

总体来说，我们已经针对保护机构的管理和行动开发一套工具（图6），期待向更多保护地提供管理服务。如果在座各位想参与国家公园管理，对怎么管好国家公园，我们非常愿意把这套工具拿出来跟大家分享。管好国家公园，需要抓住5个方面的事情（图7），第一个是需要提升政治高度，第二个是顶层制度设计等等。这是每一个人的事情，不是某一个部门的事情，需要大家努力。

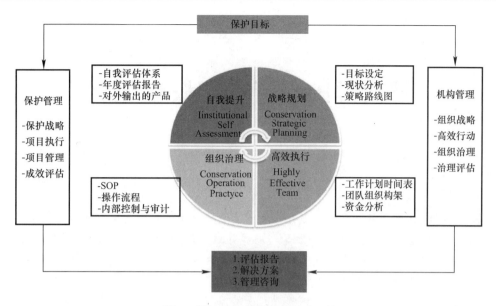

图 6　保护地保护管理的行动工具

图 7　国家公园保护护管理路线图

最后，国家公园应该成为一个国家骄傲，是我们每一个人的事。

（根据嘉宾报告及多媒体资料整理，未经作者审阅）

自然资源国有资产产权管理改革

邓 毅

（湖北经济学院旅游与酒店管理学院）

【摘 要】 自然资源国有资产在产权制度上存在着多头管理、多样化的所有权体系尚未建立、价值管理缺位、用途管制制度和经济补偿制度不完善等问题，导致自然资源资产的掠夺性开发和公益目标的落空。针对上述问题，本课题提出了建立统一的自然资源国有资产产权管理机构、建立多样化的所有权体系和统一的自然资源交易市场等制度改革设想。

【关键词】 自然资源；国有资产管理；产权管理；生态保护

1 概述

自然资源国有资产在产权制度上存在着多头管理、多样化的所有权体系尚未建立、价值管理缺位、用途管制制度和经济补偿制度不完善等问题，导致自然资源资产的掠夺性开发和公益目标的落空。针对上述问题，本课题提出了建立统一的自然资源国有资产产权管理机构、建立多样化的所有权体系和统一的自然资源交易市场等制度改革设想。

2 我国自然资源国有资产管理体系建设

2.1 我国自然资源国有资产管理体系建设的背景与内涵

（1）管理体系建设背景

我国的国有资产管理经过多年的改革和创新，在企业国有资产和行政事业国有资产管理方面已取得很大成果，形成了较为完善的管理体制和机制。但在自然资源国有资产管理方面却尚未取得实质性突破，国家所有的水流、森林、山岭、草原、荒地、滩涂等自然生态空间的所有权分别由国土、林业、水利等部门管理，所依据的法律法规不一、管理体制不一，多样化的自然资源所有权体系和统一的自然资源交易市场尚未形成，公共资源产品的价格政策和有偿使用制度没有建立起来，自然资源核算体系尚未建立，导致自然资源国有资产的过度开发和破坏性开发，而公益性目标却没能得到充分实现。由此，自然资源国有资产管理改革呼声日高。特别是近年，推动生态文明建设，建立资源节约型和环境友好型社会已成为全社会的共识，自然资源资产管理制度作为生态文明制度体系的重要组成部分，也得到理论界越来越多的关注，研究自然资源国有资产的管理问题具有特别重大的现实意义。

（2）管理体系涵义

自然资源管理制度作为一个制度体系内涵非常丰富，涵盖产权制度、管理体制机制、用途管制和功能区划、自然资源资产价值核算、资源有偿使用、生态补偿制度、环境承载力监测预警、排放交易、领导生态责任追究、环境损害赔偿等多个方面。本文将着重探讨自然资源管理制度的核心问题—自然资源资产产权制度。

2.2 共有资源、外部性和科斯定理

中华人民共和国宪法第九条明确规定了矿藏、水流、森林、山岭、草原、荒地、滩涂等自然资源的全民所有和集体所有属性。这表明，上述自然资源从产权的法律性质上讲属于全民和集体的共有资源，

即一项资源或财产有许多拥有者，他们中的每一个都有使用权，但没有权利阻止其他人使用。

经济学对共有资源的研究，主要是运用外部性理论来揭示其配置的无效率，并提供关于外部性的解决方案。"公共悲剧（Tragedy of the commons）①"这一理论模型的提出即很好地解释了共有资源所面临的过度利用而导致的无效率。按该理论模型，一项共有资源比如共有草地，任何人都可以进入放牧，理性的牧民会放牧直到它的边际收入与边际成本相等。但由于草地是共有资源，没有牧民会考虑他的放牧会如何影响其他人的机会（由于他的放牧而导致其他人可放牧的数量会减少，即负的外部效应）。结果，牧民的私人成本低估了该项活动的社会成本，放牧的数量会高于有效率的放牧量，即过度放牧和草场退化。在经济学家看来，这是一种由外部性产生的无效率。过度砍伐的森林、过度捕捞的渔业资源及污染严重的河流和空气，都是"公地悲剧"的典型例子。应该说，"公地悲剧"模型很好地解释了我国目前环境资源问题的制度根源，突出了自然资源这一共有资源的核心问题——产权。

在有外部性的情况下，如果不采取措施，资源的配置就会是无效率的。但是，这并不意味着政府干预的必要性。在考虑政府公共政策之前，必须首先考虑的是市场和私人对策。其实，在"公地悲剧"提出之前，科斯定理②已经很好地揭示了私人产权和自由的市场机制对解决外部性问题的重大理论价值，它表明，产权一旦确立，就不需要政府干预来解决外部性问题。科斯曾举过一个著名例子：一个农夫忽然有了一个新的牧人邻居，从此他的庄稼就总是被牛啃吃。习惯的思维认为：政府或其他组织应该出面阻止牧人的"不作为"。但科斯指出，只要把土地的产权赋予私人，不管是农夫还是牧人拥有产权，市场就会解决这个问题。也许农夫付钱给牧人让他停止放牧，或者相反，牧人付钱给农夫，让他停止耕作。到底会有怎样的结果，取决于粮食和牛肉的相对收益比。但是，不管结果怎样，都实现了资源配置的高效。

如果科斯定理在任何情况下都能成立的话，也就不会有后来的"公地悲剧"这一表述。事实上，科斯定理起作用有两个重要的假设条件：（1）各方讨价还价的成本很低；（2）资源所有者能识别使其财产受到损害的源头且能合法地防止损害。对于当事人很少且外部性来源很清楚的情况，满足科斯定理的上述两个条件较为容易。但像大型湖泊这样的共有资源，其外部性牵涉到千家万户，很难想象他们坐在一起谈判的成本会很低。此外，即使确立了湖泊的产权，湖泊的所有者怎样才能在成千上万的潜在捕鱼者中找出真正的捕鱼者，并确定每个捕鱼者应负责多大比例的损失，这些问题是不可能弄清楚的。因此，科斯定理提出的外部性的解决方案是不适用于河流、地下水、湖泊等涉及当事人多、损失的源头难以确定的共有资源的。

尽管如此，科斯定理仍给我们建立自然资源国有资产管理制度提供有意义的借鉴：（1）对产权难以授予给私人的水资源、清洁空气资源、污染物排放权、碳配额等自然资源，仍要寻求以政府管制为主解决其外部性问题。可用的政府管制手段包括法律、经济、技术和必要的行政手段等；（2）对产权边界清晰、涉及当事人数量不多的小块林地、草场、矿山等自然资源，应首先考虑运用科斯定理，在保证终极所有权归国家的同时，将自然资源的占有、使用、日常经营权通过拍卖的方式交给私人，但同时根据公益目标对其进行用途管制，从而形成一种混合的产权结构。

这种混合的产权结构并不是我国的独创。在美国，最初政府对私人土地上的自然资源采取的是不干预政策，其使用和经营管理完全是私人的事。但随着19世纪自然保护运动和20世纪环境保护运动的兴起，资源和环境问题越来越受到全社会的关注，迫使政府开始对私人土地上的自然资源使用加以管理。采取的手段主要有两种：一是将土地收归国有；二是对私人土地上的自然资源实施用途管制，在私人权利的基础上施加公共权利，从而形成了混合产权。事实证明，这种混合的产权结构在资源和环境的保护上起到了重要的作用。

---

① 1968年由英国学者哈丁（Garrett Hardin）在《The tragedy of the commons》一文中首先提出。

② 以诺贝尔经济学奖获得者罗纳德·科斯（Ronald Coase）命令。科斯定理的基本含义是科斯在1960年《社会成本问题》一文中表达的。

3 我国自然资源国有资产产权制度的现状

自 1866 年第一个自然保护区在澳大利亚新南威尔士建立后，1879 年又在新南威尔士建立了澳大利亚历史上第一个、世界上继美国黄石国家公园之后的第二个国家公园——皇家国家公园（Royal National Park），此后澳大利亚的国家公园建设进入快速发展期并逐渐形成了与美国类似的国家公园体系，国家公园成为与国家自然保护区一样保护澳大利亚自然资源和生态环境的重要支撑。

从发展过程来看，澳大利亚的国家公园与国家自然保护区经历了从相互独立到融为一体的转变，这一转变对构建系统化的国家自然保护区体系发挥了关键性作用。在国家自然保护区体系建立之前，澳大利亚的自然保护区与国家公园是两个不同的体系，但其产生和发展的时间基本一致，相互之间也有一定的交叉重叠。总体来看，二者之间的交叉主要表现在性质与空间两个层面。在性质层面，国家公园和国家自然保护区设立的主要目的都是为了保护自然资源和生态环境，例如维多利亚州的坎贝尔港国家公园（Port Campbell National Park）在 1866 年建立之初就具有自然保护的性质和意义，其在 1964 年才被进一步扩建为坎贝尔港国家公园。另外澳大利亚有不少国家公园位于自然保护区内，二者在空间上的交叉重叠情况亦较普遍。

从自然保护的角度来看，国家公园可以算是澳大利亚自然保护区的一种形式。但从体系的角度来说，国家公园与自然保护区之间又没有统一的保护和规划标准，处于一种相互独立的状态。这种空间与性质上相互交叉而体系上相对独立的不明确关系导致自然保护区和国家公园的规划建设相分离以及随之而来的一系列后续问题，尤其是土地和空间有交叉渗透的自然保护区和国家公园，由于保护标准、规划原则和开发力度不同，其规划建设很难协调。

因此在国家自然保护区体系的建设过程中，澳大利亚参照 IUCN 制定的保护层级体系正式将国家公园纳入国家自然保护区中，明确其为该体系内第二个层次的保护内容。自此，国家公园成为澳大利亚国家自然保护区的重要组成部分，国家公园体系也相应的转变为国家自然保护区体系下的二级体系，成为优化国家自然保护区体系建设、保护国家生态环境的重要支撑。在明确了上述关系以后，澳大利亚化解了国家自然保护区和国家公园之间的矛盾冲突，国家公园将严格遵循上位规划，在国家自然保护区体系下，按照其指导原则、保护标准和规划要求进行统一建设，为国家公园，也为国家自然保护区解决了体系规划层面的主要障碍。

4 基于澳大利亚国家自然保护区体系建设的思考

4.1 自然资源国有资产产权缺乏集中统一管理机构和管理法规

目前，我国全民所有的自然资源产权实现形式是由人大委托给政府各部门代行所有者权利。比如，森林资源、矿山资源、水资源、草场资源分别由政府林业管理部门、国土资源管理部门、水利部门、农牧业部门代行所有者权利。这些部门实施管理所依据的法律法规大多具有明显的行业背景，甚至带有明显的部门利益倾向。

这种分散的产权管理格局具有明显的弊端：（1）部门既是所有者代表，又具体行使自然资源国有资产的管理权，同时又有部门利益。不可避免会造成自然资源国有资产的"部门化"倾向，使自然资源的全民所有变成事实上的"部门所有"，成为部门谋取利益的工具和手段；（2）割裂了自然生态系统的完整性，不利于资源和环境的保护。水流、森林、山岭、草原、荒地、滩涂等自然生态空间本来是完整统一的系统，但在现行制度下却分别由各个部门行使保护和利用职能，缺乏统一的生态保护和资源利用规划，不利于资源环境的保护；（3）上述部门多为地方管理为主，在地方政府追求财政收入的机动和压力下，部门很难在资源环境的保护和开发方面达成平衡，其结果往往是以牺牲资源环境为代价而带来资源的掠夺性开发及环境的破坏；（4）自然资源的保护具有正的外部性，但地方却缺少保护的动力，产生保护不足的问题。比如，长江上游的森林植被保护任务主要由云南、四川等省份的林业部门实施，但其受益省份却是长江中下游各省，这种正的外部性无疑会导致保护不足的问题；（5）自然资源保护责任不明确，部门分工不合理，部门之间缺乏协调和统一行动。

4.2 多样化的自然资源所有权体系尚未建立

美国学者丹尼尔·科尔（2009）在其著作中指出，"没有任何一种财产权体制可以被证实在所有的情况下，考虑到政策的各个层面时都优于其他所有的财产权体制"。这表明，希望通过公有或私有单一路径去解决资源环境问题是不可靠的，建立一个多样化的所有权体系因而具有重要的意义。

多样化的自然资源所有权体系包括公有产权、私有产权和混合产权。在我国，由于自然资源在法律上不具有私人产权属性，所以根据不同的自然资源产权划分的难易程度和当事人数量上的差别，形成包括公有产权、混合产权在内的多样化的产权体系，对提升产权效率有重要意义。并且，所有权还可以分为终极所有权、与终极所有权相联系的终极处置权、收益权、占有权、使用权、日常处置权等，除终极所有权和终极处置权、收益权之外，其他的都可以授予集体和私人，并形成充分的产权交易市场。

目前，我国自然资源所有权体系仍以单一的公有产权为主体，混合产权发育不充分，占有权、使用权、日常处置权没有得到合理配置，产权交易没有充分形成，合理的产权交易价格也有待形成。

4.3 多样化的自然资源价值管理体系尚未建立

据前所述，对于产权难以明确划分、涉及当事者众多的自然资源，依然应当以政府公共政策管理为主。但在适合市场运行的领域，市场具有比政府管制更高的效率，运用市场手段保护资源和环境的空间依然很大。

受传统的"劳动价值论"的影响，自然资源长期游离于价值体系之外。其产权往往是行政划拨的，使用在很多情况下是无偿的或者是廉价的，资产评估的价值核算体系还没有建立——这表明，目前我国自然资源国有资产依然被视为行政管理的附属，而没有被赋予资产所应有的价值管理内涵，自然资源资产的交易市场发育不充分，交易主体单一，交易价格不合理，有偿使用制度没有建立。这种以实物管理而非价值管理为特征的管理制度，无法充分地运用价值规律激发各方在资源保护上的自觉性和主动性，从而使自然资源管理和保护的效率受到极大的制约。同时，缺乏价值管理也导致许多企业不计成本地滥用和过度开采，造成自然资源的掠夺性开发。

4.4 自然资源资产的用途管制制度和经济补偿制度尚未确立

与混合产权结构相适应，自然资源的用途管制就显得尤为重要。自然资源的用途管制，是对一定国土空间里的自然资源按照自然资源属性、使用用途和环境功能采取相应方式的监管，其目的是明确各类国土空间开发、利用、保护的边界。按主体功能区战略要求，需要对生活空间、生产空间和生态空间进行合理布局和整治，对不同的主体功能区，实行不同的用途管制制度。

对自然资源资产的用途进行管制，需要健全生态保护补偿机制，形成生态损害者赔偿、受益者付费、保护者得到合理补偿的运行机制，才能使生态保护者和受益者权利义务明晰，使用途管理制度落到实处。

我国目前存在的问题是，自然资源用途管制制度还没有健全，各类国土空间的开发、利用、保护边界不明确，有效的生态保护补偿机制尚未建立，财政转移支付制度不尽合理，地区间横向生态保护补偿机制基本上还没有起步。

4.5 自然资源资产价值核算体系尚未建立

构建自然资源资产价值核算体系的目标是对自然资源资产价值进行评价。这是自然资源资产管理制度的一项基础工作，能够为自然资源市场交易制度、生态转移支付制度、生态补偿制度、环境污染责任保险等制度机制提供科学依据。

由于涉及环境的价值、生物多样性的价值等公共部门经济学相当前沿的问题，这项工作具有相当大的挑战性。目前国内外学者设计了很多计算自然资源和生态系统价值的数学模型，但都存在着各种问题，并没有形成一个普遍接受的核算体系。

5 健全我国自然资源资产产权制度

5.1 改革自然资源产权管理体制，构造所有权与管理权分离的管理格局

优化整合各部门职能，明确自然资源所有权人。可考虑设立自然资源资产管理委员会，作为全民所

有的自然资源所有权代表，行使终极所有权、终极处置权、收益权。其职能应当定位于，对市场和某些自然资源的交易行为进行干预，解决市场准入、安全生产、资源产品的宏观供求平衡、环境污染和破坏问题，确保自然资源开发利用中社会公共目标的实现。

各自然资源的占有者、使用者为自然资源资产的监管人，在自然资源资产管理委员会的领导下承担自然资源资产日常管理责任。这是一个典型的民事法律关系主体，与其他民事法律主体具有平等的法律地位，围绕自然资源的资产化运作，运用价值规律和竞争机制，行使自然资源占有、使用和日常处分等职能。

在明确自然资源资产所有者、监管者及其责任的基础上，对水流、森林、山岭、草原、荒地、滩涂等自然生态空间进行统一的确权登记，将自然资源资产的产权管理纳入规范化轨道。

5.2 建立多样化的自然资源所有权体系

对水资源、清洁空气资源、污染排放权、碳配额等自然资源，由于产权难以细分、涉及人数众多，难以满足科斯定理的两个条件，也无法通过构建私人产权以市场方式解决外部性问题，应保留其公有产权属性，建立包括法律、行政、技术、经济等手段在内的综合性管理体系。这类自然资源虽然是政府管制为主，但也应高度重视经济手段的运用，如把水资源、排污权按照配额方式有偿分配给使用者，并建立配额之间的交易市场。

对产权边界清晰、涉及当事人数量不多的小块林地、草场、矿山等自然资源，应考虑构建混合产权结构，将资产的占有权、使用权、日常处置权交给集体或个人管理者，由政府按照生态功能区划对自然资源的用途进行管制，同时建立产权交易市场，使自然资源的占有、使用权可以进行市场交易。

5.3 建立统一的自然资源交易市场

为解决自然资源资产价值管理缺失的问题，应确立一个基本管理原则，即凡是产权边界清晰、能形成合理的自然资源资产交易价格的，政府就不应干预，由市场发挥资源配置的决定作用，使免费使用的自然资源变成有价值的资源。

针对目前自然资源交易市场分散、不规范的问题，应建立由自然资源国有资产管理委员会主导的统一的自然资源交易市场，其主要目的是规范自然资源交易行为，提高交易的透明度和便捷化水平，以吸引多方面的交易主体。目前，这个统一的自然资源交易市场可以分为两个类型，一是水资源、排污权的配额交易市场；二是用途管制下的资产占有、使用权交易市场。

5.4 建立自然资源资产的用途管制制度和经济补偿制度

对自然资源资产和生态环境状况进行全面梳理，对保护利用情况开展认真评估，编制自然资源保护规划。严格按照主体功能定位和保护目标，合理划定功能区，强化规划管控和监督执行，严格依照法定规划实施用途管制。

建立生态保护的经济补偿制度，一是要明确补偿主体。应按照"谁开发谁保护"、"谁破坏谁恢复"、"谁受益谁补偿"、"谁污染谁付费"的原则，明确特定的补偿主体；二是要落实受益主体，保证"谁受损谁受益"；三是保证补偿标准客观公正。目前的补偿主要是按人头进行分配，忽略了受损主体的差异性。从长远来看，补偿标准应尽可能细化，并规定用于社会重建、经济发展和生态修复；三是实现补偿方式多样化。现行的补偿模式以政府财政转移支付为主，辅以一次性补偿、对口支援、专项资金资助和税赋减免等。应坚持多样化模式，同时避免模式选择的随意性。

5.5 建立自然资源资产价值核算体系

自然资源资产核算主要包括两个方面的内容，一是对自然资源实物存量进行核算，并记录核算期内数量和质量的变化；二是在资产实物量核算基础上，利用价值评估法，对实物存量进行货币化价值评估，反映自然资源资本总值。

参考文献

[1] Garrett Hardi (1968), "The Tragedy of the Commons," Science, 162：1243-1248.

[2] Coase, Ronald H. (1960). "The Problem of Social Cost". Journal of Law and Economics 3 (1)：1-44.

[3] 王玮. 自然资源资产产权制度十问 [N]. 中国环境报，2013 年 11 月 29 日.

美国生物遗传资源获取与惠益分享法律制度介评
——以美国国家公园管理为中心

王明远[①]

（清华大学环境资源能源法研究中心）

【摘　要】　生物遗传资源[②]获取与惠益分享法律制度的建立和完善，已经成为保障生态安全和可持续发展的重要内容，为国际社会和世界各国普遍重视。本文考察了美国在生物遗传资源获取与惠益分享实践中针对人工培育资源和自然资源所采用的不同模式与方法，并且通过对美国自然遗传资源最为丰富和集中的国家公园在此方面实践的研究，介绍和评述了美国生物遗传资源获取与惠益分享法律制度的基本框架和内容。

【关键词】　生物遗传资源；收集许可；惠益分享；国家公园；美国

1　引言

生物多样性对科学技术和经济社会发展起着越来越重要的作用。尽管生物遗传资源很久以来都是农业和药物的重要原料，但是现代生物技术的发展，又开辟了一个崭新的领域。随着遗传控制的改进，农业对遗传资源的需求有着显著的增加，虽然这种需求中有许多是对驯化种基因的需求，但人们对生物遗传性状改善的不断追求，使得野生物种开始成为搜寻新基因的重心。人们日益意识到在荒野生物多样性之中，存在着远未开发的丰富资源和财富。显然，保护和可持续开发利用生物多样性是两个并行不悖的主题，而在此过程中，生物遗传资源获取与惠益分享制度的建立和完善是中心环节，为国际社会和世界各国普遍重视。

在美国，大约 25％ 医院所开处方上的药，其活性成分是从植物中提取或衍生的。这些源于植物的药品，其销售额在 20 世纪 80 年代初就已经达到 50 亿美元左右，90 年代中期达到 155 亿美元，到 21 世纪初，这一数据已经达到 400 亿。在农业领域，生物技术也导致了在农业生产中更多地利用生物多样性。遗传多样性已经是农业研究中的主要原料，仅到 90 年代，就占到美国农业生产 1960～1990 年产出收益的一半以上。[③] 尽管过去只有作物的近缘种属可用于育种计划，但如今世界整个生物群的基因都能够得以采用。

在保护生物遗传资源方面，一方面美国制定了一系列的法律法规，另外一方面，美国建立了完善的资源保存系统。除了最大的种子库——国家种子储存实验室（NSSL）外，美国还有许多地区和特定作物种子库（如谷物、蔬菜等），美国国家植物种质体系（NPGS）包括 19 个组织和机构，主要负责植物种质资源的收集、整理、保存、鉴定、改良和推广工作。美国政府高度重视从世界各国引进品种加以改良，目前收集的各种植物遗传材料已达 550000 份。美国国会还批准了农业部关于动植物基因（包括微

---

①　作者简介：王明远，男，1969 年 6 月生，山东枣庄人。法学博士、博士后。现为清华大学法学院副教授，清华大学环境资源能源法研究中心执行主任，主要从事能源法、环境法、有关生物技术和纳米技术的法律问题研究。

②　就目前对生物遗传多样性的研究和实践来看，各国对生物遗传资源的保护和利用主要集中在植物遗传资源领域，因此本文所涉及的生物遗传资源保护和管理评述，也主要集中在此方面。

③　参见［美］沃尔物 A. 里德等著：《生物多样性的开发利用》，柯金良等译，中国环境科学出版社 1995 年版，第 15-18 页。

生物基因）的调查研究项目，旨在更广泛地收集和鉴定各类生物遗传资源。NPGS的工作容量很大，效率很高，同时也积极介入国际的双边和多边合作与交流，1986～1992 年 NPGS 每年向全世界提供 175400 份样本。[①]

美国对生物资源的保护，包括两个部分，即已经过人工培育的遗传资源和尚未经过人工培育加工的自然遗传资源。对于前者，有明确的国内法律法规调整，对于其资源的获得有明确的指向，惠益分配制度相对成熟，主要以支付专利费或使用费等货币方式，在实践和理论上没有很大的争议；而对于自然遗传资源而言，美国至今尚没有统一的专门立法来管理自然遗传资源的获取与开发应用的惠益分享，基本上通过其他一些部门法如《科学技术转让法》、《濒危物种法》等来调整，这方面的惠益分享制度还没有一个明确的框架，主要原则在立法者、公众、生物技术公司、资源提供者之间还存在一定的分歧。但在实践中，美国的一些商业公司还是通过合同方式，即与遗传资源保有者订立协议来解决惠益分享问题。

2　人工培育遗传资源的获取和惠益分享

美国在 1930 年修正了专利法，增加了第 15 章"植物专利"，开始了对培育作物品种的专利保护，但开始时适用的范围很狭窄，仅仅允许取得诸如蔷薇科植物、其他观赏植物和果树等无性繁殖的植物的专利，然而把马铃薯、百合等通过块茎根茎繁殖的作物排除在外。20 世纪 60 年代以后，欧洲诸国纷纷制定了各自的法律来保护育种者的权利，而且把通过有性繁殖获得的且性状稳定一致的品种也纳入其中。针对这种变化，美国在随后几年一方面积极介入国际相关协议的谈判和签署，分别加入了国际植物新品种保护公约（UPOV）、WTO 与贸易相关的知识产权协议（TRIPs）等国际条约；同时在国内相继制定或修订了《美国植物品种保护法》（1970）、《联邦种子法》（1967，1988，1998）、《联邦植物专利法》等几部法律，构建了以植物专利和植物品种保护为手段的人工培育遗传资源保护的基本框架。将知识产权的范围扩大到遗传资源，在 1980 年迈出了最重要的一步，当时美国最高法院对 Diamond 公司对 Chakrabarty 公司的诉讼案件作出裁决，根据标准的专利法可以取得经遗传改良细菌的专利（美国联邦最高法院，1980，447U. S. 303）。[②]

综合美国目前的法律政策，对于人工培育的新品种，法律所提供的保护主要包括以下几种形式：

a）针对植物品种无性繁殖的植物专利；

b）针对植物品种有性繁殖的植物品种保护认证；

c）针对植物品种有性繁殖和无性繁殖的实用专利。

d）借助商标法对植物新品种商标名称进行保护。[③]

一个人就同一植物品种可同时获取以上 3 种形式的保护。

2.1　针对植物品种无性繁殖的植物专利

根据专利法的规定，植物专利适用于"以无性繁殖所获得的植物新品种，包括通过芽变、突变或杂交等途径获得的性状稳定的品种"，但不包括"通过根茎块茎繁殖获得的品种"。新品种必须是在栽培过程中发现并且对其性状加以稳定后获得的，在自然环境中获得的品种不在此列。

获得专利保护的专利保护期是 20 年，在保护期内排斥其他人无性繁殖这种植物，或者销售或使用无性繁殖的这种植物。有性繁殖（如种子）及使用或销售以此方式育成的秧苗，不构成对植物专利的侵害。植物专利所保护的仅是植物本身，并不包括植物的组成部分，例如：花、果实、枝条、种子。

2.2　针对植物品种有性繁殖的植物品种保护

专利法调整的是通过无性繁殖获得的植物材料，而 PVPA 则调整通过有性繁殖获得的植物材料。PVPA 基本上是根据 UPOV1978 年文本而制定的国内法，除了调整对象，它与原先的专利法的另外一个区别在于，任何符合专利申请条件的无性繁殖材料都能根据专利法要求专利保护；但 PVPA 在法律

---

① 参见卢欣石、何琪："美国植物遗传资源系统管理与发展"，《世界农业》1997 年第 4 期，第 23-26 页。

② 参见张乃根：《美国专利法判例选析》，中国政法大学出版社 1995 年版，第 56-62 页。

③ 参见魏衍亮：《生物技术的专利保护研究》，知识产权出版社 2004 年版，第 30-38 页。

中预先给出能予以法律保护的植物种类清单，在清单上列名的植物，其品种才可申请保护。

根据 PVPA 第 111 条的规定，受保护的品种与其附属品种自身和收获材料皆得到法律保护，保护期限为 18 年。未经过授权，任何他人不得生产、销售、进出口和商业储存。其中所谓"附属品种"，指下面三种：A）该品种实质繁衍自被保护品种，而被保护品种并非繁衍自其他品种；B）与被保护品种没有明显区别性的品种；C）以被保护品种为杂交亲本的品种。

通过这种方式的植物品种保护有一个重要的特例，即农民有权贮存品种的种子或使用这种种子生产自用的作物。农民也可以以再生产这种品种为目的而销售这种经贮存的品种，但是这种种子必须是为了在自己的土地上新种植这种植物而贮存的。这样，一个农民为了在自己的土地上重新种植这种植物贮存了种子，如果他改变了原来的计划，他可以销售这种种子。在这一特例中，无论是买者还是卖者都必须是农民，其主要的职业都是从事作物的栽培，且其栽培作物的目的是销售，而不是作物的再生产。[①]

2.3 植物新品种的实用专利保护

植物新品种的实用专利有更大的保护范围。相对而言，一项实用专利的专利持有人有权阻止对其专利品种进行未经授权的生产、使用、提供销售报价，或销售活动，或者进口其专利品种。未经授权的生产活动包括被保护的植物品种的有性繁殖和无性繁殖。

实用专利可以保护一个植物新品种的组成部分或其产品实用专利，也可以有效地保护植物品种的组成部分或其产品，如花、水果、种子、花粉、油料、培养的组织以及由此植物再生的植物。实用专利也禁止进口专利植物的组成部分，或者以这种植物为原料生产其他产品。

一项植物新品种的实用专利，依专利请求内容的不同，可能需要比一项植物专利公布更多的技术细节。如果实用专利的发明者只满足于防止其他人制造、使用和销售其植物品种或这种植物品种的一个组成部分，那么，与植物专利或植物品种保护法的认证相比，不需要公布更多的技术细节。如果实用专利的发明者还想对以其发明的植物品种作为母本材料而培育的其他植物品种提出权利要求的话，那么，他有可能被要求准确地公布这些植物品种是怎样培育出来的。

2.4 植物新品种的商标保护

近来美国的育种者为了更好地保护自己的品种，开始尝试通过商标法律制度来保护植物新品种。

商标的价值与专利一样，被注册的商标也可以产生效益。不能为植物品种的名称而获得商标保护。如果一个商标的主要属性是一种植物的名称，那么可能会失去商标保护。为植物新品种选择的标志应具有可区别性和普遍适用性。应避免使用人名、地名或仅为描述性的名称，以及与其他组织的名称相冲突的标志。[②]

在商标选择时，应避免与现有商标相矛盾。在美国，对一个实际使用了的商标，或一个意向性使用的商标，都可以提出商标注册申请。后者可使申请人获得较早的申报日期，并可使申请人获利，因为注册商标的权益与申请日期有关。美国的商标注册也可以外国商标注册申请为依据。

从以上美国对人工培育的遗传资源保护法律制度来看，育种者可以在分析自己植物品种的重要程度和保护类型的可靠程度等因素后，选取植物品种的保护形式。在某种情况下，商标保护是唯一可以利用的形式。在另一种情况下，使用实用专利或将实用专利与商标保护结合起来的保护形式可能更适用。在选择了保护形式后，育种者应当考虑如何将自己的植物品种推广起来。例如，发放许可证的方式可能是尽快推广植物品种的理想方式。如果育种者的植物品种保护力度足够大，以至于其他人不敢侵犯他的权益，那是最理想的；如果不是这样，育种者为保护自己的权益，只能向侵权者起诉。

3 自然遗传资源获取与惠益分享

对于自然状态以外的遗传资源，即包括上述人工培育的资源以及异地（*ex situ*）保存在种质库的自然资源，无论其所有权性质是公有还是私有，只要不属于国家特别保护的濒临灭绝的生物，其获得都是

---

① 参见黄革生："美国对植物的知识产权保护"，《知识产权》1997 年第 1 期，第 23-25 页。
② 参见黎云昆："美国植物品种保护的形式"，《世界林业研究》1998 年第 4 期，第 43-47 页。

开放的，只需要支付一定的费用，并没有强制性的法律限制。但是对于自然状态下（in situ）的遗传资源，情况相对要复杂一些，其获取与惠益共享制度的线索并不明晰。

3.1　国外自然生物资源

美国不是联合国《生物多样性公约》的缔约国。在对待国外资源的获取与惠益分享方面，美国的态度和《生物多样性公约》的精神是不同的。美国一直坚持"合同机制"的立场。美国认为，在这一机制中，合同义务应当包括要求被授予遗传资源获取权利的一方向相应的主管当局报告任何发明，并应在任何专利应用的说明中表明遗传资源的取得来源，以及提供取得权利相应条款的合同。

1991年，美国药品公司麦克公司（Merck）和哥斯达黎加国家生物多样性研究所（Institute of Biodiversity in Costa Rica，INBio）公布了一项协议。根据该协议，研究所将为麦克公司的药物筛选计划，提供从哥斯达黎加野生生物保护区的野生植物、动物、昆虫和微生物中提取的化学品，而该研究所则获得113.5万美元——包括两年研究和取样预算拨款以及由此产生的任何商品的使用费。该研究所则统一把该预算拨款的10%和使用费的50%上缴该国的国家公园基金会，用于保护哥斯达黎加的国家公园，而麦克公司则统一提供技术援助和培训，以帮助在哥斯达黎加建立一支药物研究队伍。[①]

美国认为麦克公司和哥斯达黎加国家生物多样性研究所之间协定的优越性使得《生物多样性公约》在此方面的规制显得没有必要。2002年11月6日，美国签署了FAO下的《粮食和农业植物遗传资源国际条约》，并迅速获得国会批准。同年12月，美国还向世界知识产权组织提交一份说明文件，倡议各国建立以"合同"为核心的遗传资源获取机制，显示美国正在积极建立以"合同机制"为核心的遗传资源获取与惠益分享体制。

就国际的合同设定，美国建议有两种模式。第一种是"美国国家癌症研究所"模式。美国国家癌症研究所在全世界范围内采集具有抗癌前景的天然样品，然后把这些样品运回美国的实验室来分析这些样品。美国国家癌症研究所承诺样品的提供国可分享由这些天然样品的商业化而得的许可使用费的一部分，并在美国的实验室为这些国家的派出的科学家提供培训。第二种是"沙曼制药公司"模式。在沙曼制药公司模式下，也是将天然样品运回美国的实验室。与上述美国国家癌症研究所模式不同的是，沙曼公司通过它单独设立的非赢利机构，向样品提供国支付产品许可费。[②]

3.2　国内自然生物资源

美国的生物资源十分丰富，因为美国有多样化的气候条件、辽阔的地域和漫长的海岸线，形成了独特的生态环境和物种群落，是世界十二个生物多样性最为丰富的国家之一。从这些生物资源的分布情况来看，这些资源大都被孕育在数目众多而广袤的国家公园内。从1872年美国设立第一个国家公园（类似于我国的国家级自然保护区）到现在，经过近一个半世纪的拓展，美国政府一共设立了384处国家公园，其中包括57个自然国家公园和327处其他自然和历史胜地，占地总面积8300万英亩，基本包括了美国所有的生物资源生存和繁衍地域。因此讨论美国如何管理和保护其国内自然生物资源时，我们主要考察美国国家公园在此方面的一些具体实践。

3.2.1　美国国家公园管理体制和相关法律政策

1916年，美国通过立法成立了隶属于内政部的国家公园管理局（National Park Service），以此统一管理和保护国家公园与国家古迹。从国内法的角度看，到目前为止调整国家公园管理的法律和政策主要包括：[③]

a)《国家公园管理局组织法（The NPS Organic Act）》

国会在1916年设立了国家公园管理局，其目的在于"保护国家公园地域内的景观、自然、历史名迹、野生生物群落免遭破坏，采取有效措施，使得所有这些遗产能为后代人们所继续享受"。这部法律设定了国家公园管理体制的基本框架。

---

① 参见［美］沃尔特 A. 里德等著：《生物多样性的开发利用》，柯金良等译，中国环境科学出版社1995年版，第32页。
② 参见于文轩："论生物安全国际法的惠益分享制度"，www.jcrb.com/zyw/n362/ca296222.htm。
③ http://www.nature.nps.gov/benefitssharing/legal.htm,2002。

b)《1998 年国家公园综合管理法（The National Parks Omnibus Management Act of 1998）》

《1998 年国家公园综合管理法》授权国家公园管理局在涉及国家公园地域内生物资源时"与研究机构和商业公司就如何制定平等、有效地分享惠益的协议进行磋商"，这一规定使得国家公园管理局成为相关协议的一方当事人。此外，该法要求加大对国家公园的科学调查，包括对生物资源种类的普查和资源的潜在经济效用调查等。同时要求在公园管理决策中充分体现科学技术的运用。该法鼓励私人或公立研究机构对国家公园进行科学研究和调查。

c)《1986 联邦科技转让法（The Federal Technology Transfer Act of 1986）》

《1986 联邦科技转让法》为联邦所属的实验室与私营公司的科技开发合作设定了一个法律制度框架。其中一个最为关键的举措就是合作研究和开发协议（cooperative research and development agreement，CRADA）。根据该法对合作研究和开发协议所作的定义，这类合作协议适用于下列情形：如果协议一方为联邦国有实验室，另外一方为私营研究机构或公司，双方开展研究开发合作，其中由联邦实验室提供人力、服务、工具、设施或其他的相关资源；或者私营研究机构或公司提供资金、人力、服务、工具、设施或其他的相关资源，双方为了一致的研究开发目的和方向而开展合作研究，那么这类协议就可以称为合作研究和开发协议，其中一个关键点在于协议中联邦实验室一方没有向研究项目投入资金的义务。

合作研究和开发协议制度的设立为私营公司通过向联邦实验室投入资金或者其他专业知识来换取联邦实验室的研究资源、参与研究调查提供了机会和权利。

d)《联邦政府管理条例（The Code of Federal Regulations）》

《联邦政府管理条例》要求，在国家公园内开展调查研究前，必须首先申请研究许可证。许可证对研究的开展作了许多限制性的规定，以免调查研究对国家公园产生负面影响。此外，对于在国家公园调查研究所获得的生物材料，仅限于对其进行研究，严禁出售或作其他商业性用途。只有通过对生物材料的研究开发后得到的新产品，才可以进行商业化使用。

e)《国家公园 2001 年管理政策（NPS 2001 Management Polices）》

《国家公园 2001 年管理政策（NPS 2001 Management Polices）》声明再次强调，"除非有法律的特殊授权，或者有从事该项行为的合法权利且其权利尚未到终止期，任何从国家公园取得的生物材料均不得用于商业用途。所采集到的生物材料（无论是否是活体），如果要用于商业性开发，都必须通过联邦有关主管部门的特殊许可才能进行"。

但是这项政策同时鼓励"采用适当的科学研究手段，在法律政策允许的前提下对自然资源进行研究调查"。值得注意的是，这项政策对有关生物资源的重复获取和重复调查研究行为予以禁止，认为这种重复的生物资源获取和研究调查行为，会对有限的生物资源造成浪费，甚至会危及这些生物的正常繁衍。

f)《1969 年国家环境政策法（The National Environmental Policy Act of 1969）》

《1969 年国家环境政策法（The National Environmental Policy Act of 1969）》要求联邦政府对可能具有重大环境影响的行为采取谨慎的态度。NEPA 要求在涉及此类行为的决策时，必须将这类行为的环境影响信息向公众披露。显然，国家公园生物资源获取与惠益分享协议就属于这类对环境会产生一定影响的事项。NEPA 对相关信息的披露程序作了一定的规定，包括信息披露地点、方式、期限等等。

g)《自然资源挑战计划（The Natural Resource Challenge）》

《1999 年自然资源挑战计划》是国家公园管理局最近发布的一项关于国家公园管理的革新计划。该计划认识到科学研究在公园管理中的关键作用，"对国家公园生物资源的长期持久保护使得国家公园成为对人类至关重要的信息的蓄聚区。所以，国家公园不但要强调科学技术作为公园管理的一个重要手段，更为关键的是，应当充分认识到国家公园（因为拥有丰富生物资源而）作为扩展科学研究深度和广度的关键场所。在不对公园其他功能产生负面影响的前提下，在国家公园内开展科学研究应当得到鼓励。这些项目，可以通过大学和科研机构间的有效合作实现"。

如果我们仔细研究，就会发现，以上这些法律或者政策，主要着眼于对国家公园的宏观管理，首先保障国家公园内的生态安全，没有或者很少涉及对国家公园内生物资源的获取以及惠益分享制度。尽管美国政府已经有意图通过合作研究和开发协议来推进对生物资源的开发和利用，但是依据上述法律和政策，由于没有具体的制度安排，对国家公园内生物遗传资源有着强烈开发欲望的生物科技公司，在寻求遗传资源获取的有效途径以及进行惠益分享时，往往还是觉得无所适从。这种局面，一直到《国家公园科学研究和资源收集许可基本条例》的发布才有所改观。

3.2.2 《国家公园科学研究和资源收集许可基本条例》

（1）黄石公园—迪沃萨生物技术公司研究开发合作协议（1997，The Yellowstone-Diversa Agreement）

美国《国家公园科学研究和资源收集许可基本条例》的出台，与国家公园系统内第一个研究开发与合作协议（Cooperative Research And Development Agreement，CRADA），即黄石公园—迪沃萨生物技术公司研究开发合作协议（1997，The Yellowstone-Diversa Agreement）有着密切的关系。因为正是围绕着这个协议合法、合理性的争议，才促使当局制定了这一直接涉及国家公园内生物遗传资源获取与惠益分享的条例。下文将介绍和分析这一最典型的研究开发合作协议。

1）黄石公园—迪沃萨生物技术公司研究开发合作协议相关背景

黄石公园是美国建立最早（1872年）、规模最大（占地8956km²）的国家公园，也是目前世界最大的国家公园。它位于美国西北部怀俄明、蒙大拿和爱达荷三州交界处，因公园内的黄石河两旁峡壁呈黄色，故名黄石公园。包括两个国家公园、四个野生动物保护区及六个国家森林，至少25个联邦或州政府单位共同管理，但主要的实务管理部门还是隶属于内务部的国家公园管理局（National Park Service）。其区域内据估计约有10000个以上温泉、间歇泉、火山喷气区及沸沼泽等地热区。其地热数量约占全球80％，地球上60％以上的生态类型都能在此找到。在公园某些极端生态环境内，栖息着为数甚多的嗜热菌（thermophilus），在现代生物技术中应用广泛的Taq DNA聚合酶最早即是从来自黄石公园热温泉中的这种微生物所分离出的，现在这种酶市场供应值每年已达十数亿美元。

黄石公园研究开发合作协议（也被称为生物资源勘探协议）是在1997年庆祝黄石公园作为第一个国家公园成立100周年时的庆祝仪式上签订的，协议的主要内容是：公园同意迪沃萨生物技术公司在公园地域内开展生物资源的勘察工作，获取不定数量的"微生物，水，土壤，植物，岩石和矿产"样本，而公园有权获得经济、科学和技术方面的一系列惠益，主要包括专利使用费用和对这些生物资源研究开发后产业化得到的科技和商业利益。[①]

2）开发合作协议相关争议和结果

尽管对国家公园的生物资源的研究和调查从20世纪就已经开始，但本协议是第一项有关生物资源的研究开发协议。当时包括美国副总统戈尔、内务部长巴比特、国家公园管理局局长斯坦顿在内的一些高级官员都对此协议给予很高期望，认为通过这种不损害环境保护宗旨的商业性研究开发计划能够有效地解决公园管理的资金投入不足的难题，同时提高公园管理的科技水平。[②]

以埃德蒙研究院（Edmonds Institute）为首的非政府组织（NGOs）认为，这必然会导致大量其他类似协议的产生：估计在六年内就会有其他6项这类协议签订，十年以内还会有另外20项这类协议要签订。他们认为人们对商业利益的追求将对自然资源的安全保障产生很大的冲击，因此1998年3月5日，埃德蒙研究院联合了国际技术评估中心（International Center for Technology Assessment）和岩石保护同盟（Alliance for the Wild Rockies）等NGOs共同就此项协议向地区法院提起诉讼，将国家公园管理局和黄石公园告上法庭，认为黄石公园的协议以及国家公园管理局对协议的批准违反了《美国公园管理法》和《美国联邦科技转让法》等联邦法律，因为根据上述法律，国有研究机构（黄石公园作为一个保有遗传资源的实验室，laboratory）在提供研究材料时不能获得商业利益，如果允许国家公园作为商业协议的一方，那么他们会为了商业利益而无视他们原来所被赋予的保护和管理国家公园的神圣义务，而资源破坏的后果却必须由美国全体国民来承担。

2000年4月12日，哥伦比亚地区法院Royce C. Lamberth法官对案件作出判决，判决意见认为这

---

① http://www.edmonds-institute.org/yellowstone.html，1998.
② http://www.yellowstoneparknet.com/articles/bio_prospecting.php，2001.

一研究开发合作协议是"恰当的"并且"没有和已有的有关环境保护的强行性法律法规有任何冲突"，因此驳回原告的诉讼请求。Lamberth 法官认为，"国家公园管理局同意这项协议的签订是恰当的，符合相关法律的规定。因为这项协议并没有损害到公园环境保护的基本原则，同时能够使人们对公园地域内的生物资源有更加清晰的了解，这种了解以及由此产生的经济利益将有助于对公园的进一步有效保护"，由此原告认为协议违反了包括《联邦科技转让法》在内的多项国家法律法规是没有任何依据的，原告的观点是建立在"对 CDADA 制度基本精神的误解之上"，法院认为，国会通过立法确立 CDADA 制度，其目的在于促成一种"有效、平等的（研究开发成果）利益分享机制"，进一步"研究《美国公园管理法》的立法精神，黄石公园—迪沃萨生物技术公司研究开发合作协议与此是切合的"。①

对于上述案件的法院判决结果，黄石公园资源中心主任 John Varley 予以褒扬，认为"Lamberth 法官的判决说明，公园生物资源研究和开发协议是深思熟虑和理性的，这项协议有利于公园，有利于科研的展开，有利于社区的民众"。② 事实上，该协议所表现出来的立场后来也为美国国家公园保护协会（the National Parks and Conservation Association，NPCA）所支持，美国国家公园保护协会对美国涉及自然资源的立法起到很大的影响。

3）黄石公园开发合作协议内容

协议中涉及可持续使用和保护、样本所有权、惠益共享、知识产权、转让金额、惠益分享比例等内容：③

a）可持续使用和保护

根据美国环境保护法，任何涉及"对人类环境会产生深刻影响的联邦政府活动"在其开展前必须要进行环境影响评价或环境评估。黄石公园—迪沃萨生物技术公司研究开发合作协议把生物多样性的调查作为资源管理的一个部分来处理。这即意味着，如果在此区域进行生物体的采样不是一种有害生态的行为，从公园的角度来看，对公园区域内的菌落样本调查活动并不会对公园的生态产生不利影响，同时也没有损害到公园保护环境的努力。所以可以不用进行环境影响评价。

b）样本所有权

黄石公园由隶属于美国内务部的国家公园管理局主管。《国家公园管理组织法》对在国家公园领域内开展物种收集调查工作进行了规定。调查者必须向公园主管机构提交调查申请，在申请中必须详细描述收集调查的目的和准备采用的调查具体方法。在申请得到许可后，申请人可以获得规定了时限的调查许可证，但许可证仅仅是对调查者收集调查物种行为的许可，并不意味调查者可以对所收集调查得到的物种拥有所有权。

c）惠益共享

协议规定，迪沃萨生物技术公司在合同持续的五年内向黄石公园支付 475000 美元，其中包括在黄石公园内开展生物样本调查的费用、与黄石公园开展合作研究的费用和支付给黄石公园的管理费用。此外，黄石公园从迪沃萨生物技术公司获得的主要利益是该公司在黄石公园获取的生物资源通过研究开发后得到的商业化利润（主要为专利费）的一部分，具体数据作为商业秘密不为人们所知，但专家推测，这一比例在 5%～10% 之间。协议明确，公园所有的获益将用在加强公园生态保护和研究设施的改善上。

d）知识产权

根据 1986 年《美国联邦技术转让法》的有关规定，由联邦所属的实验室，尽管提供了生物资源，但无权参与研究成果产业化以后获得商业利润的分享。因此对本协议是否能适用《联邦技术转让法》关键在于如何理解"laboratory"，国家公园以及其他拥有研究材料资源的公共区域是否属于"laboratory"。

（2）《国家公园科学研究和资源收集许可基本条例》

---

① http://www.nature.nps.gov/benefitssharing/lamberth2.pdf.2001；
　http://www.yellowstoneparknet.com/articles/bio_prospecting.php,2001.
② http://www.yellowstoneparkent.com/articles/bio_ptospecting.php,2004.
③ http://www.deh.gov.au/biodiversity/science/access/inquiry/appendix9.html,2000.

1998 年，黄石公园—迪沃萨生物技术公司研究开发合作协议获得国家公园管理局批准并且签定后不久，国家公园管理局就主持了一项研究，考察如果各个国家公园也相继签定研究开发和惠益分享协议，是否会对公园生态环境产生影响以及影响程度。随着在与埃德蒙研究院（Edmonds Institute）等 NGOs 的案件中胜诉，更坚定了国家公园管理局在国家公园系统内推行研究开发合作协议的决心。2000 年，《国家公园科学研究和资源收集许可基本条例》发布，这项条例进一步明确了在国家公园开展调查研究工作的许可证申请制度，尽管它的效力层次和调整范围有限，但是第一次非常细致地涉及了生物资源的获取与惠益分享制度：

1）被许可权限

被许可人有权在许可证许可的范围内在国家公园开展科学研究和资源收集工作，但是应当接受公园主管部门的管理，同时遵守所有在国家公园系统适用的法律法规，以及其他相关的联邦和州法律。国家公园管理局有权对被许可人的研究调查工作进行监督，以保证被许可人对规定的遵守。

2）信息真实保证

被许可人应当如实提供许可证要求的信息，一旦发现信息不实，许可证将被撤回。不实信息提供者视情况还将受到其他相关处罚。

3）转让禁止

本许可证不能被转让或更改。许可证副本将根据参与项目研究调查的实际人数发放，每人一份。如果许可证上列名的研究人员有调整和变更的，新加入的研究或田间调查辅助人员应当在获得许可证的副本后才能开展工作。在项目进行过程中，出现下列情况，项目主要负责人还应当向公园科学研究和资源收集许可证审核办公室申请和通报。A）对许可证上载明的项目开展的方案和计划进行必要的变更；B）项目主要负责人变更；C）项目参与人员变动或姓名变更。

4）许可证的撤回

被许可证人被发现有违反本条例原则的行为，许可证将被撤回。如果许可证被撤回，被许可人可以就自己的行为向国家公园管理局地区科学委员会申请复议，如果复议成立，许可证可以重新发回。

5）生物样本（包括生物材料）的收集和获得

严禁收集和获取在许可证上没有具体载明的生物样本。生物样本收集和获取的一般性规定包括下面的内容：

a）涉及考古材料，如果没有获得联邦文物勘探许可证，严禁收集和获取。

b）如果涉及濒危或稀有物种，如果没有联邦鱼类和野生生物管理局签发的许可证，严禁收集和获取。

c）收集所采用的方案不应当引起不适当的注意，或者导致未经同意的不利后果，或者损害公园环境和其他资源的正常状态。

d）据许可证的规定，被许可人在调查过程中发现的新物种每年向公园至少汇报一次。汇报必须包括如下内容：样本分类、收集到的样本数目、样本收集地点、样本保存状态（如风干，蜡封，酒精或福尔马林浸泡等）以及样本保存地。

e）所收集到的样本，如果在研究实验后仍然未销毁的，属于联邦所有的财产，国家公园管理局保留对以上样本残留物的处置权，未经国家公园管理局的书面同意，任何人不得任意破坏或毁弃。

f）任何从公园获取的生物样本，必须贴上 NPS 的标识，并且要归入国家公园生物名录。在没有特别规定的情况下，被许可人有义务完成对此类生物样本的归档工作，包括标识、名录和其他附加信息。被许可人有义务根据 NPS 的要求来保存生物样本。

g）所收集的生物样本仅可用于科学研究或者教育用途，并且应当考虑到公众利益，同时满足 NPS 一系列规定中的公众知情权。

h）在许可证许可下收集的任何生物样本，生物样本的任何组成部分（包括但不仅限于自然生物，酶，具有生物活性的大分子，遗传材料或种子），仅用于科学研究和教育用途，不能运用于商业或其他营利目的，但是被许可人与公园签订了研究开发合作协议或其他类似协议的除外。在不具备例外协议的情况下，如果被许可人擅自出售从公园获取的生物样本，NPS 有权要求被许可人就此行为予以赔偿，并且保留进一步追究其违法责任的权利。

6）报告

被许可人应当提交年度调查报告，以及研究成果出版物或其他通过此项研究得到的材料。年度报告的提交时间和具体格式由 NPS 制定。NPS 指定公园研究机构将查阅报告，并且根据不同情况要求被许可人提交进一步的材料包括田间调查记录、数据库、地图、照片等。被许可人对提交的材料的真实性负责。

7）保密条款

被许可人对公园敏感资源的情况负有保密义务。敏感资源包括：稀有物种、濒危物种、受威胁物种、考古地域、溶洞、化石群、矿藏、有商业价值资源和古代宗教仪式场所等。

除以上主要内容外，还包括保险条款（针对特别项目，认为有必要投保的，许可证申请人应当投保）、机械设备（严禁被许可人在公园内指定的或潜在野生生物生活领域内运输、装备和使用任何大型机械）、NPS 参与条款（没有特别的书面约定，被许可人无权要求 NPS 对其项目的实施予以任何辅助）、终止日期（在许可证终止后，被许可人的权利即告终止，不得延续）等二十余项内容，十分细致周密。①

4 美国的经验和思考

美国生物遗传资源获取和惠益分享法律制度的框架加以概括和图示如下：

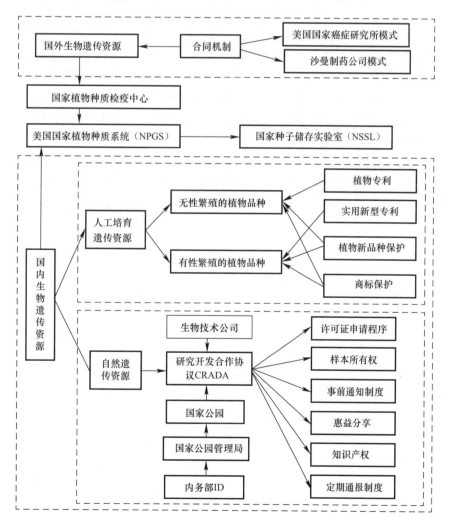

① http://www.nps.gov/yell/technica/researchpermits/general_conditions.trm,2002.

综合看来，根据美国目前的法律，对于非自然遗传资源样本，其获得无论是公有和私有都是开放的，没有强制性法律的限制，只有在出于保护濒临灭绝的生物资源才对获取加以限制。对于自然状态下的遗传材料获取，如果为私人所有，法律不做干涉。对国有遗传资源，现有的法律还没有普遍性的规范。但是我们可以从美国国家公园采取的管理体制来推出美国对自然生物遗传资源管理的一般模式：这些遗传资源归国家所有，由国家公园管理局主管，由国家公园具体管理。于是，一般模式是，由国家公园管理局负责资源获取许可的审核与批准，惠益共享方案则由国家公园与资源获取者协商，最后由国家公园管理局确认。在此过程中，国家公园管理局考虑适用的法律和政策有《科学技术转让法》、《濒危物种保护法》、《国家公园管理法》、《国家公园科学研究和资源收集许可基本条例》等。

值得注意的是，尽管美国对生物资源的获取与惠益分享都赞成协议或合同的模式，但同样是这种模式，美国对待国外和国内生物遗传资源的态度是不同的。在对待国外遗传资源方面，美国反对主权国家特别是发展中国家的政府通过其国内法对各自国内遗传资源的获取与惠益分享作太多的干涉，希望为美国生物技术发达的大公司对别国遗传资源的获取扫除制度上的障碍，而对生物遗传资源国家主权的强调，却恰恰是《生物多样性公约》所追求的目标。再反观美国对其国内遗传资源的管理，就会发现许多政府干预的痕迹。在强调资源公平和可持续利用的现代社会，国家对生物资源获取及惠益分享的管控是必不可少的。美国的上述两面立场也确实遭到了人们的批判。如果美国希望别国对其国内的遗传资源管理采取宽松的态度，那么它也应当以同等的程度向国外开放自己的自然生物资源。人们认为，一方面，美国主张的合同机制，只是一种有希望的实验，可以用作对别处生物多样性开发利用的参考，但其本身并非是未来普遍遵循的模式；另一方面，生物资源的开发利用并不仅仅是个科技和经济问题，同时关系到生态安全，脱离了政府的监管，可能会对生态和环境产生不可预料的后果。[①]

和美国一样，中国也是世界上生物多样性最为丰富的 12 个国家之一，占有世界物种总数的 10％以上。自从生物遗传资源的重要性被人们广泛认识以来，一些发达国家一直窥视并且通过许多不正当的手段获取中国丰富的种质资源，并利用高新技术从中鉴定并且分离出优异基因培育新品种，反过来通过知识产权来限制中国对这些种质资源的利用。因此维护中国资源的主权和安全已经刻不容缓。[②] 根据我国法律，自然遗传资源属于国家所有，任何个人不能主张所有权，而从我国自然生物遗传资源的分布情况来看，主要集中于我国设立的一些自然保护区内。因此综合美国对国内生物遗传资源尤其是对国家公园资源的保护和惠益分享制度、经验的考察，对于完善我国生物遗传资源的管理制度有相当的借鉴意义，值得作进一步细致深入的研究。

①　参见［美］沃尔特 A. 里德等著：《生物多样性的开发利用》，柯金良等译，中国环境科学出版社 1995 年版，第 34-38 页。
②　参见刘旭：《中国生物种质资源科学报告》，科学出版社 2003 年版，第 2-5 页。

中国国家公园体制建设的基本法律问题①

夏　凌　张珊珊②

（同济大学法学院）

【摘　要】 我国国家公园体制建设在在缺乏法律依据的基础上已经开展了试点，与现有的自然保护区、风景名胜区等类型的保护地之间的关系并不明了。现有的国家级自然保护区和风景名胜区在法律上是国家有关部门实行综合管理和分部门管理结合的管理体制，但国家有关部委是审批者和监督者，具体的管理工作均由地方承担和负责。地方政府以国家的名义在行使着资源所有权，扮演着国家所有者的角色，自然也在其中夹杂着地方利益，出现了过度开发或者重开发轻保护的现象，使得这些自然资源和生态环境未能符合设立保护的目的。建立国家公园体制本质上是我国保护地制度的一次根本变革，要从整个国土空间开发保护的大局出发，以建立国家公园体制为契机，全面构建我国的保护地法律体系。在主体功能区划和国土空间用途管制的基础上，结合自然资源资产管理和分级行使所有权，加强对重要生态系统的保护和永续利用，保护自然生态和自然文化遗产原真性和完整性。

【关键词】 国家公园；保护地；生态文明体制；法律；中国

1　问题的提出：国家公园体制建设

2013 年《中共中央关于全面深化改革若干重大问题的决定》以国家重要文件的形式提出建立国家公园体制。2015 年，中共中央、国务院印发了《生态文明体制改革总体方案》，提出建立国家公园体制，目的在于加强对重要生态系统的保护和永续利用，以纳入到国家的国土空间开发保护的顶层设计中。紧接着，国家发改委会同中央编办、财政部、国土部、环保部、住建部、水利部、农业部、林业局、旅游局、文物局、海洋局、国务院法制办等 13 个部委、机构联合印发了《建立国家公园体制试点方案》，正式启动在北京、吉林、黑龙江、浙江、福建、湖北、湖南、云南、青海等九省市的国家公园体制试点工作。值得注意的是，方案试点的是国家公园的管理体制，核心目的是要改革以往不同部门设立不同保护地的现状，解决那些禁止开发区域交叉重叠、多头管理的碎片化问题，而这种试点是在缺乏法律法规规定的基础上进行的，因此，对国家公园体制建设中的一些基本法律问题进行探讨成为必要。

2　我国现行保护地模式对国家公园体制建设的影响

由于我国现行法律法规、部委规章和部委规范性文件的庞杂规定，我国的自然和历史遗迹保护区域呈现出不同形态。对于我国现行保护地的类型和范畴，不同学者基于各自理解，提出了不同的分类界定学说。有十类型说（自然保护区、风景名胜区、森林公园、地质公园、农田保护区、水利公园、海岸公园、野生动物公园、文物保护区或文化保护区、保护小区）[1]、九类型说（自然保护区、风景名胜区、森林公园、地质公园、湿地保护区、自然遗迹、世界遗产、世界生物圈保护区、文物保护单位）[2]、七

---

①　国家社会科学基金重点课题（14AZD107）：中国国家公园管理规划理论及其标准体系研究

②　作者简介

夏凌　1972 年生，男，江西南昌人，同济大学法学院副教授，研究方向为环境资源保护法

张珊珊　1989 年生，女，浙江慈溪人，同济大学法学院法律硕士研究生，研究方向为环境资源保护法

类型说（国家自然保护区、国家森林保护区、国家地质公园、国家湿地公园、国家矿山公园、国家重点风景名胜区）[3]、三体系说（国家文物局属下的文化遗产、博物馆体系；国家环保局林业局属下的文化遗产、自然保护区体系和建设部属下的遗产、风景名胜区体系、历史名城体系）[4]。从上述理解来看，在国家正式文件出台前，我国是没有国家公园官方概念的，这也是法律实证主义的反映，要基于现行有效的法律文件予以界定。而学术界所援引的世界自然保护联盟（IUCN）界定的保护区分类系统中，国家公园是位列第二类保护地，因此有关国家公园的讨论，大多参照了世界自然保护联盟的这个分类。但是世界自然保护联盟的六类保护区分类中的其他五类（分别为第一类严格自然保护区、荒野地保护区；第三类自然纪念物保护地、第四类生境和物种管理保护区、第五类陆地和海洋景观保护区、第六类资源管理保护区）并没有在我国的有关保护地的法律文件中有直接对应，因此也造成了研究上的困惑。《生态文明体制改革总体方案》中则直接限定为国家公园体制建设就是要改革自然保护区、风景名胜区、文化自然遗产、地质公园、森林公园等的体制，实际上就是在这五类的基础上开展国家公园体制建设。

国家公园体制在国外早已建立，我国学者也对美国、德国、英国、加拿大等国的国家公园制度进行了广泛研究，对管理制度、法律规范等作了全面介绍[5]。国家发改委和美国保尔森基金会签署的《关于中国国家公园体制建设合作的框架协议》，将在国家公园试点技术指南、美国等国家的国家公园案例研究、试点地区国家公园管理体制和政策实证研究、国家公园与保护地体系研究及机构能力建设等方面开展具体合作。可以预计，美国国家公园体制将对我国国家公园体制建设起到重要影响。

由于没有现行有效的对国家公园予以规范的法律法规和部委规章，因此即便是在试点前已经设立的冠以"国家公园"字样的保护区域，无论是国家林业局审批的第一个国家公园—云南香格里拉普达措国家公园还是国家环境保护部和国家旅游局批准建设中国首个国家公园试点单位—黑龙江汤旺河国家公园，都无法获得法定的正式身份。而两家国家公园的三个审批部门更是暴露出多头行政的弊端。

因此，即便是围绕着自然保护区、风景名胜区、文化自然遗产、地质公园、森林公园这五种类型保护地的突破，建设国家公园体制都面临着不小的法律问题。因为虽然原有的管理体制中被认为存在管理主流理念存在偏差、管理体制权责不清、普遍存在重开发轻保护现象、法规体系不健全，缺乏有效监管机制等问题[6]，但自然保护区和风景名胜区本身是有国家行政法规作为建设和管制依据的，而国家公园是在没有任何法律依据的情况下进行体制构建，更为不易。

3 国家公园的法律定位——最高层级的保护地

在已有自然保护区、风景名胜区、国家森林公园、国家地质公园、国家湿地公园等的基础上建设国家公园，目的是什么？国家公园的法律定位是什么？这应当是首先需要解决的问题。国家公园不是简单仿效美国或者按照世界自然保护联盟的保护地划分标准取的高大上名字，而是要在我国现行的保护地基础上进行的一个革命性的变革，目标是要对原有不同类型的保护地进行功能上的重组，除不损害生态系统的原住民生活生产设施改造和自然观光科研教育旅游外，禁止其他开发建设，保护自然生态和自然文化遗产原真性、完整性。从中央文件中的表述来看，国家公园实行的是比原有的风景名胜区等更严格的保护，因此，国家公园在整个国家的保护地层级中应当是属于最高层级，国家公园的法律定位要高于自然保护区、风景名胜区等保护地，只能存在国家层级的国家公园，这样也为将来由全国人大及其常委会制定相应的立法奠定了法理基础。正因为国家公园的这种法律定位，就不存在地方层级的国家公园，这就和自然保护区和风景名胜区的设定层级有了区分。

笔者认为，出于对自然和生态的区别保护要求，即便国家公园体制建立了，自然保护区和风景名胜区、森林公园、湿地公园等仍有存在的必要，只是在功能、范围、管理机构等方面需要进行改革，以适应国家公园体制的需要，这也符合我国要实行的对自然资源资产分级行使所有权的改革需求。以湿地为例，2014年修订后的《环境保护法》明确将湿地作为保护对象，《生态文明体制改革总体方案》中也首次提出要对湿地产权进行确权试点，湿地保护中同样是在缺乏相应立法的情况下进行的。所以从整体上说，国家公园体制构建必定会带来我国的保护地领域的一次大变革。

4 国家公园的所有权行使—中央政府和地方政府分别行使所有权

自然资源的所有权属于公有，但在保护地问题上，由于地域条件的限制，行使所有权的往往是地方政府。在自然保护区和风景名胜区立法方面，依据国务院的上位行政法规来制定符合本地方要求的立法是通常做法。以自然保护区为例，在自然保护区的地方立法上，目前全国除台湾地区外，有自然保护区的 31 个省（直辖市、自治区）都或多或少有相关立法，如制定本省的保护区管理办法、实施条例、以及针对本地方的国家级自然保护区制定相应管理办法[7]。无论是何种地方立法形式，代表国家行使所有权的是当地政府，由地方政府设立相应的管理机构，人、财、物均归地方负责。而按照国家公园体制构建的要求，要由中央政府对于重要的国家公园直接行使所有权，以满足我国对自然资源所有权分级改革的要求，这对于国家公园体制会产生重大影响。

4.1 中央政府直接行使所有权的国家公园管理机构设置

根据现行的《自然保护区条例》和《风景名胜区条例》的规定，现有的自然保护区和风景名胜区虽然名义上是由国家有关部门实行综合管理和分部门管理结合的管理体制。但国家部委仅仅是名义上的审批者和监督者，具体的管理工作均由地方承担和负责。地方政府以国家的名义在行使着资源所有权，扮演者国家所有者的角色，自然也在其中夹杂着地方利益，出现了过度开发或者重开发轻保护的现象，使得这些自然资源和生态环境未能符合设立保护的目的。由中央政府直接行使所有权，一方面体现国家的重视，一方面也可以消除地方利益的影响，类似于海关、工商、税务这种垂直管理的体制。美国是采用的中央集权制国家公园管理体制，在内政部设立国家公园管理局。国家公园管理局下设的 7 个地区办公室负责直管所属区域各"国家公园管理处"，而"管理处"作为基层机构，负责公园具体项目的开展，比如资源保护、特许经营、参观游览、教育科研活动等[8]。

以环保督查中心为例，虽然环保部设立了地区环境保护督查中心，工作职责中包括承担环境功能区、国家级自然保护区（风景名胜区、森林公园）、国家重要生态功能保护区环境保护督查，但这个地区督查中心的主要工作还是监督检查，这也是目前大部分中央部委派驻机构的特点。这类中央派驻机构无法履行直接行使所有权的职能，那么可行的是国家层面设立一个总的国家公园管理机构，再在这个机构内部设立相应的中央直管国家公园的管理处。

4.2 非由中央政府直接行使所有权的国家公园管理机构设置

按照现有文件的规定，意味着未来我国的国家公园将出现两种层次的国家公园：中央政府直接行使所有权的国家公园和非由中央政府直接行使所有权的国家公园。这和以往国家级和省级自然保护区和风景名胜区的设置是有区别的。原有的国家级和省级保护区虽然名称不同，但是管理还是由地方负责。为了体现所有权行使的不同，非由中央政府直接行使所有权的国家公园的机构设置还是应当由地方政府设置属地的管理处。两类所有权行使主体不同的国家公园是否意味着未来要出现跨省级行政区划的国家公园？如果这样，对于国家公园管理机构的设置提出了新要求，可以采用类似水利部的流域管理机构的形式，负责跨省级行政区划的管理。那么按照这种分类方式，会有三类国家公园管理机构出现：跨省级行政区划的直接由中央政府行使所有权的国家公园管理机构、直接由中央政府行使所有权的省域内的国家公园管理机构和普通国家公园管理机构。

5 以国家公园体制为核心的保护地法律体系构建

目前我国在保护地方面实行的是"按行政区划分，专业部门指导"和"综合协调，多部门管理"的管理体系，而行政体制的多部门立法，各自依据不同法律法规和行政规章等占地盘挂牌子更是加剧了私益性开发和公益性保护之间的矛盾愈发突出，进而导致保护地管理方面的混乱。这种行政体制之间的问题在资源保护和环境保护方面均有体现，如水资源管理中的所谓"五龙治水"。而在环境保护领域，问题同样突出。我国的环保职能分割为三大方面：污染防治职能分散在海洋、港务监督、渔政、渔业监督、军队环保、公安、交通、铁道、民航等部门；资源保护职能分散在矿产、林业、农业、水利等部门；综合调控管理职能分散在发改委、财政、工信、国土等部门。正因为这种体制的弊端，也引发了环境保护"大部制"改革的讨论，按照改革方案，环保部将实行"独立而统一"的环境监管，健全"统一监管、分工负责"和"国家监察、地方监管、单位负责"的监管体系，有序整合不同领域、不同部门、不同层次的监管力量，有效进行环境监管和行政执法。国土资源部、水利部、海洋局、林业局等相关部门中有关环境保护的职能，有可能并入环保部[9]。从这个方案可以看出，对现行制度中存在的深层次问题，可谓是进入改革的"深水区"，单纯的制度修补已经不足以从根本上解决问题，需要的是顶层设计和全面改革。

正因为如此，我们在思考如何构建国家公园体制时，必须从根本上理解国家在保护地方面改革的目标和决心，不能把目光仅仅放在如何建设一种新的保护地模式上，需要考虑国家公园体制对于中国保护地制度的重要意义。

5.1　《生态文明体制改革总体方案》明确规定："建立国家公园体制，是国土空间开发保护制度的重要部分，是要改革各部门分头设置自然保护区、风景名胜区、文化自然遗产、地质公园、森林公园等的体制，对上述保护地进行功能重组，合理界定国家公园范围，实行更严格保护。"这说明国家公园是要突破现有的自然保护区、风景名胜区、文化自然遗产、地质公园、森林公园体制，并且实行更加严格的保护，因此国家公园就应该成为最高层级的一种保护地形式。又因为生态文明体制改革还要健全自然资源产权体系，划清全民所有、不同层级政府行使所有权的边界，所以必须改变简单探讨如何建立国家公园这种保护地，要从整个国土空间开发保护的大局出发，以建立国家公园体制为契机，来全面构建我国的保护地法律体系。

5.2　从保护地的规定来看，只有自然保护区和风景名胜区有行政法规作为规范依据，其他保护地如地质公园、森林公园等的规范依据仅仅是部委规章或者部委规范性文件，因此对现行保护地制度的讨论分析，会强调法律的立法层级低、立法目标单一、立法原则不统一、不同规范性文件之间不协调。对于这些明显存在的问题，在建立国家公园体制时，应当要避免重复出现，但同时也应全面考虑和其他保护地的衔接问题，中央文件中的对原有的自然保护区、风景名胜区、文化自然遗产、地质公园、森林公园进行功能重组，这该如何理解？是要打破原有的这些保护地体制，构建一套全新的国家保护地法律体系还是国家公园与自然保护区等并行存在？这些都值得深思。截至2014年底，我国已建立分属林业、环保、国土、农业、水利、海洋等部门的自然保护区共计2729处，以及国家级风景名胜区225个、国家地质公园240个、国家级森林公园779个、国家湿地公园429个[10]，这些不同类型的保护地存在着空间重叠、职能交叉。九寨沟一个景区就挂着五块牌子，分别是国家级自然保护区、风景名胜区、森林公园、地质公园和5A旅游景区[11]，将来国家公园体制建立，难道要在这个景区再挂上一个新牌子吗？因此这个保护地体系如何构建的基本法律问题不解决，我们将无法建立一个好的国家公园体制。对此，笔者认为，保护地体系问题，首先要考虑到国土空间开发保护的问题，在受制于国土空间用途管制的基础上，再结合自然资源资产管理和分级行使所有权，来加强对重要生态系统的保护和永续利用，保护自然生态和自然文化遗产原真性和完整性，其中，国家公园是核心，自然保护区、风景名胜区、地质公园、森林公园、湿地公园等共同构成我国完整的保护地制度。

参考文献

[1]　王献溥. 自然保护实体与 IUCN 保护区管理类型的关系 [J]. 植物杂志，2003 (6)：4-5

[2]　徐本鑫. 中国自然保护地立法模式探析 [J]. 旅游科学，2010 (5)：18

[3]　李经龙，张小林，郑淑婧. 中国国家公园的旅游发展 [J]. 地理与地理信息科学，2007 (2)：109

[4]　徐嵩龄. 中国文化与自然遗产的管理体制改革 [J]. 管理世界，2003 (6)：65

[5]　参见费宝仓. 美国国家公园体系管理体制研究 [J]. 经济经纬，2003 (4)；王连勇，霍伦贺斯特·斯蒂芬. 创建统一的中华国家公园体系-美国历史经验的启示 [J]. 地理研究，2014 (12)；王应临，杨锐，埃卡特·兰格. 英国国

家公园管理体系评述［J］. 中国园林，2013（09）；庄优波. 德国国家公园体制若干特点研究［J］. 中国园林，2014（8）；周武忠. 国外国家公园法律法规梳理研究［J］. 中国名城，2014（02）；张海霞，汪宇明. 旅游发展价值取向与制度变革——美国国家公园体系的启示［J］. 长江流域资源与环境，2009（8）；谢屹，李小勇，温亚利. 德国国家公园建立和管理工作探析——以黑森州科勒瓦爱德森国家公园为例［J］. 世界林业研究，2008（1）。

［6］　周光迅，庞惠鸿. 建立完善国家公园体制的若干思考［J］. 浙江社会科学，2014（6）：94-96

［7］　颜士鹏. 论我国自然保护区立法的缺陷与完善［J］. 环境法论坛，2005（3）：111.

［8］　周武忠. 国外国家公园法律法规梳理研究［J］. 中国名城，2014（2）：40

［9］　http://news.hexun.com/2014-02-11/162018160.html. 2016 年 2 月 20 日访问。

［10］　唐芳林. 建立国家公园体制的实质是完善自然保护体制［J］. 林业与生态，2015（10）：15

［11］　吕苑鹃. 国家公园的中国途径［J］. 国土资源，2015（10）：24.

民族地区生物多样性多元保护的法律机制

魏晓欣① 李启家②

（武汉大学法学院；四川乐山师范学院政法学院）

【摘　要】　民族地区生物多样性保护的单一或者分散化机制，无法满足保护的要求。多元机制的构建，必须重视以民间法、宗教等为代表的传统知识，特别是传统生态知识，或者社会学所称的地方性知识、乡土知识。具体表现为国家法方面，制定以生物多样性保护法为基本法的法律体系，民族地区加强地方性立法；国家法、民间法、宗教的衔接方面，加强民间法与村民委员会组织法等国家法的衔接，国家法对民间法效力的确认，民间法与宗教无力解决的事项，由国家法提供支持；继续发挥民间保护机制与宗教保护机制的作用，而不应该仅仅依靠国家保护机制。从而建立以自然保护区为代表的国家保护机制、以自然圣境为代表的宗教保护机制、主要规范为世俗意义上的民间法的民间保护机制等多元机制。

【关键词】　民族地区；生物多样性；传统知识；国家法；民间法；宗教；多元保护

针对生物多样性这一充满生命温度的选题的研究，是一种对于自我的重塑[1]。《生物多样性公约》序言宣称，生物多样性的保护是全人类共同关切事项。环境伦理学家认为，"生物多样性具有外在价值（instrumental value）和内在价值（intrinsic value）。外在价值包括：使用价值和非使用价值。使用价值让人类从经济、科技、娱乐方面获益，人们会保护它们，因为它们一旦消失，利益也不复存在。森林、沼泽、山脉、雨林因其静谧、美丽以及自然魅力而提供的非使用价值"[2]，内在价值是指"自然界每一个有生命的或者具有潜在生命的物体都具有某种神圣并且应当受到尊重的价值"[3]，所谓传统知识是指《公约》第8条（j）所指，"体现土著和地方社区传统生活方式而与生物多样性的保护和持续利用相关的知识、创新和实践"[4]。薛达元教授等从生态学、文化的角度提出了传统知识的分类[5]，本文所讲的民间法与宗教即属于传统知识的重要组成部分。关于"土著和地方社区"，由于"并不存在世界范围都能接受的一个统一定义，而且，各国政府倾向采用既能反映《公约》的精神和要求，又能够反映其本国国情的定义"[6]。根据宪法，中国是全国各族人民共同缔造的统一的多民族国家。因此，我国不存在西方意义上的土著，故"土著和地方社区"，在中国对应的概念是民族地区。由于篇幅限制，本文研究范围主要为森林、林木以及药用植物等的保护。

1　民族地区生物多样性的传统保护途径

民族地区生物多样性的传统保护途径主要有三种：民间法、宗教、传统知识的传承人等。

1.1　民间法

1.1.1　民间法的含义

"民间法"一词最早是由梁治平先生提出的。关于民间法一词的含义，笔者比较赞同梁治平先生的看法："对于一般民众日常生活有着绝大影响的民间社群，无不保有自己的组织、机构和规章制度"[7-8]。它"是这样一套地方性规范，它是在乡民长期的生活和劳作过程中逐渐形成；它被用来分配乡民之间的权利、义务，调整和解决他们之间的利益冲突，并且主要在一套关系网络中被予以实施。"[9]

---

①　魏晓欣（1977年—），女，河北人，武汉大学法学院，博士研究生，乐山师范学院政法学院，副教授，研究方向为环境法、民间法。

②　李启家（1956年—），男，辽宁沈阳人，武汉大学环境法所副所长，教授。

学界常用的与"民间法"相联系的词语还有习惯、习惯法、民间社会规范等。习惯法一词是从西方引进的。从尊重原创的角度与词语适用的广度、影响来讲[10]，笔者认为用"民间法"一词比较合适些。

1.1.2 民间法的表现形式

现在，民间法的表现形式一般为村规民约，并不是一些学者所讲的乡规民约。如侗族的"村规民约"，80年代中期至今，"村规民约"被视为当代侗族习惯法传承的体现[11]或新形势下的侗族习惯法[12]。它一般除了结合本地民族风俗习惯外，还会参照国家有关的法律、法规和法令制定。[13]以上专家、学者的见解与课题组在藏区的调研情况是相符合的。[10]

1.1.3 民间法的内容

民族地区与生物多样性的民间法内容多体现生态伦理观、可持续发展观，主张人与自然的和谐相处。如黔东南苗族、侗族地区，1982年村规民约，外村人进山砍柴，每斤按3元计算，割草每挑罚10元。用马车进山割草，每车罚款50元。1999年，雷山县甘皎村村规民约规定：私自砍伐村寨周围山上林木为自所用的，除另栽十棵树外，还必须赔偿；牲畜践踏苗木的，寨老主持清点被践踏实际数量后，由牲畜饲养人如数赔偿。2000年，天柱县三门塘村村规民约规定，砍人家的木头要把猪杀了分给大家吃；村里的"老人会"还规定，谁偷砍树木，以后他家里死了人不准别人给他家抬棺材。情节严重的拉猪、拉牛，罚款高达500元[14]。除松茸外，其他林产品收获保持了传统的安排，而非松茸采集季节，森林管理延续了传统的管理方式。各村都制定了村规民约，偷盗别人的松茸每次罚款600元[15]。再如瑶族老人说："大自然是主，人是客。客生和睦，主好客好住，客主不和客就挨饿。靠山吃山莫伤其本，靠水吃水莫损其源。让水常绿，让山常青。"因此，瑶族采药有瑶规。一年只准采一面山，来年再采另一面山，周而复始，每隔三五年才能再次在同一个地方采药，保留了足够的自然恢复的时间，做到让山常青，草药资源不会因为过度采挖而濒危[16]。

1.1.4 民间法的"与时俱进"

民间法并不是一成不变的，它会随时代与社会环境的变化而变化。原来西江一带"罚4个120"的标准，除了120斤肉，120斤米酒，120斤大米，另外一项是"鞭炮罚12000响的"。但近年随着防火意识和健康意识的增强，村民们将此项处罚改成了"罚120斤蔬菜"[14]。如尼泊尔的蓝琼地区习惯法规则，"在环境敏感区域，如严重荒芜地区、山体滑坡区、山体滑坡易发区、受灾区，放牧等人类活动是严格禁止的。违反该规则的个人和家庭将被罚款。这些规则得到了所有成员的严格遵守。任何被认为不公平且在该年未实行的决策，都会在次年的大会上被修改并制定新的规则，同时允许对习惯规则进行定期的审查。"[17]

1.2 宗教

一般来说，民间法包括宗教规范，但笔者采用宗教学与社会学所主张的宗教与世俗的二分法，把宗教单独列出，以突出其非世俗性、超验性。在人类发展的漫长过程中，宗教"也曾作为一种重要的社会控制规范出现，它与法律共享仪式、传统、权威和普遍性四种要素"[18]。基于民族地区特定的社会和文化机理，直至当今，这些地区的宗教依然在生物多样性保护中发挥着特殊的作用。不管是佛教，还是基督教等都追求人与自然的和谐相处。与蔡守秋教授在其大作《调整论——对主流法理学的反思与补充》所主张的人与自然的关系是一致的[19]。原始宗教中的万物有灵论让人们对自然界的一切，从植物、动物到大山、大河等充满了敬畏的心理。龙山、龙林对村寨有着保护神的意义。严格保护禁止砍伐。坟山更被认为是祖山灵魂的居所，同样严禁入内砍伐。特别地，傣族视大青树为神树，每逢年节都有祭祀活动，将彩色鲜艳的假花挂在树上以示尊崇[16]。

如薛达元、裴盛基、罗鹏、周鸿、刘宏茂、吴兆录、王建华、龙春林、刘爱忠、邹莉等学者所述，大多数少数民族，如傣族、布朗族、基诺族、纳西族、佤族、彝族、哈尼族、白族、傈僳族、独龙族等，均有将村寨附近某些地段（山、树林等）划为禁地加以崇拜，并制定具体的禁忌措施而加以维护的传统。有些民族会在村寨附近选择一片茂盛的森林作为风水林或水源林，或者作为神山森林顶礼膜拜，严禁任何人砍伐和破坏，这种文化传统被称为神山森林文化传统。例如：壮族、傣族、布朗族的"龙山"、哈尼族的"地母圣林"、彝族的"密枝林"、藏族的神山等[20]。

与宗教相关的神山神林，林内群落完整成熟，物种多样，功能完善，既为村落生态系统提供水土保持，水质净化等生态服务，又常常是区域物种保护的避难所。

1.3　传统知识的传承人

传承人一般掌握当地的医药、植物、技术等传统知识。相关的民族医药传统知识的传承方式直接决定着知识传播的广度和深度。目前，常见的传承方式有祖传、师传、学院教育和自学四种。其中，父子相传、师徒授受的口传面授是草医药传承的最重要的方式。有75%的草医通过祖传方式传承其医药知识，但目前在"祖传秘方不外传"、"家族秘方不外传"的传统下，还是有许多草医愿意将其医药知识传承下去，只是处于无人愿学的境地[16]。掌握草药知识，懂得药浴配方的大多是四五十岁以上的人，年轻人就没几个。懂得药浴烧煮技艺的妇女，也都是中年妇女，年轻的很少[16]。非物质文化遗产的保护主要是活态保护，活态保护的关键是传承人。如果传承人没有了，活态的文化便立即中断[21]。

2　民族地区生物多样性的传统保护面临的变迁

民族地区生物多样性的传统保护面临人们对富裕生活的追求，宗教信仰状况的变迁，生物多样性的减少，法律保护现状不足等问题。

2.1　面临人们对富裕生活的追求

民族地区人们原来的生活方式一般比较传统，日出而作，日落而息，靠山吃山，靠水吃水，过着或放牧或务农的闲适生活。瑶族老人的话："瑶民的要求不高，不在于有钱有势，而在于身体，身体是最大的本钱，健康是最大的幸福"。[16]可是，随着现代化的步伐，外面的世界不断地影响着民族地区，一些人开始追求富裕的生活。为了追求经济利益，主要体现而对经济林的大面积种植以及外来物种的不适当引进方面。胶树被称为"抽水机"。种植橡胶的地区出现了不同程度的土壤养分下降，水土流失，平均气温升高等现象，有些村寨甚至出现了饮用水供应不足的问题，山间泉水也不再清澈。生态环境的破坏不利于当地生物多样性的保护[16]。

外来物种入侵方面，如广西、云南等一些地区，大面积种植桉树人工林，也面临着耗水、耗肥、"有毒"、土地"沙漠化"与"退化"等问题[22]，一些当地民众表示种植桉树，不但没有获得多少经济利益，而且还对当地的生态系统、栖息环境、物种和人类健康等造成了严重威胁。

2.2　宗教信仰状况的变迁

随着现代化的发展，非制度化的宗教权威的作用已慢慢弱化，如羌族的端公、彝族的毕摩等。即使是制度化的宗教权威，如藏族的活佛，伊斯兰教的阿訇等[23]，在不同的地方作用也有所差别。

特别是现在的有些年轻人信仰比以前差远了。[10]课题组的调研结果，与孙晔的很相似："不过现在的年轻人一般信仰都不太坚定，虽不如以前，但宗教信仰的气氛比其他地方浓厚。"[24]

哈贝马斯认为，"社会化就是合理化，合理化也就是现代化。社会的合理化和现代化是与社会的世俗化紧密相连的"，或者说，"社会合理化、现代化的过程也就是社会世俗化的过程。世俗化即解神秘化，也就是以理性的世界观取代宗教神学的神秘世界观"[25]。如果说，过去的宗教更多地体现为超越性，超越生活的艰辛与苦难，那么，现在的宗教更多表达为补偿性，补偿生活改善时精神生活的断裂和空虚[21]。

世俗化与现代化不可避免会影响宗教与宗教权威的发展，寺庙的神职人员过多地从事市场交易行为，必然会对其神圣性产生影响，另外"宗教文化作为旅游文化的支撑点，寺庙作为旅游业的落脚点，往往能够带来宗教寺庙本身经济能力的增强。而且这一收入情况又是在实际心理过程中消解着宗教权威在传统和精神生活方面的效力。"[26]由于进入神山采集野生菌类的巨大经济利益，以及挖取药材的暴利驱使，神山的威严一再遭受试探。佛教对人的贪欲的限制，目前也如同神山防线一样，岌岌可危。人的贪欲一旦被激发，会不顾一切地破坏森林等公共财产，谋取个人利益[21]。

2.3　生物多样性的减少

生物多样性减少的原因复杂多样，主要有个别地方政府与个别企业不当的行为、气候变化所引起的变化[27]、外来物种入侵、转基因生物的漂移以及一些人的不当利用行为等。自 18 世纪以来云南的森林砍伐，再加上水电站的建设和急于开发旅游景点，使得作为"具有全球保护意义的陆地生物多样性关键地区之一"[28]的三江并流地区正危如累卵。在三江并流保护区的战斗所要维护的，可能不仅是中国，也是全世界的最后一个生态多样性栖息地孤岛[29]。特别是不适当的水电开发、核电站的建设等对当地生物多样性造成的影响。

随着人们对经济利益的追求，加大了对资源的需求，特别是对药用植物的需求，如药浴植物、冬虫夏草、松茸等。登面瑶寨瑶族药浴游客数量的快速增长，加大了对草药的需求，草药的自然资源数量开始减少，采药难度增加，同时也不利于草药资源的可持续利用。从江县政府专门划设 400 余亩土地给予登面瑶寨种植药材，从江县科技局、贵州省经贸局拨款扶持，现在已栽培十多种草药[16]。

又如人们乱挖冬虫夏草，被誉为"软黄金"的冬虫夏草又叫虫草，是珍稀的药用植物，闻名世界的滋补药材。其价格长期保持在每公斤 4 万元左右。成千上万的人去采挖，食宿在野外，破坏灌木林地。加上践踏，对初春的草场生态破坏极其严重。还有乱采挖金矿等，对矿产毫无规划与节制的开采，不仅造成宝贵的矿产资源的浪费，还破坏了山体及植被，造成生态环境的恶化[30]。

2.4　法律保护现状不足

我国现行国家法律法规中虽有涉及生物资源保护管理、利用等规定，但对相关传统知识的保护、管理、利用立法尚处于研究阶段[31]，更没有专门的生物多样性保护法，民族地区地方性有关生物多样性保护的立法更少。

在传统知识的传承人——民族医药的保护方面，2007 年，由 11 个部委局联合发布的《关于切实加强民族医药事业发展的指导意见》中明确提出："对具有一技之长和实际本领的民族医药人员，经县级以上中医院、民族医药管理部门组织培训、考核和公示合格后，可以按照《乡村医生从业管理条例》的有关规定注册为乡村医生，但要限定执业的地点和提供服务的技术方法和病种"。虽然贵州省已于 2010 年 5 月 25 日颁布实施《贵州省传统医学师承和确有专长人员医师资格考核考试办法实施细则（试行）》，但难度依然很大[16]。

无合法行医地位给荔波县民族草医带来了极大的限制，如不能开办诊所，不能公开行医，不能做广告宣传等。2003 年施行的《中华人民共和国中医药条例》规定的行医资格标准提高了，但地方性的针对民族草医执业医师资格考核认证的规定迟迟不能出台[16]。

3　生物多样性多元保护的法律机制的构建

社会转型时期，有必要探索构建适合民族地区特色，相互补充、相互促进、价值相互渗透的生物多样性的国家、民间、宗教等多元保护机制。"应当综合运用专门权利、传统知识登记、披露信息、法定合同、知识产权以及尊重传统习俗等制度，来确保保护目标的实现。"[6]

3.1　国家法方面

生物多样性保护主要有四个领域，生物安全（主要涉及基因层面的保护）、外来物种入侵（主要涉及物种层面的保护）、遗传资源获取与惠益分享（主要涉及基因层面的保护）以及生物多样性的就地保育（主要涉及生态系统层面的保护）等，还有生态补偿、禁止濒危野生动植物物种及其制品非法贸易等其他重要问题[32]。

故从生物多样性保护内部来讲，应该制定以生物多样性保护法为基本法，生物安全法、外来物种入侵防治法、遗传资源获取与惠益分享的行政法规、保护地法等为其下位法的法律体系，有关外来物种入侵，各国立法主要确立了"法律＋国家防治战略"的法律规制模式，既包括确立预防、早期监测和快速反应、控制管理评估等基本的法律制度，也包括以国家防治战略形式体现的灵活性对策措施[33]；从外部来讲，为了防止各自为政、各说各话，必须协调好生物多样性保护法与环境保护法、森林法、野生动物保护法、濒危野生动植物进出口管理条例等之间的关系，使之成为一个统一的法律体系。《野生动物保护法》修改时，切实地规定应对野生动物外来物种入侵的法律制度。[34]森林法修改时应该增加生物多样性保护的内容。

　　民族地区应该加强地方性立法，如制定生物多样性保护的地方性法规、规章以及自治条例、单行条例等，以突出民族地区的特色。

　　关于传统知识的保护，应该纳入遗传资源获取与惠益分享的行政法规中。必须建立充分、有效保护传统知识的机制。"首先，应当仅将与生物多样性有关的传统知识作为保护客体。其次，传统知识的保护宗旨应当确定为防止传统知识的不当占有、对传统知识持有者以合理补偿以及促进传统知识的持续利用发展三个方面。再次，应当采取获取与惠益分享立法与传统知识专门保护立法相结合的方式来确立保护机制"[6]。

　　传统知识的保护也可以分为知识产权的保护与非知识产权的保护。知识产权的保护可以分为积极性保护与防御性保护。其中，积极性保护包括专利权、商标、商业秘密、地理标记和原产地名称、著作权、不正当竞争法的保护、植物品种权、专门制度的保护等。如泰国为传统医学建立了一种全面的专门保护制度，其"泰国传统泰药知识法"将传统处方分为国家、私人、普通处方三种，根据处方性质来限定权利范围；防御性保护包括传统知识的文献化、传统知识数据库。如从江县人民政府已在全县范围内命名了一批包括瑶族药浴药物配方，烤煮技艺传承人在内的民间艺人为民间艺术、技术家，确认了相关传承的地位，建立了瑶族药浴数据库。[16]云南省林科院对掌握动植物、森林等方面乡土知识的乡土专家进行调查，建立了披露制度、乡土专家数据库等[35]。非知识产权保护包括习惯性保护；以合同法为代表的其他部门法（如行政法、刑法等）的保护[36]。

3.2　国家法与民间法、宗教的衔接方面

3.2.1　国家法与民间法的衔接

　　这应该是一个双向过程，国家法吸收民间法的有利于生物多样性保护的内容，民间法也要与时俱进，吸收国家法的一些内容，如外来物种入侵、转基因生物漂移、遗传资源与惠益分享等。

　　（1）国家法对民间法效力的确认

　　确认的前提是民间法的基本原则、精神与国家法相一致，特别是涉及公民权利保护方面。如2010年实施的《村民委员会组织法》第二十七条规定："村民会议可以制定和修改村民自治章程、村规民约，并报乡、民族乡、镇的人民政府备案。村民自治章程、村规民约以及村民会议或者村民代表会议的决定不得与宪法、法律、法规和国家的政策相抵触，不得有侵犯村民的人身权利、民主权利和合法财产权利的内容。村民自治章程、村规民约以及村民会议或者村民代表会议的决定违反前款规定的，由乡、民族乡、镇的人民政府责令改正。"故对于"开除村籍"等严重影响当事人权利的规定，建议民间法删除。如金平地区哈尼族山寨盛行至今的"开除村籍"规定，即哈尼族村民由于不遵守村规民约或违反村寨沿袭了几百年甚至上千年的规矩或习俗而不受村寨欢迎，由村寨的寨老或龙头召集村民，对该行为人给予的剥夺其在村寨除居住以外一切权利的处罚[37]。

　　传统知识管理方面，习惯法的管理作用依然在东喜马拉雅地区许多国家占据主流地位，如孟加拉国、不丹、印度和尼泊尔。在印度，"印度宪法第13条将习惯法与其他民法规范同等看待。根据该条，被证实的习惯和惯例将是具有约束力的法律。根据1872年印度证据法第57条，这些习惯法可为法庭用作司法认证。"[17]作为契约习惯法体系的"清水江文书"也被用于一些跨界的乡镇来管理山林土地。尽管山场广袤，但却极少发生山林土地权属纠纷和山林火灾现象，至今两县毗邻地带是森林植被最好的地区之一，还保存有大面积的原始森林[14]。

　　只要民间法在实体以及程序方面不与国家法相冲突，国家法就应该认可民间法的效力，以防止当事人在国家法与民间法之间进行理性选择。对此《村民委员会组织法》第二十六条作了程序性规定："村民代表会议由村民委员会召集。村民代表会议每季度召开一次。有五分之一以上的村民代表提议，应当召集村民代表会议。村民代表会议有三分之二以上的组成人员参加方可召开，所作决定应当经到会人员的过半数同意。"因为"社会变迁中的个别人会在国家法与民间法之间进行法律规避或者理性选择，而规避不利的规定对其适用"[10]。

民间法规定的制裁措施一般为罚款或者与当地生活背景相适应的罚补种树木、罚4个"100"或者"120"等村民能够接受的处罚方式。一些习惯了眼光向上看的学者因此认定民间法因违反国家法的规定而属于非法，他们认为只有国家机关才可以行使罚款权。其实，我们可以换一种方式来理解民间法的罚款性质。因为民间法都是经过民族地区的人们以民主的方式共同制定的，是一种共同约定，所以任何人违反约定，都是对他人信赖利益的损害，必须赔偿，它具有合同法所规定的违约金性质。建议将民间法中的罚款条款改为违约金条款。这样，有利于发挥民间法对生物多样性保护的作用。

(2) 民间法无力管辖的事项，由国家法管辖

民间法的规定对所在区域的人们约束力非常有力，但对外来人员的约束有限，如"采收季节，全体村民各家各户把自己的家庭经营山封山。村集体所有的山以6000元的价格承包给村里的5户人家采集松茸。制定了村规民约，在松茸采收季节，任何人不能随意进入他人的松茸山。全体村民联合起来，共同对付外村人来偷采。在松茸采收季节，开们村村民用红布来表明封山。红布在当地是一种宗教风俗，表明此山已经封了，非主人不能进入。可是，周边村民以找菌子为名强行进入开们村的林地采集松茸。镇政府也无法解决"。[15]故此等事项应该由国家法管辖。如实践中出现的一些地方性法规、条例，2003年，玉树藏族自治州出台了《关于全面禁止外来人员采挖虫草的决定》，因为这些资源是当地人维持其传统生活方式所一直依赖的生产资料，外来人员不应该与当地人争夺利益。

再如，一些人为了追求经济利益，而毁坏生态林，甚至原始森林而种植橡胶林。为了防止橡胶林对生态环境的破坏，云南省第11届人大常委会第23次会议《云南省西双版纳傣族天然橡胶管理条例（修订）》第18条规定："禁止在自然保护区、国有天然林保护区、风景名胜区、水源林、风景林、防护林等地带毁林种植橡胶树。禁止在澜沧江沿岸第一道分水岭内种植橡胶树，原种植的橡胶树维持现有面积，不得再扩大。禁止占用基本农田种植橡胶树。"[16]

3.2.2　国家法与宗教的衔接

虽然神山、神林不是国家法意义上的保护区，但在民族地区人们的心中它具有"保护区"的功能。这类保护区在宗教层面被称为自然圣境，在国家法层面的现代自然保护领域被称为文化景观保护地。"自然圣境"（SNS，sacred natural sites）泛指由原住民族和当地人公认的赋有精神和信仰文化意义的自然地域．因此，自然圣境是建立在传统文化信仰基础上的民间自然保护地体系[38]。我们认为名称应该为以自然圣境为代表的宗教保护体系，以区别于世俗意义上的以民间法为代表的民间保护体系。当然，不可否认，一些地方的民间与宗教两种体系是交织的。鉴于目前宗教信仰状况，国家法应该尊重神山、神林的地位，在民间法以及宗教功能发挥好的地方，继续实施民间保护体系、宗教保护体系，不是每个地方都要建立自然保护区形式的国家保护体系。可以按照自然保护区的分类管理、分级管理的办法进行保护（由于篇幅限制，具体办法另述），同时依赖国家法限制在"自然圣境"进行砍伐、放牧、狩猎、捕捞、采药、开垦、烧荒、开矿、采石、挖沙等活动，但是，法律、行政法规另有规定的除外。开发活动一定严格落实环境影响评价法；制定地方性法规，规定不能种植橡胶林等毁坏神山、神林的植物。

但周边地区群众从事与其传统生活方式相关的活动，例如放牧、采挖药用植物等，应该由宗教与民间法规范。因为"神山并不是一个禁止资源利用的禁区。这里提供了他们赖以生存的资源。以前的土司和附近的寺庙划定了一条线来表示'封山'，但村民们仍然在这条线以内放牧。放牧时，打猎、下扣子等被禁止，而且外来者如果利用封山区的资源将会被罚款。但对于当地人来说，向神山的神请求许可和保佑就足够了"。[39]

再如，在藏区资源开发过程中较常见的"神山"纠纷中，活佛的作用和影响力时常是不可替代的。开发商打算开采矿藏，可是附近寺庙以及周围群众说："这座大山是一座神山，是不可以乱挖的，我们天天都在转山。"开发商只好找政府解决，可是人民调解、行政调解也不成功，最后只好找"活佛"[10]。同样，在西部其他少数民族地区，也有宗教人士认定的神山、神林，一般民众是不可以乱挖、乱伐的，否则，会引起周围群众、当地宗教人士的抗议，搞不好，还会引发民族纠纷。故，我们一定要重视宗教在民族地区生物多样性保护中所发挥的作用。

3.3 公众参与方面

在生物多样性的保护中，一定要重视利益相关者、企业界以及 NGO 的参与，采取多元化的保护方式。其理论基础在于广泛利益冲突与决策于未知之中等原因，以及民主法治理念的贯彻、开发活动效率的提升等[40]。2015 年 7 月，环境保护部发布了《环境保护公众参与办法》。但还需进一步重视程序价值，弥补程序空缺，运用法治思维和法治方法来完善环境保护公众参与机制[41]。

3.3.1 保护区的共管

保护区的管理应该重视公众参与，特别是利益相关者的参与。"正是因为这种排除式的理念及其经营管理模式，限制甚至剥夺了当地社区与居民的传统资源利用权，危及其生存与发展，从而导致世界各地保护地和当地社区与居民发生严重冲突的现象屡见不鲜"[1]。

IECN 保护地委员会主席 Adran Phlips 先生对此保护地的新典范做了精辟的论述：保护地不再仅排除式的取向，不主张只由中央政府管理；过去反对人们介入，现在与民众，为民众，甚至在某些个案里由民众自我管理；以前忽略的地方的意见，现今力求满足当地民众的需求；不再以岛屿方式设置与经营管理，现在纳入国家、区域与国际网络的一环；不再只是国家的资产，只有国家关爱的眼神，保护区也是社区的资产，同时是国际关切的焦点；不再采技术官僚的取向，而多政治考虑的管理；寻求多元的财源机制；不限于自然科学家与自然资源专家的取向，代以多元技术背景的专业人士，重视当地的传统知识[42]。

中国开始尝试共管制度，《中国自然保护区发展规划纲要（1996—2000 年）》中，明确提出社会力量参与保护区事业；开辟民间集资渠道；广泛开展服务合作，争取国际资助；鼓励社会团体、企业、个人建立自然保护区，保护小区和保护点，采取多种形式发展自然保护区事业[32]。

3.3.2 生态补偿的局限性

2002 年 1 月，国务院决定全面启动退耕还林工程，国家实行资金和粮食补助制度，还生态林补助 8 年，还经济林补助 5 年，还草补助 2 年。2007 年，国务院研究决定将退耕还林补助政策再延长一个周期，继续对退耕农户给予适当补偿。同时，中央财政安排一定规模的资金，作为巩固退耕还林成果专项资金[43]。

生态补偿方面，5 年的补助期也较短，草原生态在 5 年难以恢复，停止补贴后，移民可能重返草原，致使生态治理前功尽弃[30]。退耕还林补助政策的周期不可能无限期地延长，故我们必须寻求保护方式的多元化。

3.3.3 保护方式的多元化

在利益的驱使下，松茸掠夺式采集，野生资源破坏严重，松茸产量和质量下降，威胁到产业链条上相关群体的利益。面对质量下降、数量减少、价格下跌的情况。2002 年，开们人把村里最好的一片松茸山承包给了当地一个姓罗的老板，年承包费 8000 元。在罗老板和开们村民共同协商下，采取了"统一管理、统一发包、联户承包、协商定价、利益共享"的松茸山管理模式[15]。

"一刀切"的"退耕还林"政策的目的是为了当地人的发展和生态保护，但由于没有兼顾各地的文化和生态背景差异，因而所暴露出来的发展与保护之间的问题就无法用一种方法来解决[14]。从法经济学的角度来看，自然保护区的管理模式成本较其他管理模式要高，自然圣境管理模式基本沿袭传统社区管理，村民自治管护，有专职人员负责，每年定期举行祭祀活动等，管理投入很少，成效显著。同时自然圣境在生态恢复与森林重建中发挥着重要的"基因库"作用，有效保护了乡土树种和众多的药用植物[38]。限于篇幅，此次不再展开论述。

生物多样性除了由国家保护外，我们应该寻求保护方式的多元化，特别是宗教保护方式与民间保护方式，它有利于维持当地传统的生活方式，而生计方式又会影响文化多样性，世界上文化和语言的多样性丧失的危机比生物多样性丧失的危机大得多。当地传统的土著居民通过内部的自愿协议，划设用以保护其特有生物多样化和文化价值的区域。土地构成其生活与福祉的核心，为他们提供了丰富的经济、历史、文化与宗教资源[44]。

　　NGO 的作用主要体现监督以及环境公益诉讼方面。企业的社会责任方面，阿拉善 SEE 公益组织做得非常出色。阿拉善 SEE 生态协会（以下简称协会）是从事荒漠化防治的环保组织，旨在保护阿拉善地区的生态环境，内蒙古自治区阿拉善地区的治沙行动，减缓或防治阿拉善地区的荒漠化，同时推动中国企业家承担更多的生态责任和社会责任。协会由近百名中国企业家于 2004 年 6 月 5 日在内蒙古阿拉善左旗腾格里月亮湖畔发起。每个企业家每年捐助 1.21 万美元。[35]SEE 协会的运作也是通过民间保护方式，由当地人们通过村规民约的方式，来共同治沙，保护环境的[45]。

　　在当地社区能够实现确权过程，实现森林资源的有效配置。实现社区内每一个家庭和社区整体的最大利益。政府"不作为"客观上成就了以松茸产业为主导的森林资源高效合理配置。政府"过度作为"或在某种利益驱使下，一些地方政府的胡作非为可能带来更加高昂的代价[15]。然而政府也要有所作为，体现在制定法律、政策以鼓励多元主体参与保护以及赋予公众以及社会组织权利方面，以实现权利对权力的监督、制约。当然，还有权力对权力的监督，如检察机关环境公益诉讼原告资格的确立。[46]

3.4　国际合作方面

　　国际合作方面，应该争取资金，因为发展中国家缔约国有效地履行其根据公约作出的承诺的程度，将取决于发达国家缔约国有效地履行其根据公约就财政资源和技术转让作出的承诺。保护义务的履行和资金条款的密切联系是显而易见的。[47]除了争取资金以外，还需要制定规范性文件。"各国特别是传统知识的发展中国家需要建立一个多边框架，以便在全球范围内形成一项像《与贸易有关的知识产权协定》那样的强有力的传统知识保护国际法文件。如此，可以形成一个各自对等保护传统知识的国家法律网络，最终形成次区域、区域乃至全球性区域间的保护体系。"[6]国际环境合作原则作为国际环境法的基本原则，在秉承可持续发展的前提下，突出了"人类共同利益"的理念[48]，也有利于应对气候变化对生物多样性的影响。

　　从物理现象看，独木成树，二木成林，三木成森。在人类发展的历史长河中，森林与人相伴，森林不只是食物、燃料、避险、狩猎的来源或场所，同样，我们必须认识到森林是人类情感、文化、知识、宗教、组织等人类社会经济现象最重要的互动对象[15]。

参考文献

[1]　秦天宝. 生物多样性国际法原理 [M]. 北京：中国政法大学出版社，2014.

[2]　[美] 安妮. 马克苏拉克著. 李岳、田琳等译. 生物多样性——保护濒危物种 [M]. 北京：科学出版社，2011.

[3]　杨勇进. 整合与超越，走向非人类中心主义的环境伦理学 [A]. 载徐嵩龄. 环境伦理学进展：评论与阐释 [C]. 北京：社会科学文献出版社，1999.

[4]　秦天宝编/译. 国际与外国遗传资源法选编 [M]. 北京：法律出版社，2005.

[5]　薛达元，杜玉欢. 环境保护部发布《传统知识分类、调查与编目技术规定》[J]. 中央民族大学学报（自然科学版），2014（4）.

[6]　秦天宝. 遗传资源获取与惠益分享的法律问题研究 [M]. 武汉：武汉大学出版社，2006.

[7]　梁治平. 中国法律史上的民间法-兼论中国古代法律的多元格局 [A]. 马戎、周星主编，潘乃谷，王铭铭. 田野工作与文化自觉（上）—社会学人类学论丛（7）[C]. 北京：群言出版社，1998.

[8]　肖勇，魏晓欣. 四川彝族地区少数民族纠纷解决机制的启示 [J]. 四川警察学院学报，2010（1）.

[9]　梁治平. 清代习惯法：社会与国家 [M]. 北京：中国政法大学出版社，1996.

[10]　罗大玉，龚晓，魏晓欣. 西部少数民族地区纠纷解决机制研究 [M]. 北京：中国人民大学出版社，2015.

[11]　栗丹. 从款约的发展看侗族法文化的变迁 [J]. 甘肃政法学院学报，2008.

[12]　姚丽娟，石开忠. 侗族地区的社会变迁 [M]. 北京：中央民族大学出版社，2005.

[13]　郭婧，吴大华. 侗族习惯法在当今侗族地区的调适研究——以贵州黔东南苗族侗族自治州锦屏县为例 [J]. 民族学刊，2010（2）.

[14]　徐晓光. 清水江流域传统林业规则的生态人类学解读 [M]. 北京：知识产权出版社，2014.

[15]　刘金龙. 云南省南华县彝族松茸山林权安排和利益分配机制 [J]. 林业经济，2010（4）.

[16]　薛达元，杨京彪，李发耀，李丽，成功. 滇黔桂生物多样性相关传统知识调查与研究 [M]. 北京：中国环境出版

社，2013.

[17] （尼泊尔）奥利等著. 秦天宝等译. 遗传资源与相关传统知识的获取与惠益分享 [M]. 北京：中国环境科学出版社，2012.

[18] 伯尔曼著. 梁治平译. 法律与宗教 [M]. 北京：中国政法大学出版社，2003.

[19] 蔡守秋. 调整论——对主流法理学的反思与补充 [M]. 北京：高等教育出版社，2003.

[20] 龙春林，薛达元，冯金朝. 民族地区自然资源的传统管理 [M]. 北京：中国环境科学出版社，2009.

[21] 薛达元，成功，褚潇白. 民族地区传统文化与生物多样性保护 [M]. 北京：中国环境科学出版社，2009.

[22] http://mt.sohu.com/20160920/n468813764.shtml.

[23] 魏晓欣，李剑. 宗教权威型纠纷解决机制的运作实践——以西部少数民族地区为例 [J]. 甘肃政法学院学报，2015（4）.

[24] 孙晔. 回族民商事习惯法研究 [D]. 山东大学，2009.

[25] 铁省林. 哈贝马斯宗教哲学思想研究 [M]. 济南：山东大学出版社，2009.

[26] 舒勉，陈昌文. 藏族牧区稳定与发展中的权威分析——以基层政府权威和宗教权威为例 [J]. 西藏研究，2003（3）.

[27] 尹仑. 云南省德钦县藏族传统知识与气候变化研究 [D]. 中央民族大学，2013.

[28] UNESCO World Heritage Centre. Three Parallel Rivers of Yunnan Protected Areas. http://whc.unesco.org/en/list/1083.

[29] （美）马立博. 中国环境史：从史前到现代 [M]. 北京：中国人民大学出版社，2015.

[30] 胡晓红. 西北民族地区环境资源法律制度创新研究 [M]. 北京：民族出版社，2006.

[31] 薛达元，崔国斌，蔡蕾，张丽荣. 遗传资源、传统知识与知识产权 [M]. 北京：中国环境科学出版社，2009.

[32] 秦天宝. 生物多样性保护的法律与实践 [M]. 北京：高等教育出版社，2013.

[33] 汪劲. 抵御外来物种入侵：我国立法模式的合理选择——基于国际社会与外国法律规制模式的比较分析 [J]. 现代法学，2007.29（2）.

[34] 杨朝霞，程侠. 我国野生动物外来物种入侵的法律应对——兼谈对环境法"调整论"反思的反思 [J]. 吉首大学学报（社会科学版），2016（2）.

[35] 国家环保总局. 中国履行生物多样性公约第三次国家报告 [M]. 北京：环境科学出版社，2005.

[36] 史学瀛. 生物多样性法律问题研究 [M]. 北京：人民出版社，2007.

[37] 欧剑菲. "开除村籍"所体现的实用理性——金平县哈尼族习惯法的法律人类学思考 [J]. 贵州民族学院学报（哲学社会科学版），2004.83（1）.

[38] 裴盛基. 自然圣境与生物多样性保护 [J]. 中央民族大学学报（自然科学版），2015（4）.

[39] 章忠云. 神山里的藏村——云南德钦县雨崩藏族的神山信仰与神山资源管理、利用的研究 [A]. 许建初，安迪，钱洁. 中国西南民族地区资源管理的变化动态 [C]. 昆明：云南科技出版社，2004.13-26. 转引自薛达元，冯金朝，安迪，周可新. 民族地区遗传资源获取与惠益分享案例研究 [M]. 北京：中国环境科学出版社，2009.

[40] （台湾）叶俊荣. 环境政策与法律 [M]. 北京：中国政法大学出版社，2003.

[41] 吕忠梅. 公众参与还应弥补程序短板 [J]. 环境经济，2015（Z9）.

[42] Adrian Philips. Turning Ideas on their Head—The new Paradigm for Protected Areas. in Hanna Jaireth and Dermot Smyth（eds），Innovative Governance-Indigenous peoples，Local Communities and Protected Areas，edited by Iucn&Ane Books，2003，pp. 1-27. 转引自 [1]。

[43] 人民日报 [N]，2013-05-14（8）.

[44] Department of Environment and Water Resources. Growing up strong: The first 10 years of Indigenous Protected Areas. Commonwealth of Australia，Canberra，2007. p. 1. 转引自 [1]。

[45] 萧今. 生态保育的民主试验-阿拉善行记 [M]. 北京：社会科学文献出版社，2013.

[46] 柯坚，吴隽雅. 检察机关环境公益诉讼原告资格探析——以诉权分析为视角 [J]. 吉首大学学报（社会科学版），2016（6）.

[47] [英] 帕特莎. 波尼，埃伦. 波义尔著. 那力，王彦志，王小刚钢译. 国际法与环境 [M]. 北京：高等教育出版社，2007.

[48] 蔡守秋，张文松. 演变与应对：气候治理语境下国际环境合作原则的新审视——以《巴黎协议》为中心的考察 [J]. 吉首大学学报（社会科学版），2016.37（5）.

国家公园管理机构建设的制度逻辑与模式选择

张海霞[1]　　钟林生[2]

（1. 浙江工商大学旅游与城乡规划学院；2. 中国科学院地理科学与资源研究所）

1　问题的提出

1.1　面向纸上公园的自然资源管理制度创新诉求

随着工业化、城市化的推进，全球生态环境不断恶化，自然生态系统面临着愈加严峻的考验。人类建设并扩大自然保护地体系的过程中发现，许多国家出现了偏离保护地初始建构目标的"纸上公园"（Paper Park），环境质量与资源品质不升反降（Cash D，2006；Soverel N.O，2010；Turner R.A，2014）。中国自然资源管理制度正进入替代、转换的新阶段，尽管保护地面积和数量不断增加，但林业、环境、国土、水利、建设、旅游等多部门交叉管理的自然保护地管理格局使资源与生态环境治理效率被锁定在低效状态。沿循原有制度结构，将不利于中国生态文明进程的推进，优化目前自然生态资源治理格局，推进自然保护地体制改革与创新势在必行（杨伟民，2013）。

1.2　走向制度理性或权力放任的体制选择

生态文明语境下，国家公园体制将成为中国自然资源制度变迁的重要组成部分，如何建设更具科学性的国家公园管理体制，设置与组建权威、规范、高效的国家公园管理机构，让中国的国家公园成为真正符合"制度理性"的体制改革成果，而非陷入与环境正义相悖的"权力放任"，是当前亟需解答的现实问题。

1.3　针对从"经验引介"到"本土探索"国家公园体制研究转向

国家公园作为扎根于意识形态和社会价值观的场域化自然遗产治理空间，逐渐成为众多国家彰显生态价值取向的重要载体，国家尺度的国家公园治理问题逐渐为学界所关注（Erol，2011，；Clarka，2011）。以宏观传统制度引介为主的研究虽能为国家公园的权力配置机制提供理论依据，却相对忽视了自然保护制度本身的情境性和复杂性，降低了对国家公园体制的现实解释力。有学者根据治理主体的不同，将国家公园及相关保护地划分为政府治理型、联合治理型、私人治理型、社区治理型四种类型（Dudley，2009），一定程度上减少了全球对比研究的难度，推动了基于不同政治语境的国家公园本土化研究（Lund，Dorthe，2009），但国家公园治理与管理结构的关联逻辑还需探讨。而中国国家公园体制研究从"经验引介"正进入到"本土探索"阶段（杨锐，2014；张希武，唐芳林，2014），已有研究多是立足全球尺度对治理结构和法律制度的应然性分析，缺乏立足地方现实针对国家公园管理机构建设的实然性解答。

为此，本研究尝试寻找国家公园管理单位体制建立的理论工具，探索管理机构设置的基本模式及其特征，通过实证分析为中国国家公园管理单位体制的建立提供基于制度理性的逻辑框架。

2　国家公园管理机构建设的制度逻辑

2.1　国家公园的治理与管理

根据 Dudley（2008）提出的"CGT"选择矩阵，管理和治理是保护地体制的两个分析维度，如果将之应用于国家公园管理机构设置之中，国家公园相关机构职能可以分为权力（治理）职能和专业（管理）职能两个核心职能。

国家公园管理机构的职能：

（1）治理职能，基于管理

国家公园管理机构应"在既定范围内运用权威维持秩序，满足公众需要"为目标，通过规则秩序的理性安排来促进机构正义，具体包括国家公园的立法、行政管理、安全、监督、协调等行政治理性职能。

侧重权力架构，隐喻着政治元素的行政过程，因而不同秩序原则下会出现不同的国家公园治理模式。

（2）管理职能：基于专业/目标

国家公园管理机构应当是自然生态环境保护与利用等目标管理职能的执行者，通过管理过程的专业化来提高机构效能，履行与国家公园建设目标直接相关且是有效达成目标所必须的生态与环境保护、游憩服务、社区发展、教育研究等技术管理性职能。

侧重目标管理，强调专业保护功能的划分。

前者是后者实现的基础和保障，后者是前者的目标指向。

2.2　国家公园的善治逻辑与权力架构

"善治"理论以追求政府与公众关系的最佳状态为目标，强调价值与现实的结合，能较好地凝聚政府与国民的环保意识，在各国政府和国际组织得到广泛应用，被视为环境治理效果分析的重要工具。

联合国（2009）提出了"善治"框架理论。

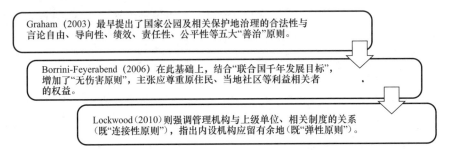

根据"善治框架"，国家公园的组织架设要实现机构正义，应围绕"分配——协调——实现"的权力秩序逻辑，遵循厉行法治、决策透明、价值共识、问责、共同参与、平等包容、及时回应、实效与效率、弹性等九个基本规则，组建包括立法执法、行政问责、民主决策、群众参与、民主监督、目标管理与保障实施等职能部门（见表1）。

"善治"框架下国家公园的机构架设　　　　　　　　　　表1

The divisional structure for national parks under the framework of Good-governance Theory　　　Tab. 1

机构属性	规则	预期目标	机构设置
权力分配	厉行法治	管理机构是合法的权威机构；管理主体应与所在地有长期的文化联系，能根据初设目标依法管理国家公园	立法执法
	目标共识	管理机构的战略方针与上级部门、国家乃至国际的相关指导方针相一致；与各级相关部门达到有效沟通	战略管理
	问责	实施问责制，管理机构及其工作人员职责清晰，机构职级应与权力的诉求级别相匹配	行政问责
	平等包容	决策较稳定且公正；本地居民及其人权得到尊重；代际利益得到认识并尊重；公务人员与利益相关者相互尊重	民主决策
权力协调	决策透明	管理机构能根据利益相关者需求及时公开相关信息；定期公布监测与评估报告，总结成就或失败之处	信息公开
	共同参与	利益相关者均有机会参与管理；弱势群体利益受到保护	群众参与
	及时回应	管理机构的工作与决策受利益相关者监督；处理公众意见或纠纷及时且具有原则性、公正性	民主监督

续表

机构属性	规则	预期目标	机构设置
权力实现	实效效率	自然生态环境与遗产资源得到科学保护，资源得到最好利用；公众得到享受并受到教育；能向公众提供充足、高质量、不断更新的自然环境知识；社区发展权利得到保障	目标管理
	弹性	有能力适时进行内部结构调整；以具有适应性的科学规划与计划为指导；管理机构有鉴别、评估和管理风险的能力	实施保障

基于"善治框架"，剖析当前全球国家公园主要治理类型的纵向权力架构：

治理类型	制度逻辑起点	主要特点
政府治理型国家公园	强制秩序	通过中央政府设立权威部门和权力分配职能的加强来统辖国家公园，多出现于自然保护空间土地国有制且位于非关键的地方社区（或原住民）文化认同区，是一个国家面向国民乃至全球公众彰显其公益性伦理取向的形象工具。该类型在最为常见。
联合治理型国家公园	强制秩序＋共识秩序	通过主体共享共建和权利协调职能的加强来推动生态保护与社区发展，较多出现于人地交互历史悠久，对一个或多个原住民文化认同非常关键的自然生态空间，该类型国家公园近些年数量增长较快。
社区治理型国家公园	共识秩序	以利益相关者和传统聚落的自解决机制为特征。
私人治理型国家公园	——	多适用于没有利益相关者或无传统聚落的地区，但其本质上已经是国家公园标签化的产物。

马克思·韦伯（2008）将社会秩序分为"强制秩序"和"共识秩序"。"强制秩序"强调法律约束，由法律赋予领导阶层"强制权利"，形成引导管理组织行动的"行政秩序"，组织建设的基本前提是"依法治理"；"共识秩序"强调通过缔约行为形成"规约式组织"，其组织效力的发挥往往以明文规定和有计划的行动为前提。

2.3 国家公园的有效管理逻辑与部门分工

国家公园管理机构效能不仅受其所嵌入的纵向治理结构影响，亦受其内部横向部门结构的影响。根据 Getzner 等（2014）基于目标的管理有效性评估框架，传统的国家公园管理机构的生态与环境管理、游客管理、游憩保障三个基本目标以及近年来广受重视的社区发展目标（Dudley，2008；Turner，2014），国家公园基层管理机构应围绕环境友好、游憩服务、公共支持、社区发展、科学有序等目标导向，内设生态与环境保护、游憩管理等目标管理部门和公共事务管理、社区管理、规划计划等实施保障部门。

"管理有效性"框架下国家公园的部门架构 表 2

The divisional structure for national parks under the framework of Effective-management Theory Tab. 2

部门属性	目标导向	预期目标	部门设置
目标管理	环境友好	能有效保护自然生态系统完整性，持续全面地监测与维护资源与生态环境	生态与环境保护
	游憩服务	能为公众提供科学、完善、特色的自然生态与环境游憩设施与解说服务	游憩管理
实施保障	公共支持	能保证公园内生态环境与资源等核心资源作为公共产品向社会供给，且基础设施、人力资源、科学研究等方面有持续稳定的经费与制度支持	公共事务
	社区发展	原住民的生产、生活权得到有效保护，享受到更多教育机会；能促进地方经济发展并带动就业；传统文化与技艺得到保护和发展	社区管理
	科学有序	国家公园的建设、维持与发展均以科学的计划与规划为依据	规划与计划

3 国家公园管理机构的基本组织模式

针对中国国情，主要聚焦分析典型国家的政府治理型和联合治理型国家公园管理机构。依据"排序的原则、单位的特性、能力的分配"的不同（肯尼思·沃尔兹，2008），解构两个治理类型下的权力（治理）职能机构与专业（管理）职能部门关系，研究发现主要有科层集权、扁平分权、协同均权三个主要机构组织模式（见图1）：

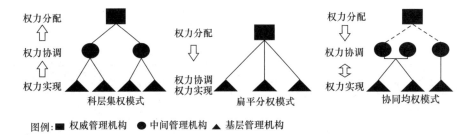

图例：■ 权威管理机构   ● 中间管理机构   ▲ 基层管理机构

图1　国家公园的主要机构组织模式

Fig. 1　The main organization models of the portfolio agencies for national parks administrations

3.1　科层集权模式

科层集权模式下的国家公园管理机构由在明确的权力等级制基础上组织起来的政府各级办事机关构成。具有明定法规制度、层级性职权分配、专业化职能分工等基本特征。

——生态与资源管理、游憩利用等主要目标管理职能由基层管理机构承担；

——执法、财务、规划研究等实施保障职能由基层管理机构上移；

——中间管理机构负责民主监督、公众参与、信息公开等权力协调职能；

——基本立法、宏观战略管理、行政问责等权力分配职能则由权威的综合管理机构集中负责。

美国黄石国家公园案例：

"内务部国家公园管理局——地方局——黄石国家公园管理局"的三级科层化治辖结构。

资源管理、资源利用、环境保护、游客管理、社区发展等目标管理职能由黄石国家公园管理局负责，设置资源管理处、维修处、特许经营处、讲解服务处、公共事务处等处室。

财政、规划计划、研究、人力资源等目标实施和权力协调职能交由地区局负责。

立法、民主协调、旅游和公共事务由国家公园管理局局长负责，并设置专业管理、公园运行、教育、研究、合作与国际事务等副局长岗位。

此模式特别注重法律法规等"强制秩序"对国家公园建构合法性和有效治理的保障，由总局局长、地区局助理局长分别负责不同级别的立法工作，通过"法治"推动"善治"。

3.2　扁平分权模式

扁平分权模式下的国家公园管理组织通过增大管理幅度、减少管理层级、向下分权等方式来提高组织效率。基层管理机构被赋予更多的权力，与上级管理机构之间不是强调次序等级的科层关系，而是侧重权力中心下移和运行效率的目标管理关系。

——该模式下权力分配职能一般归权威的目标管理机构所有，通过生态与环境保护、资源利用与游憩发展等专业化管理部门对各国家公园进行直接业务管理；

——基层组织的管理权限较大。

澳大利亚卡卡杜国家公园案例：

公园在"澳大利亚环境保护部公园局——卡卡杜国家公园管理委员会"的治理框架下运行。

公园局下设公园与保护地、公园运营与旅游、公园与生物多样性科学三个职能部门，每个部门领导负责直接联系一批国家公园，管理幅度较大，其中卡卡杜的联系领导为公园运营与旅游助理局长。

国家公园的决策职能下放至管委会，作为法定基层管理机构，依法负责公园行政管理、资源监测与保护、旅游发展、公园计划与规划编制等目标管理与保障职能，内设规划处、旅游服务处、行政处等职能部门。

为确保决策民主，管委会成员由环境保护部委任的原住民、自然保护专家、旅游产业专家、地方政府代表、公园主任、澳大利亚公园局代表构成。成立卡卡杜国家公园旅游咨询委员会和研究咨询委员会两个管委会直属机构，为公园的经营、管理、规划、研究等提供决策咨询。

3.3 协同均权模式

协同均权模式下的国家公园组织结构追求多元治理主体的共识形成机制，力求通过共同体的建设达到有效权力分配、协调与实现，而主体的多元化往往导致不同国家公园的领导机制差异性较大，并呈现鲜明的去中心化和情景性特征。

西班牙国家公园案例：

形成了"大区国家公园自主体——国家公园"两级管理体系。以联合管委会为基层管理机构。

国家层面的公园管理署在主要权力下放到自治体后，仅保留部分立法、财政分配等基本职能。

"大区自主体"作为国家公园网络中最核心的管理机构，不仅要行使立法、战略制定、规划、监督等权力分配与协调职能，也要为所辖公园提供技术、资金与行政管理等保障。

每个公园内设资源保护与管理、公共利用与基础设施、维修管护、安全与游客服务等四个主要权力实现部门，成员由管理署、大区政府及地方政府官员及相关专家构成，所有成员被赋予同等决策权力。

不同治理情景下，"大区自主体"通过管理理事会、政府派出机构、合作管理机构等多种形式推进共治，多主体通过缔约形成的"共识秩序"实现组织管理，权力分配决策模式多样化。

国家公园管理机构组织模式之比较 表3

	适用条件	优势	存在问题
科层集权模式（由综合性管理机构集中统辖，通过科层管理体系进行国家公园管理机构的架设）	在管理对象比较复杂的国家或地区比较适用	强调等级、规则与理性，具有稳定性、纪律性和可靠性的组织优势。	对法治条件要求较高，在灵活性和人格化方面有一定缺陷，且多伴生国家公园体系持续膨胀、公共财政压力加大等问题。
扁平分权模式（由权威、专业化的管理机构集中统一管理各类国家公园的组织形式）	比较适用于行政层级较少、社区参与意识强的国家或地区	多与联合治理模式对应出现，其机构组织模式的正当性不仅依赖于"强制秩序"确定的层级关系，也依赖于"共识秩序"确定的利益主体关系。由于符合公共管理的去中心化和信息化趋势，该模式的应用越来越广。	由于管理幅度较大，存在过度依赖管理者能力、有效监督困难等方面的缺陷，且在利益相关者管理参与兴趣较弱的区域并不适用。
协同均权模式（由地方政府主管、多主体共治的国家公园管理组织形式）	相对适用于地方管理权限且所辖公园数量较少的国家或地区	有利于提高社会参与度和有针对性地解决公园管理问题。	多利益主体在管理机构的均权地区及其与大区政府的委派关系，使管理者倾向于将政治目标逾越于国家公园管理目标之上，容易偏离国家生态治理的战略方向，甚至出现权力放任，从而催生"纸上公园"。

4 中国国家公园管理机构建设的对策建议

4.1 坚持善治原则，保障国家公园管理单位的机构正义

纵向治理机构间"正当、有序、公益"的权力关系是当前国家公园体制改革的关键议题，应从法律层面确立国家公园建设的正当性，确定各类权力分配、协调、实现机构之间的强制秩序关系，明确公益化的价值取向和稳定的政府财政支持制度。

应理顺国家公园管理机构与地方政府的治辖关系，避免国家公园的政区化，推动国家公园管理机构与地方行政职能的剥离，成立权威专业的国家公园管理部门，在行政辖属破碎化的情况下应考虑跨边界治理可能性。

4.2 推进归口管理，明确国家公园管理单位的架构前提

国家公园管理单位的架构应避免一刀切的管理模式。

在人烟稀少、产权关系简单的经济落后地区，实施由中央综合统筹机构主导的科层集权模式似能更有效解决资金与技术等问题。

在人口居多、产权关系复杂、生态治理技术能力较高的经济发达地区，资源禀赋达到国家公园基本条件的自然空间较少，采用科层集权模式又易造成行政资源浪费，国家行业管理部门主导的扁平分权模式似可更有效地保障生态治理的专业化水平，同时促进国家公园与社区的协同发展。

从顶层设计层面看，以上两个模式如在当前部门格局下推行，中国仍无法走出自然遗产地部门分割管理的现实困境。建立兼具综合统筹、自然生态治理能力的权威专业化的自然遗产管理部门，统一国家公园的管理口径势在必行。

4.3 加强目标管理，增强国家公园管理单位的机构效能

国家公园基层管理单位作为管理目标执行机构，应坚持专业化的组织原则，围绕资源与环境保护、游憩福利保障、社区发展等核心目标，建立生态与环境保护、游憩管理等目标管理部门和公共事务管理、社区管理、规划计划等实施保障部门；除权力实施外的职能交由其他权力分配、协调机构执行，限制或禁止基层管理机构的职能延伸，建立并强化强制秩序和共识秩序的约束机制，避免权力放任或纸上公园的出现。

4.4 实施弹性管理，提高国家公园管理单位的组织保障能力

有鉴于中国各地区资源本底差异较大的国情，对统一归口确定中央统辖单位后的国家公园，建议进一步实施分区分类治理。经济落后地区可由国家公园基层、中间和权威管理机构分别负责权力实现、协调与分配职能，通过"强制秩序"保障机构效力，实行科层集权模式；而经济发达地区或跨行政边界的试点区建设中央直属型国家公园，采取扁平分权模式，由权威机构负责权力分配，权力协调与实现职能下放到基层管理部门，通过"强制秩序＋共识秩序"保障机构效力。机构组织的多模式化可为国家公园管理单位留有自由调整的空间，提高机构适应性和稳定性。

5 结论与讨论

5.1 结论

中国国家公园体制建设的新阶段对国家公园管理机构的制度理性研究提出了新的要求，本文基于善治理论与管理有效性理论框架，从规范研究的视角分析国家公园管理机构的制度逻辑，探讨典型组织结构模式，研究得出以下主要结论：

① 国家公园单位管理体制分析可以从治理与管理两个维度展开，前者侧重于权利架构和关系机制，后者侧重于内部责权分工和部门设置，由此延伸出国家公园管理机构的两大核心职能——权力（治理）职能和专业（管理）职能。一方面，通过加强行政、决策、执法、协调、监督等权力职能，推动自然资源管理中权力、责任与利益的分享，促进机构正义；另一方面，规范与加强资源保护、利用、规划、教育研究等目标管理职能，不断发挥自然生态环境的外部经济性，提高机构能效。

② 根据权力职能与专业职能关系的不同，聚焦分析政府治理型和联合治理型国家公园的管理组织架构，发现有以等级、规则、理性为特征的"科层集权模式"，以管理专业化与权力下放为特征的"扁平分权模式"，以多主体共治为特征的"协同均权模式"三个典型模式。

③ 国家公园体制试点区管理机构作为中国国家公园管理机构中的基层管理组织，其管理效能的发挥直接依赖于顶层设计对权力秩序的规定。

④ 国家层面的管理机构架设应坚持善治原则，明确国家公园管理的强制秩序；逐步推行归口管理，建立权威专业化的国家公园中央统辖机构；加强目标管理，保障国家公园基层管理机构的专业性；实施弹性管理，形成由专业权威机构领导下的多结构模式，建立具有调整空间的国家公园组织管理结构。

5.2 讨论

对国家公园管理单位体制进行规范分析，将"善治"和"管理有效性"理论联接后应用于国家公园的组织机构建设，是对国家公园体制科学建构的积极探索。而本研究所提出的国家公园管理机构建设制度逻辑和基本模式，是基于对国外主要国家公园管理模式的静态对比分析，后续研究还需深化对典型国家公园单位体制的制度关联与演化机制研究，同时也需继续跟进中国国家公园体制试点区的具体案例，

推动国家公园体制研究走向规范研究的本土化进程。

参考文献

[1] Cash D，Adger W. N，etc. Scale and cross-scale dynamics：governance and information in a multilevel World [J]. Ecology and Society，2006，（2）：8.

[2] Turner R. A，Fitzsimmos，C，etc. Measuring good governance for complex ecosystems：perceptions of coral reef-dependent communities in the Caribbean [J]. Global Environmental Change，2014，（6）：105-117.

[3] Soverel N. O，Coops Nicholas C，White，Joanne C，etc. Characterizing the forest fragmentation of Canada's national parks [J]. Environmental Montoring and Assessment，2010，（1）：481-499.

[4] 张海霞. 自然遗产地国家公园模式发展的影响因素与空间扩散 [J]. 自然资源学报，2012，（4）：705-712.

[5] 杨伟民. 建立系统完整的生态文明制度体系 [N]. 光明日报，2013-11-23.

[6] Erol S. Y.，Kuvan，Y.，etc. The general characteristics and main problems of national parks in Turkey [J]. African Journal of Agricultural Research，2011，（23）：377-5385.

[7] Clarka J. R. A.，Clarke R. Local sustainability initiatives in English National Parks：What role for adaptive governance? [J]. Land Use Policy，2011，（1）：314-324.

[8] Dudley N. Guidelines for Applying Protected Area Management Categories [R]. Gland (Swizerland)：2008.

[9] Lund，Dorthe H. Meta-governance of the national park process in Denmark [J]. Local Environment，2009，（3）：245-257.

[10] 张海霞，汪宇明. 可持续自然旅游的国家公园模式及其启示：以优胜美地国家公园和科里国家公园为例 [J]. 经济地理，2010，（1）：156-161.

[11] 杨锐. 论中国国家公园体制建设中的九对关系 [J]. 中国园林，2014，（8）：5-8.

[12] 张希武，唐芳林 [M]. 中国国家公园的探索与实践 [M]. 北京：中国林业出版社，2014.

[13] 李庆雷. 基于新公共服务理论的中国国家公园管理创新研究 [J]. 旅游研究，2010，（4）：80-85.

[14] 张朝枝. 旅游与遗产保护：政府治理视角的理论与实证 [M]. 天津：南开大学出版社，2006.

[15] Lockwood M. Good Governance for terrestrial protected areas：a framework，principles and performance outcomes [J]. Journal of Environment Management，2010，（3）：754-766.

[16] Borrini-Feyerabend G.，Johnson J.，etc. Governance of protected areas [A]. Lockwood M.，Worboys，G. L. etc. Management protected areas：a global guide [C]. London：Earthsacan，2006：116-145.

[17] U. N. Economic and Social Commission for Asia and the Pacific (ESCAP). What is good governance? [R]. Bangkok (Thailand)，2009.

[18] Deguignet M.，Juffe-Bignoli D.，etc. 2014 United Nations List of Protected Areas [R]. Cambridge (UK)．2015.

[19] Stoll Kleemann S. Evaluation of management effectiveness in protected areas：methodologies and results [J]. Basic and Applied Ecology，2010，（11）：377-382.

[20] Hockings M.，Stolton S.，etc. Evaluating Effectiveness：a framework for assessing management effectiveness of protected areas [R]. Gland (Swizerland)：2006.

[21] Getzner，M.，Lange Vik，M.，Brendehaug，E.，etc Governance and management strategies in national parks：implications for sustainable regional development [J]. International Journal of Sustainable Society，2014，（1/2）：82-101.

[22] 张海霞. 国家公园的旅游规制研究 [M]. 北京：中国旅游出版社，2012.

[23] 肯尼思·沃尔兹著；苏长和，信强译. 国际政治理论 [M]. 上海：上海人民出版社，2008.

[24] 陈洁，陈绍志等. 西班牙国家公园管理机制及其启示 [J]. 北京林业大学学报（社会科学版），2014，（4）：50-54.

保护地体系与国家公园管理规划

IUCN 自然保护地管理分类标准与国家公园体制建设的思考

朱春全

（世界自然保护联盟（IUCN）中国代表处）

【摘　要】　系统介绍了世界自然保护地的特征以及 IUCN 关于自然保护地、自然保护地体系、自然保护地管理分类标准、治理类型、国家公园等重要概念的内涵、定义、目标，分析了国家公园在世界各国的共性与差异性，对我国建立国家公园体制提出了自己独立的思考。

【关键词】　IUCN；自然保护地体系；管理分类标准；治理类型；国家公园

　　世界自然保护联盟是 1948 年由联合国教科文组织发起的政府间国际组织，至今已有来自 160 多个国家的 1300 多个会员，同时，还有不同领域专家组成的六个科学委员会，目前有 15000 多名科学家。1962 年开始，世界自然保护联盟将世界自然保护地进行了国际性的命名和分类，便于各国保护者的交流和使用管理。目前，IUCN 自然保护地分类指南已成为一个自然保护地的全球性标准，是用于划分所有自然保护地管理类型的一种通用方法。

1　自然保护地与自然保护地体系

　　自然保护地是明确界定的地理空间，经法律或其他有效方式得到认可、承诺和管理，以实现对自然及其生态系统服务和文化价值的长期保护（IUCN 2008，2013）。自然保护地不是一个孤立的个体，而应该是一个体系。自然保护地体系的首要目的是增加生物多样性就地保护的有效性。IUCN 认为就地保护要取得长期成功，就要求自然保护地全球体系中涵盖世界各种不同生态系统类型的代表性样本（Davey1998）。IUCN WCPA 自然保护地体系具有以下五种相关联的特点（Davey 1998 年增补）：

　　（1）代表性、综合性和平衡性

　　自然保护地作为一个国家完整生态系统类型最高质量的代表，自然保护地应均衡地代表所有生态系统类型。

　　（2）充分性

　　完整、足够大的空间范围和相关组成单元的保护，辅之以有效管理，用来保护构成国家生物多样性的生态过程、物种、种群、群落和生态系统的长久生存能力。

　　（3）连贯性和互补性

　　每个自然保护地为国家确定整个自然保护和可持续发展目标提供积极地贡献。

　　（4）一致性

　　管理目标、政策和在可比较的条件下通过标准化方式分类的应用，使该体系内每一保护区的目标明确、清晰，并尽最大可能利用各种管理和利用的机会支持总目标的实现。

　　（5）成本、效率和平等性

　　保持适当收支平衡、收益分配上的平等；注重效率：以最少的数量、最小的面积来实现保护体系的总目标。

　　2004 年，CBD 在保护区项目为保护区体系总目标提出了一些标准："建立和维持综合的、有效管理的、和具有生态代表性的国家和区域自然保护地体系"。

2 生态系统方法

CBD 对生态系统方法定义是"用于土地、水和生物资源管理的综合策略，以平等的方式推动生态保护和自然资源的可持续利用"（CBD，2004）。IUCN 认为自然保护地应整合在统一的自然保护地体系中，而这些体系也应该与更大范围的自然保护以及土地和水的利用方式相互整合，这包括土地、水的保护以及其他多种可持续经营管理方式。

这些大尺度的保护和可持续利用战略被称为"景观保护方法"、"生物区方法"或者"生态系统方法"等。这些方法也包含了对自然保护地之间连接区域的保护，被称之为"连通性保护"。因此，单个自然保护地应该在尽可能的情况下，为国家和区域自然保护地体系和更大范围的保护计划做出贡献。生态系统方法是一种更广泛的框架，通过一种综合的方式，制定和实施自然保护以及土地和水的利用管理规划。在这种情况下，自然保护地就成为生态保护的重要工具——或许是最重要的工具。

3 IUCN 自然保护地管理分类标准

IUCN 将自然保护地分为六类，其目的在于解决保护和利用的问题。第 I 类保护地为严格自然保护地，Ia 类为严格保护地，具有原始状态、对区域或者国家有重要意义的生物多样性，该种严格保护地是科学研究也不允许进入的。Ib 类为荒野保护地，是具有自然状态，没有人类居住痕迹的自然保护地。第 II 类是国家公园，曾经称作生态系统类型保护地，受 140 年来美国国家公园称谓的影响而得名。它的首要目标是保护大面积自然和接近自然的区域，同时拥有壮美的自然美景，或具有独特文化特征。该类型保护地以保护为主，在小的范围内可以进行有限制的生态旅游、科学研究，或者是其他的一些特许经营等机会。第 III 类保护地为自然文化遗迹或地貌，一般情况下面积较小。第 IV 类为栖息地和物种管理区，目前在我国属于自然保护区。第 V 类为陆地景观或海洋景观自然保护地，如我国的哈尼梯田的陆地景观，不是单纯的自然景观，而是几千年的生产生活、种植耕作方式下的人与自然环境的和谐。因此要保护哈尼梯田则必须要保护它伴随着的生产生活方式。第 VI 类是自然资源可持续利用自然保护地，其中部分场地是可以允许利用的，对于一些保护区是可以按照该类保护地可持续利用的（表 1）。

IUCN 自然保护地管理分类标准 表 1

分类	名称	特征描述
第 Ia 类	严格的自然保护地	是指严格保护的原始自然区域。首要目标是保护具有区域、国家或全球重要意义的生态系统、物种（一个或多个物种）和/或地质多样性。处于最原始自然状态、拥有基本完整的本地物种组成和具有生态意义的种群密度，具有原始的极少受到人为干扰的完整生态系统和原始的生态过程，区内通常没有人类定居。需要采取最严格的保护措施禁止人类活动和资源利用，以确保其保护价值不受影响。在科学研究和监测中发挥不可替代的本底参考价值
第 Ib 类	荒野保护地	是指严格保护的大部分保留原貌，或仅有些微小变动的自然区域。首要目标是保护其长期的生态完整性。特征是面积很大、没有现代化基础设施、开发和工业开采等活动，保持高度的完整性，包括保留生态系统的大部分原始状态、完整或几乎完整的自然植物和动物群落、保存了其自然特征，未受人类活动的明显影响，有些只有原住民和本地社区居民在区内定居。需要严格保护和管理，保护大面积未受人为影响区域的自然原貌，维持生态过程不受开发或者大众旅游的影响
II	国家公园	是指保护大面积的自然或接近自然的生态系统，首要目标是保护大尺度的生态过程，以及相关的物种和生态系统特性。典型特征是面积很大并且保护功能良好的自然生态系统，具有独特的、拥有国家象征意义和民族自豪感的生物和环境特征或者自然美景和文化特征。始终把自然保护放在首位，在严格保护的前提下有限制地利用，允许在限定的区域内开展科学研究、环境教育和旅游参观。保护在较小面积的自然保护地或文化景观内无法实现的大尺度生态过程以及需要较大活动范围的特定物种或群落。同时，这些自然保护地具有很强的公益性，为公众提供了环境和文化兼容的精神享受、科研、教育、娱乐和参观的机会
III	自然文化遗迹或地貌	是指保护特别的自然文化遗迹的区域，可能是地形地貌、海山、海底洞穴、也可能是洞穴甚至是依然存活的古老小树林等地质形态。这些区域一般面积较小，但通常具有较高的观赏价值。首要目标是保护杰出的自然特征和相关的生物多样性及栖息地。主要关注点是一个或多个独特的自然特征以及相关的生态，而不是更广泛的生态系统。在严格保护这些自然文化遗迹的前提下可以开展科研、教育和旅游参观。其作用是通过保护这些自然文化遗迹实现在已经开发或破碎的景观中自然栖息地的保护和开展环境文化教育

续表

分类	名称	特征描述
IV	栖息地/物种管理区	是指保护特殊物种或栖息地的区域。首要目标是维持、保护和恢复物种种群和栖息地。主要特征是保护或恢复全球、国家或当地重要的动植物种类及其栖息地。其自然程度较上述几种类型相对较低。此类自然保护地大小各异，但通常面积都比较小。主要作用是保护需要进行特别管理干预才能生存的濒危物种种群、保护稀有或受威胁的栖息地和碎片化的栖息地、保护物种停歇地和繁殖地、自然保护地之间的走廊带以及维持原有栖息地已经消失或者改变、只能依赖文化景观生存的物种。多数情况下需要经常性的、积极的干预，以满足特定物种的需要或维持栖息地
V	陆地景观/海洋景观自然保护地	是指人类和自然长期相处所产生的特点鲜明的区域，具有重要的生态、生物、文化和风景价值。首要目标是保护和维持重要的陆地和海洋景观及其相关的自然保护价值，以及由传统管理方式通过与人互动而产生的其他价值。这是所有自然保护地类型中自然程度最低的一种类型。其特征是人和自然长期和谐相处形成的具有高保护价值和独特的陆地和海洋景观价值和文化特征，具有独特或传统的土地利用模式，如可持续农业、可持续林业和人类居住和景观长期和谐共存保持生态平衡的模式。这些自然、自然景观和文化价值需要持续的人为干预活动才能维持。其作用是作为一个或多个自然保护地的缓冲地带和连通地带，保护受人类开发利用影响而发生变化的物种或栖息地，并且其生存必须依赖这样的人类活动
VI	自然资源可持续利用自然保护地	是指为了保护生态系统和栖息地、文化价值和传统自然资源管理制度的区域。首要目标是保护自然生态系统，实现自然资源的非工业化可持续利用，实现自然保护和自然资源可持续利用双赢。其特征是把自然资源的可持续利用作为实现自然保护目标的手段，并且与其他类型自然保护地通用的保护方法相结合。这些自然保护地通常面积相对较大，大部分区域（三分之二以上）处于自然状态，其中一小部分处于可持续自然资源管理利用之中。景观保护方法特别适合这类自然保护地，特别适用于面积较大的自然区域，如温带森林、沙漠或其他干旱地区、复杂的湿地生态系统、沿海、公海区域以及北方针叶林等，将不同的自然保护地、走廊带和生态网络相互连接

根据 IUCN 的统计研究表明，Ib、II、V 和 VI 类的自然保护地面积通常较大，其他保护地面积相对较小（表2）。在保护地的自然状态研究中可以看到，国家公园和第 III 类保护地是自然状态相对较好的，自然状态最低的是第 V 类，人文和陆地海洋景观是受人类干扰最大的（图1）。

自然保护地大小及类型　表2

自然保护地类型	面积大小
Ia	Often small（通常较小）
Ib	Usually large（通常较大）
II	Usually large（通常较大）
III	Usually small（通常较小）
IV	Often small（通常较小）
V	Usually large（通常较大）
VI	Usually large（通常较大）

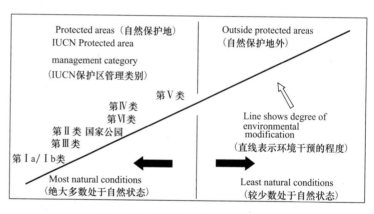

图1　各自然保护地类型的自然状态

2013 世界自然保护地面积与结构一览表　表3

Ia 严格的自然保护地	10992
Ib 荒野保护地	3118
II 国家公园	5424
III 自然历史遗迹或地貌	23023
IV 栖息地/物种管理区	53317
V 陆地景观或海洋景观	45564
VI 自然资源可持续利用自然保护地	6749
N. A. 无信息	72265

- Ia 严格的自然保护地 — 5%
- Ib 荒野保护地 — 1%
- II 国家公园 — 3%
- III 自然历史遗迹或地貌 — 10%
- IV 栖息地/物种管理区 — 24%
- 3%
- 21%
- 33%

4 自然保护地的目标

自然保护地的定义体现了所有的自然保护地都有一套共同的目标，而分类则反过来说明了自然保护地管理方式的差别。

所有自然保护地管理应致力于保护生物多样性的组成、结构、功能与进化潜力，为区域保护策略做出贡献（作为核心保护区、缓冲区、走廊带和迁徙物种停歇地等）；维护景观或栖息地及其包含的物种和生态系统的多样性；具备足够大的面积，确保特定的保护目标的完整性和长久维持，或者具有实现这一目标的不断增长的能力；永久维护所拥有的价值；在管理计划以及监测评估项目的指导之下能够实现适应性管理的正常运转；拥有明确和公平的管理体制。

在适宜的情况下，所有自然保护地应该致力于保护重要的景观特征、地质和地貌；提供具有调节性的生态系统服务，例如减缓气候变化的影响；保护具有国家重要文化、精神和科研价值的自然生态和自然美景；根据其他的管理目标，为居民和当地社区带来利益；根据其他的管理目标，提供休闲游憩的机会；协助开展具有较低生态影响程度的科研活动，进行与自然保护地价值相关和一致的生态监测工作；采用具有可调整性的管理策略，从长远来改善管理有效性和质量；帮助提供教育机会（包括管理办法）；帮助获得公众对保护工作的支持。

要提高保护成效，减少游客旅游活动对国家公园的负面影响，需要采取政府＋企业＋协会或科研院所＋社区的教育主体模式，通过多种途径和方式，对日益增多的游客进行生态文明教育，提高游客的生态文明意识，让游客能尽量减少不良行为习惯，减少对国家公园的生态破坏。

5 IUCN 自然保护地治理类型

IUCN 自然保护地治理类型主要分为以下四类：政府治理、共同治理、公益治理与社区治理（表4）。

IUCN 自然保护地治理类型　　　　表4

治理类型	具体类型
类型 A. 政府治理 Governance by government	● 国家或政府部门/机构负责 ● 地方政府部门/机构负责（如在区域、省级、自治区的层级上） ● 政府授权管理（如交给 NGO 组织）
类型 B. 共同治理 Shared governance	● 跨边界管理（一个或多个主权国家或领土之间的正规安排） ● 合作管理（不同的角色和机构通过各种方式共同工作） ● 联合管理（多元管理委员会或其他多方治理机构）
类型 C. 公益治理 Private governance	● 建立和管理保护区： ◇ 通过个人土地所有者 ◇ 通过非盈利组织（如非政府组织，大学） ◇ 通过盈利机构（如企业土地所有者）
类型 D. 社区治理 Governance by indigenous people and local communities	◇ 原住民保护的区域和领地-由原住民建立和管理 ◇ 社区保护区-由当地社区建立和管理

6 各国国家公园的名称

"国家公园"一词在 IUCN 分类标准形成之前早已存在，IUCN 只是沿用了这一名称。国家公园在不同的国家、甚至在同一个国家具有不同的涵义，虽然称之为国家公园，但是其自然特征、保护对象和管理目标差异极大，分别属于 IUCN 划分的不同的自然保护地类型，有的甚至不是自然保护地。因此，在引进和借鉴国外的国家公园的概念时，要根据具体的情况做具体的分析和解读，避免引起混淆。

IUCN 关于国家公园的定义是建立在系统总结国际上国家公园建设的经验和教训基础之上提出来的，已经成为国际标准，可以作为确定国家公园内涵的重要依据。

不同 IUCN 管理类型下的"国家公园"　　　　　　　　　表5

IUCN 类别	名称	位置	面积（hm²）	日期
第Ⅰa类	Dipperu 国家公园	澳大利亚	11100	1969 年
第Ⅱ类	瓜纳卡斯特国家公园	哥斯达黎加	32512	1991 年
第Ⅲ类	Yozgat Camligi 国家公园	土耳其	264	1988 年
第Ⅳ类	Pallas Ounastunturi 国家公园	芬兰	49600	1938 年
第Ⅴ类	Snowdonia 国家公园	英国威尔士	214200	1954 年
第Ⅵ类	远足国家公园	澳大利亚	2930	1994 年

IUCN 关于类别Ⅱ国家公园的定义是指大面积的自然或接近自然的区域，设立目的是为了保护大尺度的生态过程，以及相关的物种和生态系统特征。这些保护区提供了环境和文化兼容的精神享受、科研、教育、游憩和参观的机会。

国家公园的共同特征：

√ 大面积完整的自然或接近自然生态系统

√ 丰富的生物和地质多样性、壮美的自然景观和突出的文化价值

√ 全民公益性，但具有多种多样的管理体制

√ 有效保护免受损害，为当代和未来世代提供享受自然的机会

√ 具有国家象征意义、民族认同感和自豪感

国家公园是各种构想的集合，承载着人们对自然的多种多样的期许，关于国家公园的构想，自其诞生之日起至今一直存在着各种各样的争议。

➢ 国家最珍贵的自然瑰宝

➢ 自然保护地体系中的精华

➢ 自然保护的指针和风向标

➢ 荒野区域的象征

➢ 野生生物保护地

➢ 自然实验室

➢ 吸引游客的圣地

➢ 大众游憩的乐园

➢ 经济发展的引擎

➢ 先祖的家园

➢ 最重要代表性生态系统的核心

7　关于建立国家公园体制的思考

国家公园是各种构想的集合，承载着人们对自然的多种多样的期许，关于国家公园的构想，自其诞生之日起至今一直存在着各种各样的争议。针对目前我国关于建立国家公园体制的问题提出以下几点建议：

（1）国家公园体制建设是生态文明制度建设的重要内容之一，要与国家生态文明制度建设全方位结合，不能孤立进行。尤其是要与主体功能区规划、划定和管好生态保护红线紧密结合。

（2）国家公园是自然保护地体系中的一个重要类型，不是城市公园和旅游开发区。建立国家公园体制的首要目标是加强中国的自然保护，而不是加大开发利用的力度。

（3）建立国家公园体制是理顺中国自然保护地的管理体制、资金机制、监督机制和社会参与机制，提高中国整个自然保护地体系的管理有效性。

（4）国家公园以保护生态系统的原真性和完整性，必须贯彻自然保护优先、严格保护、有限制地利用的原则。

（5）国家公园具有国家象征意义、民族认同感和自豪感、是美丽中国的自然名片。要站在对国家、民族和对子孙后代负责的高度来看待国家公园体制建设问题。

（6）借鉴国外的成功经验、吸取失败的教训，结合中国的国情，在以往的基础上开展国家公园体制建设试点。系统设计、统筹协调、跨部门和多利益方参与，自上而下和自下而上相结合，分步实施、稳妥推进。

自然保护地类型与国家主体功能分区　　　　　表 6

自然保护地类型	数量	国家主体功能区				
		优化开发区	重点开发区	限制开发区		禁止开发区（各种自然保护地）
				农业主产区	重点生态功能区	
自然保护区	2740	+	+	+	++	+++++
风景名胜区	962	+	+	+	++	+++
地质公园	319	+	+	+	+++	+
森林公园	2948	+	+	++	++	++++
湿地公园	429	+	+	++	++	++
水产种质资源保护区	428	+	+	+	+	+
国家水利风景区	639	+	+	+	++	++
水源保护区	?	+	+	+	+++	++
文化林	60000	+	+	+	+	+
社会公益（私人、企业保护区）	1+?	+				+
世界自然与文化遗产地	48					+

国家公园体系总体空间布局研究

欧阳志云　　徐卫华

（中国科学院生态环境研究中心）

【摘　要】 在分析我国保护地体系存在问题基础上，比较世界各国国家公园的特点及其准入条件，提出我国国家公园的功能定位，详细介绍国家公园空间布局的指导思想与布局方案，以及未来研究计划。

【关键词】 国家公园体系；功能定位；总体空间布局；原则；进展

1　研究背景

1.1　建立国家公园体制成为全面深化改革的优先领域

十八届三中全会通过的《中共中央关于全面深化改革若干重大问题的决定》明确提出，"……严格按照主体功能区定位推动发展，建立国家公园体制。"该决定明确了建立国家公园体制的要求，并成为全面深化改革的优先领域。

《加快生态文明制度建设的指导意见》和《生态文明建设体制改革总体方案》，以及十八届五中全会进一步明确了关于国家公园体制建设的要求。

按照国务院统一部署，发展改革委联合十三个部委在全国九个省份开展国家公园体制建设试点。

1.2　我国保护地体系与问题

我国的自然保护地建设发展迅速，类型多样，8000多处。存在的主要问题是：

（1）中国保护地类型多样，但缺乏统一的国家保护地分类标准，分类不清；

（2）我国保护地类型多，功能定位不明确；

（3）同一保护地有多块牌子，不同类型的保护地空间重叠；

（4）管理部门多，职能交叉，缺乏部门、各类型保护地的协调机制。

中国保护地类型一览表　　　　　　　　　　　　　　　　　　表1

保护地类型	合计	国家级	其他
自然保护区	2729	428	2301
森林公园	2747	747	2000
国家湿地公园	429	429	—
风景名胜区	962	225	737
地质公园	319	218	101
水利风景区	639	520	119
水产种质资源保护区	452	282	170
水源保护区			
	8277	2849	5428

中国各类保护地的主管部门　　　　　　　　　　　　　　　　表2

类型	主管部门							
	SFA	MEP	MOA	SOA	LR	MHURD	MWR	Other
自然保护区/Nature reserve	×	×	×	×	×	×	×	×
水产种质资源保护区/Protected area for fish germplasm resources			×					

续表

类型	主管部门							
	SFA	MEP	MOA	SOA	LR	MHURD	MWR	Other
森林公园/Forest park	×							
国家湿地公园/Wetland park	×							
国家风景名胜区/National Scenic spot						×		
世界自然文化遗产/World natural and Cultural Heritage						×		
国家地质公园/National geopark					×			
国家水利风景区/National water park							×	
水源保护区/Water resource protected area							×	
文化林/Traditional cultural protected forest								×

注：国家林业局（SFA），环境保护部（MEP），农业部（MOA），国家海洋局（SOA），国土资源部（MLR），水利部（MWR），住房城乡建设部（MHURD）

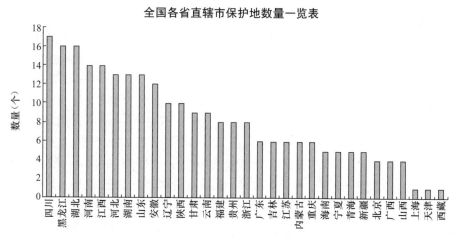

全国各省直辖市保护地数量一览表　　　　　　　表3

《生态文明体制改革总体方案》中提出要对不同类型的保护地"进行功能重组，合理界定国家公园范围。"研究国家公园建设的总体空间布局是有序开展国家公园建设的科学基础。

2　国家公园的定位

2.1　国家公园的定义

IUCN	大面积的自然或接近自然的区域，设立的目的是为了保护大尺度的生态过程，以及相关的物种和生态系统特性。这些自然保护地提供了环境和文化兼容的精神享受、科研、教育、游憩和参观的机会
美国	包含狭义和广义概念。狭义的国家公园指拥有丰富自然资源的、具有国家级保护价值的面积较大且成片的自然区域。广义的国家公园即"国家公园体系"，以建设公园、保护区、历史地、观光大道、游憩或其他目的，目前或今后经由内政部长指导、由国家公园局管理的陆地与水域范围的总和
加拿大	全体加拿大人世代获得享受、接受教育、进行游憩和欣赏的地方，国家公园应得到精心的保护和利用，并完好无损地留给后代享用
新西兰	国家为了保护一个或多个典型生态系统的完整性，为生态旅游、科学研究和环境教育提供场所，而划定的需要特殊保护、管理和利用的自然区域
日本	由政府指定并管理、具有日本代表性和世界意义的自然风景地，分为国立公园、国定公园、都道府县立自然公园三类

2.2　国家公园的入选准则

美国	国家重要性、适宜性、可行性、美国国家公园管理局（NPS）不可替代性
加拿大	"典型自然景观区域"：存在或潜在的对该区域自然环境威胁的因素；区域开发利用程度；已有国家公园分布状况；地方和其他自然保护区的保护目的；为公众提供旅游机会的数量；原住民对该区域的威胁程度
新西兰	国家主导地位的地貌景观或特殊动植物群落；园内禁止自然资源开发；行政管理与旅游相结合；公众开放同自然保护的职能相结合等
日本	区域选定、范围圈定、界限确定3个标准：在整个国土内该地域的重要性；依据该地域的资源禀赋特点和实际情况确定范围；依据明显地标确定边界
南非	在国家或国际上具有生物多样性的重要性，或者包含了一种有代表性的南非自然生态系统、风景名胜区或文化遗址；区域内拥有一个或者多个完整的生态系统

2.3　国家公园的定位

（1）建立国家公园的目的

在《生态文明体制改革总体方案》中关于建立国土空间开发保护制度（十二）建立国家公园体制的条款中，提出加强对重要生态系统的保护和永续利用，改革各部门分头设置自然保护区、风景名胜区、文化自然遗产、地质公园、森林公园等的体制，对上述保护地进行功能重组，合理界定国家公园范围。国家公园实行更严格保护，除不损害生态系统的原住民生活生产设施改造和自然观光科研教育旅游外，禁止其他开发建设，保护自然生态和自然文化遗产原真性、完整性。加强对国家公园试点的指导，在试点基础上研究制定建立国家公园体制总体方案。构建保护珍稀野生动植物的长效机制。

首先，建立国家公园体制成为全面深化改革的优先领域，为什么要改革，到底存在什么样的问题呢？我们国家的保护地特别多，现在已经有8000多处，还是不完全的统计数据。我们最主要的自然保护区接近国土面积的15%，还有森林公园、地质公园、水利风景区、水产种质资源保护区、水源保护区，这么多它有一个什么问题呢？我们单从保护区来说，还有环保部、农业部，还有国土资源部，其实我们科学院也参与了，管理部门很多，水土资源保护区有农业等等，这里面有很多的保护区，管理不同的保护地。

第二是保护地的类型不一样，需要统一国家保护地的标准。分类不是特别清楚，我们保护地类型多少，功能定位不明确，同一保护地有多块牌子，不同类型的保护地空间重叠。我们做了一部分的统计，有十几个保护区和其他保护地是重叠的，基本上每个省份都存在，就是一个或多或少的问题。管理部门职能交叉，缺乏部门、各类型保护地的协调机制。我们在生态文明体制改革总体方案里面提出来要对不同类型的保护地进行功能定位，合理界定国家公园的范围。

（2）国家公园功能定位与特点

国家公园是自然保护地类型之一

综合考虑IUCN分类体系、其他国家的经验与教训，和中国自然保护地实际情况，将国家公园纳入自然保护地体系，使之成为中国自然保护地系统中的重要组成部分。

国家公园以保护生态系统为主体，生态系统具有区域代表性

国家公园是为了保护重要的自然生态系统及自然景观资源而特别划定并管理的保护区，所保护的自然生态系统需具有区域代表性。考虑珍稀野生动植物保护需求。

国家公园的面积较大

面积较大的区域有利于维持生态系统结构、过程与功能的完整性。

国家公园具有公益性

属于公共产品，具有游憩、公众教育等功能。

3　国家公园空间布局原则

1）根据中国生态系统、物种多样性、自然景观以及其他生态功能的特征和保护需求，生态系统要具有典型性、完整性，是珍稀濒危物种关键保护区域，自然景观具有科学价值、美学价值、脆弱性、独特性；

2）能完善国家生态安全格局，保障国家与区域生态安全，是生态系统服务功能的关键区域；

3）尊重现有自然保护地的空间布局；

4）综合考虑国家代表意义、人类活动胁迫状况、通达条件、游憩和教育功能等其他相关因素。

4 国家公园空间布局研究进展

到目前为止，我们关于国家公园布局研究主要做了几个方面工作。

第一是生态系统，需要优先保护的地方是哪里？生态系统分为不同的类型和层次，我们知道森林、草原、草甸，这是第一层次的，森林里面可以细分，分为针叶、阔叶，这个里面还可以细分，叫做落叶森林。不同的生态系统类型，森林生态系统有300多类，草原和草甸生态系统有100多类，荒漠生态系统49类。

第二是哪些地区需要保护，我们刚才提到了完整性的问题，所以我们提出了优先的保护系统，我们海南的或者是云南的热带雨林，纬度、海拔我们都应该考虑进去，这是第一点我们需要考虑的。草原分布在什么地方？内蒙古典型的草原，所以我们布置国家公园应该要有联系的，至少考虑了生态系统的典型性。

第三是湿地，湿地有青藏高原的一些湿地还有东北的一些森林沼泽的湿地，我们都应该考虑进去在哪些地方。

第四，荒漠生态系统主要是分布在西部的区域，典型的荒漠系统也应该考虑进去，这是一个，我们称生态系统本身来说它也要考虑进去。

需要考虑的濒危保护的物种也要考虑进去，主要是分布在中国的、受到威胁的等等。

第一、考虑重要性以及考虑濒危程度等等，这些濒危物种哪个地方分布的更多，植物在西南的很多区域，生态系统很重要，濒危程度也比较高，我们需要重点关注。

第二，哺乳动物的问题，包括大熊猫分布区也很重要，把这个区保护好了，不仅仅保护好了大熊猫，相当于给这些物种提供了好的场所。我们谈物种的时候应该考虑一个区域的问题。

第三，鸟类的问题，也是西南的某些区域，也是鸟类的分布的主要区域，还有两类爬行动物的区域。

我们把所有的重点保护物种保护起来，我们发现很多区域，西南的很多区域和东部的很多区域。生物的多样性应当给予优先考虑。

生态系统服务，主要能够提供产品和服务的问题。我们想到喝的水可能是理所当然的，其实它也是生态系统提供的一些服务或者是产品。刚才孟院士提到水的问题，吃的东西、林产品这些都是生态系统提供的产品，我们喝的水是哪儿来，如果是直接从天上下来的水，可能不能喝。第一是保证我们喝的水是干净的；第二保证它长期有。因为森林的生态结构比较丰富，还有枯枝落叶层等等，涵养水源，在我国西南的很多区域，颜色越深的区域，水的含氧程度越高。

还有防风固沙，尤其是我们北京的沙尘暴特别多，这些年通过国家的生态工程，沙尘暴少了，把北方区域的弄好了，我们能够减少沙尘暴的发生。北方的很多区域，越深的区域都是防风固沙特别重要的区域。还有土壤保持的问题，有黄土高原的很多区域，即使突然保持的话也是和我们息息相关的，比如说西南的很多区域，地区本身就比较脆弱，这些区域当地老百姓要找一块好的地出来种粮食不大可能，因为这个地方没土了，水一冲土全跑了，所以它的生态功能是和当地的居民是息息相关的。

另外一个是洪水调蓄的问题。长江一些大的洪涝灾害，其实也和生态的破坏息息相关，我们也需要考虑进去。

我们考虑了水源涵养、洪水调蓄、防风固沙、土壤保持，生态服务功能重要性。还有秦岭、东北的很多区域，这些都是生态系统服务非常重要的区域，能够保证全国的生态安全。还有自然保护地的问题，我们国内建了这么多的自然保护区，国家有自然保护区400多个，我们怎么考虑进去。还有风景名胜区，地质公园 300 多处，森林公园数量 2000 多处，以及世界文化遗产。这么多都是要考虑进去，还有提到景观的问题，景观的问题要在空间上面一张图把它表述起来可能很困难，其实这些区域的某种情况也代表了生态环境。

人类活动的胁迫，区域也会受到影响。哪些区域是急需保护，优先保护生态系统、重点保护物件、生态系统服务、自然保护地分布格局、主要胁迫因子等是我们重点考虑的因素。要兼顾当地可持续的利用，要考虑人口分布。

5　下一步工作计划

以森林、草地、湿地和荒漠生态系统优先区域为基础来完成国家公园布局；兼顾物种多样性、自然景观以及其他生态功能的特征和保护需求；在范围确定时考虑自然保护区、风景名胜区等自然保护地的空间分布，以及人类活动的胁迫。

（根据嘉宾报告及多媒体资料整理，未经作者审阅）

生物多样性价值与国家公园定位、分区

解 焱

（中国科学院动物研究所）

【摘 要】 保护生物多样性的关键是野生动物的保护，动物健康是环境健康最重要的标志。野生动物需要大面积的生存空间，现有保护野生动物的自然保护地是显然不能满足需求的。国家公园是实施大范围保护的重要手段，用国家公园带动生物多样性关键区域的保护和协调发展，建议中国自然保护地体系分4类，功能区分6类，每一类保护区核心区面积不少于20％，其中Ⅰ类保护区面积不少于80％。

【关键词】 自然保护地；分类体系；生物多样性价值；国家公园；功能分区

我们2012、2013年参加过我们自然保护地体系立法工作的同志能否站起来我看有多少位？人不是很多，我正好介绍一下，我把名字也改了，改成国家公园的定位，因为要定准了，我们工作才好做。

大家先看一段录像，这个录像是非常震撼的，关于人类从更新世进入了人类世的录像，从1725年人口增长比较平缓。但是从1995年到现在，人类增长速度非常快。这张图给大家看到跟我们地球相比，人类增长的一个情况。但是更可怕的是随着人类增长，我们GDP增长速度比人类增长速度还要快（图1）。

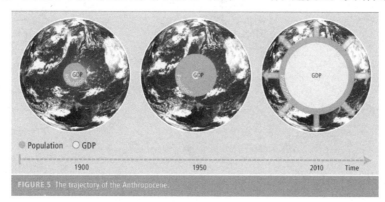

图1 全球GDP增长速度与人类增长速度比较

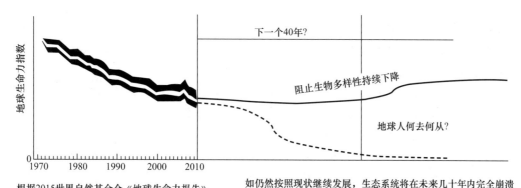

图2 全球生物多样性下降趋势

这是 2015 年自然基金会的地球生命力的报告。从 1970 年到 2010 年全球脊椎动物的数量下降了 52％，淡水物种的规模下降了 76％（图 2）。我们未来是什么样的状况呢？下一个 40 年是什么状况？因为我们现在下降速度并没有减轻，我们建了非常多的自然保护地，但是相对于我们经济发展速度我们生物多样性速度还在下降。如果我们不迅速采取措施，这样的局面将继续持续。我们和我们的后代，在座各位都可以活到那个时间，我们后代将在什么样状况中生存呢？

1 国家公园建设的重要性

现在需要从根本上阻止生物多样性的下降，这是我们人类自己的选择，我们究竟怎么做，我们必须非常紧急地采取措施。我自己从事保护 20 年，我能够感觉到在保护工作当中取得非常多的成效，当我们只看我们做的保护工作，看国家在保护区上的投入，还有在保护区上取得的成果的话，会觉得我们其实做了很多，我们取得了非常重要的成果。但是当你退回到整个人类社会的大的局面去看的时候，我们的保护的投入数量增长赶不上 GDP 的增长，我们做的工作远远不够。

这是全新世环境和我们的社会经济的局面，我们觉得他们是平等的。到了人类世的时候，我们看到是巨大经济爆发的地球，生物多样性和社会的重要性变得越来越小。这种局面如果不做改变，就像刚才看到的曲线，人类会迅速因为环境的破坏，生物多样性的丧失，丧失生存的基础。这个转变如果不能从理念上、根本的社会价值认可上改变，我们的保护现状改变不了。是在我们大社会的条件下，整个大社会在生物多样性得到保障，生态安全得到真正保障的前提下，我们人类才可以继续、长期、健康地生存下去。这是我们要转变的根本理念，需要将生物多样性，提升到人类生存的基础条件的地位，否则不可能实现可持续发展。

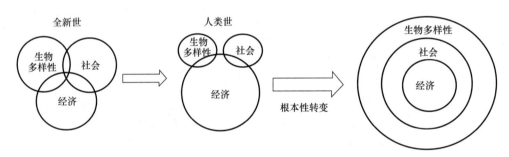

图 3 人类社会经济发展与生物多样性关系的变迁

2 生物多样性与保护地

这三张图提到生物多样性，我们过去用的环境，有的是用生态环境，有的时候用生态，但是我这特别提到是生物多样性。因为生物多样性更容易度量，更容易衡量我们这个生态环境，或者我们生存的环境健康状况如何。

这是生物多样性在全球的数量，目前数据估计是 870 万种，已经定名是 120 万种，这是我们全球数量的状况。实际上很多人都觉得满眼都是植物，但是其实动物占到最大数量，是 89％。

2.1 生物多样性与人类的关系

我们要考虑生物多样性跟我们是什么关系？大家很清楚，给我们提供无数的生物功能，但是我们经常谈到生态系统功能，把生物多样性的内涵，远远的忽视了、低估了。我给大家举个例子。对大家最重要的自然资源是什么？离开它你没有办法的东西是什么？是水。很多人都知道水跟植被有关，我们做水源保护的时候，一定谈植被，谈的是植树造林。但是在整个过程当中非常关键是动物，动物在这里面是很重要的，看这张图片，这是非常典型的，在我们三江源的水塔，鼠兔对水的保护很重要，因为它打洞，水就可以进入到地下。如果没有它的存在，就可能形成洪涝灾害。这个物种是非常多物种的生态条件。它打的洞是非常多动物的繁殖栖息地。这个草也因为这个动物而存在，生物多样性提高，植物生物多样性提高。还有非常典型就是蚯蚓，大家知道蚯蚓对我们水土保持的作用。

我们超过全球 GDP 1.6 倍的生态服务功能，基本不是我们泛泛而说的生态，不是说植被，真正起作用是这样的生物多样性，跟地形、环境、雨量、各种物理的生物条件联合在一起，但根本是生物多样性。我们环境是否健康的最好指标是什么？刚刚从北京来，我一在北京就咳嗽，大家知道 PM2.5 太高了，但是 PM2.5 是我们生态环境最好的标志吗？PM2.5 告诉我们空气不干净，里面有很多灰尘。但是什么可以告诉我们生态环境真的很健康？绿化率吗？我们经常用这个，但是有很多误导，单一的物种，还有城市的绿化率，因为现在大量施用农药，对我们健康没有意义。野生动物种群的健康是环境健康的最好的综合指标。

2.2　保护生物多样性在于保护野生动物

保护生物多样性，我经常会把它归结到保护野生动物。我们怎样保护野生动物的多样性。首先满足他们生存需要，他们的吃、住、繁殖的需要。大型动物需要非常大的空间。其中最核心就是自然保护地。它是保护我们人类现在生存的基本条件生物多样性最基本的区域，也就是我们称为就地保护的核心，就是只有把它们的栖息地保护住，野生动物种群才会健康，我们也才可以健康生存下去。

我们 2012、2013 年给自然保护地起了一个名字，是国家安全底线，它们不可以再丧失，如果他们丧失，会严重威胁我们生存的健康。

3　国家公园体系建设

3.1　保护地分区管理

在 2012 年的时候我们做了很多关于自然保护地究竟要怎样去发展，这个体系怎么建，我今天花一些时间汇报一下，我们在 2012、2013 年做的工作。IUCN 有一个自然保护地管理类别划分方法，是 6 类，我们通过这个研究结合很多在实际操作层面的一些方面，我们对它做了一个简化，变成 4 类的分法。这个四类分法里面是严格保护类，是不允许人类干扰，是属于无利用状态；第二是栖息地物种保护，是允许人为干扰措施的严格保护，这些是允许有一些人类的干预，但是为了给生物多样性提供更好条件可以有些人为改善的干预，基本上是无利用；第三是自然展示类，有人类干扰，无直接利用资源，人进入观赏和休憩；第四类是限制利用类，有人类干扰以及直接资源利用，直接利用自然资源。

我国自然保护地体系分类建议　　　　　　　　　　　　　　　表 1

六类法		四类法	
Ⅰa	严格自然保护区	Ⅰ类	严格保护类
Ⅰb	原野保护地		
Ⅳ	栖息地和物种管理地	Ⅱ类	栖息地/物种保护类
Ⅱ	国家公园	Ⅲ类	自然展示类
Ⅲ	自然纪念物		
Ⅴ	陆地/海洋景观保护地		
Ⅵ	生态功能保护区/资源保护地	Ⅳ类	限制利用类

我国自然保护地体系分类标准建议　　　　　　　　　　　　　　　表 2

代码	建议名称	划分标准	
		保护严格程度	绝大部分区域利用方式
Ⅰ类	严格保护类	不允许人类干扰	无利用
Ⅱ类	栖息地/物种保护类	允许采取人为干扰措施的严格保护	无利用
Ⅲ类	自然展示类	有人类干扰，无直接利用资源	人进入观赏和休憩
Ⅳ类	限制利用类	有人类干扰以及直接资源利用	直接利用自然资源

　　我给大家举个例子，为什么这样的分类对我们整个自然保护有非常好的帮助。我们以岷山生物多样性为例。我们把区域当中对于大熊猫、对于生物多样性的最重要的区域划出来。在这个区域当中，第一类完全没有任何利用和干预的严格保护，第二类是可能这些栖息地需要一些改造，需要有一些人类干预，但是还要做核心保护。第三类是自然观赏类，我们可以观赏，做自然教育的活动，这些区域成为我们这两类连通的地带。第四类是我们当地老百姓要生存，需要食物，采集一些资源，第四类提供了一定程度自然资源利用功能，是联系我们保护地大的体系当中非常重要的一部分。最后这四类形成一个网络，这样一个网络，能够把我们岷山整个生物多样性保护起来，又让当地老百姓生存下去。

　　关于分区，我们做了一个研究。这个分区主要是依据干扰程度来进行划分。我们分为 6 个程度（表3），第一个区域封闭区，是完全排斥人类干扰，任何人类的行为都不要做，哪怕由于一些自然原因导致环境改变，我们顺其自然由自然决定这样的区块；第二个是控制区，这个我们要做一些生态恢复，我们有一些单一物种、外来物种做清除。做一些科研活动，做一些修复，这个是控制区，这是为了让生态环境更适应当地生物多样性，但是干扰比较低。然后是第三个旅游区，这属于中等程度的干扰旅游，是用于参加、旅游或者娱乐。第四区就是资源利用区，有捕鱼、放牧等等。第五是有游客中心、停车场等等高干扰强度的区域。在自然保护地外面是外围的缓冲期，这里面有农业区、鱼塘等等，是农民生存的环境空间，可以建议农药化肥的控制，推动友好型的发展。

自然保护地功能分区建议　　　　　　　　　　　　　　　　表3

主要活动	干扰程度	分区代码	分区名称	功能	许可制度
完全不能有人类干扰	无	1区	封闭区	生态系统得到严格保护，完全不能有人类干扰，开展非干扰性的科学观察和监测	科学研究进入许可制度
非干扰性科学观察和监测	极低				
日常巡护	极低				
防火	极低				
有巡护用步道	极低				
栖息地管理	低	2区	控制区	通过人为干预来管理和恢复栖息地，以达到保护物种的目的。开展干预性的科学实验和少数人探险活动	研究、专业性参观、探险进入许可制度
物种管理	低				
生态恢复	低				
当地物种重引入	低				
修缮和维护（而不是新建）排水沟	低				
专业性参观（经许可，如观鸟）	低				
由保护地工作人员带领的极少数人的探险	低				
干扰小的科学研究（如采集标本、干预性保护实验）	低				
有仅允许工作人员使用的四轮车道	低				
有干扰的旅游（容纳人数多，有缆车、电瓶车等交通设施）	中等	3区	旅游区	用于参观、旅游和游憩	门票管理
有参观用小道，进入的公路，躲雨或休息亭，露营地	中等				
狩猎	高	4区	资源利用区	用于可持续的自然资源利用	资源利用许可证制度
捕鱼	高				
在不耕种土壤、不种植作物、不改变保护地的情况下可持续地收获野生作物	高				
放牧	高				

续表

主要活动	干扰程度	分区代码	分区名称	功能	许可制度
游客中心	高	5区	高强度使用区	管理办公室、游客接待中心、保护地内居民地生活生产必需区域	
高强度旅游区	高				
工作人员住宿区、招待所	高				
保护地管理处办公区	高				
停车场	高				
居民区	高				
满足保护地内当地居民生活的农业区	高				
农业区	很高	6区（位于保护地外，可选）	外围缓冲区	缓冲周边社区生产对保护地的影响。例如保护地周边的农业区、鱼塘范围内禁止狩猎或使用农药化肥	
人工林区	很高				
鱼塘	很高				
牧区	很高				

这样的分区就是为了容易管理，很容易知道哪一个区域里面可以做什么样干扰，在管理上可以针对性开展工作。我们在分区和分类上面，做一个关联（表4），首先确定一个保护地80%最大面积的区域，主要是做什么？如果是封闭区达到80%以上，属于一类严格保护类。我们在严格保护类，还可以做一些资源采集工作，但是面积一定是小于20%。我们自然公园类，旅游区占很大面积，但是封闭区还是存在，对于任何自然保护区，这块区域是生物多样能够存在，不受人类干扰的区域。这样的分类与分区管理目标很清晰的连接在一起。

自然保护地功能分区与管理类别的相关性　　　　　　　　　　　　　　表4

分区	Ⅰ类：严格保护类	Ⅱ类：栖息地/物种管理类	Ⅲ类：自然公园类	Ⅳ类：多用途类
1区：封闭区	>80%	>20%	>20%	>10%
2区：控制区	<20%	<80%	<50%	<50%
3区：旅游区	<10%	<20%	<80%	<50%
4区：资源利用区	<10%	<10%	<10%	<80%
5区：高强度使用区	<10%	<10%	<10%	<20%
6区：外围缓冲区	可选	可选	可选	可选

3.2　国家公园的定位

我们国家公园的定位是什么？实际上是通过大范围的管理，为中国人民和后代福祉，保护我国生物多样性和生态的多样性的区域。我用老虎做案例，这是老虎生存的社会结构（图4），这个社会结构决定了这个物种占有栖息地的面积大小。低头的老虎都是雌性老虎，老虎只有在繁殖期的，才有非常严格的领域行为，必须保证生下来的小老虎有吃的东西。这个雄老虎面积覆盖3～5个的雌性老虎的领域空间，其他亚成体，老弱病残都是游走状态，只要有食物，就不在乎守一块地方。对于老虎的生存，必须考虑雌性繁殖虎的生存空间。在东北是450km² 左右，这个是不同颜色的板块都是给老虎带上项圈之后，跟踪它的生存空间，计算出来是大约450km²（图5）。但是在东北最大东北虎的自然保护区是1000km²。这个单打独斗的保护区，或者其他类型的保护地，不足以保护东北虎这样的物种。对于东北虎的保护，我们考虑的是这么大一个范围从俄罗斯到中国到朝鲜，这是从长远来讲，可以给东北虎长期繁衍的区域空间。左边是30～50年，我们希望老虎回到我们整个东北地区。但是这个是我们现在虎豹国家公园已经规划建设的区域。这个区域把延边州的大部分地区都包含在里面，这是我们这么大区域当中最核心的区域。

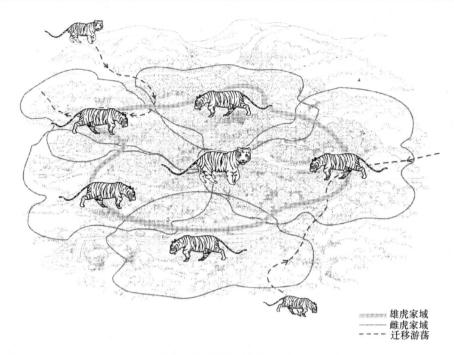

雄虎家域
雌虎家域
迁移游荡

图 4　老虎的社会组织结构

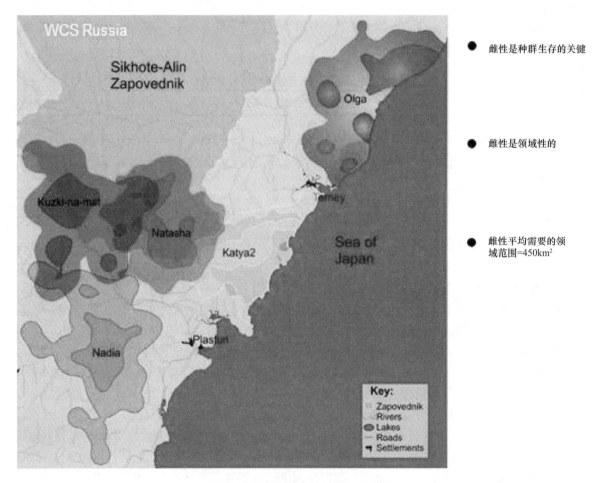

- 雌性是种群生存的关键

- 雌性是领域性的

- 雌性平均需要的领域范围=450km²

图 5　东北虎在远东地区需要的面积

　　回到国家公园的定位，很多人都说，就 30 多只老虎，我们为什么要费那么大力，那么大空间，我们为什么要保护。这些空间不是我们在保护老虎，我们在为人类提供可以生存的空气、水、包括食物、用品、文化、精神等等的生态服务的功能。同时有老虎，代表这个生态环境是健康的。我们经常跟农村的政府谈，你一定要打老虎牌，就是代表你们生存的生态环境非常好，人类干扰要降到足够程度，老虎才可以生存下来。

这仅仅是老虎吗？其实不是，我们大量的保护动物如藏羚羊、黄羊——大量迁徙性有蹄类，雪豹、豹——所有大型猫科动物，大熊猫、黑熊、狼——大型食肉动物，白鳍豚、江豚、大量鱼类——大量迁徙性水生动物，大量迁徙鸟类等等，候鸟迁飞等都需要非常大的空间，大型哺乳动物特别是食肉动物他们需要的空间特别大，另外包括藏羚羊等迁徙的路线非常长，牵涉三个省。这些物种是生态系统健康最好标志，也对我们生态系统的功能维持发挥关键作用。

所以这里我们谈到，我们的国家公园定位，我们现在已经有8000多个自然保护地，我们已经有18％的陆地面积是自然保护地，但是这个足够了吗？我刚才举的这些例子，显然是不足够的。包括像可可西里这么大保护区，但是只能保护住藏羚羊的一个迁徙种群的生存空间。所以国家公园是在我们现有的体系不断改善基础上，形成大范围的保护区域空间，这些空间应当是我们生物多样性最关键、最重要的区域。我们国家公园需要用国力，以国家直属的方式把这些地方真正保护住，同时带动这些地方的生物多样性保护和发展的协调。

3.3　生物多样性保护体系

我们环保部在2010年的时候发布了一个我们国家的生物多样性优先保护区域的图。这张图有非常大量的数据，其中有我们团队收集的中国物种信息数据。这个重要性的分析数据，可以是中国国家公园建在那里的基础，这个已经提供了非常多样的区域，我们中国非常明白，我们生物多样性的重要区域在哪里，这些地方也为我们提供的最为关键的生态服务功能，从水、空气这些角度有作用。这些地方应该用举国力量去保护，把代表性的生态系统，还有生态系统的功能都保护下来。

当然光是保护地还不够，我们生物多样性的保护，我用这棵树表述，我们必须让生物多样性在中国地图上不断维持和改善。这里面提到所有东西最后结果让我们环境当中有足够的生物多样性得到保存和改善，我们自己有更健康的生活。所以用生物多样性度量我们生态保护的成效最为关键。

图6　生物多样性保护的价值

　　大家看这个主干，是将生物多样性的价值融入社会价值体系，这是我们为什么始终没有办法保护好生物多样性。因为它给我们提供的种种价值，没有得到社会和经济体系认可。有谁为清洁的水付钱？我们买水是因为运输、治理需要钱，没有人为生态系统为我们提供的水付费。我在2013年结束了自然保护立法研究工作之后，推动保护地友好体系工作。在今年提升到全球保护地友好体系日程上。在世界自然保护联盟（IUCN）的世界保护地委员下，我们建立了全球保护地友好体系联合课题组，联合全球科研的力量、社会的力量、经济的力量，共同推动在保护地周边的友好型发展。我们保护地实施的友好面积非常小，我们希望未来保护地面积扩大，在保护地周边的友好型发展不断扩大，为保护地提供更大发展空间。希望中间两块逐渐把地球覆盖，那时候我们人类可持续生存和发展就有希望了。

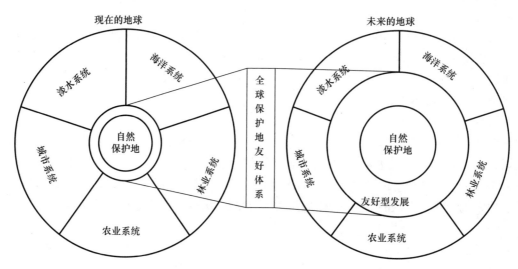

图 7　全球保护地友好体系的目标

中国保护地管理类别的特点与问题[①]

刘广宁　吴承照

（同济大学建筑与城市规划学院景观系）

【摘　要】 当前中国保护地的分类是以行政部门为依据的管理权限分类，混淆了保护地的管理权属与管理目标，不同管理目标的保护地类型应用同一套管理模式和规划建设规范，造成了现实管理矛盾。通过对中国当前保护地体系类别和各类别的管理标准和规划建设规范的研究和对比，以及对现有的多重类别和单类的管理模式的管理现状的调查研究，发现各类别保护地之间的管理矛盾和缺陷问题。重点分析了国家级风景名胜区和国家级自然保护区的现状管理问题，说明了它们在自然生态保护和游憩发展利用上的限制和弊端。最后建议以管理目标为基础制定各类别保护地的管理模式和规划建设标准，突破部门限制，以管理类别为基础实施管理和规划建设。

【关键词】 保护地；管理类别；特点；问题；中国

十八届三中全会提出建设国家公园体制、促进生态文明建设以来，引发社会各界对中国保护地发展问题的热议和关注，要完整、准确认识国家公园体制建设的意义和价值[1,2]，必须从世界主要国家和我国保护地体系的角度进行系统的比较分析，才能发现我国生态保护存在的根本问题，才能找到解决这些问题的突破口。

1　中国保护地多类别叠置现象突出

中国目前没有一个对现有的全部保护地的统一的分类体系，对比 IUCN 的以管理目标为基础的保护地的分类系统，中国还没有与之对应的类别划分[3]，根据联合国环境规划署（UNEP）、世界自然保护联盟（IUCN）的统计，目前中国全部的近三千个各级别保护地中被 IUCN 收录分类的自然保护地只有 1887 个[②]。

中国自然保护地的类型划分是以行政管理归属为依据的，而不是根据保护地的主体资源属性、自身保护管理要求或管理目标来划定的，主体资源属性不同的保护地在同一行政主管部门下使用同一管理名称，执行相同的管理条例和规划规范（表 1），这样的类别划分为保护地现实的管理埋下了隐患。中国当前的自然和文化遗产地总共有十大类别系列，分属不同的政府部门审核、规划和管理。其中依法而设并由国务院直接审批的只有国家级自然保护区和国家级风景名胜区，它们与国家森林公园、国家湿地公园、国家地质公园、水利风景区一起构成中国的保护地体系。但是这些管理类别与保护地的实体并不是一一对应的关系，同一保护地同时被划入多种管理类别，导致保护地类别重叠、各个类别体系之间存在管理权属、管理目标交叉冲突。

中国保护地类别与管理部门　　　　　　　　　　　　　　　　　　　　表 1

保护地类别体系	管理条例	规划规范	管理部门
风景名胜区	风景名胜区条例	风景名胜区规划规范	国家住房和城乡建设部
国家城市湿地公园	国家城市湿地公园管理办法（试行）	城市湿地公园规划设计导则（试行）	国家住房和城乡建设部

① 数据来源 http://www.protectedplanet.net/country/CN
② 国家社会科学基金重点课题（14AZD107）：中国国家公园管理规划理论及其标准体系研究

续表

保护地类别体系	管理条例	规划规范	管理部门
国家森林公园	国家级森林公园管理办法	森林公园总体设计规范	国家林业局
国家湿地公园	国家级湿地公园管理办法	国家湿地公园建设规范	国家林业局
自然保护区	自然保护区条例	自然保护区总体规划大纲 国家自然保护区规范化建设和管理导则	林业、环保、水利、农业、国土多部门
文物保护单位	文物保护工程管理办法 中华人民共和国文物保护法实施条例	无	国家文物局
国家地质公园	无	国家地质公园建设标准 国家地质公园规划编制技术要求	国土资源部
水利风景区	水利风景区管理办法	水利风景区规划编制导则	水利部
国家公园试点单位	云南省国家公园管理条例（草案）	国家公园总体规划技术规范 国家公园建设规范	省级林业、旅游多部门

目前中国保护地中被重复归类、重叠管理的保护地比较普遍，截至 2014 年，428 个国家级自然保护区中，有 110 个保护区与国家级风景名胜区、国家森林公园、国家地质公园重叠或交叉。226 个风景名胜区中与国家森林公园、国家地质公园、国家湿地公园重合或交叉的有 153 个；三个国家级公园之间相互重叠的也有很多[4,5]，级别最高的国家级风景名胜区和国家级自然保护区两类保护地中就有 46 个重复挂牌（表 2），它们之中有的完全重叠，有的相互交叉。交叉管理和管理范围的重叠造成了许多矛盾和问题，对于保护地的核心保护目标的实现以及长期可持续发展都有许多不利影响。

保护管理范围交叉、重叠的国家级自然保护区和风景名胜区名录　　　　表 2

序号	省份	国家级自然保护区	国家级风景名胜区	序号	省份	国家级自然保护区	国家级风景名胜区
01	津	蓟县中、上元古界地层剖面	盘山	20	湘	张家界大鲵	武陵源（张家界）
02	冀	驼梁	西柏坡—天桂山	21	湘	小溪	猛洞河
03	晋	庞泉沟	北武当山	22	粤	丹霞山	丹霞山
04	辽	大连斑海豹	大连海滨—旅顺口	23	粤	鼎湖山	肇庆星湖
05	辽	丹东鸭绿江口湿地	鸭绿江	24	粤	象头山	罗浮山
06	辽	医巫闾山	医巫闾山	25	琼	三亚珊瑚礁	三亚热带海滨
07	吉	珲春东北虎	防川	26	渝	缙云山	缙云山
08	黑	五大连池	五大连池	27	渝	金佛山	金佛山
09	闽	龙栖山	玉华洞	28	川	龙溪—虹口	青城山—都江堰
10	闽	福建武夷山	武夷山	29	川	白水河	龙门山
11	赣	井冈山	井冈山	30	川	长宁竹海	蜀南竹海
12	赣	庐山	庐山	31	川	九寨沟	九寨沟—黄龙寺
13	鲁	长岛	胶东半岛海滨	32	川	小金四姑娘山	四姑娘山
14	鲁	荣成大天鹅	胶东半岛海滨	33	川	贡嘎山	贡嘎山
15	豫	鸡公山	鸡公山	34	黔	赤水桫椤	赤水
16	豫	太行山猕猴	神农山	35	黔	麻阳河	沿河乌江山峡
17	鄂	九宫山	九宫山	36	黔	雷公山	榕江苗山侗水
18	湘	南岳衡山	衡山	37	黔	茂兰	荔波樟江
19	湘	东洞庭湖	岳阳楼—洞庭湖	38	滇	西双版纳	西双版纳

续表

序号	省份	国家级自然保护区	国家级风景名胜区	序号	省份	国家级自然保护区	国家级风景名胜区
39	滇	纳板河流域	西双版纳	43	甘	敦煌西湖	鸣沙山—月牙泉
40	滇	苍山洱海	大理	44	青	青海湖	青海湖
41	滇	高黎贡山	三江并流	45	宁	宁夏贺兰山	西夏王陵
42	甘	太统—崆峒山	崆峒山	46	新	西天山	天山天池

不同类型的保护地的管理条例和规划建设规范在保护对象、保护力度、资源利用方式、规划建设要求等方面均有所差异，对比各类保护地的规范和管理条例可以看出，三类国家级保护地的资源保护效力最低，主要的管理目标是通过对地质遗迹、森林和湿地资源的合理利用实现其科学研究、科普教育和游憩旅游的功能，它们分别与自然保护区中的地质遗迹类、森林生态类、湿地生态类类型重复，只是强化了游憩利用的管理目标。国家级自然保护区和国家级风景名胜区设立时间较长，管理条例都是国务院出台的法律规范，其管理效力更强，风景名胜区主要针对风景资源的利用，自然保护区实行严格的自然生态保护，但对于其所包含的类型各异的保护地来说，条例和规范都过于笼统，缺乏管理上的针对性。云南国家公园试点主要依靠地方性法规，且实施时间短，实际管理效果不尽人意。

由于中国的保护地体系没有一个统一的管理机构，导致了保护地类别的重复审批，但由于各类保护地管理目标和规划规范设定都有不全面之处，所以他们之间不能相互取代，而部门之间利益争夺，也导致许多不适宜划入某类别的保护地被收录，使得现有的管理条例和规范的矛盾问题更加明显。不同的管理目标和管理要求同时在同一个保护地中实施，有些会直接导致建设和管理上的冲突。其中涉及不同的利益相关群体，各方都会在管理条例中寻找对自身利益最有利的条款来实施，最终牺牲的则是保护地的整体利益。

2　保护地多重管理典型案例的解剖

2.1　管理范围完全重叠型——庐山世界文化景观遗产

庐山世界文化景观遗产地同时被国家级风景名胜区和国家级自然保护区归类管理，且管理范围几乎完全相同。在两种不同管理要求和保护级别的管理机构共同管理下，并没有真正实现庐山文化景观遗产地的管理目标，反而相对削弱了两方的管理效力。

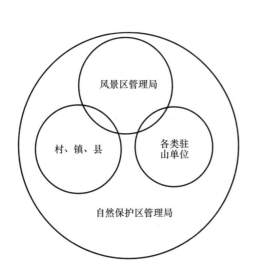

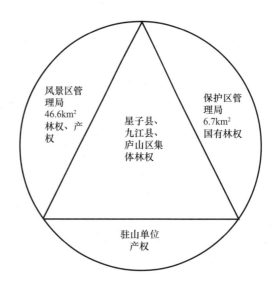

图1　庐山保护地范围内的各单位管理责任范围示意图　　图2　庐山保护地范围内各单位林权、产权示意图

在保护地范围内不同管理机构的管理职责范围有交叉关系（图1），自然保护区的管理责任包括整个保护地范围内的森林生态保护以及协调保护地范围内的其他管理单位的建设经营活动符合《自然保护区条例》的基本要求，但同时自然保护区管理职责范围内的林权和产权又分属不同的地方政府和风景名

胜区（图2）。这种管理权和所有权分离的情况在大多数的自然保护区和风景名胜区中都存在，但自然保护区与风景名胜区的重叠并没有因此更有利于保护地管理目标的实现，反而呈现了许多弊端，不利于自然保护区的整体管理。自然保护区的资金来源于省级林业部门的拨款，保护地开展旅游服务和多种经营的收益虽然很多，但是这些资金没有任何一部分配套到自然保护区的管理和保护资金中（图3）。作为世界遗产地的庐山保护地的最重要的自然生态保护和社区发展的管理目标必须依靠自然保护区的管理来实现，风景名胜区管理局在庐山保护地中更像是扮演了一个特许经营单位的角色（图4，图5），它掌握了保护地范围内最有价值的资源并进行了开发利用，但其经营的收益却没有有效地反馈到自然保护工作中，仍然需要大量的国家财政支持。如果庐山保护地有一个统一的管理机构进行管理，其景区运营和其他经营的收益就可以很好地满足保护管理需求，既节约了国家财政资金，又有利于整个保护地的协调管理。

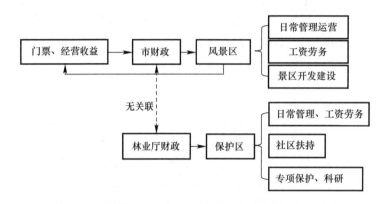

图3 庐山风景名胜区和自然保护区的财政来源与关系图

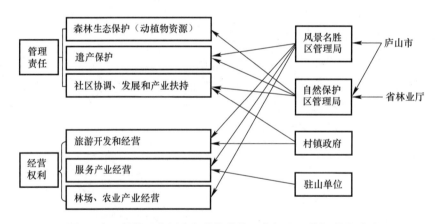

图4 庐山保护地范围内各单位的管理责任和经营权利关系图

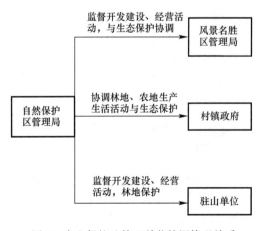

图5 庐山保护地管理单位协调管理关系

2.2 管理范围空间分割型——武夷山世界自然和文化双遗产

武夷山世界自然和文化双遗产地也同时具有国家级自然保护区和国家级风景名胜区两个管理机构进行管理，但仍有近三分之一的遗产范围内的保护地没有被包含在法定的保护范围内。两个国家级的保护管理机构之间没有任何交叉联系，各自按照自己的管理标准进行管理，虽然没有产生直接的管理冲突，但是从流域生态完整性以及遗产保护完整性的角度来说，武夷山自然保护地没有得到完整的保护。武夷山九曲溪流域作为世界遗产的保护主体范围，是武夷山遗产价值的核心体现，也是武夷山自然生态保护的核心保护目标，但是现有的管理没有实现流域生态保护

的完整性（表3），不能达到应有的保护管理要求。流域中段的分布的村落的生产活动和资源利用需要
协调生态保护的要求，但以现有的保护条例和管理权限，这一部分的资源利用状况无法得到有效的控制
和约束，将来即使自然保护区和风景名胜区的保护范围都能得到严格的保护，流域中段如果因为资源不
合理开发和利用受到破坏，也一样会影响整个保护地范围的生态系统服务功能，使武夷山保护地，尤其
是下游的风景名胜区范围遭受重大损失。

武夷山九曲溪流域的保护管理现状　　　　　　　　　　　　　表3

	上游源头	流域中段	下游特级景源-九曲溪景区
保护价值	动植物生物多样性、水源地、森林生态完整性	流域水源涵养生态系统完整性	风景资源遗产价值
法定管理主体	国家级自然保护区	缺失	国家级风景名胜区
管理目标	生态保护、资源可持续利用、社区产业扶持	水源涵养、生态缓冲资源可持续利用	风景资源开发利用遗产保护

由以上两个管理类别重复的保护地管理现状来看，重复管理没有使保护地得到加倍的保护，反而都
产生了不利于保护地保护和发展的管理矛盾，也说明了当前管理类别划分的弊端。

3　自然保护区与风景名胜区的管理模式及其局限性

由于中国现有的保护地管理类别是以管理机构为基础划分的，国土、林业、建设等各个部门由于分
别管理着不同的资源类型，所以各个管理机构都想要囊括更多的保护地。在各部门收录的保护地中，它
们有着不同的类型特点和保护发展要求，但由于每一种管理类别只对应一种管理条例和规划规范，使得
各个保护地在实际的保护管理中出现了很多不适宜性，产生了很多矛盾问题，其中最突出的就是自然保
护区的游憩利用问题和风景名胜区的自然生态保护问题。

3.1　自然保护区的旅游游憩发展矛盾

按照《自然保护区管理条例》的规定，中国的国家级自然保护区按照三区制进行规划管理，核心区
和缓冲区禁止一切建设，相对于其他管理类别其保护强度是最大的[6]。保护目标和功能定位相当于 IU-
CN 保护地类别中的严格保护地和自然荒野地，即Ⅰa、Ⅰb 类型[7]。据统计，国家级自然保护区在数量
上只占全国各级别自然保护区总数的 16%，但是面积上却占了 64%[①]，中国仅是国家级的自然保护区的
占国土面积比例（15%）就与世界保护地比例（15.4%）持平[8]。如此大范围的自然保护区全部划定为
严格的自然保护区难免与地方的社会发展需求产生矛盾。

中国人口众多，绝大多数自然保护区内部或者周边都有村庄市镇围绕，保护区内的山林资源都是周
边社区居民的生产生活资料，自然保护区的三区严格控制规定与社区发展在现实管理中产生了很多矛
盾。要带动保护区范围内和周边的乡村社区发展，弥补自然保护对他们的生产生活的影响，一种有效的
发展管理模式就是发展生态旅游，让保护区承担游憩服务功能。但现有的自然保护区管理办法对旅游游
憩开展有很多限制，所以很多自然保护区同时又申请成为国家森林公园和国家湿地公园，借助其他管理
类别来实现自己发展游憩功能的目标。根据国务院办公厅 2010 年的调研结果显示，国家级自然保护区
重新调整规划范围或者功能区划的达 40 余个，占当时 303 个国家级自然保护区总数的 15% 左右[②]；同
时有近 20% 的自然保护区同时是国家级的森林公园、地质公园或湿地公园。出现这些现象一方面是由
于地方追求利益发展迫使自然保护区进行妥协和让步，但也说明静态的三区制难以适应生态系统和保护
对象各异的不同类型的自然保护区[9]，导致在实际管理中只能通过更改分区范围和叠加管理类别来解决
建设和管理问题。国家级自然保护区进行游憩资源利用的发展模式各不相同，但由于管理机制的限制，
各种模式都反映出了不利于保护区发展的矛盾问题（表4）。

---

① 数据来源 2011《全国自然保护区名录》和国务院发布的新建国家级自然保护区名单通知
② 参见〈国务院办公厅关于做好自然保护区管理有关工作的通知〉（国发办［2010］63 号），2010 年 12 月 28 日

自然保护区旅游游憩发展模式　　　　　　　　　　　　　　表4

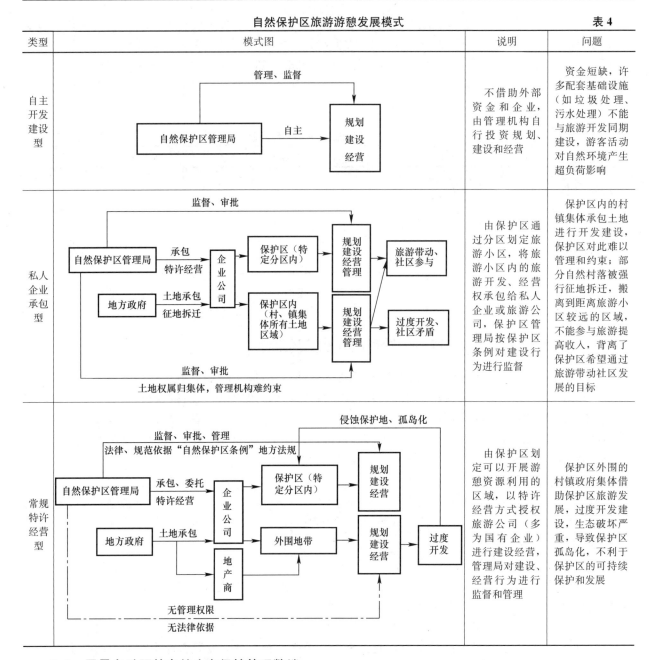

类型	模式图	说明	问题
自主开发建设型		不借助外部资金和企业，由管理机构自行投资规划、建设和经营	资金短缺，许多配套基础设施（如垃圾处理、污水处理）不能与旅游开发同期建设，游客活动对自然环境产生超负荷影响
私人企业承包型		由保护区通过分区划定旅游小区，将旅游小区内的旅游开发、经营权承包给私人企业或旅游公司，保护区管理局按保护区条例对建设行为进行监督	保护区内的村镇集体承包土地进行开发建设，保护区对此难以管理和约束；部分自然村落被强行征地拆迁，搬迁到距离旅游小区较远的区域，不能参与旅游提高收入，背离了保护区希望通过旅游带动社区发展的目标
常规特许经营型		由保护区划定可以开展游憩资源利用的区域，以特许经营方式授权旅游公司（多为国有企业）进行建设经营，管理局对建设、经营行为进行监督和管理	保护区外围的村镇政府集体借助保护区旅游发展，过度开发建设，生态破坏严重，导致保护区孤岛化，不利于保护区的可持续保护和发展

3.2　风景名胜区的自然生态保护管理弊端

中国第一批国家级风景名胜区的设立是在1982年，由国务院批准建立，其目的是加强对中国传统风景名胜的保护，并合理地利用风景资源。从管理目标上来看，虽然风景名胜区条例中明确说明了保护与利用的双重管理目标，但是其保护和管理的目标对象却是风景资源，作为一种保护地类别，其对于自然生态保护的目标并没有很好地体现在现有的管理条例和规划规范中。

风景资源的定义[①]是"能引起审美与欣赏活动，可以作为风景游览对象和风景开发利用的事物与因素的总和"。从定义来看，价值越高的风景资源其审美价值越高，越应该被开发利用，然而在《风景名胜区规划规范》中关于保护分区和分级的规定却与此矛盾。风景保护分区分级都是按照风景资源的价值来划分的，价值最高的特级景源成了禁止游人进入、禁止开发利用的区域，显然把风景价值与生态价值的概念混淆了。

在许多风景名胜区的管理中，其管理责任中涉及的文物保护、景区建设、旅游服务建设都分别对应

---

① 《风景名胜区分类标准》CJJ/T 121—2008

国家的文物局、住建部、旅游局制定标准、审查、管理，在景区管理中都能有据可依，但是对于自然生态保护方面出现了一个管理缺口，这主要是由于风景名胜区是以保护和利用风景资源为目标设立的，从管理机制层面就缺少自然保护的环节（图6）。目前中国有14个国家级风景名胜区也被列入了世界自然遗产，为了能够满足自然遗产的保护要求，在风景名胜区的管理机构中会增设一个世界遗产管理部门，才会对保护地范围内的生态保护按照世界遗产的要求有一定的约束和管理（图7），但仍有大部分的风景名胜区的生态保护效力低下。风景与自然生态是两套系统，生态脆弱地区也有可能是风景价值极高的区域，虽然在规范中有关于生态分区的说明，但是在现

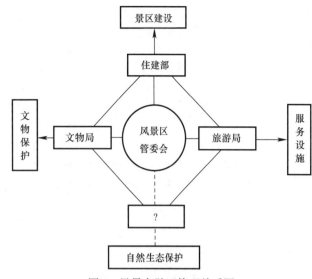

图6 风景名胜区管理关系图

实景区建设中，生态系统往往被忽视，也缺乏严格的保护措施；许多景区过度的开发，已经对生态环境造成了破坏，对于那些有较强的自然生态保护要求的风景名胜区，现有的管理体系显然不能起到有效的保护作用。

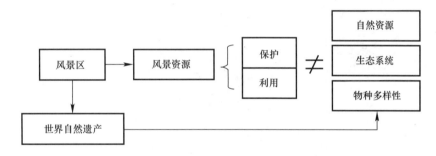

图7 风景名胜区与世界自然遗产

综合来看，虽然风景名胜区和自然保护区的管理条例和规划规范在理论层面都具有很强的科学性和实用性，但是由于这两大管理类别在划定保护地权属时却没有依据保护地的类别特征和管理目标是否完全适合现有的管理模式，都把很多不适合自身管理类别的保护地划定其中，必然会导致管理上的诸多矛盾和问题。

4 小结

通过对中国现有的保护地管理体系和类别划分的梳理可以看出，目前中国保护地的保护和管理出现矛盾问题的关键就在于管理规划模式与保护地的类型特征不适应，缺少一套以管理目标为依据的分类体系，以及针对不同管理目标设定的法定管理条例和规划规范。

中国的保护地体系的类型划分要符合中国基本国情，不能直接套用其他国家的保护地类别体系，也不能直接采用IUCN的保护地类别体系。新的分类体系要适应中国保护地人地关系现状以及自然保护地的保护管理目标，不同的管理目标对应不同的管理方法和规划利用形式，管理权所在的机构和部门不再作为划定保护地类别的依据，不论管理主体是谁，都必须按照对应保护地类别的标准实施管理，并由一个统一的国家直属领导的部门进行管理监督。

参考文献

［1］ 周树林，崔国发，李全基，宋连城，孟庆丰，唐明霞. 自然保护区自然资本评估框架构建［J］. 北京林业大学学报. 2009（04）：26-9.

［2］ Service NP. 2014 National Park Visitor Spending Effects：Economic Contributions to Local Communities，States，and the Nation. In：Interior USDot，editor. ：Natural Resource Report NPS/NRSS/EQD/NRR—2015/947；2015.

［3］ 解焱，汪松，Peter Schei. 主编. 中国的保护地. 北京：清华大学出版社，2004.

［4］ 环境保护部自然生态保护司. 全国自然保护区名录 2011 ［M］. 北京：中国环境科学出版社，2012.

［5］ 王连勇. 中国风景名胜区边界 ［M］. 北京：商务印书馆，2013.

［6］ 陶思明. 自然保护区展望以历史使命、生存战略为视觉. 北京：科学出版社，2013.

［7］ Dudley N. Guidelines for applying protected area management categories ［M］：IUCN；2008.

［8］ A strategy of innovative approaches and recommendations to reconcile development challenges in the next decade ［C］. IUCN World Parks Congress；2014；Sydney.

［9］ 呼延佼奇，肖静，于博威，徐卫华. 我国自然保护区功能分区研究进展 ［J］. 生态学报. 2014 （22）：6391-6.

钱江源国家公园体制试点区规划探讨

钟林生

（中科院地理科学与资源研究所）

【摘　要】　论文系统介绍了钱江源国家公园体制试点区总体规划特点，包括规划内容、功能目标、技术路线、总体布局以及专项规划方法。强调多规合一、针对性、操作性，强调规划基础性研究的重要性。

【关键词】　钱江源国家公园；总体规划；多规合一

1　试点区介绍与规划背景

钱江源国家公园位于浙西地区的浙皖赣三省交界处，面积 $252km^2$；试点区范围包含古田山国家级自然保护区、钱江源国家级森林公园以及连接以上保护地之间的生态区域；未来将整合毗邻的安徽休宁县岭南省级自然保护区和江西省婺源国家级森林鸟类自然保护区的部分区域。

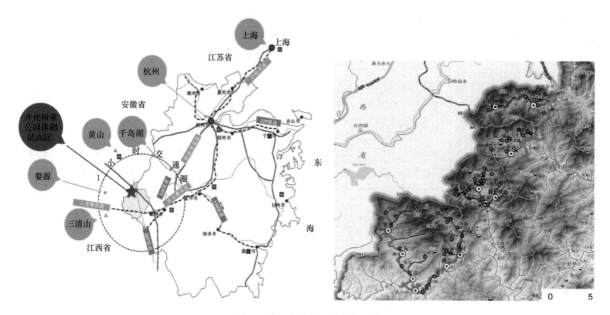

图1　钱江源国家公园的区位

全球罕见的低海拔中亚热带常绿阔叶林森林生态系统，生物资源价值极佳，是中国东部重要的生物基因库；钱塘江源头区域；浙江省重要的水源涵养地；景观资源丰富，游憩价值突出；内陆文化向沿海文化的过渡地带，文化遗产价值极高。

2　钱江源国家公园体制试点有利因素及在全国试点区中的特色

2.1　改革率先

以打造全国生态文明制度改革特区为目标，全县已初步形成生态文明相关制度框架，在某些方面改革率先。

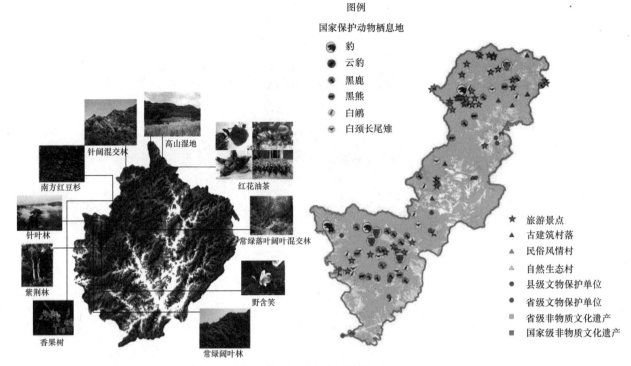

图2　钱江源国家公园的资源类型

2.2　主动性强

自身不以挂牌为动力地推动国家公园建设，浙江省委省政府在体制改革、资金、干部等方面大力支持。

2.3　初见成效

在通过国家公园加强保护、带动区域实现绿色发展转型上已经初见成效，生态环境和区域经济互动变好。

3　规划原则与技术路线

3.1　规划原则

保护优先，整体统筹
持续发展，服务全民
管经分离，社会参与

3.2　技术路线

4　建设目标与内容——总体目标

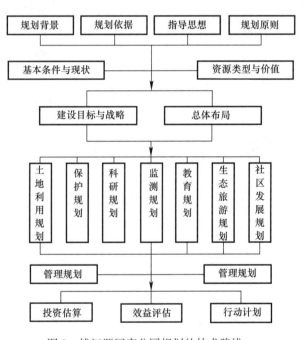

图3　钱江源国家公园规划的技术路线

落实国家战略部署，挖掘生态优势及特色，构建完善的制度体系，成功开展钱江源国家公园体制试点，建成国家公园。

完整保护钱江源区稀缺性自然资源及原生性生态系统；科学合理利用试点区内的自然资源及生态系统；提高地方的社会经济发展水平及居民的生活条件，并向外输出更多生态福利；进行制度创新，构建更加有利于生态保护的自然资源与生态系统管理制度；形成一批生态旅游项目，为公众体验创造条件，并传播生态文明理念，发挥生态教育功能；探索我国东部地区国家公园体制试点区体制建设和运营管理模式，形成可复制、可推广的国家公园体制试点区体制建设经验，为浙皖赣及其周边地区特别是江河源头区域的生态文明建设提供创新示范作用。

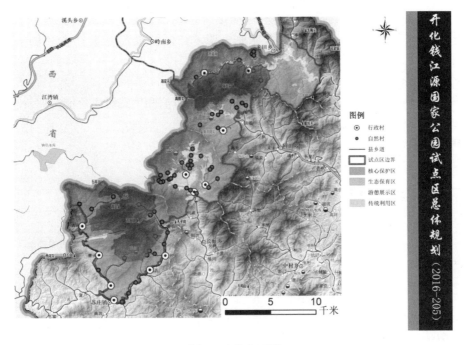

图4 功能分区图

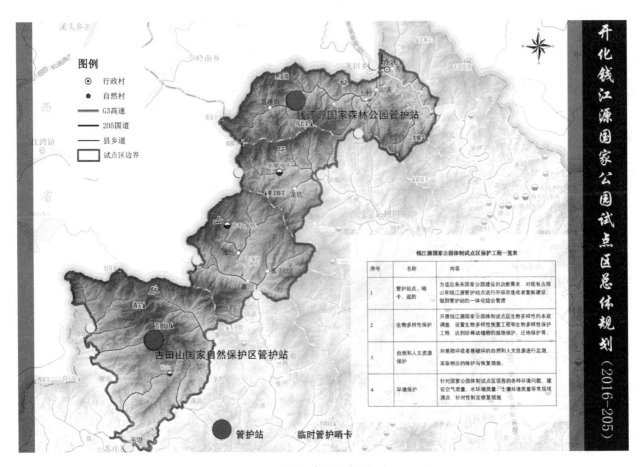

图5 保护规划图

4.1 资源保护

（1）土地流转

鉴于钱江源国家公园体制试点区的实际情况，主要采用租赁、协议、股份合作、征收四种流转方式。试点期内采取分区、分类补偿原则,补偿标准结合生态公益林、地方居民生活标准确定。主要补偿对象为核心保护区和生态保育区的集体林地资源。补偿标准参照浙江省和国家相关条例办法执行。

(2)动态评估

动态评估试点区动植物资源、水资源、生态系统的保护价值和生态服务价值,评价自然与文化景观遗产的游憩价值,定期发布资源监测与评估报告。

4.2　科研监测规划

钱江源国家公园科研监测规划一览表 　　　　　　　　　　　　　　　表1

科研监测内容	配套实施
钱江源流域生态功能结构与安全保护研究	建设钱江源国家公园体制试点区流域生态系统观测站
	建立钱江源流域水系生态系统定位监测系统
	建立生态定位观测站
	建立流域水系水生动植物监测体系
	建设钱江源国家公园体制试点区数字管理信息系统
中亚热带低海拔常绿阔叶林生态系统综合研究	古田山-钱江源森林生态系统定位研究站
	古田山-钱江源中亚热带低海拔常绿阔叶林森林生态系统功能研究工程
生物多样性保护综合研究	试点区生物本底资源调查
	珍稀濒危动植物研究
	野生动、植物种群及其生境动态监测
社区可持续发展研究	经济林经营对生物多样性的影响
	试点区土地利用适宜性经营的研究和评价
	国家公园体制试点区社区管理策略研究
	开展生态旅游的成效研究与评价
国家公园可持续利用与管理研究	科研组织管理内容
	科研组织管理形式
	科研档案管理制度
	科研档案管理

4.3　环境教育规划

(1)加强国家公园环境教育分区管理与设计

(2)推行系列环境保护活动

(3)推行国家公园志愿者制度

(4)针对性编制国家公园系列手册

4.4　生态旅游规划

图6　生态旅游项目规划(一)

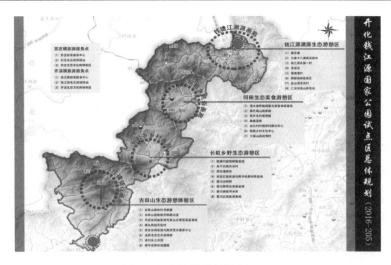

图6　生态旅游项目规划（二）

4.5　社区发展

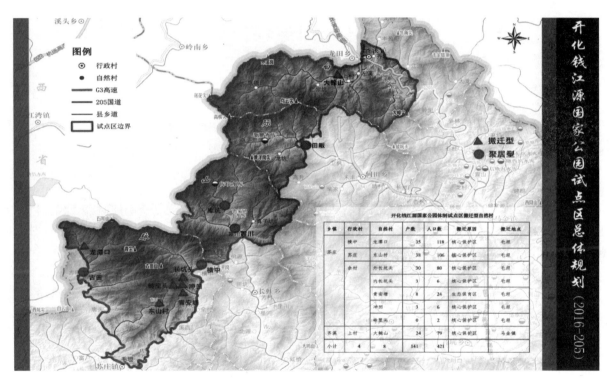

图7　社区调控规划

4.6　管理规划

建立管理机构——钱江源国家公园管理委员会，提高资源保护管理的领导和协调能力；加强人力资源管理，采取多种形式培养管理人员的专业素质和管理能力；加强风险管理，根据钱江源国家公园自然资源价值及其特殊性，制定针对性的自然资源管理措施。推行特许经营制度，借助市场力量，提高居民保护积极性，提高游憩服务质量。

4.7　设施规划

设施规划包括交通设施、服务设施、科研科普设施、给排水设施、电力与通讯、环卫与安全设施、森林消防设施等规划。

4.8　保障措施

制度保障：制定自然生态保护管理制度、科研监测管理制度、旅游管理制度；

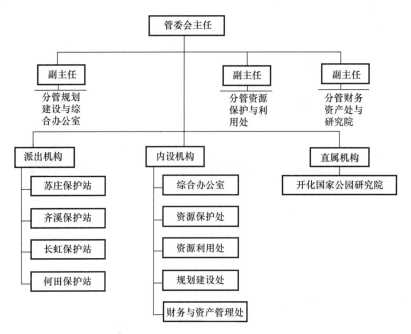

图 8 钱江源国家公园管理委员会的机构职能设置

组织保障：建立联席会议制度、成立咨询专家委员会；

资金保障：建立多元化资金投入的机制；

人才保障：建立吸引、培养、激励机制，多途径引进、培养各类人才；

技术保障：积极引进、研发现代信息技术，加强技术管理，提高技术使用的有效性，发挥现代信息技术在资源保护管理中的应用。

5　几点体会

国家公园规划要着眼于国家公园的内容、功能目标与保护对象，重视规划基础性研究，包括资源类型与价值、社区现状；加强与其他规划的衔接，实现多规合一；注意操作性，要有具体项目与针对性措施，以及推进计划，避免过多原则性描述；借鉴国际经验和我国保护地经验，三者要实现有机结合。

（根据嘉宾报告及多媒体资料整理，未经作者审阅）

国家公园功能区划及指标体系探讨①

王梦君②　张天星

（国家林业局昆明勘察设计院）

【摘　要】　本文通过对国内外国家公园及自然保护地功能区划的梳理，基于神农架国家公园体制试点区、云南省国家公园等功能区划的实践，探讨了国家公园功能分区的区划原则、区划依据、区划方法及技术、指标体系、区划流程、结果评价等，提出了包括基础指标、衍生指标和结果评价指标三种类型的功能区划指标体系。

【关键词】　国家公园；功能区划；指标体系

引言

国家公园功能区划，也称"功能分区"或"分区规划"，主要是指以生态系统和文化资源的完整性和价值为标准对国家公园进行空间上的保护、管理和利用的规划，即按照国家公园资源有效保护和适度利用的目标来划分国家公园的内部结构的方法和标准。国内外的实践证明，功能区划分是实现国家公园管理目标的核心管理手段，是国家公园战略与具体运营计划的衔接点，还是总体规划及管理计划中必不可少的重要内容[1-4]。而且，科学的分区管理是协调国家公园内各个利益关系的重要手段，是实施科学管理的一项基础性工作，在贯彻规划思想、优化项目布局、指导后续管理和制度设计以及最终实现管理目标等方面至关重要。本文基于对国内外国家公园及自然保护地功能分区的认识，以及国家公园体制试点区及云南省国家公园的规划实践，提出了功能区划的原则及依据，简要阐述了3S技术、最大熵分级评价、基于多准则决策的综合分析等技术和方法在国家公园功能区划中的应用，探讨了国家公园功能区划的指标体系，以期在我国国家公园的功能区划技术，以及国家公园的有效管理中起到一定的借鉴作用。

1　国家公园及自然保护地的功能区划概述

世界很多国家和地区的国家公园及自然保护地的规划及管理中使用了功能区划。例如，加拿大将国家公园区划为特别保护区、荒野区、自然环境区、户外游憩区和国家公园服务区；美国将国家公园区划为原始自然保护区、自然资源区、人文资源区、公园发展区、特殊使用区五个基本分区，每个基本区都可以包括一些亚区；南非将国家公园划分为偏远核心区、偏远区、安静区、低强度休闲利用区、高强度休闲区；我国台湾地区将国家公园划分为生态保护区、特别景观区、史迹保存区、游憩区、一般管制区等等[5-7]。概括起来有一些共同的特点：一是通过法律和法案，对国家公园的各分区做出了规定；二是分区总体集中关注保护和游憩利用两个方面，此外美国设置了特殊使用区开展一些例如商业用地、探采矿用地、工业用地、畜牧用地、农业用地、水库用地等；三是在管理规划或总体规划中，有明确的分区图，对每个分区允许做什么不能做什么有详细的要求或管理政策。

在保护地的功能分区方面，人与自然生物圈保护区开创了核心区、缓冲区和过渡区的三区划分法。

---

①　项目支撑：国家林业局林业软科学研究项目-中国国家公园运行机制研究（2016-R07）。

②　作者简介：王梦君，1981年生，女，山东临清人，博士，国家林业局昆明勘察设计院高级工程师，主要从事国家公园、自然保护区、森林公园、湿地公园等保护地的规划设计工作。

我国的自然保护地主要有自然保护区、森林公园、湿地公园、地质公园、风景名胜区等类型。自然保护区沿用了人与自然生物圈保护区的分区方法，总体上将自然保护区划分为严格保护区域和一般保护区域，严格保护区域包括核心区和缓冲区，一般保护区域范围严格控制在实验区内；森林公园根据资源类型特征、游憩活动强度以及功能发展需求等划分为核心景观区、一般游憩区、管理服务区和生态保育区；湿地公园根据规划对象的属性、特征和管理的需要，划分为保育区、恢复重建区、宣教展示区、合理利用区和管理服务区；地质公园划分为游客服务区、科普教育区、地质遗迹保护区、公园管理区、居民点保留区等；风景名胜区在风景分类保护中提出风景保护的分类包括生态保护区、自然景观保护区、史迹保护区、风景恢复区、风景游览区和发展控制区[1]。

　　国内外国家公园及自然保护地关于功能分区的经验和技术对我国国家公园的功能区划中具有一定的借鉴意义，但是由于不同的国情，不同的建设和管理目标，一些功能分区不能简单地直接应用于我国国家公园的功能区划。我国现有各类保护地的分区标准不一，在国家公园的功能区划中也不能直接使用，目前有关研究也对各类自然保护地在利用强度方面的分区控制提出了相对统一的标准[8]，对国家公园分区有较为深刻的思考。云南省在国家公园的试点中提出了将国家公园划分为严格保护区、生态保育区、游憩展示区和传统利用区的思路[9,10]，并在云南国家公园规划设计中得到应用。本文认为云南省4个分区之间有着明显的区别，而且较易操作，因此建议在我国国家公园的功能区划中可以考虑采用四个分区的思路，将国家公园划分为严格（核心）保护区、生态保育（恢复）区、游憩展示区、传统利用区等分区，可适当对各分区的区划原则、依据及管理政策等进行完善。

2　功能区划原则及依据

2.1　功能区划原则

　　国家公园具有保护功能、科研功能、教育功能、游憩功能和带动社区发展等功能。建立国家公园的目的是保护自然生态系统的原真性和完整性，给子孙后代留下珍贵的自然遗产。国家公园功能区的划分目的首先是为了使国家公园内的重要自然生态系统得到有效保护，必须坚持生态保护优先的原则。在保护的前提下，可持续地、以非消耗性资源的方式利用好区内的资源，带动和辐射周边社区发展，为公众提供自然教育和游憩的场所。综上，在国家公园的功能区划中，总体上应遵循以下原则：

　　——坚持生态保护优先的原则，始终把生态保护放在第一位；

　　——根据国家公园核心资源的分布状况，保持自然生态系统的原真性和完整性，明确各功能区的范围和界线；

　　——合理划分游憩区域，以有限空间最大限度地满足公众需求；

　　——尊重原住民生产生活方式，严格控制传统经营用地，减小社区对资源的影响。

　　另外，根据《建立国家公园体制试点方案》及相关文件要求，如果国家公园拟建地已有保护地，还需与原有保护地的功能区进行充分衔接，确保核心保护区不动、保护面积不减少、保护强度不降低。例如，神农架国家公园体制试点区就涉及国家级自然保护区、国家地质公园、国家湿地公园等保护地，在功能区划中，都要进行充分的衔接。

2.2　区划依据

　　在湖北神农架国家公园体制试点区以及云南省国家公园中的规划实践中，笔者参照云南省地方标准将国家公园区划为严格保护区、生态保育区、游憩展示区和传统利用区的思路，并结合实践对每个分区如何划定给出了说明，作为区划的依据。

　　（1）严格保护区的区划依据

　　严格保护区是国家公园范围内自然生态系统保存最完整，核心资源集中分布，自然环境脆弱的地域[10]。国家公园的严格保护区需考虑国家公园主要自然生态系统的完整性。例如，湖北神农架国家公园的严格保护区充分考虑了神农架典型的山地垂直自然带谱，特别是常绿落叶阔叶混交林生态系统的分布情况[11]；云南大围山国家公园的严格保护区包括了从热带湿润雨林到山顶苔藓矮林的典型植被分布区域[12]；这些考虑都是为了保证森林生态系统的完整性。严格保护区还要充分考虑和分析各种动植物资源，特别是国家重点保护的珍稀濒危物种的数量、分布及生境状况，保证珍稀物种的生境适宜性。例如，在开展雅安大熊猫国家公园规划的功能分区中，就充分结合了大熊猫的分布及适宜栖息地。此外，严格保护区还要与现有保护地的分区相结合。例如，神农架国家公园的严格保护区就包括了神农架国家级自然保护区的核心区和缓冲区，大九湖湿地自然保护区的核心区和缓冲区，国家地质公园的地质遗迹特级及一级保护区，风景名胜区的部分自然景观保护区及生态保护区[11]。

（2）生态保育区的划定依据

生态保育区是国家公园范围内维持较大面积的原生生境或已遭到不同程度破坏而需要自然恢复的区域；生态保育区可作为严格保护区的屏障，在保护级别上仅次于严格保护区[10]。生态保育区与严格保护区的目的是保护和恢复，两者最大的区别在于，生态保育区允许人在尊重自然规律的前提下开展一定的生态恢复活动。

（3）游憩展示区的划定依据

游憩展示区是国家公园范围内景观优美，可开展与国家公园保护目标相协调的旅游活动，展示大自然风光和人文景观的区域[10]；游憩展示区作为承担国家公园集中游憩、展示、教育功能的区域，具有观光、游憩、娱乐、饮食、住宿等功能。根据资源特点及游憩者的需求和条件，游憩展示区可细分为专业游憩展示区和大众生态旅游区。例如，在神农架国家公园的官门山、神农顶、大九湖等区域是大众生态旅游区，老君山片区就是专业的游憩展示区[11]。

（4）传统利用区的划定依据

传统利用区是国家公园范围内现有社区生产、生活区域，是原住民长期以来进行森林、水等自然资源可持续利用，开展多种经营的区域；传统利用区可用于保存特有文化及其遗存物，并进行展示，可作为社区参与国家公园游憩活动的主要场所。

3 功能区划方法及技术

关于国家公园的功能区划方法及技术，本文认为要充分利用3S技术、生态适宜性分析、综合分析法等技术，将空间数据和地学、生态学专业指标体系相结合，对保护对象及核心资源的分布特征、保护要求，对社区发展和游憩发展需求等进行综合分析。现将笔者在国家公园功能区划实践中经常应用的技术概述如下。

3.1 3S技术

"3S技术"是以GIS（地理信息系统）、RS（遥感）、GPS（全球定位系统）为基础，将三种独立技术领域中的有关部分与其他技术领域（如网络技术，通信技术等）有机地构成一个整体而形成的一项综合技术。目前，国际上3S的研究和应用开始向集成化方向发展。在国家公园功能区划应用中，GPS主要用于实时、快速地提供国家公园的保护对象分布、需要利用区域等区划所需信息的空间位置；RS主要用于实时提供国家公园的地形地貌、水文、植被道路、居民点分布等环境信息，并可以辅助分析国家公园在一定时间段的土地类型变化；GIS则是为采集的数据提供系统的基础平台，集成功能区划的数据库，对多种来源的时空数据进行综合处理和分析，为功能区划的划分提供最直观的图形数据，和可统计分析的属性数据。"3S技术"是国家公园功能区划中不可或缺的重要技术和工具。

3.2 生态适宜性分析

近年来，从大尺度开展物种生境评价、生境保护等方面的研究取得了一定进展。例如，基于生态位原理的最大熵（Maximum Entropy，MAXENT）生境适宜性模型，应用物种出现点数据和环境变量数据对物种生境适宜性进行评价，具有较高的精度。最大熵理论是Jaynes1957年提出的，认为在已知条件下，熵最大的事物最接近它的真实状态。此理论在生物生态学中的解释为物种在没有约束条件下，会尽可能的扩散，接近均匀分布。基于此原理，Phillips等人开发了MAXENT软件，运用目标物种的实际地理分布点和研究地区的环境变量数据，进行物种的生境评价与预测。模型在国内外已经得到了广泛应用，并表现出良好的预测能力[13]。我国在全国第四次大熊猫调查中，研发使用了大熊猫栖息地最大熵分级评价模型（PHGA model），对大熊猫栖息地进行分级评价，将大熊猫栖息地分为适宜栖息地、次适宜栖息地和潜在栖息地[14]。本文认为在进行保护地及国家公园的功能分区中，生态适宜性模型的预测成果是非常好的依据。笔者在大熊猫国家公园（雅安）的功能区划中也引用了大熊猫栖息地最大熵分级评价模型的预测成果。

3.3 基于多准则决策的分区方法

国家公园的功能分区是一个在多目标基础上对拟建区域进行评估与决策的过程。杨子江开展了基于多目标约束下的梅里雪山国家公园功能分区方法及管理研究，把运筹学中的多准则决策方法引入国家公园功能分区设计中，提出了"基于多准则决策的国家公园功能分区方法"。该方法把多准则决策中的多目标决策方法和多属性决策方法分别应用于国家公园功能分区方案的设计和优选中，借助GIS技术的支撑，实现了国家公园功能分区的定量化，提高了国家公园功能分区方案设计与调试的效率和可沟通性。此方法以国家公园的管理目标为基础，集合多目标、多属性决策方法和适宜性分析方法，最大的特色是最大程度的同时统筹兼顾了国家公园的多个管理目标，考虑了影响目标实现的多种因素，模拟了功能分区的多种情景，强调了多方案的比较和优选[4]。

4 功能区划指标体系

国家公园的功能区划涉及多方面的数据和指标，本文认为指标体系整体可包括基础指标、衍生指标、结果评价指标三种类型的指标。

4.1 基础指标

基础指标主要包括国家公园拟建地的基础地理信息数据，旗舰物种数据，生物资源数据，资源管理数据、资源利用信息、基础设施建设、社区信息等。基础地理信息数据主要包括遥感影像、地形、水文地质、土壤等信息；旗舰物种信息物种及其栖息地信息；生物资源数据包括植被、珍稀濒危野生动植物信息；资源管理管理信息包括森林管理、保护区域、土地权属及利用信息；资源利用信息包括对矿产资源、水资源、风力资源、人文及游憩资源信息；基础设施信息包括道路交通、旅游服务设施、管理站点等信息；社区主要为乡村、乡镇、城市等人类聚居地的信息；利用ArcGIS软件，构建基础指标因子库，为进一步的分析做好准备。旗舰物种及珍稀濒危动植物分布点、栖息地、植被类型等因子，是确定严格保护区、生态保育区等保护类型区域的重要参照指标；参照人为活动、游憩资源、社区分布、游憩资源分布等因子确定旅游和社区可持续利用的区域，从而划定游憩展示区和传统利用区。

4.2 衍生指标

对基础数据选择模型进行分析计算得出的指标，例如生态适宜性、敏感度或可利用度等类型的指标，这些指标可以划分为不同的级别。指标划分为几个级别可以根据国家公园的类型、重点保护对象等实际情况进行调整，以提高评价及在功能区划中的准确性。

4.3 结果评价指标

依据基础指标和衍生指标，经过综合叠加分析及征求相关利益群体的意见，可以区划出各功能区，对划分结果的评价可选择一些可量化、具有可操作性的指标作为评价的指标。例如，面积是较容易获取的指标，对各功能区在整个国家公园所占的比例，可以做出比例的要求。云南省在国家公园标准中就提出，严格保护区的面积应不少于国家公园总面积的25%，游憩展示区的面积应控制在国家公园总面积的5%以内。此外，土地权属是决定国家公园管理政策的一个重要指标，也可对国家公园范围内及严格保护区中国有土地所占的比例做出要求，例如云南省在国家公园地方标准中提出，国家公园范围内的国有土地、林地面积占国家公园总面积的60%以上，严格保护区的土地（林地）权属应为国有。

国家公园功能区划指标因子表 表1

指标因子类别	一级指标因子	二级指标因子	说明
1. 基础指标	1.1 基础地理信息	遥感影像	选择最近年份的数据
		地形地貌	山系
		水文、地质	水系和特殊地质
		土壤	土壤分布
	1.2 旗舰物种	物种分布	痕迹点、分布区域
		栖息地分布	现实栖息地、潜在栖息地
			适宜栖息地、次适宜栖息地
	1.3 生物资源	植被	研究不同植被类型的分布规律，分析其与珍稀濒危动植物的关系
		珍稀濒危野生植物	分布区域
		珍稀濒危野生动物	分布区域
	1.4 资源管理	森林管理	公益林、商品林、森林起源
		保护区域	自然保护区、森林公园、风景名胜区、世界自然遗产、国有林场林区等
		土地权属及利用信息	国有、集体
	1.5 资源利用	矿产资源	矿产分布、采矿权、探矿权
		水资源	水电站、水利设施等
		风力资源	风力发电厂、线路
		旅游资源	旅游资源分布、旅游景区
	1.6 基础设施	道路	县道、省道、国道、高速
		旅游服务设施	游客中心、餐饮、住宿、购物等
		管理站点	站点分布
	1.7 社区	聚居地	村寨、乡镇、城市等
2. 衍生指标	2.1 生态适宜性	适宜	根据实际情况确定等级，以提高评价结论的准确性
		次适宜	
		不适宜	
	2.2 生态敏感性	不敏感	
		轻度敏感	
		中度敏感	
		高度敏感	
		极敏感	
	2.3 可利用度	适宜利用	
		不适宜利用	
3. 结果评价指标	3.1 各功能区的面积比例	严格保护区的面积比例	建议不低于25%
		生态保育区的面积比例	根据实际情况确定
		游憩展示区的面积比例	建议不高于5%
		传统利用区的面积比例	根据实际情况确定
	3.2 土地权属比例	国有土地在整个国家公园的面积比例	建议不低于60%
		严格保护区中国有土地所占的比例	建议均为国有
	3.3 社区数量比例	各功能区社区及人口数量比例	建议严格保护区和生态保育区没有社区分布，社区的90%以上集中在传统利用区

5 功能区划流程

如前所述，功能区划是国家公园规划和管理的一个重要环节，因此在前期调研和现场调查过程中，对功能区划所需的数据要进行详细的收集和分类。根据国家公园的特点、价值和威胁等确定功能区划的原则和区划方法，建立国家公园功能区划的数据库，这也是国家公园规划的重要数据库之一。然后根据各类指标的计算和分析，首先满足生态适宜性的需要，然后是可持续利用的需求，然后是多准则的决策，在目标体系的指引下，经过多次与相关利益群体的沟通，最终确定国家公园的功能区划。同时，还可在后期国家公园建设中通过定期对功能区划评价，提出调整的方案，以在后续规划中不断优化。国家公园的功能区划逻辑框架详见图1。

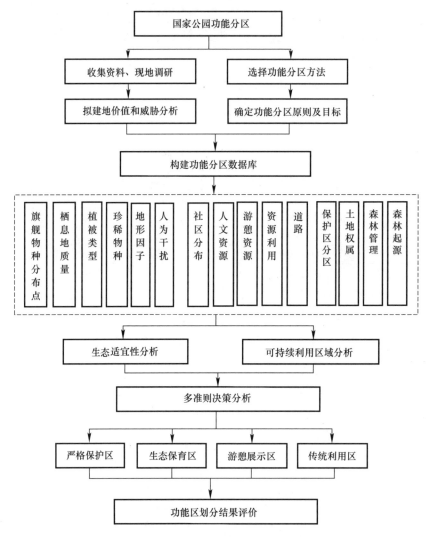

图1　国家公园功能分区逻辑框架图

6　功能区划结果评价及管理建议

6.1　功能区划结果评价

　　除了指标体系中提出的结果评价指标定量评价和衡量外，还可从地域区划的适宜性、核心资源的安全性、资源保护和持续利用的合理性等方面对区划结果进行定性的评价。地域区划的适宜性主要评价国家公园各功能区的总体划分情况，例如功能区在空间上是否符合各地块功能现状和潜在发展方向，是否体现了各功能区的主导功能，功能区面积是否总体满足需要等。关于功能区划对核心资源的安全性的评价，可评价以保护为主的功能区（如严格保护区、生态保育区）的范围能够使该国家公园重点保护的野生动植物及生态系统得到较好的保存，自然环境脆弱的地域得以良好的恢复。对资源的保护和利用一直是国内外社会关注的热点问题之一，实现珍稀资源的世代传承、可持续利用资源、建立人与自然和谐的国家公园也是国家公园功能区划中遵循的理念，关于资源保护和持续利用的合理性，需评价区划结果是否在保护第一的前提下，是否能够提高资源可持续利用效率，为公众提供游憩场所和体验机会，为国家公园内及周边群众提供更多的发展机会，让居民真正认识到实惠。

6.2　各功能区管理建议

（1）严格保护区

原则上禁止游人进入，因科学研究确需进入的，应当征得国家公园管理机构的同意；禁止在严格保护区内建设任何开发性的建筑物、构筑物；严格保护区范围内的其他保护地类型按照对应的法律法规管理；禁止开展任何开发建设活动，建设任何生产经营设施。

（2）生态保育区

生态保育区只允许建设保护、科研监测类型的建筑物、构筑物；生态保育区的生境及植被恢复在遵照自然规律的基础上，允许适度的人工干预；生态保育区不得建设污染环境、破坏自然资源或自然景观的生产设施。

（3）游憩展示区

专业游憩展示区，只允许少量游客进入，在严格执行环境影响评价程序的基础上，允许少量基础设施建设，禁止大规模的开发；大众生态旅游区在环境评估的基础上，可适当设置观光、游憩、度假、娱乐、饮食、住宿等设施。

（4）传统利用区

在传统利用区内，引导社区居民对森林资源开展非损伤性的可持续利用；控制区域内建筑风格；建立生态补偿机制，引导社区居民的行为；对矿产、水电等资源利用设施实行减量化管理。

7　结语与讨论

综上，国家公园的功能区划要充分依据国家公园拟建地的实际情况和自身特征，以保持生态系统、珍稀濒危动植物栖息地、自然景观、生物多样性和文化资源的原真性、完整性和代表性为首要原则，按照强化国家公园的保护功能、合理处理生态保护与资源可持续利用之间关系的管理目标，对国家公园进行空间上的保护、管理和利用分区。国家公园可划分为严格保护区、生态保育（恢复）区、游憩展示区、传统利用区等分区，各功能区的范围和界线需明确，要合理控制游憩用地，严格控制传统经营用地，以有限空间最大限度地满足公众需求，减小社区对资源的影响。

国际上对国家公园功能分区的基本理论框架和方法主要有可接受改变的限度（Limits of Acceptable Change，LAC）、游客体验和资源保护（Visitor Experience & Resource Protection，VERP）、游憩机会谱（Recreation Opportunity Spectrum，ROS）等，这些方法提出了国家公园功能区划的理念和思路，但是在实际运用中，依然以定性的经验判断为主要途径[4,6]。受梅里雪山景区总体规划中分区方法[15]的启发，笔者在国家公园功能区划实践中按照"价值—威胁—目标—分区—管理"的逻辑思路，在分区所参考的指标体系中尽量选择能够定量化的指标作为分区的依据，再加以定性的分析，认为此思路在实践较为实用，可对此逻辑思路及常用技术进行进一步优化和完善，形成国家公园功能区划的理论框架及技术，合理划分国家公园的内部结构，对国家公园进行空间上的保护、管理和利用。

本文将国家公园功能区划的指标体系分为基础指标、衍生指标和结果评价指标三种类型。根据基础指标可提炼分析产生衍生指标，然后划分出功能分区，根据结果评价指标判断划分结果是否合理。三类指标之间存在着相辅相成、互为参考的关系，需在区划的过程中，不断补充完善。另外，本文在指标体系中提出的多为能够量化的定量指标，对一些定性的指标如何定量的体现，并在指标体系中得以应用，还需要进一步的研究。

国家公园功能区划是一个不断重复和咨询的过程，功能分区和对应的管理策略制定之后，或许仅适用于一个规划期或者一定的阶段，因此需要加强对国家公园的监测和评价[16]，根据不同时空国家公园区域内生物多样性的发展与变化情况、周边生态环境的改善，本着不断加强保护的原则适时做出调整，用动态、发展的理念去管理范围和功能分区[17]，以更好地实现国家公园的建设目标及美好愿景。

参考文献

[1]　张希武，唐芳林. 中国国家公园的探索与实践［M］. 北京：中国林业出版社，2014.

[2]　杨锐. 建立完善中国国家公园和保护区体系的理论与实践研究［D］. 2003，清华大学.

[3]　王维正，胡春姿，刘俊昌. 国家公园［M］. 中国林业出版社，2000.

[4]　杨子江. 多目标约束下的梅里雪山国家公园功能分区方法及管理研究［D］. 2009，云南大学.

[5]　王连勇. 加拿大国家公园规划与管理——探索旅游地可持续发展的理想模式［M］西南师范大学出版社，2003.

[6]　杨锐等著. 国家公园与自然保护地研究［M］. 中国建筑工业出版社. 2016.

[7]　张全洲，陈丹. 台湾地区国家公园分区管理对大陆自然保护区的启示［J］. 林产工业，2016，43（6）：59-62.

[8]　赵智聪，彭琳，杨锐等. 国家公园体制建设背景下中国自然保护地体系的重构［J］. 中国园林，2016（7）：11-17.

[9]　云南省质量技术监督局发布. 2009. 国家公园基本条件（DB53/T 298—2009）.

[10]　云南省质量技术监督局发布. 2009. 国家公园总体规划技术规程（DB53/T 300—2009）.

[11]　湖北神农架国家公园体制试点区试点实施方案. 内部材料. 2016.

[12]　云南大围山国家公园总体规划. 内部材料. 2012.

[13]　徐卫华，罗翀. MAXENT模型在秦岭川金丝猴生境评价中的应用［J］. 森林工程，2010，26（2）：1-4.

[14]　雅安大熊猫国家公园总体规划. 内部材料. 2016.

[15]　杨锐，庄优波，党安荣. 梅里雪山风景名胜区总体规划技术方法研究［J］. 中国园林，2007（4）：1-6.

[16]　唐芳林，张金池，杨宇明等. 国家公园效果评价体系研究［J］. 生态环境学报，2010，19（12）：2993-2999.

[17]　王梦君，唐芳林，孙鸿雁等. 国家公园范围划定探讨［J］. 林业建设，2016（2）：21-25.

香格里拉普达措国家公园体制试点区功能分区模式对比研究①

杨子江　韩伟超　闫　焱②

（云南大学建筑与规划学院，昆明 650504）

【摘　要】　功能分区是一切国家公园管理计划必不可少的一部分。作为实现国家公园管理目标的一个关键性工具，不同国家和地区的公园主管部门会因地制宜地采用不同的分区模式管理公园。本文在充分梳理和总结不同国家和地区国家公园分区模式和特征的基础上，分别从分区形式和分区面积配比两个方面与香格里拉普达措国家公园体制试点区功能分区方案展开对比研究。研究发现，香格里拉普达措国家公园体制试点区同时具备美、加、日本和我国台湾地区国家公园的两方面的突出特征，而试点区现采用的分区方案的合理性和科学性也还有值得进一步探讨的空间。

【关键词】　国家公园；国家公园体制试点区；功能分区模式；普达措

2013 年 11 月，中国共产党第十八届中央委员会第三次全体会议通过了《中共中央关于全面深化改革若干重大问题的决定》，俗称《中央全面深化改革决定 60 条》。其中，在第 52 条划定生态保护红线中明确提出"坚定不移实施主体功能区制度，建立国土空间开发保护制度，严格按照主体功能区定位推动发展，建立国家公园体制"[1]。功能分区是一切国家公园管理计划必不可少的一部分，其主要目的是通过划定和测绘国家公园内不同的保护和利用水平，来分隔有潜在冲突性的人为活动[2]。作为实现国家公园管理目标的一个关键性工具，不同国家和地区的公园主管部门会因地制宜的采用不同的分区模式管理公园。

香格里拉普达措国家公园体制试点区，位于滇西北"三江并流"世界自然遗产中心地带，是国家发改委批复的 9 个国家公园体制试点区之一。本文在充分梳理和总结不同国家和地区国家公园分区模式和特征的基础上，分别从分区形式和分区面积配比两个方面与香格里拉普达措国家公园体制试点区功能分区方案展开对比研究，希望以此加深参与各方对中国国家公园试点区特殊性的理解，引起对试点区功能分区方案科学性、合理性的进一步探索和思考。

1　不同国家和地区国家公园分区模式简介

1.1　美国国家公园分区模式

根据美国国家公园管理局的相关说明，公园的管理目标、园区内自然和人文资源状况以及过去、现在和未来可能出现的使用方式都是公园分区需要考虑的主要因素[3]。美国国家公园管理局将国家公园分成五个基本区和一些亚区（subzone）。亚区指的是基本区之内一些需要特别管理的较小区域，每一个基本区都可以包括许多亚区[3]，例如，原始自然保护区又可以包含旷野亚区、环境保护亚区、特殊自然景观亚区、研究自然亚区、实验研究亚区；人文资源区也可分为保存亚区、保存与适度使用亚区、纪念亚

① 基金项目：国家自然科学基金（41261105）；第四批云南大学中青年骨干教师培养计划项目（XT412003）
② 作者简介：杨子江（1975—），男，云南大学建筑与规划学院副教授，博士，硕士研究生导师，研究方向为国家公园规划管理。
　　韩伟超（1990—），男，云南大学建筑与规划学院硕士研究生，研究方向为生态城镇与资源环境承载力。
　　闫焱（1993—），女，云南大学建筑与规划学院硕士研究生，研究方向为国家公园社区参与。

区等[4]。美国国家公园管理局对五个基本分区的具体界定如下：

（1）原始自然保护区

原始自然保护区指的是国家公园内基本无人类扰动的区域，实施严格保护，无设施和人车的进入。

（2）自然资源区

公园内需要重点保护的陆地和水域，具有重要的自然资源和生态过程。管理目标：保护自然资源和原有生态过程，允许公众进入，但不允许进行那些对资源或生态过程有破坏的行为和活动。该区内设有简单的游憩设施。

（3）人文资源区

指的是那些以保护和解说人文资源、历史建筑为主要管理目标的区域，该区域对公众开放。

（4）公园发展区

公园发展区是一个为管理者和游客提供服务的区域。通常面积较小，设施密集。对于需要新建发展区的公园而言，在进行区域的选址时需要十分全面地给予考虑，最理想的情况是将发展区建立在园区范围之外，在没有可替代开发地的情况下再选择在园区内建立发展区。

（5）特殊使用区

开展一些特殊使用活动的区域，例如商业用地、探采矿用地、工业用地、畜牧用地、农业用地、水库用地等。

在各个区域面积的分配上，原始自然保护区面积相对较小，而自然资源区和人文资源区面积最大，公园发展区面积很小。表1美国恶地国家公园功能分区表。

美国恶地国家公园的功能分区		表1
分区	面积（hm²）	占公园总面积的比例
原始自然保护区	5758	5.1%
自然资源区/人文资源区	113587	94%
公园发展区	1311	0.9%
特殊利用区	0	0%

资料来源：NPS. 2006. General Management Plan / Environmental Impact Statement of BADLANDS NATIONAL PARK / NORTH UNIT [R]. U. S.：Department of the Interior.[5]

1.2　加拿大国家公园的分区模式

在处理国家公园保护和利用的关系方面，加拿大国家公园管理局积累了大量成功经验，其中1994年颁布的国家公园分区体系成为当今世界各国国家公园分区时参照的重要依据。1994年，加拿大公园管理局颁布《加拿大公园指南及操作方法条例》（Parks Canada Guiding Principles and Operational Policies），其中的第二部分——"行动策略（activities policy）"特别强调了国家公园分区的重要性，强调分区是保护区管理规划中的关键部分，并提出了建议性的分区框架。加拿大的国家公园政策明确指出国家公园的分区应该包括5个区域（详见表2）。

加拿大国家公园分区系统				表2
分区类型	区域特征	划分依据	管理政策	
			资源保护	公众机会
Ⅰ区：特别保护区	具有独特、濒危自然或文化特征，或是那些能够代表其所属自然区域特征的最好样本区域	区域的范围和缓冲地带的划分需考虑特定特征	严格的资源保护	通常而言，公众没有进入的机会。只有经严格控制下允许的非机动交通工具的进入。因此需要尽最大努力为公园参观者提供适当的远离现场的参观计划和展览来解说这一地区的特别特征

续表

分区类型	区域特征	划分依据	管理政策	
			资源保护	公众机会
Ⅱ区：荒野区	能够很好地代表一个自然区域并且保留荒野状态的广大地区。第Ⅰ区和第Ⅱ区共同构成所有最小国家公园的区域主体，并且对保护生态系统的完整性贡献最大	区域的范围和缓冲带的划定需考虑该地域自然及历史的主题，一般不得少于2000公顷	对自然环境进行定向保护	允许非机动交通工具的进入，允许对资源保护有利的少量分散的体验性活动。允许原始的露营，以及简易的、带有电力设备的住宿设施
Ⅲ区：自然环境区	依然维持着自然环境并允许少量低密度的户外活动及少量相关设施的区域	提供户外游憩机会，也要求具有缓冲带	对自然环境进行定向保护	允许非机动交通以及严格控制下的少量机动交通的进入。允许低密度的游憩活动和小体量的、与周边环境协调的供游客和操作者使用的住宿设施，以及半原始的露营（semi-primitivelevel）
Ⅳ区：户外娱乐区	进行户外教育，提供户外游憩活动机会的区域，允许存在相关设施，但需以尊重自然环境以及安全、便利等条件为前提	考虑提供户外游憩以及设施所需的范围，并尽量降低对环境的影响	减少活动和设施对自然景观的负面影响	户外游憩体验的集中区，允许有设施和少量对大自然景观的改变。可使用基本服务类别的露营设备以及小型分散的住宿设施
Ⅴ区：公园服务区	游客服务与设施集中的区域，公园的管理机构也设于此	需要考虑服务和设施所需的范围，以及对环境的影响	这一区域内需强调公园服务设施和游憩价值，实现游客服务和园区管理的功能	允许机动交通工具进入。设有游客服务中心和园区管理机构。根据游憩机会安排服务设施

资料来源：Eagles P F J, McCool S F, Haynes C D. 保护区可持续旅游——规划与管理指南［M］. 王智，刘祥海译. 北京：中国环境科学出版社，2005.[6]

在各个区域面积的分配上，通常绝对保护区的面积相对较小，而荒野区的面积最大，二者共同构成整个国家公园的主体，这样的区域划分方式对满足游客游憩体验需求是相当有利的（表3）。

加拿大贾帕斯国家公园功能分区　　表3

分区类型	占总面积比例	区域特征
Ⅰ区：特别保护区	不到1%	保护古代森林、马利涅喀斯特地貌和德沃纳考古风景区，采用严格限制或禁止的措施
Ⅱ区：荒野区	98%	保持原始状态，允许少量简单设施的旅游活动
Ⅲ区：自然环境区	不到1%	设有一些休息点，配备最低限度的设施
Ⅳ区：游览观光区	不到1%	可以开展环境教育活动，有相关设施，允许汽车进入
Ⅴ区：公园服务区	不到1%	村庄和服务网点构成，提供各种服务

资料来源：引自钟林生等著的《生态旅游规划原理与方法》：221-222.[7]

1.3　日本国立公园分区模式

昭和6年（1931年）日本制订《国立公园法》，创制了国家公园，至昭和32年（1957年）颁布《自然公园法》取代《国立公园法》并成立自然公园系统[8]。其中与国际"国家公园"标准等级最相近的则是"国立公园"[9]。受国情所限，日本国立公园的分区模式同时注重私有权的维护与公有地的保育维护。为了保护自然，也为了合理的经济开发，日本将国立公园区域按各地区的自然景观及生态环境等因素，依其重要性和稀有性划分为下列三种地区[10]。

（1）特别保护地区。

为保护公园内特殊自然的地形地质景观、自然现象、珍贵稀有动植物，或为保护特有的古迹，依国家公园计划，将该区域划为特别保护区。此种地区大多是原始林、瀑布、山峰、湿地原、草原、沼泽、火山熔岩、历史古迹或寺庙等。日本国家公园中划为特别保护地区的面积约占国家公园面积的12%，特别保护区为公园内的精华，在此区内的各种行为均应经"许可"。

（2）特别地区。

特别地区的保护管制不如特别保护地区严格，但为国家公园中占据面积最大的分区，按照实际需要划分为三种地域，并予以不同程度的保护。特别地区内的一些行为，有些则需依上述特别保护地区的规定需先经环境厅长官允许才能开展，有些如枯枝落叶的采取，则不需先经许可，但在特别地区内有意种植竹木或放牧家畜，应预先呈报都道府县知事。

（3）普通地区。

普通地区大多是已开发的土地，已具商业规模，也有较多的住家或聚落，在普通地区范围内的行为并非毫无限制，有些重大开发行为仍预先呈报都道府县知事，如建筑物的新建、改建、增建，其规模超过总理府所定的标准，但普通地区中建筑物不超过13m及建筑面积不超过1000m^2，则不需呈报。

由表4可知，国立公园的特别保护区及特别地域面积合计占国立公园总面积的70.6%，符合国际国家公园设置的基本目标——保护自然资源。

日本国立公园分区面积统计表　　　　　　　　　　　　　　　　　　　　　　表4

种别			国立公园	国定公园	都道府县自然公园	统计
公园数/个			28	55	301	384
公园面积/hm^2			2052359	1332370	1943051	5327780
公园面积/国土面积/%			5.35	3.29	5.33	14.09
分	特别区域/hm^2	特别保护区/hm^2	243439	964457	—	307896
		比率/%	12.0	5.0	—	5.8
			1428697	1202005	620841	3251543
	比率/%		70.6	93.3	30.9	
	普通用地/hm^2		595227	85929	1391041	2072197
	比率/%		29.4	6.7	69.1	38.9

资料来源：九州地区自然保护事务所. 九州的国家公园野生动物［J］. 环境厅自然保护局，日本，2000.[11]

1.4 （中国）台湾地区国家公园分区模式

"公园分区计划"是台湾地区国家公园管理规划中很重要的一部分内容，是帮助公园实现经营管理多目标（保育、研究、教育、游憩）的重要工具。根据台湾地区《国家公园法》第12条规定，国家公园得按区域内现有土地利用形态及资源特性，划分不同管理分区，以不同措施实现保护与利用的功能。台湾地区国家公园分为如下五区：

（1）生态保护区

是指为供研究生态而严格保护的天然生物、社会及其生育环境地区。生态保护区是针对那些未受人为干扰和破坏，具有代表性的生态系统及其依存的环境而划定的保护区域，是国家公园的核心区域，具有维持生态系统稳定、保持生物多样性的重要作用，受到严格管制，仅供有限的学术研究。

（2）景观特别区

是指无法以人力再造的特殊天然景致，而严格限制开发行为的地区，台湾地区国家公园的特别景观区的景观可概括为三大类型：地理景观类、自然生态景观类、园林生态景观类。

（3）史迹保存区

是指为保存重要史前遗迹、史后文化遗址及有价值的历代古迹而划定的地区，如垦丁史前遗址、南仁山石板屋、八通关古道遗迹等，历史内涵十分丰富。

（4）游憩区

是指适合各种野外娱乐活动，并准许兴建适当娱乐设施及有限度资源利用行为的地区。各国家公园根据自身的资源特点和分布状况，将严格管制区以外的部分区域适度向游客开放，并建立一套完整的旅游服务设施和管理方法。游憩区划的原则如下：具有天赋娱乐资源，景观优美可供游憩活动，土地平坦地区；能提供全区性服务的适当地点，并具有交通可及性和水源充裕，眺望、避风状况良好自然条件；目前已供游憩活动使用，或配合特殊游憩活动所需的地域，且经过整体环境评估，可避免影响周围环境与资源。

（5）一般管制区。

是指国家公园区域内不属于其他任何分区的土地与水面，包括即有小村落，并准许原土地利用形态的地区。

台湾地区国家公园分区的基本原则是对于不同分区制定不同的经营管理目标，实施经营管理策略，对各类资源实施不同程度的保护。例如，生态保护区和特别景观区的首要目标是保育；一般管制区则可视为国家公园与边界环境间的缓冲区。表5展示了台湾5个主要国家公园的分区面积配比情况。

我国台湾地区国家公园分区土地面积比例关系　　　　　　　　　　　表5

| | 垦丁国家公园 | | | | | 合计 |
	生态保护区	特别景观区	史迹保存区	游憩区	一般管制区	
总面积/hm²	6218.68	1654.45	15.15	297.26	9897.96	18083.00
占公园总面积的百分比	34.39%	9.15%	0.08%	1.64%	54.74%	100.00%
	玉山国家公园					
总面积/hm²	64108.90	3491.80	346.80	412.60	37129.90	105490.00
占公园总面积的百分比	60.77%	3.31%	0.33%	0.39%	35.20%	100.00%
	阳明山国家公园					
总面积/hm²	1322.01	4067.61	0.00	220.71	5755.17	11365.50
占公园总面积的百分比	11.63%	35.79%	0.00%	1.94%	50.64%	100.00%
	太鲁阁国家公园					
总面积	63790.00	21690.00	40.00	280.00	6200.00	92000.00
占公园总面积的百分比	69.34%	23.58%	0.04%	0.30%	6.74%	100.00%
	雪霸国家公园					
总面积/hm²	51640.00	1850.00	0.00	69.00	23291.00	76850.00
占公园总面积的百分比	67.20%	2.41%	0.00%	0.09%	30.31%	100.00%

资料来源：林永发. 雪霸国家公园武陵地区永续经营之研究［D］. 新竹：中华大学，2005.[12]

2　香格里拉普达措国家公园体制试点区功能分区模式对比分析

2.1　香格里拉普达措国家公园体制试点区功能分区模式

在国家发改委批复的《香格里拉普达措国家公园体制试点区试点实施方案》[13]中，试点区分为四个功能区，详见表6。

香格里拉普达措国家公园试点区功能分区　　　　　　　　　　　表6

分区类型	区域特征	资源保护	公众机会	占总面积比例
严格保护区	生态系统保存最完整或核心资源分布最集中、自然环境最脆弱的区域	严格资源保护	禁止公众进入，机动车辆通行和设施建设。科学考察人员经申请通过方可入内	26.2%
生态保育区	维持较大面积原生生态系统，或者已遭到不同程度破坏需要自然恢复的区域，分布于严格保护区之外	定向保护	在生态承载范围内，允许少量人员进入，提供感受自然和文化的机会。区内有少量的基础设施，如路标、小径、观测站等。禁止大规模的开发	65.8%

续表

分区类型	区域特征	资源保护	公众机会	占总面积比例
游憩展示区	试点区范围内展示自然风光和人文景观的区域	定向保护	公众可以入内参观游憩，配有基本的服务设施，如观景点、停车湾、栈道等。在严格控制下，允许机动车辆入内。开发强度和活动范围必须在生态系统承受范围之内，降低对其的影响	4.58%
传统利用区	民居生活，生产区域	定向保护	保护藏族特有文化和遗产存物，严格控制建筑、景观风格和生活、生产环境	3.4%

资料来源：香格里拉普达措国家公园体制试点区试点实施方案.[13]

2.2　香格里拉普达措国家公园体制试点区功能分区模式对比

（1）分区形式比较

由表7可知，美国和加拿大的国家公园是典型的、具有IUCN第二类保护地特征的国家公园，其国家公园往往是承担自然保护区功能的大型保护地[15]。因而，其公园分区包括了从完全禁止人类活动的严格保护区到允许公众大量进入和利用的公园服务区一个完整的分区系列。与美国和加拿大不同，日本和我国台湾地区国家公园事实上更接近于IUCN第五类保护地"自然和人文景观保护地"的相关界定，这一类型保护地最大的特点就是公园存在明显的人类活动痕迹，并可能还有大量社区居民居住在公园内，公园内难以找到完全未受人类干扰的自然区域。因此，日本和我国台湾地区国家公园中不但没有设立完全禁止公众进入的核心保护区，而且由于公园内社区较多，公园通常还会为社区设有专门的居住区。

分区形式与面积配比对比表　　　　　　　　　　　　　　　　　　表7

国家	不同功能区占总面积的平均比例			
	严格保护区	重要保护区	限制性利用地	利用区
加拿大	特别保护区 3.25%	荒野区 94.1%	自然环境区 2.16%	户外娱乐区 0.48% 公园服务区 0.09%
美国	原始自然保护区 5%	自然环境区/人文资源区 94%		公园发展区/特别利用区 1%
日本	无	特别保护地 13% 特别地区 68.1%		普通地区 28.9%
中国（台湾地区）	无	生态保育 61% 景观特别区 11% 史迹保存 0.13%		游憩区 0.48% 一般管制 27%
普达措国家公园体制试点区	严格保护区 26.2%	生态保育区 65.8%		游憩展示区 4.58% 传统利用区 3.4%

部分资料来源：根据"各公园管理组织和任务的比较（2000年9月）"整理。国立公园百科全书，2001：52。（转引自：韩相壹.. 韩国国立公园与中国国家重点风景名胜区的对比研究[D].北京：北京大学，2003.[14]）

与上述国家和地区国家功能分区形式相对比，可以明显看出香格里拉普达措国家公园体制试点区功能分区模式设定的基本框架既参照了美、加等国国家公园的分区模式，包括了从完全禁止人类活动的严格保护区到允许公众大量进入和利用的公园服务区一个完整的分区系列；同时结合试点区内社区众多的实际情况，也借鉴了日本和我国台湾地区的实践经验，增设维持社区传统土地利用形态的传统利用区。

（2）分区面积配比

虽然具体称谓有所不同，但美、加两国国家公园分区有如下一些共同点：其一，公园主体由保护等级最高的原始自然保护区（美）、特别保护区（加）和保护等级较高的自然和文化资源保护区（美）和荒野区（加）构成，二者相加通常会占公园总面积的95%以上，以确保公园资源保护目标的实现；其二，与只考虑单一保护目的的自然保护区不同，公园内受到严格保护禁止公众进入的核心区［原始自然保护区（美）、特别保护区（加）］面积通常较小，而允许公众少量进入和利用的重点保护区面积较大，以兼顾公园的另外一个主要目标——公众游憩。例如，加拿大的国家公园中禁止人类进入的特别保护区的面积通常不会超过公园总面积的5%，而允许低利用的荒野区面积却非常大，通常会占总面积的90%

以上，美国的情况也是基本如此。日本和我国台湾地区国家公园中不设禁止人类活动的严格保护区，而需要利用的分区面积往往达到公园总面积 20% 以上。以此上述情况不同的是香格里拉普达措国家公园体制试点区严格保护区面积达到公园总面积的 26.2%，而利用区的面积仅为公园总面积的 8%。（详见表 7）

3 总结

香格里拉普达措国家公园体制试点区同时具备美、加、日本和我国台湾地区国家公园的两方面的突出特征。其一，从保护地的根本性质来看，香格里拉普达措国家公园体制试点区具有 IUCN 第二类保护地特征，是承担自然保护区功能的大型保护地，其功能分区理应包括了从完全禁止人类活动的严格保护区到允许公众大量进入和利用的公园服务区一个完整的分区系列，这一点与美、加等国国家公园更为类似。其二，从试点区内及周边存在众多社区情况看，需要通过设定一定范围的传统利用区维持当地社区的传统生计，这一点与日本和我国台湾地区的国家公园情况更为接近。

此外，试点区现采用的分区方案的合理性和科学性还有进一步值得探讨的空间。试点区内及周边传统文明发达，涉红坡、尼汝和九龙三个行政村，22 个自然村，665 户，近 3264 人。而试点区功能分区方案中严格保护区面积达到公园总面积的 26.2%，远高于地广人稀的美、加国家公园约 5% 的严格保护区面积配比水平，是否过于强调保护，而忽视了游憩和社区发展等管理目标，值得相关学者和主管部门进一步研究和探讨。

参考文献

[1] 新华社. 中共中央关于全面深化改革若干重大问题的决定 [EB/OL]. (2013-11-15). http://news.xinhuanet.com/2013-11/15/c_118164235.htm.

[2] IUCN. 2006. Sustainable Tourism in Protected Areas: Guidelines for Planning and Management [M]. Switzerland: IUCN, UNEP, World Tourism Organization.

[3] 李如生. 2005. 美国国家公园管理体制 [M]. 北京：中国建筑工业出版社.

[4] 曾沛晴. 2002. 美国、日本、台湾国家公园经营管理制度之分析研究 [D]. 台北：国立东华大学自然资源管理研究所.

[5] NPS. 2006. General Management Plan/Environmental Impact Statement of BADLANDS NATIONAL PARK/NORTH UNIT [R]. U. S.: Department of the Interior.

[6] Eagles P F J, McCool S F, Haynes C D. 2005. 保护区可持续旅游——规划与管理指南 [M]. 王智，刘祥海，译. 北京：中国环境科学出版社.

[7] 钟林生，赵士洞，向宝惠. 2003. 生态旅游规划原理与方法 [M]. 北京：化学工业出版社.

[8] 则久雅司（日本）. 2000. 国立公园管理私权之调整 [C]. 第 5 回科学交流研讨会—国立公园之管理发表论文集：11-20.

[9] 徐国士，黄文卿，游登良. 1997. 国家公园概论 [M]. 台北：明文书局.

[10] 游登良. 1994. 国家公园－全人类的自然遗产 [Z]. 花莲太鲁阁国家公园管理处.

[11] 九州地区自然保护事务所. 2000. 九州的国家公园野生动物 [J]. 环境厅自然保护局，日本.

[12] 林永发. 2005. 雪霸国家公园武陵地区永续经营之研究 [D]. 新竹：中华大学.

[13] 云南省城乡规划设计院. 2016. 香格里拉普达措国家公园体制试点区试点实施方案 [Z]. 香格里拉普达措国家公园公园里局.

[14] 韩相壹. 2003. 韩国国立公园与中国国家重点风景名胜区的对比研究 [D]. 北京：北京大学.

[15] 黄丽玲. 2007. 我国自然保护地功能分区及游憩管理研究 [D]. 北京：中国科学院地理所.

福建省各类型国家级保护地空间分布特征及国家公园试点选择

朱里莹[1]　徐　姗[2,3]　周沿海[1]　兰思仁[*1]

（1. 福建农林大学园林学院，福建福州，350002；2. 中国城市科学研究会，北京，100044；3. 中国科学院地理科学与资源研究所，北京，100101）

【摘　要】　国家级保护地是我国国家公园建设的重要基础，在省域尺度下解析其空间分布特征，可以为现有9个省（市）的国家公园试点选择提供参考。借助 ArcGIS 等空间分析工具，结合福建省自然地理空间和社会经济空间，对省内现有 11 类 119 处国家级保护地进行空间分布特征分析，结果表明：福建省国家级保护地在各自然地理区划以及行政区划间的分布不均衡，总体呈凝聚型分布；集中在热量条件适中，相对湿度较高、水资源丰富、植被、土壤、地形地貌等景观类型多样，且可达性较高的区域；区域生产总值和人口数量与保护地空间分布未有直接联系。根据区域景观类型多样性以及可达性，对保护地进行热点探测，筛选出 8 个具有代表性以及现实推广意义的县级热点单元，形成了"热点区-次热点区-中间区"3 层国家公园试点热点空间，为国家公园试点的空间选择提供参考方向。

【关键词】　国家级保护地；国家公园；空间分布特征；福建省

　　2015 年由国家发改委联合住建部等 13 个部门展开浙江、福建等 9 个省（市）的国家公园试点工作，力求通过试点的经验和示范性作用，逐步在全国范围内推广建立国家公园。作为国家公园构建的重要基础，目前被认定具有国家公园特征的，且出现频率较高、争议较少的国家级保护地有国家级风景名胜区[1-8]、国家级自然保护区[2-9]、国家森林公园[2-9]、国家地质公园[2,4-8]、国家矿山公园[4-6,8]、国家湿地公园[2,4-6,8]、国家水利风景区[2-6]、国家城市湿地公园[3-4,6]、国家重点公园[3-4,6]、国家考古遗址公园[3,8]、国家沙漠公园[8] 和国家海洋公园[8]，共计 12 类。

　　目前针对我国各类国家级保护地的研究主要集中在单个保护地内的微观层面，以及宏观尺度上的国外国家公园管理体制的经验借鉴，鲜见以省域为单位的中观层面研究，而省域单元正是各类保护地的实际执行层，具有重要的研究意义。有关国家级保护地空间分布特征的研究则主要集中在国家尺度下的少数单一类型，例如国家级风景名胜区[10]、国家矿山公园[11]、国家地质公园[12-13]、国家湿地公园[14-15]、国家森林公园[16-17] 和国家水利风景区[18]，零散有一些针对两种保护地类型空间分布特征的比较[19-20]。然而，在省域范围内对各类国家级保护地空间格局进行综合梳理，不仅可以直观地反映出保护地的现状空间结构，还可以折射出相应的保护成本、资源利用和管理效能等问题，更可以为现有 9 个省（市）的国家公园试点工作，提供空间选择依据，具有重要的现实意义。在研究方法上，现有国家级保护地空间分布特征分析主要从可达性[15,17]、最邻近点指数[13]、不均衡指数[16] 等单因素出发，较少结合资源禀赋、社会经济等多种因素进行综合阐述。而由多因素共同塑造的自然地理空间和社会经济空间表征，正是各国国家公园空间选择的重要依据[21-23]。基于此，依托福建省国家公园试点方案的编制工作，本文将在福建省域范围内，以服务国家公园建设为导向，结合包括地形地貌、气候条件、地表水域、植被与土壤、

───────────────

基金项目：国家科技支撑计划项目（2014BAD15B00）；福建省社科基地重大项目（2014JDZ021）；福建省教育厅科技项目（JA15168）

作者简介：朱里莹（1987—），女，福建浦城人，福建农林大学园林学院，讲师，博士研究生，主要研究方向为国家公园景观特征研究；E-mail：fjndzly@126.com。* 通讯作者：兰思仁（1963—），男，福建上杭人，福建农林大学，教授，主要研究方向为森林公园、国家公园规划与设计；E-mail：lsr9636@163.com。

行政单元、经济发展水平、人口分布和可达性在内的 8 类主要的自然地理与社会经济空间表征，从多视角、多因素对福建省内具有国家公园特征的 11 类 119 处国家级保护地的空间分布特征进行综合分析，以反映现有保护地空间结构特征，并根据其热点探测结果，筛选出国家公园试点热点空间，为国家公园试点选择提供参考依据。

1 数据来源及主要研究方法

1.1 数据来源

本文以截止 2014 年底的福建省各类型国家级保护地为研究对象，对其进行质心抽象化处理（空间完全重叠的区域质心重叠，空间相互交叉区域根据保护地主要出入口情况偏移质心），并根据官方披露的相关信息建立空间数据库。各类保护地相关数据主要来源于 1：400 万中国基础地理信息数据库、福建省 DEM 高程数据模型；福建省地貌区划图、福建省气候区划图、福建省土壤区划图、福建省植被区划图、福建省水系图、福建省自然地理分区图、中国公路交通图、中国铁路交通图、中国人口区划等来自于纸质数据矢量化；行政区划面积、区域生产总值和人口数据等来自于中国统计年鉴、福建统计年鉴以及各地市统计年鉴的官方数据。

1.2 最邻近距离分析

空间分布结构可以划分为均匀、随机与凝聚分布 3 种形式。区域内点状要素的空间分布结构可以由最邻近点指数进行判断，公式如下[10]：

$$R = \frac{\bar{r}}{r_E} = \bar{r}\,\sqrt{2n/A}$$

其中，R 为最邻近指数；$\bar{r}$ 为实际上的最邻近距离；r_E 为理论上的最邻近距离；A 为区域面积；n 为区域内点数；当最邻近指数 $R<1$ 时，表明点状要素为凝聚分布；$R=1$ 时，表明点状要素为随机分布；$R>1$ 时，表明点状要素为均匀分布。

1.3 变异系数分析

Voronoi 多边形面积的变异系数 CV（Coefficientof Variation）可以对空间分布类型进行二次检验[24]。根据 Monte-Carlo Simulation（蒙特卡罗随机模拟法）统计分析结果可知，Voronoi 多边形的 CV<33％时，点状要素为均匀分布，CV>64％为聚集分布，CV=33％～64％为随机分布，计算公式如下[25]：

$$CV = \frac{SD}{MN} \times 100\%$$

其中，SD 为 Voronoi 多边形面积的标准差，MN 为 Voronoi 多边形面积的平均值。

1.4 累积耗费距离分析

保护地可达性为在特定时间段内，从该保护地出发向周边行进距离的平均值[26]。根据已有可达性研究的精度经验[26-28]，本研究对原矢量底图进行 1km×1km 的栅格化处理，并根据不同的地表空间对象，以平均出行 1km 所需的分钟数进行时间成本赋值。具体时间成本被划分为 7 个部分，在国土尺度下陆地部分被简化为均质，以步行为主，设定速度为 6km/h；高铁、铁路、高速公路、国道、省道和县道则参考 2010 年我国不同等级的铁路里程和速度标准，《铁路主要技术政策》、《公路工程技术标准》JTGB 01—2014，设定速度为高铁 200km/h，铁路 100km/h，高速公路 120km/h，国道 80km/h，省道 60km/h，县道 40km/h；而具有一定通行能力的水域由于需要考虑到绕行的时间成本，设定速度为 1km/h[26-28]。

在栅格数据上，通过 GIS 累计耗费距离算法，将保护地作为耗费距离源点，计算各个保护地通过各空间对象的时间成本赋值，到我国区域内任意栅格所花费的时间，即可根据行进路线的可逆性，得到各保护地的可达性，公式如下[26]：

$$A = \begin{cases} \dfrac{1}{2}\displaystyle\sum_{i=1}^{n}(C_i + C_{i+1}) & \text{垂直或平行方向} \\[3mm] \dfrac{\sqrt{2}}{2}\displaystyle\sum_{i=1}^{n}(C_i + C_{i+1}) & \text{对角线方向} \end{cases}$$

其中，C_i 表示第 i 个像元的耗费值，C_{i+1} 表示沿运动方向上的第 $i+1$ 个像元的耗费值，n 为像元总数。

1.5　热点聚类

热点聚类采用最近距离层次聚类法，利用 ArcGIS 和 CrimeStat 工具，通过限定聚集单元的最小数目、距离阈值，来界定空间中某一点位是否纳入聚集单元，若纳入，则在满足阈值条件的情况下与其相邻点位形成椭圆区域，作为低阶热点区；同理，对低阶热点区聚类得到更高阶热点区，以展示各个点位在空间上的聚集表现[26-29]。

2　福建省各类型国家级保护地空间分布特征

2.1　空间分布总体特征

福建省地处我国东海之滨，跨东经 $115°50'-120°43'$，北纬 $23°33'-28°19'$，北邻浙江省，西接江西省，西南与广东相连，东南与台湾省隔海相望，总面积为 12.14 万 km²。根据福建省现有资源条件，自 1979 年以来，截止 2014 年底，共建有 18 处国家级风景名胜区，30 处国家森林公园，21 处国家级水利风景区，14 处国家地质公园，16 处国家级自然保护区，2 处国家矿山公园，4 处国家湿地公园，1 处国家城市湿地公园，2 处国家考古遗址公园，5 处国家海洋公园，6 处国家重点公园。总计 11 个类型，119 处，占全国总数的 5.69%。

根据 ArcGIS 测算结果可知，福建省国家级保护地点状要素间的平均实际最邻近距离为 11.15km，理论上的最邻近距离为 22.59km，最邻近指数 $R=0.49<1$，表明福建省各国家级保护地在空间上呈凝聚型分布。通过 CV 值对结果进行二次验证，测得 119 个保护地质心的 Voronoi 多边形面积 CV 值为 81.78%，进一步验证了福建省国家级保护地在空间分布结构上呈凝聚型。

2.2　按自然地理空间分布特征

2.2.1　按地形地貌分布特征

根据地貌类型组合的相似性，地质构造和地表物质组成在地形外貌上的显著性，以及农业利用现状和发展方向的趋同性，福建省地貌划分为闽西山地、丘陵、河谷平原区，闽中山地、山间盆谷区，和闽东沿海丘陵、台地、平原、岛屿区，3 个一级地貌区，以及其下 12 个二级地貌区[30]。从福建省国家级保护地按照地貌一级区划的分布数量来看，闽西山地、丘陵、河谷平原区数量最多（60 处，占比 50.42%），约为闽中山地、山间盆谷区（26 处，占比 21.85%）和闽东沿海丘陵、台地、平原、岛屿区（33 处，占比 27.73%）的 2 倍。地貌二级区划也表现出相似的不均衡分布结构，其中，武夷山山脉北段山地、河谷平原区所拥有的保护地数量（39 处，占比 32.77%）甚至高于一级区划的闽中区和闽东区。这与该区地势高、起伏大、土地类型复杂、景观类型多样不无关系。同理，源于对景观类型多样化的偏好，近 1/3（36 处）的保护地都分布在地貌类型更为复杂各区划分隔带上（图 1）。

从地势起伏来看，福建省总体呈西北高-东南低的趋势。通过福建省 DEM 提取的保护地质心高程数据可知，现有保护地质心提取后的高程最高点为 1681m，最低点为 −11.40m，平均高程为 357.82m。与福建省各县级单位平均高程 473.30m 比较可知，高程数据大于平均高程的保护地数量有 33 处（27.73%），小于平均高程的保护地数量有 86 处（72.27%）。这与全国范围内国家级保护地偏向于低级阶梯的趋势相符，也与福建省东部临海的地理环境有关。

2.2.2　按气候条件分布特征

从气候条件来看，福建省共分为南亚热带、中亚热带和中亚热带山地 3 个气候区，下分 5 个副区[30]。从一级区划来看，国家级保护地主要分布于中亚热带气候区（57 处），占总数的 47.90%，高于南亚热带气候区的 33.61%，和中亚热带山地气候区的 18.49%。其中，国家级海洋公园全部分布于南亚热带气候区。从气候副区来看，保护地主要分布于中亚热带气候区的浦城-武平暖三级副区（25 处，占比 21.01%）、福鼎-永安暖二级副区（21 处，占比 17.65%），和南亚热带气候区的安溪-福安热一级副区（21 处，占比 17.65%）。由此可见，除了景观特征依赖沿海条件的国家海洋公园外，保护地分布更偏向于受海洋性气候影响较弱，热量条件适中，降雨量丰富且相对湿度较高的区域。

2.2.3　按地表水域分布特征

福建省水系大多以本省为单元，从源头、流经区域到注入海域都相对独立完整[30]。从福建省相对独立的 15 个流域来看，面积最大的闽江流域拥有的国家级保护地数量最多（56 处，占比 47.06%），而其余流域的保护地数量则相对均衡。与省外水系相接的流域，例如长江流域、黄冈溪流域等则没有保护地分布。为了进一步探讨保护地分布与水系的关系，对福建省水系进行 GIS 缓冲区处理，发现位于各水系 1000m（区域性公园服务半径下限）缓冲范围内的保护地有 60 处（占比 50.42%），而当缓冲区范围拓宽至 2000m（综合性公园服务半径下限）时，保护地数量增加至 93 处（占比 78.15%）。由此可见，福建省国家级保护地对于水资源依赖性较高，且完全依靠省内的独立水系。

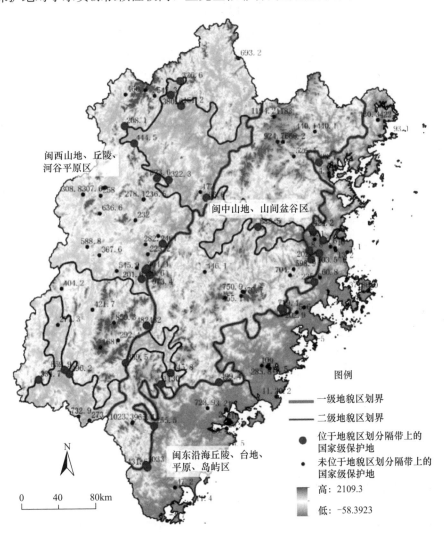

图 1　福建省国家级保护地分布与地势关系

2.2.4　按植被与土壤分布特征

植被与土壤是具体反映自然综合体特征的地表物质体系[31]。从植被区划来看，福建省可以划分为常年湿热，略有短期干旱的亚热带雨林地带和常年温暖的照叶林地带，2 大植物地带，下分 3 个植被区，6 个植被小区[32]。国家级保护地分布数量最多的是闽中东戴云山-鹫峰山脉常绿槠类照叶林小区（31 处，占比 26.05%），其次为闽西博平岭山地常绿槠类照叶林小区（21 处，占比 22.69%）。其中，贴近亚热带雨林和照叶林的分界线的鹫峰山-戴云山脉-博平岭山脉[32]，植被类型多样，位于该山脉线上的保护地即有 25 处。从土壤区划来看，福建省划分为中亚热带常绿阔叶林红壤地带（保护地数量占比 78.99%）和南亚热带季风雨林砖红壤性红壤地带（保护地数量占比 21.01%），2 大土壤地带，下分 6 个小区[30-33]。由于中亚热带常绿阔叶林红壤地带面积是南亚热带季风雨林砖红壤性红壤地带的约 2 倍，为了尽量减少区域面积对保护地分布数量的影响，主要比较各小区间保护地的数量。从分析可知，保护地主要分布于闽中闽西北中山低山红壤、黄壤、潜育水稻土区（33 处，占比 27.73%）。该区山地面积大，土壤垂直带谱纵跨省内中亚热带地区包括红壤、黄红壤、黄壤和山地草甸土在内的全部 4 大类型。由此可见，保护地更偏向于植被和土壤类型多样，景观特征差异性大的区域。

2.3 按社会经济空间分布

2.3.1 按行政区划分布特征

福建全省辖 9 个地级市，包括南平市、宁德市、福州市、三明市、龙岩市、莆田市、泉州市、厦门市、漳州市。从各市拥有国家级保护地的数量来看，位于三明市的国家级保护地数量最多，为 23 处（占比 19.33%）；福州其次，为 18 处（占比 15.13%）；南平第三，为 16 处（占比 13.45%）；位于末两位的分别是厦门（9 处，7.56%）和莆田（5 处，占比 4.20%）。其中，厦门的 9 处保护地中有 6 处集中于厦门思明区，而莆田的 5 处保护地中 3 处集中于莆田城厢区两个县级行政单元。可见，保护地在各行政区划间的分布极不均衡。

2.3.2 按经济发展水平分布特征

从福建各县级行政单元的 GDP 总量和拥有国家级保护地的数量来看，排名靠前的县级单元分别为晋江市 2 处（1.68%）、福州鼓楼区 1 处（0.84%）、厦门思明区 6 处（5.04%），泉州南安市 1 处（0.84%），保护地数量并未显示出与区域经济发展水平相一致的形式。从保护地按 GDP 分布的密度来看，每百亿 GDP 拥有国家级保护地数量最多的县级行政单元为南平市政和县（6.91 个/10^6 万元）、三明市泰宁县（6.49 个/10^6 万元）、南平市武夷山市（4.03 个/10^6 万元）。虽然拥有保护地的县级单元中，63.64% 都低于全省 GDP 平均值，但是也存在 GDP 总值低却未有保护地，GDP 总值高却拥有较多保护地的情况，保护地数量未能与区域经济发展水平完全匹配。由此推断，在福建省域范围内，保护地空间分布与区域经济发展水平并未有直接的联系。

2.3.3 按人口分布特征

从福建省各县级行政单元常住人口数量，和拥有国家级保护地的数量来看，排名靠前的县级单元分别为晋江市 2 处（1.68%）、南安市 1 处（0.84%）、兰陵县 0 处（0.00%）、福清市 2 处（1.68%），保护地数量并未显示出与区域人口数量相一致的形式。从保护地按常住人口分布密度来看，每百万人口拥有国家级保护地最多的县级行政单元有三明市泰宁县（4.50 个/10^5 人）、南平市武夷山市（2.16 个/10^5 人）、三明市将乐县（2.01 个/10^5 人）。与保护地按经济发展水平分布的特征相似，保护地虽然显示出了向人口数量较少（低于全省平均值）的闽北和闽西地区聚集的倾向，但是二者未能完全匹配，即并未显示出直接的联系。

2.3.4 按可达性分布特征

通过 ArcGIS 累积耗费距离分析，可以 0.5h、1h、2h、3h、4h、5h、8h、12h、24h、48h 为时间标准点，将福建省各国家级保护地的可达性时间成本划分为 11 个段落（图 2）。根据各个时间段在空间上的分析可知，福建省国家级保护地的平均可达时间为 2.75h。全省 92.74% 的区域都在保护地可达性 4h 内，其中保护地在 0.5h 内可达的区域占 5.62%，1h 内可达占 18.99%，2h 内可达占 53.60%，3h 内可达占 79.41%。保护地可达性大于 32h 的区域仅为 0.68%，位于岛屿区域。从空间分布来看，保护地可达性较好的区域（<2.75h 内可达）主要分布于福建省东部、西部地区，可达性较差的区域（>2.75h 可达）则主要分布于福建省中部地区。除了海岛区域由于水运交通上的不便，造成可达性较低外，其余可达性较差的区域则主要位于北部山区。分析可知，福建省国家级保护地主要分布在可达性较高的区域。然而，过高的保护地可达性虽然为游客享用提供了便利，也势必会因为大量的游客活动而为保护地的生态保护带来巨大压力。

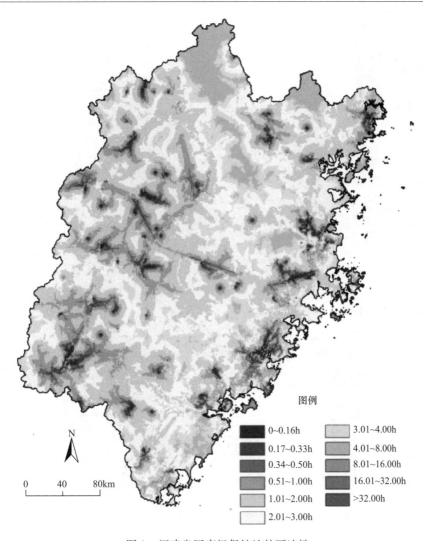

图例

■	0~0.16h	▨	3.01~4.00h
■	0.17~0.33h	▨	4.01~8.00h
■	0.34~0.50h	▨	8.01~16.00h
▨	0.51~1.00h	▨	16.01~32.00h
▨	1.01~2.00h	■	>32.00h
▨	2.01~3.00h		

图2　福建省国家级保护地的可达性

3　福建省国家公园试点选择

　　根据福建省各类型国家级保护地空间分布特征分析可知，按自然地理空间分布特征来看，保护地主要聚集在热量条件适中，相对湿度较高、水资源丰富、植被、土壤、地形地貌等景观特征差异性大的区域，即景观类型多样的区域；按社会经济空间分布特征来看，保护地在各行政单元间的分布并不均衡，主要聚集于交通可达性较高的区域，而区域经济发展水平和人口数量都未对保护地的整体分布造成直接影响（图3）。由此可见，相较于经济利益，福建省现有国家级保护地分布更关注于景观多样性保护。这与国家公园强调以保护为主，为公众享用的国际经验相一致[34]。鉴于国家公园要求以保护自然生态和自然文化遗产原真性为先，因此，在满足区域内景观类型多样的前提下，国家公园试点建设应当适当向福建省内交通可达性较低，人为破坏相对较小的区域倾斜，即在区域内保护地类型数量一致的情况下，优先选择可达性低的区域。

　　由于各类型国家级保护地的主要景观类型各不相同，又均属国家认定的各自景观类型中的最高级别，难以分辨其重要程度的区别，因此，本研究假定各类型保护地重要程度一致。在此前提下，本研究认为某区域各类型保护地的聚集程度，以及不同类型保护地的数量，可以在一定程度上反映该区域的景观重要性，即在一定区域内所拥有的不同景观类型保护地越多，则该区域景观重要性越高，越适合对其进行整合，并设定为国家公园试点区域。基于此，本研究将根据景观类型数量以及现有保护地空间分布特征进行热点探测以及筛选。

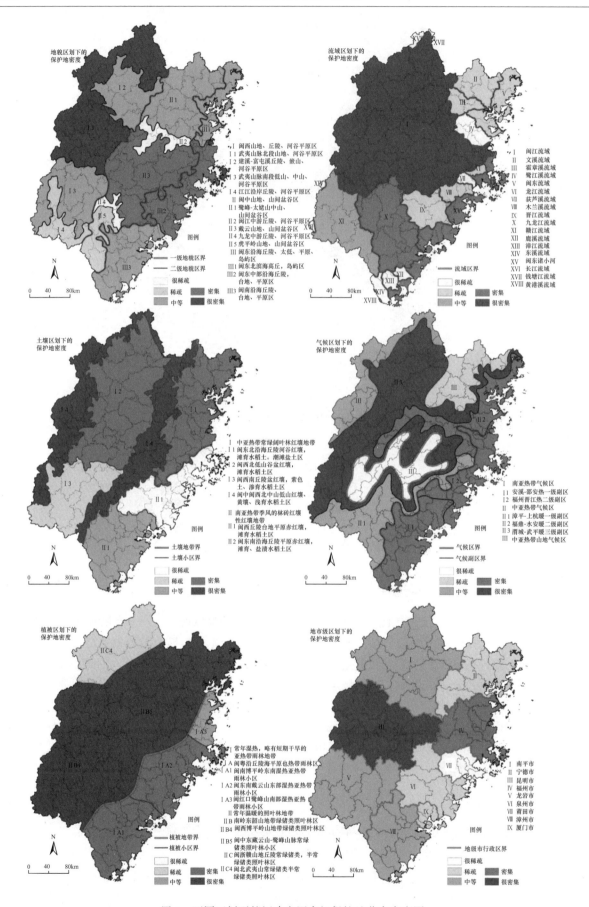

图 3 不同区划下的福建省国家级保护地分布密度图

3.1 热点探测

根据 CrimeStat4 对福建省 119 个国家级保护地进行的空间热点探测结果发现（图 4），一阶热点区有 8 处，其中，位处闽西山地、丘陵、河谷平原区的 3 处，为南平武夷山市-建阳市，三明泰宁县-建宁县，三元区-梅列区-永安县；闽中山地、山间盆谷区 1 处，为泉州德化县-莆田永泰县；闽东沿海丘陵、台地、平原、岛屿区 4 处，为福州晋安区-鼓楼区-马尾区-仓山区-长乐市，莆田城厢区-荔城区-涵江区-仙游县，泉州鲤城区-丰泽区，厦门集美区-海沧区-湖里区-思明区。二阶热点区 1 个，位于闽中与闽东两大地貌区划交界处，连接福州-莆田一线。从热点聚类空间来看，各个一阶热点区在空间上都跨越县级行政边界进行连接，二阶热点区则跨越多个地市。然而，国家公园试点如果向多个县域扩张，则会为试点管理甚至推广带来实际的困难。因此，为了保障国家公园试点的顺利推行，在发展初期考虑以单个县域单元为主体发展。

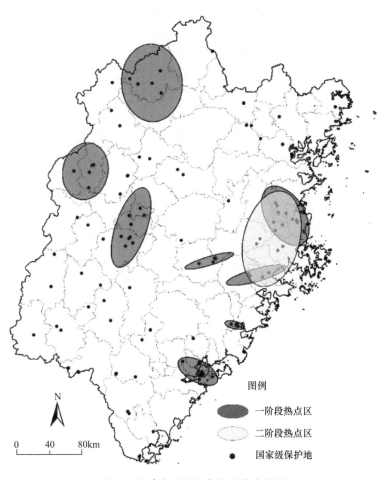

图 4   福建省国际级保护地热点探测

3.2 热点筛选

在将热点区域主体定位于单个县域单元的过程中，若涉及多个县域，则选择保护地数量最多的县级单元作为承载主体；若县域单元内出现未划入一、二阶热点区域的保护地，则根据热点聚类法的内聚性，不将其纳入考虑。由此，一、二阶热点区域被拆解为南平武夷山市、三明泰宁县、泉州德化县、厦门思明区等 8 个县级行政单元。

在获得保护地县级空间热点的基础上，通过梳理保护地的景观类型数量来筛选热点区域。在 8 个县域单元中，除了厦门思明区有 3 处保护地景观类型重合外，其余县级单位的保护地主要景观类型均不一样，即区域内保护地数量即可认定为其景观类型数量。根据 8 个县级热点区域内的保护地景观类型数量，将原有县级热点区域划分为国家公园试点热点区-次热点区-中间区 3 层结构，热点区为拥有 5 种保护地类型的拥南平武夷山市、三明永安县以及三明泰宁县；次热点区为拥有 4 种保护地类型的厦门思明区、福州长乐市和泉州德化县；中间区为拥有 3 种保护地类型莆田城厢区和泉州丰泽区。

在福建省各类型国家级保护地可达性数据基础上，通过 ArcGIS 计算各县域平均可达性可知，平均可达性大于 2h 的有武夷山市（2.87h）、长乐市（2.32h），以及德化县（2.13h），其余 5 个县域可达性均在 1-2h 内，其中，厦门市思明区的平均可达性最高（1.01h）。根据国家公园试点选择适当向可达性较低的区域倾斜的建议，最终形成了热点区（南平武夷山市＞三明永安县＞三明泰宁县）-次热点区（泉州德化县＞福州长乐市＞厦门思明区）-中间区（莆田城厢区＞泉州丰泽区）3 层空间结构。从景观类型和可达性表现上来看，属于国家公园试点热点区的南平武夷山市适于作为国家公园试点的首选。

4　结论与讨论

我国各类国家级保护地是目前反映国家最高级别生态保护的重要区域，也是我国国家公园建设的重要基础。从对福建省各类型国家级保护地空间分布特征分析可知，自然地理要素对保护地空间分布的影响要高于社会经济要素，其中，区域生产总值和人口数量两项重要的社会经济指标都未能显示出与保护地空间分布有直接联系。保护地总体呈聚集分布，在各地理区划以及行政区划间的分布都不均衡，大多偏向于选择热量条件适中，相对湿度较高、水资源丰富、植被、土壤、地形地貌等景观类型多样，且可达性较高的区域。根据区域景观类型以及可达性 2 项对现有保护地空间分布特征影响较大的要素，对保护地进行热点探测和筛选的结果，建议优先选择分别拥有 5 种景观类型，且交通可达性较低的国家公园试点热点区，即南平武夷山市、三明永安县和三明泰宁县 3 个县级单元，其中以南平武夷山市最优。

由于研究对象为省域尺度，受到数据精度的影响，质心抽取方式以及可达性计算方式都相对理想化，虽然具有一定的参考意义，但仍然有待进一步研究。此外，受到课题委托时间以及国家公园试点启动时间的限制，本文数据截至 2014 年底，今后可在获取多期数据的对比下，从时间轴线上探讨空间格局演变规律及其驱动因素。除了空间分布分析之外，国家公园试点的选择还需要配合多种因素，相关的研究成果也将在后续陆续披露。目前我国国家公园建设仍处于探索阶段，后期可以结合整体空间布局，对正在开展的各国家公园试点进行具体分析，形成更具有借鉴性的建议。

参考文献

[1] Ma Xiaolong, Ryan Chris, Bao JiGang. Chinese national parks: differences, resource use and tourism product portfolios [J]. Tourism Management，2009，30（4）：21-30.

[2] 李经龙，张小林，郑淑婧. 中国国家公园的旅游发展 [J]. 地理与地理信息科学，2007，32（2）：109-112.

[3] 王连勇，霍伦贺斯特·斯蒂芬. 创建统一的中华国家公园体系——美国历史经验的启示 [J]. 地理研究，2014，33（12）：2407-2417.

[4] 穆晓雪，王连勇. 中国广义国家公园体系称谓问题初探 [J]. 中国林业经济，2011，107（2）：49-53.

[5] 罗金华. 中国国家公园设置及其标准研究 [D]. 福州：福建师范大学，2013.

[6] 张海霞. 国家公园的旅游规制研究 [D]. 上海：华东师范大学，2010.

[7] 杨锐. 建立完善中国国家公园和保护区体系的理论与实践研究 [D]. 北京：清华大学，2003.

[8] 赵树丛. 认真学习贯彻十八届三中全会精神把生态林业民生林业推向更高水平 [C]. 中国绿色时报，2013-12-12（1）.

[9] Zhou D. Q., Grumbine. R. Edward Natioanl parks in China: Experiments with protecting nature and human livelihoods in Yunnan province, People's Republic of China（PRC）[J]. Biological Conservation，2011，144（2）：1314-1321.

[10] 吴佳雨. 国家级风景名胜区空间分布特征 [J]. 地理研究，2014，33（9）：1747-1757.

[11] 何小芊，王晓伟. 中国国家矿山公园空间分布研究 [J]. 国土资源科技管理，2014，31（5）：50-56.

[12] 何小芊，王晓伟，熊国保，等. 中国国家地质公园空间分布及其演化研究 [J]. 地域研究与开发，2014，33（6）：86-91.

[13] 黄金火. 中国国家地质公园空间结构与若干地理因素的关系 [J]. 山地学报，2005，23（5）：17-22.

[14] 吴后建，但新球，王隆富，等. 中国国家湿地公园的空间分布特征 [J]. 中南林业科技大学学报，2015，35 (6)：50-57.

[15] 潘竟虎，张建辉. 中国国家湿地公园空间分布特征与可接近性 [J]. 生态学杂志，2014，33 (5)：1359-1367.

[16] 刘国明，杨效忠，林艳，等. 中国国家森林公园的空间集聚特征与规律分析 [J]. 生态经济，2010，221 (2)：131-134.

[17] 潘竟虎. 中国国家森林公园空间可达性测度 [J]. 长江流域资源与环境，2013，22 (9)：1180-1187.

[18] 丘萍，章仁俊. 国家级水利风景区分布及影响因素研究——基于空间自相关和固定效应模型的实证 [J]. 统计与信息论坛，2009，24 (5)：47-53.

[19] 孔石，付励强，宋慧，等. 中国自然保护区与国家地质公园空间分布差异 [J]. 东北农业大学学报，2014，45 (9)：73-78.

[20] 孔石，曾頔，杨宇博，等. 中国国家级自然保护区与森林公园空间分布差异比较 [J]. 东北农业大学学报，2013，44 (11)：56-61.

[21] National Park Service. Part one of the national park system plan：cultural history [M]. Washington，D. C.：National Park Service，1972：1.

[22] National Park Service. Part two of the national park system plan：natural history [M]. Washington，D. C.：National Park Service，1972：1.

[23] DowerJ. National Parks in England and Wales：A Report to The Minister of Town and Country Planning [M]. London：Committee Utilization in Rural Areas，1942：1.

[24] 韩洁，宋保平. 陕西省水利风景区空间分布特征分析及水利旅游空间体系构建 [J]. 经济地理，2014，34 (11)：166-172.

[25] Duyckaerts Charles，Godefroy Gilles，Hauw JeanJacques. Evaluation of neuronal numerical density by Dirichlet tessellation [J]. Journal of Neuroscience Methods，1994，51 (1)：47-69.

[26] 潘竟虎，从忆波. 中国 4A 级及以上旅游景点（区）空间可达性测度 [J]. 地理科学，2012，32 (11)：1321-1327.

[27] 王振波，徐建刚，朱传耿，等. 中国县域可达性区域划分及其与人口分布的关系 [J]. 地理学报，2010，65 (4)：416-426.

[28] 潘竟虎，马春天，李俊峰. 甘肃省 A 级旅游景点空间结构研究 [J]. 干旱区资源与环境，2014，07 (28)：188-193.

[29] Pan Jinghu，Li Junfeng，Gong Yibo. Quantitative Geography Analysis on Spatial Structure of A-grade Tourist Attractions in China [J]. Journal of Resources and Ecology，2015，16 (1)：12-20.

[30] 福建省地方志编撰委员会. 福建省志 [EB/OL]. http://www. fjsq. gov. cn/showtext. asp?ToBook＝180&-index＝1&-，2015-04-07.

[31] 任美锷. 中国自然地理纲要 [M]. 北京：商务印书馆，1999：7，21，61，65，95，111，114.

[32] 林鹏，丘喜昭. 福建省植被区划概要 [J]. 武夷科学，1985，5 (12)：247-253.

[33] 许贤书. 福建省园林绿化树种区域规划与应用研究 [D]. 福建农林大学，2011.

[34] 朱里莹，徐姗，兰思仁. 国家公园理念的全球扩展与演化 [J]. 中国园林，2016，07 (32)：36-40.

从文化视角解决国家公园设计中的生态问题
——以一次教学实践为例

（清华大学美术学院）

【摘　要】 同我国国家公园建设一样，国家公园的景观和游憩场地的设计也是一个新课题。本文结合一次本科景观设计课程的教学，以两个学生小组设计成果为例，探索了符合我国地方生态、经济、文化条件下的国家公园设计方法与设计理念。教学研究的重点在于以我国传统文化的审美观去解决生态问题，在维持生态完整性和恢复生态平衡的前提下，适度营造旅游或游乐项目，以符合当地或周边文脉传统的景观形式，达到促进当地经济繁荣、大众教育的目的，为公众提供对泥河湾国家遗址公园环境及其文化体验、研究、学习和享受的机会，使之成为"公平的社会生态产品和生态文明代表"，从而建立一个文化化了的生态区。

【关键词】 国家公园；文化化；游客体验；生态消费品

　　此次教学设计课题的对象是泥河湾遗址公园（泥河湾国家自然保护区）——距今约二百万年前，远古的人类就在此活动。泥河湾地质遗迹分布于河北张家口阳原、蔚县一带，距北京 100 多公里，位于桑干河上游的阳原盆地。1978 年中国考古工作者在泥河湾附近的小长梁东谷坨发现了大量旧石器和哺乳类动物化石，其中包括大量的石核、石片、石器以及制作石器时废弃的石块等。全球已发现的 100 万年以上的 53 处早期人类文化遗存中有 40 处聚集于此，还有发育良好的晚新生代地层和丰富的哺乳动物群，具有极高的地质勘测和考古价值（图 1）。

图 1　泥河湾是剖面最多、保存最完好、国际公认的第四纪标准地层，遗址群没有年代断层，
因此泥河湾也成了考古科学与地质科学的核心区

---

① 作者简介：黄艳博士，清华大学美术学院副教授，哈佛大学设计研究生院访问学者，北京市政府采购办专家。yyhuang1118@163.com，13901165920。

在这个东西长 82km，南北宽 27km 泥河湾盆地中，已经经历了大规模的考古挖掘，留下了上百个遗址点，而每个遗址点都有大小不一的遗址挖掘坑，其中小的只有 4、5m²，大的可至上百平方米。地段内的山体周围分布了五个村庄，内部盆地也有两处村庄。从景观的角度来看，地层受流水的强烈侵蚀切割，地形沟壑纵横，层层迭迭的地层十分醒目壮观。

1 面临的挑战

1.1 生态恶化的挑战

规模空前的考古活动给泥河湾地区造成了无数的遗址挖掘坑，造成了严重的生态破坏及景观破坏。由于土质疏松，地形与土壤长期受到流水的侵蚀，形成了类似黄土高原的脆弱的环境，同时又灾害频发（泥石流、滑坡、塌陷等在场地中随处可见），松软的土质和夏季集中的降雨导致这里每年都会发生滑坡和泥石流等自然灾害，给当地村落和考古地址都带来了极大的消极影响。由于平均海拔在 1000 米以上，随着桑干河每年径流量的减少，年降水量不足 400mm，植被覆盖率很低，且场地中多为本草植物，少灌木与乔木，根系欠发达难以起固定土壤的作用，因此水土流失严重，土壤贫瘠。

1.2 经济崩溃的挑战

生态问题直接带来了经济问题。近几年来，随着桑干河每年径流量的减少，缺水成了泥河湾地区的最大问题，附近居民每天用水时间不到两个小时；严重的水土流失加上干旱，使得这里作物的收成很差；同时山地陡坡和疏松的土质容易发生滑坡和泥石流，对山下的村庄造成了巨大的威胁。

考古开发更是使得原本脆弱的当地经济雪上加霜，挖掘活动直接破坏了村民们赖以生存的耕地、林地，遗留下来的众多遗址挖掘坑对脆弱的生态环境造成了进一步的破坏，加剧了水土流失，阻碍了植被恢复，用于耕作的土地也由于被考古挖掘占用而荒废，村民们有限的生存资源受到了进一步压缩，生活变得十分艰难。他们甚至被迫迁出原来的村落，年轻人外出打工，造成当地劳动力不足，生活品质极其低下（图 2）。

图 2 严重的水土流失加上干旱，使得这里作物的收成很差；
山地陡坡和疏松的土质容易发生滑坡和泥石流

当然，当地经济的不断衰落还和整体大环境相关。从中国总体来看，在上个世纪初开始，由于工业革命的出现，农村的手工艺和传统生产方式开始逐步消失，从那时开始农村只剩下了农业，只种地的农民开始走向贫困。到 20 世纪 50 年代以后，出现城乡户口的差别，农村不仅经济贫困，人才也开始贫困。20 世纪 80 年代，改革开放开始，农村的年轻人开始进城打工，于是劳动力开始离开农村，农村在丧失了手工业、人才的基础上又丧失了劳动力，于是开始进一步走向贫困和不断衰落。

1.3　传统文化的遗失

考古挖掘活动遗留在场地上的一座座挖掘坑在这片古老神圣的早期人类栖息地上留下了巨大的创口，而生态和经济的衰败又带来了当地传统文化的遗失。和其他中国传统乡村一样，泥河湾并不是孤立存在的，而是和外面具有千丝万缕的联系。

随着传统生活环境的破坏和生活方式的改变，文化不可避免地被遗失。传统生产活动的破坏和改变，带来了当地居民每天生活内容、作息、生活资料、生活习惯甚至价值观和审美观的改变。同时，随着外来文化的强势介入，在很长时间内，许多人们把水泥和玻璃构成的物理空间看作是美的，却厌恶自己祖祖辈辈生活的环境；把喝咖啡、吃快餐当作现代生活的象征。

2　策略——文化化的生态保护区

经过多次现场踏勘和调研后，我们提出的总体策略是，与其去处理纷繁复杂的困难和生态设计的挑战，不如把某些区域设计为人们使用的一个场所，使之成为介入生态保护和文化重建的关键因素，探索人们的活动如何对景观和生态资源产生积极的影响，探索人们活动与景观生态之间的互动关系，强调在此过程中文化重建的意义，并总结提炼使之成为可供广泛使用的一种模式。

这就要求转变那种主要聚焦于美学问题或仅仅从经济和政策维度出发的规划，而是努力找到生物多样性保护与人们自身生活质量之间的关联，从调和生态入手，同时实现文化的目标，从而达到关注人类的身体和情感健康、整合美学、娱乐、生物多样性保护、生态环境恢复等各种效果相互介入的模式。

关键在于如何从文化视角的看待生态问题，对文化特色和生物多样性的保护给予同等的重视，追寻文化与生态关联中的动态平衡。把泥河湾国家公园设计成为一个供人们使用的场所，把设计作为介入生态保护的关键因素；从微观来说，可以从调和生态入手，对生物多样性保护与当地村民自身生活质量之间关联的更加重视；从宏观来说，关注人类的身体和情感健康，整合美学、娱乐、生物多样性保护和可替代的交通形式，从而同时实现生态保护和文化重建的双重目标——也就是建立一个"文化化"的生态区。

2.1　生态介入

要致力于缓和泥河湾盆地遗址公园中人与自然的紧张关系，即自然灾害对村庄的威胁和有限的水资源与土地资源对村庄居民生存发展的限制，同时解决考古挖掘遗留的坑对生态环境的破坏和对村庄土地资源的占用问题。

对于这种偏远区域的生物多样性前景来说，如果想要支撑当地物种和栖息地的生态系统，就需要提供一系列当地居民重视和需要的服务，并强调人类和自然世界的相互依存关系。不仅要努力恢复场地的生态平衡，而且努力寻求新生态表达的途径与手段。

2.2　生态与经济的和解

具体来说就是要拯救乡村，把传统的乡村产业和人才留在乡村，让当地农村得以恢复生机。实际上，如果生物多样性没有和人们的福祉相关联，那么对于许多本土动植物的未来，也将是不容乐观的；如果不能成功地将恢复生态平衡的因素进程导入村民们的日常生活，生态保护也将成为一纸空文。

这既是生态学的挑战，也是关乎一种新存在的挑战，只有达成自然生态和人类经济生活之间的和解，生态问题才能得以根本解决。

2.3　文化视角的生态问题

在最近几年中，生态学不仅已成为人们关注的重心，而且成了第一生产力。生态系统的优化不仅强调了疾病控制，还包括其他生态系统服务，比如食物和水的供应，气候调节，洪水控制，水体净化，营养循环，更有娱乐性和教育的机会，以及精神上的充实、审美体验丰富和文化传承的任务。这就要求我们考察文化现象，从文化可持续健康发展的角度来思考生态学。

在设计中要努力追寻文化关联中的短暂平衡，因为可持续不是指一些可完成的和实现的事情，而是关于不断地寻找关系上的平衡。可持续更像是设计中的道德规范，它是小事例间的不断循环往复，持续地搜寻片刻的平衡，关注每一个生态过程的瞬间，对文化特色和生物多样性双方的保护都给予同样的重视。

中国古人，尤其是文人大都欣赏天趣之美，质朴之美，素雅之美，讲究物我两忘，运用素材之时顺势而为，不伤物性。这种审美观既体现在器物之中，也体现在南方文人园林中，更体现在山水画中。在今天看来，"天人合一"的中国传统审美哲学，不仅仅是一种审美观、文化观，也是一种生态观。

3 设计方案

3.1 方案一——蓝宝石项链

本方案的设计目标旨在用"最少的人为干预"和"最多的已有条件利用"的原则重新思考人与自然共存的方式，解决场地上"人（考古活动）—自然—人（农民）"三者的矛盾。按照现在遗址点的环形分布进行由外向内、由下至上的生态恢复，实现最终该地区全面生态恢复与村民经济效益提升、保障他们基本生存的"双赢"局面；同时彰显当地村民的主体性，倡导根植于文化的"在地性"，最大限度地激活和融合各种静态和活态的资源，创新文化生态，再造乡村生活。

生态恢复中最大的挑战是干旱缺水、泥土沙化、植物脆弱，因此把雨水的收集和利用作为起点。具体策略是利用遗址挖掘坑作为雨水回收利用的集水口，在现有的雨水收集设施的基础上，结合同样以遗址点作为依据建设的步道路线，铺设输水系统，结合地形，输送到山下。并利用现有考古路线重新规划水系统与景观系统，按照时间序列恢复当地生态——即根据遗址坑的分布合理建设步道系统，将步道系统与输水系统进行整合（因为这样可以使两套系统共享建设过程中的人力资源与基础设施，节约了时间和资源），然后将雨水输送到山底的各个村庄（图3）。

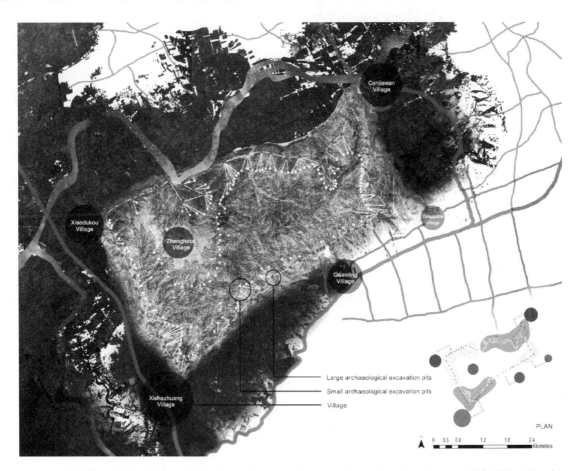

图3 利用遗址挖掘坑作为雨水回收利用的集水口，在现有的雨水收集设施的基础上，结合同样以遗址点作为依据建设的步道路线，铺设输水系统，结合地形，输送到山下

沿着村民放牧的路线将输水系统设置在道路下侧，上面铺设人行栈道，整合放牧的路线，形成了一条围绕山体的环形路线，同时栈道的集水系统也是净水过滤系统。不同的村庄也将通过这条步道联系

起来。

在输水线路两侧适当引一些水进行灌溉，促进沿线土地的植被恢复同时，羊群在这些草地上的代谢产物（羊粪）又含有大量的养分，促进土地变得更加肥沃，形成良性循环。道路两侧种植农作物和本土十分常见的杏树、馒头柳等植被，形成良好的景观（图4）。

图4　通过这种方式，建立起了集雨水回收系统、放牧路线、
村间步道与良好景观于一体的线性系统

这条线路也将促进沿线放牧地区的植被生长，与羊群形成良性互动，实现生态恢复。这条线路集输水、放牧和人行于一体，形成了围绕场地的串联遗址挖掘坑和各个村庄的环形生态恢复带，即蓝宝石项链（图5）。

图5　人、羊群、植物、水、村庄的和谐关系得以重建

其次，对废弃的挖掘坑和土的利用也提出了多元化的策略。由于考古挖掘对村民的土地资源造成了很大的占用和破坏，我们考虑利用挖掘坑恢复原有的农地和林地。当地存在晒土的习惯，因为土壤本身肥力较低，通过晒土可以增加土壤本身的透气性和保水性，同时可以杀灭土壤中的害虫和细菌，提高土

壤肥力。而挖掘时产生的土正好已经经受了充分的晒土过程，肥力得到了恢复，可以在这些土上种植黍子、向日葵、马铃薯、玉米等经济作物，恢复村民正常的耕作生活。

另一方面，利用挖掘产生的土建造生土建筑，恢复村民原本在山中的住所以及作为温室大棚的墙体，生土建筑具有冬暖夏凉，节省能源和利于生态平衡的优点，这一种方式也是对废弃的挖掘土的有效利用（图6）。

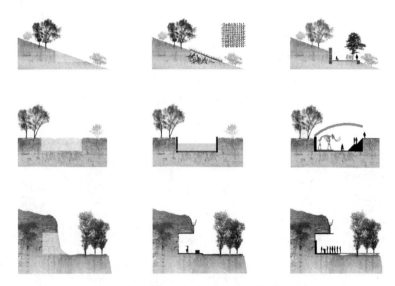

图6　挖掘坑和挖掘土的改造利用

最后，结合当地情况，提出了经济可行的植被种植策略。现在场地内部主要有馒头柳和杏树等本地传统树种，以及玉米、向日葵、高粱、黍子等庄稼。我们以设计的输水线路为基础采用滴灌方式促进该地区的植被生长。线路两侧种植这些庄稼与植被，形成良好的景观；紧挨着输水线路种植紫花苜蓿等生命力强和可作为饲料的草本植物，为村民们放牧提供优良的场所；外侧种植向日葵、黍子等庄稼，山坡上种植柠条，用于保持水土，也可作为饲料。

3.2　方案二：死·生园

"死·生园"虽然与"生态墓葬"的概念相关，但又引入了"生命"的意义，和传统陵园或墓地着重纪念死者的功能不同，它强调的是"生"；其重点是把生物循环的理念植入我国"入土为安"的传统概念之中，将生命轮回与生态系统的循环相比较、相穿插，改变过去墓地肃穆悲伤的气氛，代之以安宁、崇高又充满生命希望的愿景。

设计策略1.：改变过去树立墓碑的习惯，代之以由人们亲手种植树木作为墓地的标记，树木的生长意喻着"生"，随着树木的生长和数量的增多，不仅能够逐渐达到植被恢复的生态功能，而且单棵树的形象逐渐融入树林、森林、山林之中，虽然不再能够辨别，但象征着个体的生命逐渐和宇宙融为一体，从而获得永恒的生命（图7）。

在这里，人和自然亲密接触，而自然世界是信息量最大的环境，这种与自然直接联系的经历将在人们的情感上、理智上和价值观的发展上产生深远的影响。而且，与自然接触促进了人们更高阶的认知功能，增强了观察的技巧和判断的能力。

设计策略2：梳理游客视线与视点的"聚散"关系，在不同节点形成近景、中景和远景，象征了生命的进程和轮回。"聚"——通过景观平台、节点的设置，从宏观的视角提供登高远眺、纵览全局的全景图；"散"——通过梳理步道系统提供游客以双脚丈量和体会泥河湾地质地形的信息和线索，随着脚步的移动从微观来感受泥河湾独特的景观风貌。这样经过多次"聚散"，行、停、观、听等的反复和穿插，充分调动触觉、味觉、视觉、听觉的功能，建立身体的尺度感、距离感、空间感，从而达到全方位的景观体验和消费（图8）。

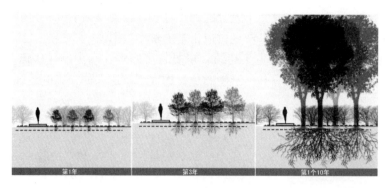

图7　经过1年、3年和10年，随着树木的生长，生态得以恢复，
逝去的生命与自然逐渐融为一体

图8　步道的上上下下象征着人生的起起落落

　　在土壤岩层破坏严重的区域进行修坡固沙，按照修旧如旧的原则，逐步恢复植被，从在坡地和低海拔区域种植灌木和地被植物入手，以期在较短时间内防止水土的进一步流失，同时也在山谷逐渐形成绿色景观。随着坡度的上升，逐渐种植乔木和灌木，不仅进一步巩固地表水土，而且为游客活动提供庇护（图9）。

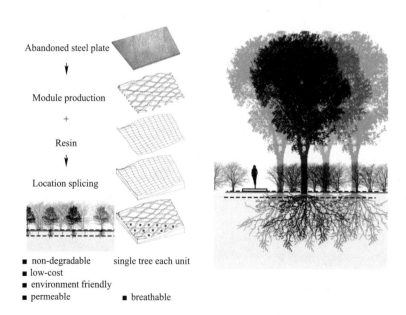

图9　利用低造价、可渗透、非降解的方式修坡固沙、恢复植被

结论

在整合生态和文化时，设计师不必太过关注于场地设计本身，而应将关注点与更广阔的生态格局相融合，将人们的日常生产和生活活动与生态进程相联系，增强人与其他物种之间的相互依存的关系，不仅要表现自然世界的本身的审美价值，而且也要强调了它为人们提供的服务，从而使得场地被"文化化"。

注：

方案一小组成员包括：欧阳诗琪、初璟然、高晴月；方案二小组成员包括：王馨仪、李浩明、吴泽浩、程明。

风景区道路规划及其美学意义

姚亦峰

（南京师范大学地理科学学院）

【摘　要】　风景道路是风景审美和旅游的关键要素，风景区道路规划设计与自然环境特征密切相关，道路系统在保护第一原则下顺应自然，强调轴线与几何形态的城市道路系统不适用自然景观规划，保护与利用的关系是具有科学意义的主题，风景区道路不仅仅具有审美意义，还具有社会与个人体验价值。

【关键词】　风景区；道路规划；线路选择；景观图像；序列景观节点；道路美学意义

风景区道路是景观审美中重要的构图要素；风景区道路的设计与其周围自然环境密切相关。风景区道路规划是科学处理保护和利用这一辩证关系的体现。风景区中的道路有其特别的审美含义，其更深入的美学意义在于审美人所处的社会文明状态和个人的阅历。

1　线路选择

风景区道路的规划首要问题是"自然"，道路本身的"自然"以及与周围风景相接的"自然"。切忌形成城市道路中人工化横平竖直框架，从而失去风景区道路的特征，进而破坏了风景区的自然品质。

设计道路应流畅地穿越风景，而且要避开损害最美和最具有生态价值的自然特征，道路应该与自然地形和沿途自然景观具有和谐关系，保存自然弯曲的河流、隆起的岩石、茂密的丛林和乡间植被群落，以至地球造山运动形成的自然轮廓线。

景观保护和开发是矛盾对立统一的辩证关系，保护天然有审美价值地貌是旅游开发和进一步旅游发展的前提，然而同时，合理科学地开发是对保护最终利用的目的实现。在保护与开发面临矛盾冲突时，保护是第一位，开发是第二位。

2　审美景观图像选择

利用路边的树木、树冠、树丛形成自然的"框景"和"遮挡"设计手法，形成连续而又富有变化的景观序列。游人的风景中前进，有时前景为开朗风景，有时前景又为闭锁风景，空间一开一合，也可以产生一种节奏感。

3　景观节点

风景区道路规划注意所经过地区的视觉观赏效果，使风景特征能够沿途展现出来。在空间较开阔地区，设观景眺望园地或观景平台。沿途形成观景眺望平台系列，寓意和象征，继而达到景观审美效果。

风景区入口处设计是个重要问题。不可以使风景区入口处"城市化"的设计。郊野自然公园都是朴素自然的入口标志。入口即"开门见山"地展示自然景观，而不以大门建筑形式的宏伟来显示其"著名"。

4　道路绿化

风景区内的道路依山傍水而延伸，多是自然弯曲、沿途有成片自然式植被，道路沿途可以绿化的空间也比城市道路绿化岛宽敞些，行道树种植应该三五成丛自然群落式布局，与道路两侧的自然景观相衔接融合，而不是过分"人工化"的生成状态。为了使得连续风景产生韵律节奏，设计使沿途林带连续的植物有断有续，使观赏连续风景产生节奏变化。

5　道路系统

道路系统是联系各景区景点的网络骨架。汽车道路、步行道、登山小径功能各不相同。其自身形成的审美品味也不一样，它们之间有机联系，相互补充，串联风景区内各景区与景点，形成道路系统。

景区主干道，以游览汽车通行为主。沿途主要是动态景观，注重远眺、鸟瞰等成片大面积的景观效果，成片的森林绿化、山脊轮廓线景观的展示。

步行游览道，表现或为林中曲径，或为登山台阶，或为滨水小路，注重沿途景观细节设计，以及道路自身的细节品位，例如青石板路面，有意识地在石缝之间镶嵌花草。

汀步石路，原本为乡间为跨越溪水而设置的最简朴的垫脚石，在景区内这种形式的道路设计别有艺术情趣。是返璞归真，探寻野趣最有意思的游览形式。注重道路本身行走的趣味，显然其交通的功能是很弱的。

另外还有栈道、悬索等特殊通行方式。

6　道路的自身美学意义

风景与人类文明密切联系，一万年以来山河景观形态没有改变。人类历史进化中的实践活动造就了人的美感诞生和发展。

景观审美不可以肤浅地理解为仅仅是审美客体的外形轮廓，其更深入的美学意义在于审美人所处的社会文明状态和个人的阅历。沿山伸展的道路，林中弯曲的小径，其本身线形、质感以及周围自然环境的交融就具有美学意义，在诗歌、绘画、音乐等艺术作品中讴歌道路的品格，赋予其各种人生和社会哲理。穿越自然风景的交通道路比喻为生活的道路、人生的道路，甚至社会前进、国家民族兴衰之路。

鲁迅先生在散文《故乡》最后写道；"其实地上本没有路，走的人多了，也便成了路。"鲁迅先生还说过："什么是路？就是从没路的地方践踏出来，从只有荆棘的地方开辟出来的。"

绘画中也有许多以道路为主题的作品，林中小路，荒野小路，登山拾阶小路等各有不同的社会哲理含义；画面中蜿蜒伸向天际远方的小路，意韵深长。华山险峻陡峭上建有云梯通天，体现了道家的自然哲学。

风景区道路规划是总体布局中最重要的组成部分，是组织景区景点的骨架网络，也是科学处理保护和利用这一辩证关系的体现。在中国现代风景名胜区规划中，存在许多问题，有关风景名胜区规划中道路设计的规范，以及景观详细规划的规范还有待于深入的讨论和定夺。

国家湿地公园命名指标体系构建与研究[①]

方敬雯[1]　张饮江[1,2]*　谷　月[1]　姬　芬[1]　周曼舒[1]

(1. 上海海洋大学水产与生命学院，上海，201306；2. 水域环境生态上海高校工程研究中心，上海，201306)

【摘　要】　国家湿地公园是保护湿地的主要模式，是我国生态文明与环境保护的重要建设环节，国家湿地公园建设成为了新的热点。本文运用相关性模型，将国家湿地公园与其类似命名区域开展分析，得出国家湿地公园与国家级湿地自然保护区、国家城市湿地公园及国家公园具有相关性，国家湿地公园这种保护实体收到引导并越来越受到重视；并结合 spss 对国家湿地公园评估标准、试点验收办法（试行）、总体规划导则与管理办法（试行）进行指标频度分析，阐释国家湿地公园命名相关的关键性指标，构建国家湿地公园命名指标体系；并运用 AHP 开展层次分析，计算指标体系各级权重及设立分值分级标准，建立国家湿地公园命名指标体系、计算方法与分级标准。结合项目新疆伊犁可克达拉国家湿地公园，运用文章构建的命名指标体系开展命名指标研究，得出新疆伊犁可克达拉国家湿地公园命名得分为79.671，且指标单项得分均超过该项总分60%，可知新疆伊犁可克达拉国家湿地公园可以作为国家湿地公园命名的试点公园。

【关键词】　国家湿地公园命名；命名指标体系；命名分级标准；新疆伊犁可克达拉湿地公园

　　湿地通常是指长久或暂时性沼泽地、泥炭地或水域地带，或为天然或人工形成的带有静止或流动水体成片浅水区，包括在低潮时水深不超 6 米的淡水、半咸水水域。湿地是自然界最具生物多样性的生态景观，与森林、海洋并称全球三大生态系统[1]，在世界各地分布广泛。鉴于目前湿地保护面临诸多困难，国家政府以及学术界倡导国家湿地公园概念，以达到保护湿地的目的，国家湿地公园作为湿地保护、生态恢复与湿地资源可持续利用的有机结合体[2]，近年来已成为各级政府部门宣传、建设重点和学术界研究热点。面对全国多而繁杂的国家湿地公园，定义命名差异较大，学术界对国家湿地公园个案研究较多，但全方位研究较少，而针对整个湿地如何界定国家湿地公园，以及设立的关键指标鲜有报道涉及，因此，研究国家湿地公园命名指标体系构建具有较高的学术价值与深远的重要意义。

1　国家湿地公园的现状

　　目前，我国国家湿地公园命名是直接由国家林业局批准认证，近年来国家林业局针对国家湿地公园发布了一系列标准与规范，其中涉及国家湿地公园建设规范、管理办法、总体规划导则、评估标准与试点验收办法等，但对于具体如何命名国家湿地公园却很少涉及。我国有关湿地区域命名较多，除菲律宾、香港以及台湾等地，国际上很少有直接命名为国家湿地公园的，国家湿地公园命名基本上类似于以湿地为中心、湿地类型为主的国家公园[3]。本文通过对大量文献深入研究，对国家湿地公园与其类型相似的区域：国家公园、国家级湿地自然保护区及国家城市湿地公园建成数的相关程度（表 1），进行两要素相关性模型分析研究，分析十年来国家湿地公园与这几种类型相似区域的关系，从而分析目前相对于其他保护形式，国家湿地公园的发展现状。

---

　　① 基金项目：国家水体污染控制与治理科技重大专项（2013ZX07101014-004）；上海市科委重大项目（08dz1900408）；上海市重点学科建设项目（Y1110，S30701）；上海海洋大学研究生科研基金项目

　　作者简介：方敬雯（1990—），女（汉族），江苏淮安人，硕士研究生，研究方向为水域环境生态修复，021-61900430，E-mail：jw-fang_keira@sina.com

　　* 通讯作者：张饮江教授，从事水域环境生态学研究，021-61900430，E-mail：yjzhang@shou.edu.cn。

国家湿地公园与其类型相似区域建成数（单位：个） 表1

	国家公园	国家级湿地自然保护区	国家城市湿地公园	国家湿地公园
2005 年	/	63	10	1
2006 年	1	74	19	1
2007 年	1	87	26	3
2008 年	2	93	30	5
2009 年	2	101	37	8
2010 年	2	106	38	9
2011 年	2	115	40	10
2012 年	2	123	42	12
2013 年	2	136	46	26
2014 年	2	147	51	38

◇ 国家统计年鉴，第二次全国湿地资源调查，国家住房和城乡建设部，国家林业局，国家综合地球观测数据共享平台等。

　　基于 pearson 相关系数，分析国家湿地公园与其相似命名类型区域相关性，主要参考关联系数的值来比较，数值越大，影响力越高，反之，数值越小，则影响力越小。采用 pearson 简单相关系数表示两要素之间的相关程度的统计指标，对于两个要素 x 与 y，如样本值分别为 x_i 与 y_i（$r=1$，2，…n），则它们之间的相关系数被为：

$$r_{xy} = \frac{\sum_{i=1}^{n}(x_i - \bar{x})(y_i - \bar{y})}{\sqrt{\sum_{i=1}^{n}(x_i - \bar{x})^2}\sqrt{\sum_{i=1}^{n}(y_i - \bar{y})^2}} \qquad （公式1）$$

　　公式1中 $\bar{x}$ 和 $\bar{y}$，分别表示这两个要素总样本的平均值，即

$$\bar{x} = \frac{1}{n}\sum_{i=1}^{n}x_i, \quad \bar{y} = \frac{1}{n}\sum_{i=1}^{n}y_i \qquad （公式2）$$

　　其中 r_{xy} 是 x 要素与 y 要素之间的相关性系数，就是衡量两要素相关性程度的重要指标，相关性系数的值在［−1，1］之间，若 $r_{xy}>0$，说明两要素正相关，就是同向相关；如果 $r_{xy}<0$，表示两要素负相关，即异向相关，就是说，如果 r_{xy} 的绝对值越接近于 1，则两要素越相关；若接近于 0，表示两要素越不相关[4]。

国家湿地公园与其相似类型区域关系矩阵表 表2

	国家公园	湿地自然保护区	国家城市湿地公园
国家湿地公园	0.52478689	0.903268627	0.816033053

　　由国家湿地公园与其相似命名类型区域关系矩阵表（表2）可知，国家湿地公园的建立与国家公园、国家城市湿地公园的建立具有相关性（此相关性矩阵表中有 3 个样本，自由度为 1，相关性系数在0.99 以上为显著相关），且与国家级湿地自然保护区的相关性程度最大，这说明国家级湿地自然保护区这种保护形式的兴起会对国家湿地公园的建立有引导作用，并且国家城市湿地公园与国家公园一定程度上也对国家湿地公园有引导作用。美国大沼泽地国家公园与康格利国家湿地公园，都是由原国家公园转变而来，转变成专门针对大沼泽地与沼泽森林地带的国家湿地公园；英国泰晤士河畔伦敦湿地公园与中国香港 2000 年成立的米铺湿地公园的建成也是由原来的伦敦国家城市湿地公园与香港城市湿地公园进化而来；国内如杭州西溪湿地与江苏溱湖国家湿地公园的建立参考了国家级湿地自然保护区的形式，这对研究国家湿地公园定义命名有一定的指导作用。穆晓雪等在中国广义国家公园体系称谓问题初探中，将国家公园涉及的 9 种类型现状进行分析与总结[5]，并阐述了国家公园体系内 9 种类型的称谓区别，涉及国家湿地公园、国家城市湿地公园、国家自然保护区与国家风景名胜区的基本差异；国家林业局在《国家湿地公园管理办法（试行）》第十条中表明，国家湿地公园采取命名方式为省（自治区、直辖市）名称＋湿地名＋国家湿地公园；在《国家湿地公园试点验收办法（试行）》中，对国家湿地公园试点进

行专家打分法，结合国家湿地公园验收评估评分标准，对专家组验收评估总分大于或等于 80 分，且加权计算前子项指标平均评分不小于 60 分以及无其他异议的，认定验收达标，可以命名为国家湿地公园。这些差异指标与评分指标对构建国家湿地公园命名指标体系具有一定参考价值。

2　研究方法

参照《国家湿地公园试点验收办法（试行）》和《国家湿地公园评估标准》，深度吸收《国家湿地公园建设规范》、《国家湿地公园管理办法（试行）》与《国家湿地公园总体规划导则》等，筛选指标的方法主要有专家咨询法、频度分析法[6]、分析比较法等。根据研究状况，采用频度分析法[6]，对初选指标进行分析、比较，并结合现有国家湿地公园、国家公园与国家城市湿地公园的命名，综合选择针对性较强的指标。然后进一步征询有关专家与部门的意见，对指标进行调整与完善，得到国家湿地公园命名体系研究指标。

主要参考指标对比　　　　　　　　　　　　　　　　　　　表 3

国家湿地公园评估标准	国家湿地公园试点验收评分指标	国家湿地公园总体规划导则	国家湿地公园管理办法
湿地生态系统	湿地生态系统	湿地公园规模与范围	湿地生态系统
湿地环境质量	湿地保护与恢复	湿地功能	湿地功能
湿地景观	湿地管理及能力建设	明确国家湿地公园保护对象	湿地生物多样性丰富
湿地基础设施	湿地科研监测及科普宣教体系建设	强调生态保护规划内容	湿地景观
湿地管理	湿地合理利用及与社区关系协调	土地利用规划	湿地历史文化价值
附加分	湿地基础设施	功能体系规划	重要或特殊科学研究宣传教育价值
	整体建设水平与示范作用	防御灾害规划	
	特色附加		

运用 Spss 进行分析，采用多重二分法（1 是选中，0 是不选）进行频度分析，首先将四大标准中 27 个指标进行整合，将重复的指标去除，得到 21 个指标，如下所示：

1. 湿地生态系统
2. 湿地环境质量
3. 湿地景观
4. 湿地基础设施
5. 湿地管理
6. 附加分
7. 湿地生物多样性
8. 湿地保护与恢复
9. 湿地公园管理及能力建设
10. 湿地科研监测及科普宣教体系建设
11. 湿地合理利用及与社区关系协调
12. 湿地历史文化价值
13. 整体建设水平与示范作用
14. 重要或特殊科学研究、宣传教育价值
15. 湿地公园规模与范围
16. 湿地功能
17. 明确国家湿地公园保护对象
18. 强调生态保护规划内容
19. 土地利用规划
20. 功能体系规划
21. 防御灾害规划

由 spss 分析结果可知，湿地生态系统、湿地景观、湿地功能、湿地管理及附加分出现的频度较高，频数分别为 75%、50%、50%、50%、50%，故以下国家湿地公园命名指标体系构建中，以上五大指标要考虑在内。

由于托马斯·塞帝提出的 AHP 层次分析法是一种定性和定量相结合的系统化、层次化的分析方法，适用面广，是可以适用于此国家湿地公园命名指标体系的构建。崔丽娟等在国家湿地公园管理评估研究中运用了 AHP 层次分析法并结合国家湿地公园评估标准，对国家湿地公园的管理进行评估研究。吴后建等在国家湿地公园建设成效评价指标体系及其应用中也是运用层次分析法并结合模糊综合评价方

法对其建设成效进行初步评价。故本文运用 AHP 层次分析法并结合算法对国家湿地公园命名进行分析与研究。

2.1 国家湿地公园命名指标体系构建

国家湿地公园命名指标体系[17-21]由湿地公园基本情况指标、湿地生态指标、湿地公园规划合理性指标、湿地功能特征指标、湿地景观指标、湿地基础设施建设、湿地管理能力与特别之处 8 部分组成。采用层次分析法（Analytical Hierarchy Process，简称 AHP 方法），根据专家打分结果构造判断矩阵，计算每个国家湿地公园命名指标的权重，由于客观事物的复杂性与人判断能力的局限性，在对各元素重要性的判断过程中难免会出现矛盾，在计算过程中，需要对判断矩阵进行一致性检验，以检查构造的判断矩阵以及由之导出的权重向量的合理性。一般是利用一致性比率指标 CR 进行检验。判断矩阵表示针对上一层次中的某元素而言，评定该层次中各有关元素相对重要性的状况，其标度及描述如表 4。

判断矩阵的标度及描述　　　　　　　　　　　　　　　　　　　　表 4

标度	含义
1	两个元素相比，一样重要
3	两个元素相比，一个比另一个稍微重要
5	两个元素相比，一个比另一个较强重要
7	两个元素相比，一个比另一个强烈重要
9	两个元素相比，一个比另一个绝对重要
2、4、6、8	两相邻判断的中值
倒数	元素 i 与 j 比较得判断 b_{ij}，则 j 与 i 比较得判断 $b_{ji}=1/b_{ij}$

2.2 国家湿地公园的命名指标体系及其权重

国家湿地公园的初衷是以保护湿地为主，并兼具以人为本、科普教育、旅游等方面，在全国保护湿地方面具有示范作用；而一般国家公园，是以人为公园服务中心。故在命名指标体系构建时，主要指标都是以保护湿地的指标来构建，其中再涉及服务大众的指标与一般公园的硬性指标，见表 5。

国家湿地公园命名指标体系及其权重　　　　　　　　　　　　　　表 5

子目标层	权重	准则层	层次权重	总权重	总排序
湿地公园基本情况指标（B1）	0.116	湿地公园面积（C1）	0.151	0.0175	13
		湿地率（C2）	0.242	0.0281	7
		绿地率（C3）	0.177	0.0205	10
		用地类型与比例（C4）	0.151	0.0175	13
		湿地公园地形结构（C5）	0.151	0.0175	13
		湿地主体（C6）	0.059	0.0068	19
		土地权属指标（C7）	0.069	0.0080	18
湿地生态指标（B2）	0.200	生物（C8）	0.498	0.0996	1
		水文与水环境（C9）	0.236	0.0472	4
		大气（C10）	0.089	0.0178	12
		土壤（C11）	0.089	0.0178	12
		噪声（C12）	0.089	0.0178	12
湿地公园规划合理性指标（B3）	0.101	规划程序合理性（C13）	0.333	0.0336	6
		功能分区合理性（C14）	0.333	0.0336	6
		规划执行程度（C15）	0.333	0.0336	6
湿地功能特征（B4）	0.175	保护特征（C16）	0.483	0.0845	2
		利用特征（C17）	0.212	0.0371	5
		科普教育特征（C18）	0.212	0.0371	5
		旅游特征（C19）	0.093	0.0163	15

子目标层	权重	准则层	层次权重	总权重	总排序
湿地景观特征 （B5）	0.175	水体景观（C20）	0.429	0.0751	3
		植被景观（C21）	0.429	0.0751	3
		人文景观（C22）	0.143	0.0250	8
湿地基础设施 （B6）	0.101	浏览设计建设（C23）	0.198	0.0200	11
		宣传工程建设（C24）	0.137	0.0138	16
		解说与宣教标识系统（C25）	0.165	0.0167	14
		安全卫生工程建设（C26）	0.165	0.0167	14
		保护恢复工程建设（C27）	0.198	0.0200	11
		科研监测工程建设（C28）	0.137	0.0138	16
湿地管理能力 （B7）	0.067	湿地养护管理（C29）	0.167	0.0112	17
		湿地人工管理（C30）	0.167	0.0112	17
		与周围功能区协同管理（C31）	0.167	0.0112	17
		管理制度（C32）	0.167	0.0112	17
		管理机构（C33）	0.167	0.0112	17
		管理人员（C34）	0.167	0.0112	17
特别之处（B8）	0.067	稀缺物种或国家级保护动植物（C35）	0.333	0.0223	9
		具有典型示范作用（C36）	0.333	0.0223	9
		具有特殊科学研究价值（C37）	0.333	0.0223	9

2.3 国家湿地公园命名指标分级标准（表6）

国家湿地公园命名指标分级标准　　　　　　　　表6

三级指标	级别			设定参考依据[18-21]
	＞＝80	80＞X＞＝60	＜60	
面积	50hm²	20hm²	＜20hm²	
湿地率	干旱区湿地占总湿地面积50%及以上，湿润区湿地占总湿地面积75%及以上	干旱区湿地占总湿地面积30%~50%，湿润区湿地占总湿地面积60%~75%	干旱区湿地占总湿地面积30%以下，湿润区湿地占总湿地面积60%以下	
绿地率	70%以上	45%~70%	45%以下	
用地类型与比例	用地类型丰富且比例大	用地类型多且比例正常	用地类型单一且比例小	
地形机构	结构复杂，可构造地形景观多样（水深2m以内，积水达半年以上）	结构较复杂，可构造地形景观较多（水深2m以内，积水达四个月以上）	结构单一，可构造地形景观单一（积水四个月之内）	
湿地主体	自然为主，人工为辅	自然和人工结合	人工为主，自然为主	
土地权属指标	明确	权属状况不影响公园建设	少量权属矛盾，对公园建设有一定影响	
生物	生态系统	生态系统	生态系统	
	在全国具有典型性	在全省具有典型性	在全省不具明显典型性	
	生态系统在全国具有独特性	生态系统在全省具有独特性	生态系统没有独特性	
	生物量大	生物量一般	生物量较少	
	生物种类多	生物种类较多	生物种类较少	
水文与水环境	水生植物覆盖率50%及以上	水生植物覆盖率35%~50%	水生植物覆盖率35%以下	
	湿地水量补给富足	湿地水量补给平衡	湿地水量补给不足	
	水环境质量标准三类水	水环境质量标准三类水	水环境质量标准五类水	
大气	环境空气质量标准一级	环境空气质量标准二级	环境空气质量标准三级	
土壤	土壤环境质量标准一级	土壤环境质量标准二级	土壤环境质量标准三级	
噪声	城市区域环境	城市区域环境	城市区域环境	
	噪声标准0类	噪声标准1类	噪声标准2-4类	

三级指标	级别			设定参考依据[18-21]
	>=80	80>X>=60	<60	
规划程序合理性	规划手续齐全，程序科学合理	规划手续基本齐全，程序不够科学合理	规划手续不齐全，程序不合理	
功能分区合理性	有完整功能分区且科学合理	分区不够完整或不够科学合理	无功能分区	
规划执行程度	公园规划合理，执行程度高	公园规划基本合理，执行程度一般	公园规划不合理	
保护特征	生态因子得到很好保护 生态系统功能充分发挥	生态因子进行了保护工作 生态系统基本发挥正常	保护工作基本没有开展	
利用特征	生态系统被充分利用 对环境贡献率大	生态系统正常利用 对环境有一定贡献率	生态系统利用不明显 环境贡献率低	
科普教育特征	自然/生态/环保/生物/科技/劳动知识科普工作很到位	自然/生态/环保/生物/科技/劳动知识科普工作有开展	自然/生态/环保/生物/科技/劳动知识科普工作不到位	
旅游特征	游客中知名度高，旅游设施全面，旅游收入高	游客中知名度一般，旅游设施基本到位，旅游收入一般	游客中知名度低，旅游设施不到位，旅游收入较低	
水体景观	水体景观多样化	水体景观较多	水体景观单一	
植被景观	植被景观多样化	植被景观较多	植被景观单一	
人文景观	民居民胜突出 历史文化价值高 当地艺术创作与氛围浓厚	民居民胜一般 有一定历史文化价值 当地艺术创作与氛围一般	民居民胜较弱 无历史文化价值 无当地艺术创作与氛围	
浏览设计建设	景观通达性强	景观通达性一般	景观通达性较弱	
宣传工程建设	全国覆盖	全省覆盖	不完善，未在全国全省覆盖	
解说标识与宣教系统	解说标识系统完备 宣教方式丰富	有解说标识系统 宣教方式较多	无解说标识系统 宣教方式单一	
安全卫生工程建设	完备	较完善	单一	
保护恢复工程建设	保护恢复很好	开展了保护恢复工作	基本没有开展保护恢复	
科研监测工程建设	与科研机构合作好 可进行湿地生态特征监测	与科研机构合作一般 可进行一定湿地监测	与科研机构无合作 基本不能进行湿地监测	
养护管理	湿地水位控制好 植物养护到位	湿地水位控制一般 植物养护一般	湿地水位控制较弱 植物养护不到位	
人工管理	低度人工管理，投入低，游客接待能力强	较多投入人工管理，投入较高，游客接待能力一般	大量投入人工管理，投入大，游客接待较弱	
与周围区域协同	协同作用明显并获得双赢	协同作用一般有一定收益	无协同作用	
管理制度	制度完善合理	制度基本齐全合理	制度不完善	
管理机构	机构全面专业	机构基本齐全	机构不全面	
管理人员	培训有素，专业	培训一般，专业技能一般	培训不专业	
稀缺和保护性物种	国家级保护动植物	省级保护动植物	无保护性动植物	
典型示范作用	全国典型示范作用	全省典型示范作用	典型示范作用不明显	
特殊科学研究价值	价值高	价值较高	价值一般	

2.4 国家湿地公园命名指标体系分值计算方法

国家湿地公园命名体系分值是按下面的公式计算：$W = \sum_{i=1}^{37} a_i X_i$

式中：a_i 为 9 类国家湿地公园命名指标体系中的指标因子权重，X_i 为 9 类国家湿地公园命名指标体系中指标因子的分值（专家根据上述所制定的标准打出分值），W 为国家湿地公园命名的最后分值。

据此，得出具体国家湿地公园命名的指标体系分值结果，按分级标准与分值结果划分国家湿地公园的综合等级，具体等级为：

（1）总得分大于或等于 80 分，单类评估项目得分均不小于该类评估项目满分的 60%，且加权计算前湿地生态指标、湿地功能特征、湿地景观指标这三类单项指标不能低于 60 分，以及无其他异议的，该湿地公园可命名为国家湿地公园；

（2）总得分小于 80 分但大于等于 60 分，单类评估项目得分均不小于该类评估项目满分的 60%，且加权计算前湿地生态指标、湿地功能特征、湿地景观指标这三类单项指标不能低于 60 分，以及无其他异议的，该湿地公园可作为国家湿地公园试点；

（3）总得分小于 60 分，单类评估项目得分小于该类评估项目满分的 60%，加权计算前湿地生态指标、湿地功能特征、湿地景观指标这三类单项指标低于 60 分，该湿地公园不能命名为国家湿地公园。

3 案例分析

本项目位于伊犁河谷北部漫滩地带，可克达拉城市启动区（原 66 团农场）南部边缘，北接主城区陡坎边的伊犁河滨绿水绿带、南临伊犁河防洪堤、东至兴邦大道垮河大桥、西达团场边界，辖区总面积约 520km²，可克达拉国家湿地公园位于可克达拉市滨河景观带生态保育区内，工程面积约 22.70km²。

利用国家湿地公园命名指标体系的构建与方法，对新疆伊犁可克达拉湿地公园进行分值打分（专家咨询并打分（表 7）），判断新疆伊犁可克达拉湿地公园是否可以命名为国家湿地公园。

新疆伊犁可克达拉湿地公园命名指标打分情况   表 7

指标	现状（值）	数据来源	打分分值
面积	330hm²	湿地公园详规说明	100
湿地率	湿地公园是围绕着伊犁河建设，湿地率可达 70%	湿地公园详规说明	90
绿地率	绿地率 55%	实地考察	70
用地类型与比例	用地类型丰富且比例大	详规说明书	80
地形机构	结构复杂，可构造地形景观多样	景观规划说明书	80
湿地主体	自然为主，人工为辅	详规说明书	85
土地权属指标	明确	总规说明书	85
生物	生态系统在全国具有典型性 生态系统在全国具有独特性 生物量大 生物种类多 水生植物覆盖率 60%	实地考察	85
水文与水环境	湿地水量补给平衡 水环境质量标准三类水	实地考察	80
大气	环境空气质量标准一级	实地考察	90
土壤	土壤环境质量标准一级	实地考察	80
噪声	城市区域环境 噪声标准 0 类	实地考察	90
规划程序合理性	规划手续齐全，程序科学合理	湿地公园详规说明书	85
功能分区合理性	有完整功能分区且科学合理	景观规划说明书	80
规划执行程度	公园规划合理，执行程度高	实地考察	80
保护特征	生态因子得到很好保护 生态系统功能充分发挥	实地考察	80
利用特征	生态系统被充分利用 对环境贡献率大	实地考察	80
科普教育特征	自然/生态/环保/生物/科技/劳动知识科普工作有开展	实地考察	75
旅游特征	游客中知名度一般，旅游设施基本到位，旅游收入一般	实地考察（当地旅游局）	75

续表

指标	现状（值）	数据来源	打分分值
水体景观	水体景观多样化	实地考察	80
植被景观	植被景观多样化	实地考察	80
人文景观	民居名胜突出，历史文化价值高，当地艺术创作与氛围浓厚	实地考察	80
浏览设计建设	景观通达性较强	详规说明书	80
宣传工程建设	全省覆盖	详规说明书	75
解说标识与宣教系统	有解说标识系统，宣教方式较多	实地考察	75
安全卫生工程建设	较完善	实地考察	75
保护恢复工程建设	保护恢复较好	实地考察	80
科研监测工程建设	与科研机构合作一般 可进行一定湿地监测	实地考察	75
养护管理	湿地水位控制较好 植物养护相对到位	实地考察	80
人工管理	低度人工管理，投入低 游客接待能力较强	实地考察	80
与周围区域协同	协同作用一般，有一定收益	实地考察	70
管理制度	制度基本齐全合理	实地考察	70
管理机构	机构基本齐全	实地考察	70
管理人员	培训一般，专业技能一般	实地考察	70
稀缺和保护性物种	国家级保护动植物	实地考察（当地环保局）	80
典型示范作用	全省典型示范作用	实地考察	75
特殊科学研究价值	价值较高	实地考察	75

新疆伊犁可克达拉湿地公园命名指标分值表　　　　　　　　　　　　表8

分值指标	分值（满分100）
湿地公园基本情况指标	9.772（该项满分11.6，所占该项比例84.24%）
湿地生态指标	16.87（该项满分20，所占该项比例84.35%）
湿地公园规划合理性指标	8.232（该项满分10.1，所占该项比例81.50%）
湿地功能特征	13.733（该项满分17.5，所占该项比例78.47%）
湿地景观指标	14.016（该项满分17.5，所占该项比例80.09%）
湿地基础设施	7.775（该项满分10.1，所占该项比例76.98%）
湿地管理能力	4.928（该项满分6.7，所占该项比例73.55%）
湿地特别之处	5.129（该项满分6.7，所占该项比例76.55%）
合计	79.671

　　通过以上得分综合来看，新疆伊犁可克达拉湿地公园的总得分是79.671分，按本文中国国家湿地公园命名指标体系计算方法与分值等级可知，新疆伊犁可克达拉湿地公园是可以作为国家湿地公园的试点公园，且总分分值接近80分，说明新疆伊犁可克达拉湿地公园的指标已非常接近国家湿地公园的指标，并具有巨大的国家湿地公园命名潜力。表8中分值指标湿地生态指标与湿地景观指标都占据比较大的比重，说明在国家湿地公园命名中，湿地本身的指标即湿地生态指标以及湿地所呈现出的指标即湿地景观指标对命名影响较大；且湿地公园基本情况指标与湿地公园规划合理性指标所占比重也在80%以上，表明新疆伊犁可克达拉国家湿地公园的基本情况是可以达到国家湿地公园的指标。在本项目中湿地公园地处新疆伊犁河谷，风景独特优美，环境质量高，故湿地生态指标、湿地景观指标分值都比较大，但同时由于新疆伊犁地处我国西北部，基础设施建设、湿地管理能力等都相对较弱，故分值相对较低。与此同时，要在最大发挥湿地作用的情况下，保持湿地的基本特性，发挥湿地功能特征，故表8中湿地功能特征在国家湿地公园命名中也占据一定的比重。

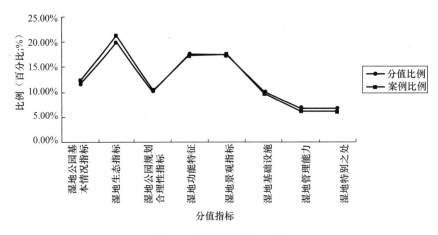

图1　命名指标分值比例

从新疆伊犁可克达拉湿地公园分值表（表8）可得图1，命名指标体系中的分值比例与新疆伊犁可克达拉湿地公园的案例分值比例有一定差异，可知新疆伊犁可克达拉湿地公园的命名中湿地公园基本情况指标、湿地生态指标与湿地公园规划合理性指标三个指标是高于一般正常的湿地公园水平；案例其他分值指标的比例也与命名指标体系分值比例要持平，可见新疆伊犁可克达拉湿地公园已经基本符合了国家湿地公园命名体系的命名条件。

4　结论

综上所述，并结合新疆伊犁可克达拉湿地公园命名来看，我国国家湿地公园命名涉及面较广，定性占据很大的比重，故我国要加大对湿地资源的定量研究，将湿地方面的特征用数据表现，这样对国家湿地公园命名就可以直接用硬性数据指标来直接标定。此外，我国还要加大对西北部湿地资源的保护与开发，在尽可能不破坏湿地的情况下，保护湿地并对其进行开发，使其发挥湿地的最大功能，在这其中同时对湿地资源进行定量统计。国家湿地公园的命名与国家湿地公园建设、国家湿地公园管理、国家湿地公园体制、国家湿地公园管理、国家湿地公园评估等，都需要一定的体系规定，以推进我国国家湿地公园以及国家公园的体制建立[15-16,22-24]，完善我国湿地保护的多样性。

世界湿地日发起于1997年2月2日，每年各层次政府机构、公益组织、民间团体都会积极宣传湿地价值，提高公众对湿地的认知，增强《拉姆萨尔国际湿地公约》的公众影响力。然而面对日益减少和被破坏的湿地，很多地区在公众的认知范围内，湿地仍然被认为是"未开发用地"、"荒地"、"废地"，过去一百多年里，已经有64％以上湿地消失。面对湿地人们应该做些什么呢？

（1）了解距离我们身边的湿地，亲自走访湿地：增强大众对保护湿地的意识，在直观上感受湿地，并试图激起人们心中湿地保护的潜意识。

（2）了解湿地如何影响当地民生：让大家可以从湿地角度，了解湿地多方面的功能。

（3）了解湿地当地民众是如何利用湿地来创造价值：从社会民众角度，体会湿地所提供的价值。

参考文献

[1]　关于特别是作为水禽栖息地的国际重要湿地公约［Z］，1971.

[2]　吴后建，但新球，王隆富，等. 中国国家湿地公园的空间分布特征［J］. 中南林业科技大学学报，2015，35（6）：50-57.

[3]　王浩，汪辉，王胜永，孙新旺. 城市湿地公园规划［M］. 东南大学出版社，2008.

[4]　胡子义，谭水木. 基于AHP的模糊线性规划求解方法［J］. 计算机工程与设计，2007，28（21）：5203-5205.

[5]　穆晓雪，王连勇. 中国广义国家公园体系称谓问题初探［J］. 中国林业经济，2011（2）：49-53.

[6]　崔丽娟，张曼胤，李伟，等. 国家湿地公园管理评估研究［J］. 北京林业大学学报，2009（5）：102-107.

[7]　吴后建，黄琰，但新球，等. 国家湿地公园建设成效评价指标体系及其应用——以湖南千龙湖国家湿地公园为例

[J]. 湿地科学，2014，12 (5)：638-645.

[8] 张凯莉，周曦，高江菡. 湿地，国家湿地公园和城市湿地公园所引起的思考 [J]. 风景园林，2012 (6)：108-110.

[9] 王立龙，陆林. 湿地公园研究体系构建 [J]. 生态学报，2011，31 (17)：5081-5095.

[10] 袁松亭. 国家湿地公园的概念辨析及发展现状 [J]. 北京园林，2014 (2)：17-20.

[11] 王立龙，陆林，唐勇，等. 中国国家级湿地公园运行现状，区域分布格局与类型划分 [J]. 生态学报，2010 (9)：2406-2415.

[12] 吴后建，但新球，舒勇，等. 湿地公园几个关系的探讨 [J]. 湿地科学与管理，2011，7 (2)：70-72.

[13] 崔丽娟，王义飞，张曼胤，等. 国家湿地公园建设规范探讨 [J]. 林业资源管理，2009 (2)：17-20.

[14] 杨锐. 美国国家公园规划体系评述 [J]. 中国园林，2003，19 (1)：44-47.

[15] 但新球. 湿地公园建设理论与实践 [M]. 中国林业出版社，2009.

[16] 吴后建，但新球，王隆富，等. 2001—2008 年我国湿地公医研究的文献学分析 [J]. 湿地科学与管理，2009 (4)：40-43.

[17] 国家林业局. 国家湿地公园总体规划导则 [Z]，2010-02-23.

[18] 国家林业局. 中华人民共和国林业行业标准 LY/T 1755—2008 国家湿地公园建设规范 [S]. 2008-09-03.

[19] 国家林业局. 中华人民共和国林业行业标准 LY/T 1754—2008 国家湿地公园评估标准 [S]. 2008-09-03.

[20] 国家林业局. 国家湿地公园管理办法（试行）[Z]，2010-02-21.

[21] 国家林业局. 国家湿地公园试点验收办法（试行）[Z]，2010-12-22.

[22] 罗金华. 中国国家公园设置及其标准研究 [D]. 2013，福建师范大学，2013.

[23] 吴保光. 美国国家公园体系的起源及其形成 [D] [D]. 厦门大学，2009.

[24] 费宝仓. 美国国家公园体系管理体制研究 [J]. 经济经纬，2003 (4)：121-123.

[25] 孟昭伟，王丽霞. 公园绿地的命名和性质探讨——以三门峡市原李家窑植物园为例 [J]. 农技服务，2011，28 (9)：1343-1344.

[26] 李薇薇，白凯，张春晖. 国家地质公园品牌个性对游客行为意图的影响——以陕西翠华山国家地质公园为例 [J]. 人文地理，2014，29 (3)：143-149.

[27] 赵晓琳. 济南中山公园命名由来 [N]. 济南日报，2011.

[28] 陈安泽. 中国国家地质公园建设的若干问题 [J]. 资源. 产业，2003，5 (1)：58-64.

[29] 许宗元. 以虹口公园为例论都市公园之命名 [J]. 旅游科学，2006，20 (1)：75-78.

[30] 李伟，崔丽娟，庞丙亮，等. 湿地生态系统服务价值评价去重复性研究的思考 [J]. 生态环境学报，2014，23 (10)：1716-1724.

[31] 崔丽娟，张曼胤，何春光. 中国湿地分类编码系统研究 [J]. 北京林业大学学报，2007，29 (3)：87-92.

澳大利亚国家自然保护区体系建设及其
与国家公园的关系解读

王祝根[1]　张青萍[2]　Stephen J. Barry[3]

1. 南京工业大学建筑学院，南京，211800；2. 南京林业大学风景园林学院，南京，210037；
3. Department of Natural Resources and Mines，Queensland，Australia

【摘　要】　澳大利亚国家自然保护区是基于澳大利亚国土范围内特有的生态、物种和景观资源保护而建立的自然资源保护区，对澳大利亚保护国家生态环境和生物多样性发挥了核心性的作用。澳大利亚国家自然保护区体系是促进保护区规划与管理系统化发展的重要支撑，其体系建设的过程、经验和思路具有积极的参考价值。通过对发展过程的梳理将澳大利亚国家自然保护区体系建设划分为五个阶段，对其体系建设的背景、过程和核心内容做了分析总结，在此基础上对其国家自然保护区与国家公园的关系做了解读并对中国国家自然保护区体系建设做了相应思考。

【关键词】　国家自然保护区；国家公园；保护；规划；体系

1　概述

澳大利亚国家自然保护区（Australia National Reserve）是基于澳大利亚国土范围内特有的生态、物种和景观资源保护而建立的自然资源保护区，对澳大利亚保护国家生态环境和生物多样性发挥了核心性的作用。[1]以自然保护区为基础，澳大利亚近年来探索建立了国家自然保护区体系（Australia National ReserveSystem），通过系统性的指导思想、保护体系和监管机制对国土领域内的自然保护区以及国家公园实施统一性的保护和规划管理，其体系建设的思路、方法具有积极的参考和借鉴价值。

2　澳大利亚国家自然保护区体系建设

2.1　澳大利亚国家自然保护区体系建设的背景与契机

（1）体系建设背景

澳大利亚国家自然保护区的建设历史最早可上溯到 1863 年澳大利亚地方政府颁布的"荒地法"（Waste Lands Act）和紧随其后的"皇家土地法"（Crown Lands Act）。依据上述法案，澳大利亚对无人经营的土地实行相应的保护政策并于 1866 年在新南威尔士建立了第一个以水资源保护为主题的自然保护区（Jenolan Caves）。[2]此后澳大利亚在全国范围内陆续展开了类似的保护区建设探索，到 1899 年，单塔斯马尼亚州就依据上述法案建立了 12 个不同主题的自然保护区。此后经过一个多世纪的持续建设，截至 2004 年，澳大利亚已建立 7720 个自然保护区，总保护面积达 8.098 千万公顷，约占澳大利亚国土总面积约 10.52%，自然保护区为澳大利亚保护生态环境和物种资源发挥了核心性作用。[3]

但需要看到的是，自 1866 年第一个保护区在新南威尔士建立后一直到 20 世纪末，澳大利亚的自然

作者简介：
1. 王祝根（1982—），男，山东威海，博士，讲师，研究方向为景观规划。E-mail：wzg@njtech.edu.cn
2. （※通讯作者）张青萍（1965—），女，江苏南京，博士，教授，研究方向为景观规划。E-mail：5125907@qq.com
3. Stephen J. Barry（1957—），男，澳大利亚前昆士兰州环保局研究员。

保护区并非国家层面的自然保护区概念。因为在20世纪90年代之前，澳大利亚联邦政府并没有直接参与自然保护区的规划建设工作，所谓的自然保护区建设是各个州的自发行为，因此将其称为"州自然保护区"更为准确。随着1975年国家公园和野生动植物保护法案的颁布实施，联邦政府开始在自然保护区建设中扮演重要角色，但由于各州的建设历史和规划思路各不相同，不但分散全国的各个自然保护区规划建设自成一体，联邦政府也难以对数量、种类众多的自然保护区实施统一管控，其保护以及规划建设也没有国家层面的指导标准和管理规范。因此在自然保护区上升到国家环境保护与可持续发展战略后，澳大利亚急需建立国家层面的自然保护区体系，实现对国土领域内自然保护区的整体保护和规划管控。

（2）体系建设契机

在上述背景下，1992年于巴西里约热内卢召开的联合国环境与发展大会为澳大利亚国家自然保护区体系建设提供了重要契机。在该大会上澳大利亚与世界其他166个国家共同签署了《生物多样性公约》（Convention on Biological Diversity）。公约要求所有成员国需建立相应的自然保护区体系，为未来自然保护区的保护、规划和管理提供体系化的指导。自此次大会起，澳大利亚以《生物多样性公约》和世界自然保护联盟（IUCN）的指导框架为依托正式展开了国家自然保护区体系的建设探索。

2.2　澳大利亚国家自然保护区体系建设的路径与内容

澳大利亚国家自然保护区体系的正式建设始于1992年，2009年国家自然保护区体系规划的出台标志着澳大利亚国家自然保护区体系建设基本完成。从发展历程来看，其体系建设历时17年，笔者在对整个过程进行梳理和分析的基础上将其划分为具有逻辑性特征的以下五个主要阶段（图1）：

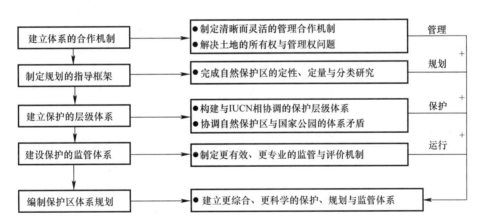

图1　澳大利亚国家自然保护区体系建设路径

（1）建立可实施性的保护合作机制

有效的合作机制和相应的土地所有权是体系建设的重要前提和保障，否则所谓的体系建设很难开展，更很难落实到位。因此澳大利亚国家自然保护区体系建设首先解决的是合作机制和土地所有权两个核心问题：

在合作机制方面，由于澳大利亚各州的环境、土地等管理权均在州一级政府，联邦政府很难展开工作，因此联邦政府与州政府于1992年研究制定了国家自然保护区体系合作计划（National Reserve System Cooperative Program），该合作计划理顺了联邦政府和州政府的角色关系并制定了详细完善的合作方案，其核心内容是确定了以联邦和州二级政府合作的方式建立体系并明确各自的职责和合作内容，即由联邦政府制定统一的规划、管理、监督以及评价体系，而具体的管理运行则根据土地所有权情况设计了联邦政府、地方、私人以及合作管理四种方式（图2）。[3]该机制建立了新的合作模式，明确了各级政府的职责并制定了灵活的管理方案，为澳大利亚国家自然保护区体系建设提供了制度保障。

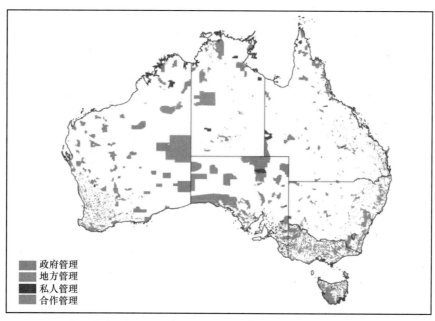

图 2　澳大利亚国家自然保护区四种管理模式空间分布（2008）

在土地所有权方面，四种管理模式并存的同时，联邦政府的目标是在逐步扩大政府以及地方控制的土地管理范围并进一步提高对物种栖息地及以上级别自然保护区的管控，适当放宽地方对自然景观和自然资源两个低级别保护区的管理。在该目标引导下，联邦政府陆续投入一定比例的资金资助各州政府和地方委员会，通过购买、征收以及置换三种主要途径获得需被纳入保护范围的私有土地的所有权或规划管理权，以逐步扩大政府管理范围，缩小私有土地领域。自 1996 年至 2006 年的十年间，澳大利亚政府先后将 642 万公顷的土地被纳入政府管辖的国家自然保护区规划用地中，[3] 不但使联邦和州政府拥有了对更多土地的规划和管理权限，也在一定程度上解决了体系建设最关键的土地问题，为澳大利亚国家自然保护区体系建设铺平了道路。（表 1）

澳大利亚国家自然保护区四种管理模式比例（2008 年）　　表 1

保护区所在地	IUCN 保护层级	政府管理	地方管理	合作管理	私人管理	占全国自然保护区比例
新南威尔士州	Ⅰ-Ⅳ级	71.98%	0	26.39%	0.96%	7.05%
	Ⅴ-Ⅵ级	0.49%	0.07%	0.12%	0	0.05%
北领地	Ⅰ-Ⅳ级	13.81%	0	36.87%	5.34%	6.95%
	Ⅴ-Ⅵ级	2.21%	41.39%	0.37%	0	5.46%
昆士兰州	Ⅰ-Ⅳ级	75.25%	0	1.86%	6.80%	8.93%
	Ⅴ-Ⅵ级	7.30%	1.73%	0	7.04%	1.71%
南澳大利亚州	Ⅰ-Ⅳ级	51.8%	9.3%	11.8%	5.2%	20.55%
	Ⅴ-Ⅵ级	18.4%	3.4%	0	0	5.74%
塔斯马尼亚州	Ⅰ-Ⅳ级	66.31%	0	0.64%	1.10%	1.96%
	Ⅴ-Ⅳ级	31.23%	0.08%	0	0.64%	0.92%
维多利亚州	Ⅰ-Ⅳ级	95.15%	0	0	0.59%	5.00%
	Ⅴ-Ⅵ级	4.24%	0.01%	0	0	0.22%
西澳大利亚州	Ⅰ-Ⅳ级	65.21%	0.13%	0	1.84%	23.73%
	Ⅴ-Ⅵ级	2.69%	30.13%	0	0	11.59%
澳大利亚	所有	66.5%	19.4%	9.8%	4.3%	100.00%

（2）制定统一性的保护指导框架

在解决了制度和土地问题之后，澳大利亚于 1997 年研究制定了统一化的保护指导框架，为国家自然保护区体系建设提供了明确的保护指导思想和规划设计原则。保护指导框架（Comprehensive，Adequate and Representative Reserve System Framework，澳大利亚简称为'CAR' Reserve System）确定了澳大利亚国家自然保护区体系建设总的指导思想是综合性、充分性和代表性。[4]这一指导思想不是空洞的概念，澳大利亚在其引导下完成了大量的基础性分析工作并根据三项内容有针对性的对国土全域范围内的保护区进行了定性、定量和分类研究，为国家自然保护区体系建设奠定了重要基础。

其中综合性（Comprehensive）应对的是国家自然保护区的保护性质，指国家自然保护区应兼具生态、景观与物种的综合性保护功能。澳大利亚在该指导思想下完成了国家自然保护区的定性研究工作，对国内现有自然保护区生态、景观与物种的综合价值和分类价值做了分析，进一步明确了自然保护区的定义并根据其价值制定了新的保护原则和保护目标。

充分性（Adequate）应对的是国家自然保护区的保护程度，指国家自然保护区范围的划定应能足够保护澳大利亚的自然资源，为其生态、景观和物种保护提供足够充分的保护领地，从而为澳大利亚稳定维持并进一步优化发展生态环境提供保障。澳大利亚根据这一指导思想完成了国家自然保护区的定量研究工作，对全国范围内的自然资源做了整体普查，分析了其自然资源的规模和特征，制定了新的保护标准并研究划定了相应的保护领域。

代表性（Representative）应对的是国家自然保护区的保护特色，指国家自然保护区应能够代表澳大利亚不同类型的生态系统、自然景观和澳大利亚所特有的动植物物种，从而有效保护澳大利亚丰富的生态多样性和物种多样性特征。在该指导思想下，澳大利亚完成了国家自然保护区的分类研究工作，基于物种、生态和景观类型对国家自然保护区做了分类并根据分类进一步制定了有针对性的保护方案。

在保护指导框架引导下，澳大利亚对国土领域范围内自然保护区和自然资源展开了大规模的全域普查并完成了一系列相对应的定性、定量和分类研究，为澳大利亚国家自然保护区体系建设奠定了重要基础（图3）。

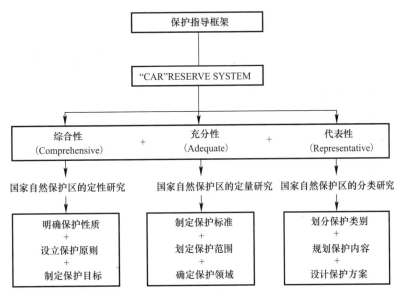

图3　澳大利亚国家自然保护区'CAR' Reserve System指导框架

（3）构建系统性的保护层级体系

在完成国家自然保护区定性、定量与分类研究的基础上，澳大利亚进一步探索制定了新的保护层级体系。从内容看，其最主要的一个特点是新的体系与IUCN制定的保护体系保持一致，从而实现了与国际通行的保护区体系的对接，为其后的生态保护、建设管理以及规划评审提供了国际合作的前提条件。作为世界规模最大、历史最悠久的全球性环保组织，自1980年开始IUCN即着手建立国际性的自然保护区工作网络。澳大利亚政府亦希望通过新的体系构建与其相对应的保护机制，从而进一步推进国家自然保护区的国际化协作能力，展开与IUCN更广泛而深入的合作。基于上述目的，澳大利亚根据IUCN

制定的保护层级体系将国土领域内的自然资源划分为六个保护层级，对每个层级的保护性质、保护目标以及相应的保护标准等内容做了详细规划，构建了与国际接轨的保护层级体系（表2，图4）。[5]

澳大利亚国家自然保护基于 IUCN 的保护层级体系　　　　　　　　　　表2

保护层级		保护性质	保护目标
1a级	严格自然保护区	拥有澳大利亚独具特色或代表性的生态系统、地质地貌以及生物物种，可作为科学研究或环境监察的保护区	保护地球及澳大利亚独具特色的，未受人类历史活动影响的生态系统、生物物种与地质地貌 保证其环境特征不受人类活动影响
1b级	原生自然保护区	未被改动或被轻微改动，仍保留其原有自然特征和生态系统，没有或极少人类活动，且活动是作为保护或管理其天然状态的保护区	保护澳大利亚历史长期形成的自然环境较少受人类活动影响 保证其生态系统和物种的自然发展演化
2级	国家公园	拥有大型的自然或近自然状态的一个或多个生态系统的保护区。设立的目的是基于保护其物种与生态系统的完整性并兼具相应的文化、科研、教育以及适度的休闲与旅游功能	保护自然资源的多样性和生态系统的完整性 提供一定的生态科普教育及生态休闲旅游功能
3级	自然遗址保护区	拥有独特自然风貌、地理特征并具有较高观赏价值的保护区	保护具有代表性的自然景观风貌 维护自然遗址的环境多样性特征
4级	物种栖息地保护区	为保护、管理特定生物物种及其栖息地而设立的保护区	对特定动植物物种及其栖息地实施有效的保护和管理
5级	自然景观保护区	因受自然景观与人类历史活动交互影响而形成的，具有重要景观与文化双重价值的保护区	保护澳大利亚重要的景观资源及其与人类历史活动交互而形成的地域文化等价值
6级	自然资源保护区	基于自然资源的可持续利用与管理而设立的保护区	在保护生态系统的前提下适度开发利用自然资源，实现自然资源保护与利用的可持续发展

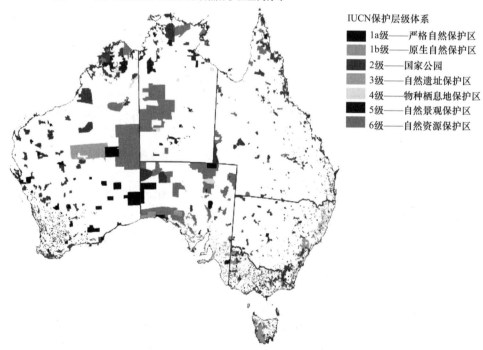

基于IUCN保护层级的澳大利亚国家自然保护区空间分布

IUCN保护层级体系
- 1a级——严格自然保护区
- 1b级——原生自然保护区
- 2级——国家公园
- 3级——自然遗址保护区
- 4级——物种栖息地保护区
- 5级——自然景观保护区
- 6级——自然资源保护区

图4　澳大利亚国家自然保护区层级体系空间分布

（4）建设更科学的保护监管体系

在建立与 IUCN 相吻合的保护层级体系后，澳大利进一步于 2005 年出台了国家自然保护区体系规划合作方法指导（Directions for The National Reserve System-A Partnership Approach）并研究制定了相对完善的保护监管体系，其目的是为国家自然保护区实施更系统、更专业的监管。从相关内容来看，其最核心的是以下两项（图 5）：

一是制定了有针对性的保护区运行管理结构。该管理体系由自然资源、生态环境与景观文化三个方面的管理分支组成，分别应对国家自然保护区的物种、生态与景观三大核心价值，构建了运行管理与保护内容之间的紧密联系。

二是建立了系统化的环境监管与评价体系。随着全球气候的变化和越来越多的人为因素影响，国家自然保护区的环境敏感度越来越高。为更有效地监测环境变化对自然保护区带来的影响，澳大利亚基于气候变化、环境变化、物种变化和土地开发、灾害影响五个方面建立了相应的环境监管体系并从物种入侵、物种繁衍、环境侵蚀度、环境酸碱度、森林火灾、采矿业开发、林业开发、畜牧业开发、旅游业开发九个方面建立了环境评价体系，从而更全面的获取气候、环境变化和人类活动三个方面的相关信息，为国家自然保护区实施更科学的环境监管。

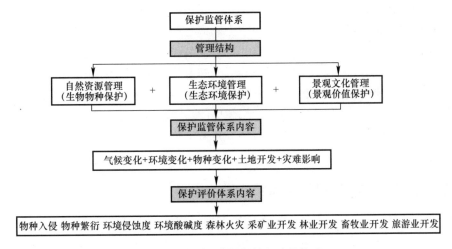

图 5　澳大利亚自然保护区监管体系

（5）编制国家自然保护区体系规划

通过以上工作，澳大利亚分别解决了管理制度与土地问题，制定了总的保护指导框架并完成了自然保护区的定性、定量和分类普查，建立了与国际接轨的保护体系和更科学的监管机制，此后澳大利亚于 2006 年通过评估报告（The National Reserve System Programme 2006 Evaluation）从规划策略、资金投入、管理运行以及国际合作等方面对国家自然保护区体系建设的相关前期工作做了全面评估。[6]

在上述大量准备工作的基础上，澳大利亚具备了建立国家自然保护区体系的条件并于 2009 年最终完成了《国家自然保护区体系规划——2009-2030》（Australia's Strategy for the National Reserve System——2009-2030）的编制工作。该规划包含国际和国内背景分析、保护区体系建设策略、保护区选址与设计、保护区规划与管理、保护区监管与运行以及国际合作计划六大内容，是对所有为体系建设所完成的大量前期工作的汇总。《国家自然保护区体系规划——2009—2030》为澳大利亚国家自然保护区提供了全面而综合的保护、规划、管理与运行指导，其出台标志着澳大利亚国家自然保护区体系的正式建立。

3　澳大利亚国家自然保护区与国家公园的关系

自 1866 年第一个自然保护区在新南威尔士建立后，1879 年澳大利亚又在新南威尔士建立了澳大利亚历史上第一个、世界上继美国黄石国家公园之后的第二个国家公园——皇家国家公园（Royal National Park），此后澳大利亚的国家公园建设进入快速发展期并逐渐形成了与美国类似的国家公园体系，国家公园成为与国家自然保护区一样保护澳大利亚自然资源和生态环境的重要支撑。

从发展过程来看，澳大利亚的国家公园与国家自然保护区经历了从相互独立到融为一体的转变，这一转变对构建系统化的国家自然保护区体系发挥了关键性作用。在国家自然保护区体系建立之前，澳大利亚的自然保护区与国家公园是两个不同的体系，但其产生和发展的时间基本一致，相互之间也有一定的交叉重叠。总体来看，二者之间的交叉主要表现在性质与空间两个层面。在性质层面，国家公园和国家自然保护区设立的主要目的都是为了保护自然资源和生态环境，例如维多利亚州的坎贝尔港国家公园（Port Campbell National Park）在 1866 年建立之初就具有自然保护的性质和意义，其在 1964 年才被进一步扩建为坎贝尔港国家公园。另外澳大利亚有不少国家公园位于自然保护区内，二者在空间上的交叉重叠情况亦较普遍。

从自然保护的角度来看，国家公园可以算是澳大利亚自然保护区的一种形式。但从体系的角度来说，国家公园与自然保护区之间又没有统一的保护和规划标准，处于一种相互独立的状态。这种空间与性质上相互交叉而体系上相对独立的不明确关系导致自然保护区和国家公园的规划建设相分离以及随之而来的一系列后续问题，尤其是土地和空间有交叉渗透的自然保护区和国家公园，由于保护标准、规划原则和开发力度不同，其规划建设很难协调。

因此在国家自然保护区体系的建设过程中，澳大利亚参照 IUCN 制定的保护层级体系正式将国家公园纳入国家自然保护区中，明确其为该体系内第二个层次的保护内容。自此，国家公园成为澳大利亚国家自然保护区的重要组成部分，国家公园体系也相应的转变为国家自然保护区体系下的二级体系，成为优化国家自然保护区体系建设、保护国家生态环境的重要支撑。在明确了上述关系以后，澳大利亚化解了国家自然保护区和国家公园之间的矛盾冲突，国家公园将严格遵循上位规划，在国家自然保护区体系下，按照其指导原则、保护标准和规划要求进行统一建设，为国家公园，也为国家自然保护区解决了体系规划层面的主要障碍。

4   基于澳大利亚国家自然保护区体系建设的思考

自 1956 年全国人民代表大会首次提出建立自然保护区提案并在广东省肇庆建立第一个自然保护区后，经过 60 年的发展，中国已建立各级自然保护区 2740 个，总面积 147 万 km²，约占陆地国土面积的 14.83%，我国自然保护区已初步形成布局基本合理、类型比较齐全、功能相对完善的体系，为保护生物多样性、筑牢生态安全屏障、确保生态系统安全稳定和改善生态环境质量做出重要贡献。[7]

从相应的规划建设来看，自国务院于 1994 年颁布《中华人民共和国自然保护区条例》之后，国家环保局先于 1996 年编制了《中国自然保护区发展规划纲要》（1996—2010 年），于 2002 年颁布了《国家级自然保护区总体规划大纲》，于 2009 年出台了《国家级自然保护区规范化建设和管理导则》。此后国务院、国家林业局也分别于 2013 年和 2015 年出台了《国家级自然保护区调整管理规定》、《国家级自然保护区总体规划审批管理办法》等相关文件，根据发展现状对国家自然保护区的规划建设做了实时调整和进一步的规范。

从以上过程来看，虽然同澳大利亚相比中国自然保护区的建设起步相对较晚但发展速度并不慢。而从规划目标和发展需求的角度考虑，未来中国国家自然保护区规划的重点应是进一步优化体系建设，促进其向更科学、更系统化的方向发展。因此，尽管中国与澳大利亚在自然资源和地理环境等方面有很大差别，但其体系建设的思路、方法和内容却有一定的参考性。尤其是中国目前正在根据国家"十三五"规划纲要编制《全国自然保护区发展规划》和进行国家公园试点建设，澳大利亚的经验在以下三个方面具有一定的参考价值：

（1）理顺国家公园与国家自然保护区、国家风景名胜区的关系，探索建立科学合理的规划体系

国家自然保护区建设是中国推进生态文明建设的重要载体，也是保护我国生物多样性、构筑国家生态安全屏障和提高生态环境质量的重要举措。国家风景名胜区则是中国特有的自然、文化景观资源的保护与规划建设模式，对保护、开发我国的自然和文化景观资源发挥了重要作用。而中共第十八届三中全会提出的"国家公园体制建设"也将进一步成为我国自然保护体系和生态文明体制建设的重要组成部分。

从以上三个方面的实践探索来看，我国的相关保护制度比较全面地覆盖了生态、自然以及文化景观三种资源。但总体上来说，不论是国家自然保护区还是国家公园，探索建立清晰合理的体系是当前的首要任务。没有科学有序的保护体系将是保护地重叠交叉、生态系统碎片化以及管理混乱等一系列问题产生的根源。例如由于没有明确国家自然保护区和风景名胜区的体系关系，出现了一些地方政府在国家自然保护区内规划建设风景旅游区的现象。虽然国务院《风景名胜区条例》规定"新设立的风景名胜区与自然保护区不得重合或者交叉，已设立的风景名胜区与自然保护区重合或者交叉的，风景名胜区规划与自然保护区规划应当相协调。"但从相关内容看，目前我国对国家自然保护区与国家风景名胜区以及正在试点的国家公园体系三者之间的关系尚没有规划，而对于如何协调三者的重合交叉等问题也没有具体的指导原则和建设规范。

从目前已经展开的 9 个国家公园体制试点来看，其中神农架、武夷山等试点地区既是国家级自然保护区，其范围内也包含有国家级风景名胜区。既是自然保护区又是风景名胜区，既是管理者也是经营者将会导致保护区旅游开发强度控制不足、保护地建设力度过大等一系列问题，随之而来的则是土地、经济利益等一系列冲突。因此，理清国家自然保护区与国家公园、国家风景名胜区的关系对探索构建科学合理的国家自然保护区和国家公园体系尤为重要。

在世界范围内，国家公园体制各有不同，没有统一标准。如果从国际角度看，中国国家公园体系的设置主要有以下两个参考路径：

一是联合国教科文组织的世界遗产体系。联合国教科文组织世界遗产委员会将物质类遗产分为自然遗产、文化遗产、自然与文化复合遗产和文化景观遗产四类，其更多的是基于遗产性质的角度进行分类。同济大学严国泰教授在《中国国家公园系列规划体系研究》一文中即参照联合国教科文组织的世界遗产分类对中国国家公园规划体系建设做了分析。

二是世界自然保护联盟的自然保护区体系，其体系分类更多的是基于自然资源与生态系统的保护角度。在该保护体系中，国家公园是国家自然保护区体系中的一个类型，其保护强度处于第二个级别，仅次于1a级严格自然保护区和1b级原生自然保护区。从前文澳大利亚国家自然保护区的体系建设来看，其国家公园即参照了世界自然保护联盟设立的保护体系，是国家自然保护区体系下的子体系。另外，从保护内容和保护性质的描述来看，中国的国家级风景名胜区亦类似于世界自然保护联盟体系中3级自然遗址保护区和5级自然景观保护区的概念，也可参考是否能将国家级风景名胜区纳入该体系之内，实现对国家自然保护区、国家公园和国家级风景名胜区的统筹规划。

从我国政府建立"国家公园体制"的目的来看，更多的是希望将其作为中国自然保护体系和生态文明体制建设的重要组成部分。如果从这一目的和初衷分析，将国家公园纳入国家自然保护区体系之中似乎更为合理。总而言之，无论是自然保护区还是国家公园，我们首先需要的是探索科学合理的体系建设，其目标应该是突破现有弊端和屏障，理顺国家自然保护区、国家公园和国家风景名胜区三者的关系，为国家生态安全和生态文明建设提供科学合理的规划体系指导，从而为后续保护、建设以及管理和运行的有效实施提供基础支撑。

（2）建立与 IUCN 相对应的规划保护机制

同澳大利亚一样，中国也于1992年在联合国环境与发展大会上签署了《生物多样性公约》且是该公约的缔约国之一，应该履行公约义务，尽快建立相应的自然保护区体系，为未来国家自然保护区的保护、规划和管理提供体系化的指导。此后中国政府于1996年正式加入 IUCN，成为其会员国之一。近年来 IUCN 希望能够协助中国政府进一步提高自然环境的保护能力，积极参与了一系列中国自然保护区关于物种评估、保护区规划管理以及环境立法等方面的工作。但由于保护体系的不同和保护制度的差异，IUCN 与中方在协作上出现了很多障碍，因此其针对中国工作制定的三个总目标之一就是建立更有效的管理机制，确保和提高联盟在中国行动的可实施性。与此同时，中国未来也需要积极引入更广泛而深入的国际合作，从而为我国国家自然保护区建设发挥更积极的作用。在这种背景下，中国亦应尽快对接 IUCN 的规划保护机制，尤其是应该探索建立与国际接轨的保护层级体系，从而为进一步引入国际合作创造更可行、更有利的条件。

（3）建设系统性的保护指导、保护监管和保护评价体系

中国的国家自然保护区体系建设正在进行之中，从前期准备工作来看，其核心问题是体系建设的逻辑性和科学性不高，这是导致我们在保护体系、保护标准以及规划设计、监督管理等多个方面存在盲点、漏洞甚至矛盾的根源。因此未来的工作重点应该是探索建立系统性的保护指导、保护监管和评价体系，从而解决规划、运行和监管三大核心问题。从前文内容来看，自探索建立可行性的保护合作机制到制定统一性的保护指导框架、保护层级体系和保护监管体系，澳大利亚在国家自然保护区体系建设过程中分步解决了制度、规划、管理和运行、监督等核心问题，其 17 年的探索历程是极有逻辑性的体系建设过程，其体系建设的思路、方法对中国国家自然保护区体系建设和相关规划的编制有积极的参考价值。

参考文献

［1］ R Thackway，I D Cresswell. An Interim Biogeographic Regionalisation forAustralia：a Framework for Establishing the National System of Reserves，［R］. Australian Nature Conservation Agency，Canberra，1995（03）.

［2］ Natural Resource Management Ministerial Council. Directions for the National Reserve System—A Partnership Approach［R］. Canberra，2005.

［3］ Natural Resource Management Ministerial Council. Australia's Strategy for the National Reserve System，2009—2030［R］. Canberra，2009（05）.

［4］ Australian and New Zealand Environment and Conservation Council. Australian Guidelines for Establishing the National Reserve System［R］. Australia，1999（07）.

［5］ Department of the Environment and Heritage. National Reserve System—Plan of Management Guidelines［R］. Canberra，2009.

［6］ Brian Gilligan. The National Reserve System Programme 2006 Evaluationby Brian Gilligan［R］. Department of the Environment and Heritage，2006（11）.

［7］ 曹红艳，郭静原. 我国建立自然保护区 2740 个［N］. 经济日报，2016-05-24.

美国阿拉伯山国家遗产区域保护管理特点评述及启示

廖凌云

（清华大学建筑学院景观系）

【摘　要】　在我国尚未确立国家公园体系的背景下，本文探讨了如何对自然生态系统和世界遗产地区内社区进行统筹管理。通过结合武夷山国家公园试点集体林地、茶园和社区的现状，美国阿拉伯山国家遗产区域保护管理模式提供了适用于我国东南部国家公园管理的建议，为武夷山国家公园体制和未来国家公园体系的建设带来了启发和借鉴。

【关键词】　国家遗产区域；国家公园；美国阿拉伯山；保护管理；评述；启示

1　引言

武夷山国家公园体制试点范围官方还没有公布，以武夷山世界遗产地的范围为例，范围内现有80%以上的是集体林地，而主要的国有林地现在是位于目前的自然保护区以及国家森林公园，而风景名胜区里面，90%以上都属于集体林地。目前，世界遗产地区内居住了很多社区，社区主要以茶产业为生。在试点讨论的过程中，体制试点范围应该如何划定，集体林地如何处置，以及当这些区域变为国家公园以后，社区和茶园又将何去何从？思考这些问题的过程中，美国国家遗产区域保护管理模式带来一些启发和借鉴。

2　美国国家遗产区域

美国国家遗产区域是美国国家公园管理局在20世纪80年代提出。它是一种新的土地保护管理模式，是一种基于社区和利益相关者的合作保护管理模式。下面以阿拉伯山遗产区域为例来具体介绍。其保护理念可以引用利奥波德一句话来概述："当我们把土地视为我们的利益共同体的时候，我们将开始带着爱和尊重来使用它。"

2.1　遗产区域概念起源和发展

遗产区域概念产生于20世纪80年代，源于美国国家公园体系向东发展过程中，其土地收购模式上遇到阻碍。美国联邦土地主要是位于美国的西部，而东部地区主要是私有土地为主。美国国家公园管理局在土地收购的过程中，经济负担过重，以致没办法在美国东部（以原有模式）继续建立国家公园。原住民情感上的抵触也促使了国家公园管理局开始反思。美国东部的土地权属与我们国家东部的土地现状有一些类似，就是很多土地都是属于社区居民所有。

1974年凯霍家流域国家游憩区域的建立是在完全没有现成联邦土地的情况下，通过土地低价收购、地役权收购的方式获得土地，其建设过程中忽略了对地方文化景观保护，当地的居民离开了自己的家园，当这个区域成为一个游览区域后，当地原有的农业社区遗产资源渐渐消退，引起了反思。这一教训使得第一个国家遗产廊道——伊利诺伊密歇根运河国家遗产廊道的建立，这是一个自下而上的探索过程，也加速了国家遗产区域概念的形成。一直到1999年，美国国家公园管理局明确提出了国家遗产区域的概念，相对于国家公园的概念，可以看出，它更关注于这个区域的综合性的自然文化和风景资源的

［基金项目］社会科学基金重大项目"中国国家公园建设与发展的理论与实践研究"（编号14ZDB142）；
国家自然科学基金"基于突出价值识别的风景名胜区保护与监测研究"（编号51478234）；
国家自然科学基金"基于多重价值识别的风景名胜区社区规划研究：（编号51278266）共同资助。

一个整体代表国家特征，比较这个区域的文化景观的保护。它有一套严格的审批流程和准入标准。要申请成为国家遗产区域，它必须是由当地的利益相关者，比如 NGO 保护联盟组织提出一些构思，然后获得公众的支持，并且开展可行性研究。可行性研究中必须涉及公众参与战略，以及论证该遗产区域对美国的重要性。最重要的是，需要获得评估，这个区域是否是可以由当地自己进行保护管理，而美国国家公园管理局提供技术上和资金上的一部分支持。

将美国国家遗产区域的概念、目标、范围、资金来源、管理实体和保护管理模式与美国国家公园进行对比，更清晰地解读国家遗产区域的概念。它的目标相对于以保护生态系统为主的国家公园，更注重保护和提升美国的自然、历史、文化和风景资源。另一方面，它划定的范围，往往是把和自然相关的历史要素和文化要素作为廊道区域或者是大的区域。从目前国家遗产区和国家公园在美国的分布来看，遗产主要是位于美国的东部，资金来源主要由州和当地政府来提供，国家公园管理局只是提供有限的财政支持和技术指导。它的主要管理实体是依托于地方，但根据实际情况，有可能是依托授权地方政府，更多情况是授权非政府组织，而组织往往是基于保护当地自然和文化资源而自发形成的组织。保护管理模式相对于国家公园自上而下的垂直管理模式，遗产区是自下而上的一种合作模式。

2.2 美国阿拉伯山国家遗产区域管理

到目前，美国国家遗产区域有 49 个遗产区域，6 种类型，4 个主题。主要内容以文化遗产为主，包括关注美国的历史和重要事件，有一部分是自然遗产，包括与自然相关的文化景观遗产。美国阿拉伯山国家遗产区域属于自然遗产主题，是距离美国主要城市最近的国家遗产区，它对自然和文化的延续保护，以及保护的策略，在一定程度上能给予启发。

阿拉伯山国家遗产区域位于美国东部佐治亚州亚特兰大市中心东南 32km，占地约为 162km^2，跨越迪卡尔（DeKalb）、罗克代尔（Rockdale）和亨利（Henry）三个县。回顾其建立过程，该地区以花岗岩地貌为主，花岗岩露头生态系统，最早有戴维森－阿拉伯山自然保护区，孤立的阿拉伯山自然保护区面临着迪卡尔县南部及各个方向蔓延而来的城市发展的侵蚀。社区以开采花岗岩为主要收入。1997 年，得益于当地环保组织推动，阿拉伯联盟成立，提出要保护周边的土地和相关的文化资源。通过制定区域的可行性研究报告，向国家公园管理局提出申请，最后划定了阿拉伯遗产区域的范围，通过了国会审批，制订了相应的保护管理规划，开展保护。

遗产区域建立后，其保护范围扩大，不仅包括自然的生态系统，还包括了与自然相关的相应的文化资源。在一个跨了三个县的范围内，还有社区居民和当地的社区建设者对它的威胁的情况下，如何进行保护资源。阿拉伯遗产区提出的保护概念是一种空间网络状的廊道网络的保护策略。一方面，关键区域重点保护。另一方面，建立沿河及道路的绿色廊道，以及联接重点的保护区。同时，特别注重在讲述地方的花岗岩生态系统以及系统与当地人们生活和产业间的联系。步道系统不仅仅是重要生物的栖息地，也为游客提供一定的解说教育，在此基础上划定了主题游线。

如何实现整个区域的保护管理，与国家公园很大的区别是以公益性的治理模式，主要是在于在区域成立之后，对之前提交可行性申请的联盟进行改组，增加了咨询委员会和负责日常事务的工作人员。联盟制定管理规划与实施管理规划主要是与利益相关者通过合作协议的方式，理念是在最大限度地协调，让其他相关利益者发挥各自的作用，激起他们对这个地方的热爱，并且融入保护过程中。具体的合作项目在解说教育、遗址和场地、保护和教育、规划和社区发展、交通和游憩等五个方面。

3 对于我国关于国家公园体制试点建设的建议

回到我国东南部的国家公园体制试点，跟阿拉伯山遗产区域有相似点。背景方面，集体林地比例比较高，涉及多方利益相关者并有一定比例的乡村社区，具有丰富的自然资源和文化资源。合作伙伴制并不能照搬照抄，但两个方面的启示在于，1）是否可以培育民间组织，使他们自发地，自下而上地建立国家公园体制补充；2）资源整体保护性上，在讨论国家公园的边界划定时应考虑对自然和文化的整体保护，同时要注重提升解说教育以联结访客、社区和自然。

美国国家公园荒野区研究及思考

曹 越

（清华大学建筑学院景观系）

【摘　要】 人们意识到荒野是健康生活环境必不可少的部分，越来越受到重视。从大地景观的角度来说荒野更是不可或缺的核心。文章以美国国家公园荒野区为研究对象，分析了荒野保护管理的历史、定义和方法，对中国国家公园体制试点提出了适用的荒野保护管理的启示和借鉴。

【关键词】 荒野；国家公园；美国国家公园

1　引言

什么是荒野（wilderness）？这是一个看似简单却十分复杂的问题。荒野不等于无人区；荒野也不等于绝对原始自然或绝对无干扰的自然，荒野连续谱（wilderness continuum）的概念让我们对荒野的理解从二元性走向相对性。荒野地具有重要价值和保护意义，也面临诸多威胁和挑战，近20年全球10%荒野地遭破坏。

充分总结其他国家荒野保护管理的经验教训，能够为中国荒野保护管理提供启示和借鉴。在世界荒野保护运动中，美国国家荒野保护体系起源最早，有较为完善的荒野管理机制和方法，荒野区也是美国国家公园体系管理中的重要内容。

2　荒野与美国荒野保护管理

"荒野"与美国保护地体系、国家公园体系的起源和发展有着密不可分的联系。国家公园的概念是在人类大规模开发大自然的背景下或者说压力下诞生的，最原始的概念是想保护印第安文明、野生动植物和荒野，但并不排斥人类因素。而荒野保护的概念则是在国家公园和森林保护的基础上逐渐形成的。

美国历史经历了发现新大陆、西进运动、边疆的终结，从而在观念上，美国人对待荒野的态度经历了从征服荒野到热爱荒野的转变，浪漫主义、民族主义是其中两个重要因素。美国国家荒野保护体系建立之前的一些荒野保护实践，一方面激发了民众关注和保护荒野，另一方面培养了一批荒野保护组织领导人。这些努力取得了一定成绩，但是荒野仍然面临巨大威胁。这使得荒野保护组织的领导人意识到，需要采用立法的手段才能真正的、永久的保护美国荒野。

扎尼泽在1956年2月第一次起草了荒野法议案，通过长达8年的持续努力和博弈，终于在1964年9月3日通过了《荒野法》（Wilderness Act）。在1964年之后，国家荒野保护体系（NWPS）的面积在逐年扩大，荒野保护管理的质量也稳步提升。从空间分布上看，NWPS现在包括了44个州和波多黎各自治邦的765个区域，共109，129，657英亩。总体上看，全美5%的土地面积为荒野保护地。由于阿拉斯加州包括了一半以上的荒野区面积，因此美国本土只有2.7%的面积为荒野区。NWPS的荒野区由四个联邦土地管理机构进行管理，包括国家公园局、林业局、鱼类和野生生物局以及土地管理局。其中国家公园管理局管理的荒野区面积最大，占到荒野区总面积的40%，而林业局管理的荒野区数量最多，管理着445个荒野区单元。相应的荒野区由所在的保护地管理机构进行管理，除满足一般管理要求外，

［基金项目］：社会科学基金重大项目"中国国家公园建设与发展的理论与实践研究"（编号14ZDB142）；国家自然科学基金"基于突出价值识别的风景名胜区保护与监测研究"（编号51478234）；

国家自然科学基金"基于多重价值识别的风景名胜区社区规划研究"（编号51278266）共同资助。

还要符合荒野法以及相关政策的要求。除了《荒野法》之外，四个荒野管理部门有各自的荒野管理政策。

以国家公园体系中的荒野区为例来说明。所有国家公园管理局管理的土地都要进行是否进入荒野保护体系的评估，荒野资质评估的依据是荒野的法定定义（statutory definition）。荒野法要求"每一个管理认定荒野区域的机构，应该负责保护其荒野特征"。荒野特征是荒野区区别于与其他土地的核心所在，荒野特征包括了五个性质：未驯化的（untrammeled）；未开发的（undeveloped）；自然的（natural）；提供孤独或原始体验和无拘束游憩体验的突出机会；具有其他科学、教育、风景、历史价值。因此，每一个公园都应将荒野特征的概念整合于公园规划、管理、监测中。荒野管理的原则和方法包括荒野管理规划（Wilderness Management Plan）、最小需求分析（Minimum requirements analysis，MRA）、不留痕迹原则（Leave no trace，LNT）等等。

3　中国的荒野保护管理应注意的问题

在中国国家公园体制试点的背景下，"荒野地"的保护管理是一个必须进行讨论和解决的问题，应把客观存在的"荒野地"纳入自然保护地体系中进行统筹考虑。中国既不应该全盘照搬他国经验，也不能对他国经验教训视而不见。中国荒野保护管理的理论和实践应重点解决三个问题，包括定义与认知、识别与制图、划定与管理。

4　结束语

约翰缪尔在《我们的国家公园》写道"成千上万身心疲惫的、神经紧张的、过度文明的人们开始发现，走向大山正是走回家园；人们开始发现，荒野是必需的；人们开始发现，山地中的公园和保护区是有用的，并不仅仅因为它是木材和河流的源泉，更因为它是生命的源泉"。从大地景观的角度看，一个健康的环境，应包括城市、乡村、荒野，荒野不应该是缺位的和不断被蚕食的。认知并欣赏野性自然的价值，限制人类无节制的活动和开发，是荒野保护管理的核心所在，也是我们能够为当代和后代留下一个丰富多彩大地景观的核心所在。

奥地利国家公园体制：基础、事务与支持
——以高陶恩国家公园为例

李可欣

（广州市城市规划勘测设计研究院）

【摘　要】　奥地利国家公园建设已逾30年，其中历史最久的高陶恩国家公园在自然保护、自然教育和赞助机制方面进行了比较有代表性的实践，是奥地利国家公园体制建设探索的缩影，本文从基础、事务、支持三个方面，以高陶恩国家公园为例介绍奥地利的国家公园体制，分析了其地方管理为主、多方决策、非政府组织为补充的体制特点，总结了其在替代性保护规范化、自然教育专业化及赞助机制系统化方面为我国相关实践提供的参考。

【关键词】　奥地利国家公园体制高陶恩

1　背景

在奥地利的保护地体系中，国家公园是保护力度最大的类型之一。奥地利国家公园（以下简称"国家公园"，另"奥地利联邦"简称"联邦"）的建设始于1981年。目前全联邦共有国家公园6个，覆盖近3%的国土面积[1]。（表1，图1）

奥地利国家公园概况一览表　　　　　　　　　　　　　　　　　　　　表1

名称	译名	地理位置（州）	面积（km²）	建立年	备注
Hohe Tauern	高陶恩	Salzburg, Tirol, Kärnten	1857	1981	
Neusiedler See-Seewinkel	新民湖（又译诺伊齐德勒湖-塞温克）	Burgenland	91	1993	奥匈共管
Donau-Auen	多瑙河湿地	Niederösterreich，Wien	93	1996	
Kalkalpen	卡卡宾（又译石灰岩阿尔卑斯）	Oberösterreich	209	1997	
Thayatal	达亚河谷	Niederösterreich	13	2000	奥捷共管
Gesäuse	歌哨泽	Steiermark	110	2002	
	合计		2373		

（数据来源：奥地利联邦环保局网站、维基百科词条）

在联邦6个国家公园中，跨 Kärnten、Salzburg、Tirol 三个州的高陶恩国家公园（以下除在相关文件名或组织名中有必要使用全称的情况之外，三州分别简称 K 州、S 州和 T 州，高陶恩国家公园简称 NPHT），规模最大，历史也最久。建园以来，NPHT 在其自然保护方式多样化、自然教育体系化、赞助机制系统化等等方面进行了较多的探索，这在奥地利30余年的国家公园建设历史中具有代表性，而联邦国家公园特定法律基础和组织结构则使这些实践成为可能甚至必然。

以下从基础、事务和支持三方面介绍联邦国家公园体制，涉及具体均以 NPHT 为例，并于 NPHT 案例不具有联邦普遍性时予以注明。

图1　奥地利国家公园分布（图片来源：维基百科公共文档，由作者改绘）

2　基础：标准、法律和组织

2.1　保护标准和统一行动指引

2010年，联邦农林环境水务部（也简称生活部）首次出台《奥地利国家公园战略》（以下简称《战略》）并在其中明确了联邦统一的国家公园建设和保护标准，即IUCN保护地管理分类中第Ⅱ类（国家公园）。《战略》则成为国家公园的首个联邦层面统一行动指引[2]。

IUCN分类标准正逐步纳入各州国家公园相关法律［注1］的修订版［注2］，其关于国家公园保有75%不受人类活动干扰的自然地比例的要求，在私有土地占多数的各个国家公园中，也通过各类常规与替代性保护措施（详后）得到了落实。

《战略》提出了国家公园发展的五年计划（含目标与指标体系）和长期愿景，确定了推动国家公园联邦统一行动的协会Nationalparks Austria（以下简称NPA，详后）的组织和议事规则。《战略》实施和修编由NPA负责。

2.2　法律基础

国家公园的法律基础涉及州、联邦和欧盟三个层面：所在州法律构成其主要法律基础，也是联邦和欧盟法律性约束文件主要的实现媒介[3]。见图2。

2.2.1　所在州法律

根据联邦宪法［注3］，自然保护为各州职责，由各州制定相关的法律。

国家公园所在州的自然保护法、渔猎法、空间管制和空间规划法及依据上述各法发布的行政律令构成了国家公园的主要法律基础［注4］；其中又以国家公园法及依据其颁布的行政律令为国家公园建立、管理和运营的直接法律依据：一般地，国家公园的保护目标在国家公园法中确定，而国家公园的区划（主要内容是保护范围和分区）和管理规划则以行政律令的形式颁布[3]。

2.2.2　国家协约

国家公园是联邦和州共建共管的重要对象，由于联邦法律不直接涉及自然保护，为了实现这一共建共管，需要依据联邦宪法签订国家协约［注5］，在协约中确定国家公园的关键要素，如范围、目标、管理、责任、资金、机构等。签约州承诺根据协约内容修改完善其相关法律与行政律令[4]，并以协约为其在国家公园建管方面获得联邦财政支持的法律框架[3]。协约是以国家公园为单位签订的，跨州国家公园所涉各州与联邦签订多方协约：例如，就NPHT的相关事宜，K、S、T三州与联邦政府共同签订了《联邦与Kärnten、Salzburg、Tirol关于合作进行高陶恩国家公园的保护及资助的依据联邦宪法第15条a款的协约》。联邦6个国家公园均有相关协约[3]。

2.2.3 欧盟指令

涉及国家公园事务的主要欧盟指令为《鸟类指令（1979）》《栖息地指令（1992）》和《水框架指令（2000）》，其内容重点在明确保护目标。执行《指令》的主要手段仍是在各州国家公园法中对相关目标进行落实[3]。例如，S 州国家公园法在第 5 章第 44 条明确：通过该法，执行《栖息地指令》和《鸟类指令》[5]。欧盟指令落实到州法律中并得到执行，为国家公园获取欧盟专项拨款和技术支持提供了保障。

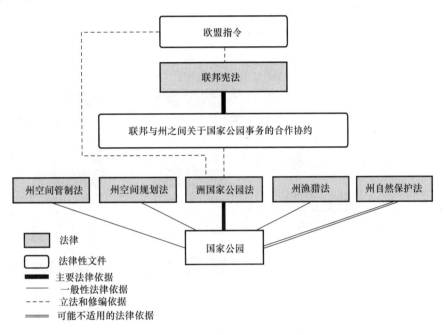

图 2　国家公园法律基础示意图
（图片来源：作者自绘）

2.3　组织结构

2.3.1　运营机构及其跨州设置方案

国家公园由其同名机构负责运营［注 6］，并依据所在州国家公园法设决策部和事务部。国家公园机构为"非营利有限责任机构"，是由州政府负责组建、现代化管理的机构。跨州国家公园的机构有两种设置方案，一种是设单机构，跨州运营，其代表为多瑙河湿地；另一种是分州设机构，再设跨州设统筹机构，其代表为 NPHT。见图 3。

1）NPHT 各州的国家公园机构

根据 NPHT 各州的国家公园法，其运营机构登记名称为高陶恩国家公园基金会，决策部称国家公园理事会，事务部称国家公园管理处[5-7]。具体地：

理事会负责本园的年度工作报告、预算结算、发布资助方针，并就涉及本园的措施进行表态、审议涉及本园的法律和行政律令草案，由负责国家公园事务的州议员［注 7］主持，按照国家公园法中规定的人数，国家公园的主要利益相关者代表参与，具体包括：

　　a）州政府派遣的相关部门人员；

　　b）国家公园涉及的各区［注 8］代表；

　　c）国家公园涉及的土地所有者代表；

　　d）联邦农林环境水务部官员和/或奥地利阿尔卑斯协会代表。

国家公园管理处下设教育、游客服务、自然地管理、Ranger、公共关系及科研等职能。由国家公园基金会负责人任主管。

2）NPHT 的跨州机构

NPHT 的国家公园基金会为三州分设，其管理范围依州界划分，以适应各州国家公园法相对独立的实际情况。这一划分保证了事权清晰，但可能削弱整体性，因此，强化跨州合作的需求历来得到相当的重视。1994 年三州和联邦签订的国家协约中，确定建立国家公园委员会，作为高陶恩国家公园的最高决策机构。

国家公园委员会实际是联邦环境司（下设于农林环境水务部）参与的三州国家公园理事会主席会［注 9］，成员仅 4 人。委员会发布国家公园的使命陈述，明确工作重点并确定跨州项目，有独立的预算（用于委员会事务和跨州项目）和事务机构（称为委员会秘书处）[8]。

此外，设国家公园主管会，为联邦环境司参与的 NPHT 各州国家公园主管会议。

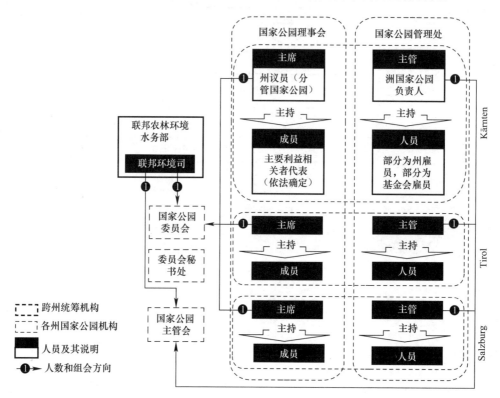

图 3　NPHT 的组织结构图（图片来源：作者自绘）

2.3.2　联邦统一行动推进协会：NPA

联邦层面设公益协会性质的 NPA（2011 年 7 月正式成立），其一年三次的会议由联邦农林环境水务部主持，各国家公园主管参与，会议内容有制定包括《战略》修编在内的共同行动计划及信息经验交流。NPA 以《战略》为指导推进阶段重点项目在各园的实施。[2]

3　事务：实践和设想

国家公园的主要事务有 6 类，即自然地管理、科研、教育/游客情报、文化景观维育、区域发展和旅游；前 4 类核心事务由国家公园基金会主持，后 2 类延伸事务由基金会与相关项目协会或政府部门合作推进[5-7]。具体地，在替代性保护、科研发展、自然教育体系化和乡村发展等方面，国家公园的实践和规划设想具有一定的启发性，简介如下。

3.1　私有土地上的自然地管理：替代性保护

联邦国家公园的大部分土地为私人所有（如 NPHT 的私有土地比例达 62%）[9]，因此除行政手段以外，自然地的管理一般还需要替代性保护的补充。替代性保护基于国家公园与特定土地的地权或物权所有者之间的协议，其形式包括收购、租约和所谓的"协议自然保护"。

替代性保护尤其是协议自然保护为多个州的国家公园法所承认和鼓励。NPHT 所涉及三个州的国家公园法均有定义和规范协议自然保护的相关条文。协议自然保护一般针对特定生产建设活动，对其进行限定或限制[5-7]，一个典例是 T 州 NPHT 的外围区［注 10］的牧场与国家公园签订关于发展可持续牧业以换取"国家公园牧场认证"的协议，国家公园通过品牌价值保证了生产活动的环境友好性[10]。

同时，协议自然保护的框架接受评估和持续优化：典型地，K 州 NPHT 于 2015 年接受了农林环境水务部对其自 2001 年来签订的 510 项协议的评估，由于部分协议不符合欧盟对奥地利环境友好农业行动的资助条件，国家公园理事会作出了撤销部分冲突协议并为后续协议起草新框架的决定[11]，新框架已于 2016 年 1 月生效。

3.2 统一形象、兼容共享的科研发展

国家公园的科研活动着眼于推动自然保护和教育。《战略》对联邦各园科研发展作了以"统一形象、兼容共享"为主要内容的五年计划，具体包括[2]：

1）起草"奥地利国家公园科研使命"作为共同的使命陈述，全面设立国家公园科研奖；

2）在各园建立的高等动植物数据库清单，通过联邦层面统一标准实现数据的统一可获取性；

3）启动全国生态监控体系建设。

3.3 自然教育的专业化和体系化

国家公园自然教育专业化的主要保障是自 2010 年开始的全联邦统一标准化 Ranger（国家公园的导览人员）培训：由各国家公园轮流组织历时三年的联邦认证职业培训，其课程涵盖基本自然科学、讲解导览、地方特别课程、气象和急救等。除标准化的入职培训和认证之外，在职 Ranger 需要定期接受继续教育以保持认证的有效性。国家公园鼓励 Ranger 积极参与国际 Ranger 联盟[12]。

国家公园自然教育体系化的主要实践是伙伴校关系：例如，NPHT 与特定区及区内特定中小学校签订三方协议，该校即成为 NPHT 的伙伴校，可冠国家公园名，NPHT 为其派出一位 Ranger，定期为学生授课（包括在国家公园内的野外教学），在 K 州 NPHT，伙伴校接受长达 4 年的 Ranger 授课周期，中小学课程设置不同，课程纳入学校教学计划。位于国家公园外的学校也可与国家公园建立伙伴校关系[11]。

3.4 争取外部支持的乡村发展

乡村发展是欧盟近年的主推事务，也是包含大范围农业区的国家公园扎根当地的要务。由于基金会在区域发展方面的技术和资金有限，国家公园相当重视和依赖从欧盟和联邦的乡村发展项目中获得的信息和支持，最为主要的是争取 LEADER 项目的支持［注 11］。《战略》还提出至 2015 年达到国家公园地区 LEADER 项目全覆盖的目标，这一目标暂时还没有实现。目前 NPHT 的 LEADER 项目区仅覆盖了其在 S 州内所涉的 21 个区[13]。

4 支持：拨款和赞助

国家公园的规划、建设和管理所需经费原则上由联邦和州均摊，具体来源在各州国家公园法中确定。例如 S 州国家公园法中规定其基金会经费来源于[5]：

a）S 州拨款；

b）联邦拨款；

c）国家公园的经济活动收益；

d）赞助和其他形式的拨款或收益；

e）经费利息和基金会其他财物的增值收益；

f）经州政府许可的基金会债权收益；

g）罚款［注 12］。

国家公园基金会享受免除州内各项税费的待遇。

表 2 展示了国家公园经费的典型构成（各年经费构成有一定变动但基本稳定），可见，拨款在其中占比最高，超过 8 成。

NPHT 某州部分 2015 年经费预算构成（单位：€）   **表 2**

经费来源	数额	占比
联邦拨款	1,189,834	37%
州拨款	1,027,300	32%
欧盟拨款	372,544	12%
赞助与捐赠	152,548	5%
经营活动收入	364,320	11%
狩猎权出让收益	87,177	3%
总计	3,193,723	100%

（数据来源：NPHT 各园 2015 年工作报告，作者翻译）

　　作为拨款的主要补充之一，赞助来源经费所占比例不高，但因为通常还伴随赞助方的技术力量到位而比较重要。NPHT 有比较成熟的赞助机制，即通过公益协会"高陶恩国家公园之友（以下简称 Tauernfreund）"、以项目为单位来组织赞助活动。Tauernfreund 成立于 1993 年，以支持 NPHT 的发展为目标，由作为赞助方的私营企业和个人组成。Tauernfreund 成员除提供资金外，往往还参与项目全程以进一步提供可能的技术支持[11]。2015 年度 Tauernfreund 的重要赞助项目有近 20 项，经费总额€500,000（其中跨州项目经费纳入国家公园委员会预算，在各州基金会预算中不体现），主要集中在自然教育和自然地维育方面[14]。图 4 展示了该年的主要赞助方及其赞助项目。

　　Tauernfreund 式赞助机制是 NPA 比较推荐的辅助支持方案，但尚未得到联邦层面普及。Tauernfreund 也是《战略》所计划建立的 NPA 之友的原型。根据《战略》，作为 NPA 赞助者协会的 NPA 之友可以为国家公园联邦层面的统一行动提供直接支持[2]（而现阶段 NPA 的经费仍来源于各国家公园的会费性缴款）。

Swarovski Wasserschule
Willhelm-Swarovski-Beobachtungswarte

Nationalparkpartnerschulen

Verbund Klimaschule des
Nationalparks Hohe Tauern

Artenschutzprojekt
Wiederansiedelung Bartgeier

Produktsponsoring und
Marketing Verein der Freunde

Kärntner Milch
Junior Ranger

Coca-Cola
Junior Ranger

FreiRaum Alm und
Biodiversitätsdatenbank

图 4　2015 年 NPHT 的主要赞助方及其赞助项目（一）

（图片来源：NPHT 各园 2015 年工作报告）

Steinwildforschung in
den Hohen Tauern

Besucherbetreuung

Gewässermonitoring

Artenschutzprojekt Urforelle

Zurverfügungstellung
eines Leihfahrzeuges

Marketing Verein der Freunde

JACQUES LEMANS

Nationalparkshop/Uhr

Untersuchung spätmittelalterlicher
und neuzeitlicher Textilien
aus Goldbergbaugebieten

PRICEWATERHOUSECOOPERS

Jährliche Prüfung
des Rechnungsberichtes

Wildtierortung im
Nationalpark Hohe Tauern

图 4　2015 年 NPHT 的主要赞助方及其赞助项目（二）

（图片来源：NPHT 各园 2015 年工作报告）

5　体制特点

5.1　地方管理为主，联邦协调为辅

第一，国家公园依据所在州的法律进行建设和管理，并通过基于联邦宪法的协议或欧盟条约，保障上层的自然保护意志最终落实到州级法律。

第二，国家公园机构是地方机构，联邦向国家公园机构各会（例如 NPHT 的理事会、委员会和主管会）派出代表，但该代表一般不担任主席。

第三，与法定的各国家公园机构不同，联邦层面的协调组织（NPA）不是法定组织。NPA 依靠其成员设置（联邦主持，各国家公园负责人参与）保证其行动计划在各园得到执行。

5.2　政府组织、多方决策的国家公园运营

国家公园机构由州政府组建，经费主要来自两级政府拨款，且免交地方税费；而国家公园机构的决策则来自容纳多方声音的理事会——其成员除了州和联邦代表，还包括国家公园内各区、土地所有者、相关公益协会等的代表。在这一设置下的国家公园是一个政府组织、多方决策的公益机构。

5.3　以非政府组织为重要补充

非政府组织是国家公园机构的重要补充，NPA、Tauernfreund 等公益协会在推动联邦统一行动、

经验交流、促进赞助项目等方面发挥着重要作用。

6 参考和局限性

6.1 国家公园实践的参考

联邦国家公园在替代性保护、自然教育及经费和赞助等方面的经验，为我国的景区特别是国家公园体制建设提供了参考。

6.1.1 替代性保护

通过一定的体制设计，对替代性保护进行规范性约束并为之提供实施保障：

1）以国家公园法为支撑和规范——在国家公园法中，对替代性保护的类型、协议方、协议内容、解除协议的情况等均有规定，使其实践有法可依；

2）国家公园机构有独立法人性质——替代性保护是基于经济协议的，不是政府行为；作为协议甲方的国家公园机构具有独立法人资格，使协议成为可能；

3）协议执行受相关部门监督——国家公园机构和联邦农林环境水务部的评估和监管为协议提供了比较有效的实施保障。

6.1.2 自然教育

联邦国家公园自然教育的专业化工作是比较成熟的，相比之下，我国景区的导览活动仍以观光导游型为主，如有自然教育活动，一般均由"绿协"一类组织发起，还没有形成以景区为主力的自然教育体制，离自然教育从业者的标准化培训和统一认证就更远。

而在自然教育体系化方面，国家公园的伙伴校实践也值得借鉴：中小学的自然教育课程的完善，不仅符合素质教育理念，也有助于培养学童对国家公园的认同感，从而长远地塑造和丰富国民的民族情怀。

6.1.3 经费和赞助

国家公园在很大程度上依赖于各级拨款，此外还享受地方税费免除的政策。可见联邦国家公园对国家和社会的意义得到了充分认可：国家公园是国家形象的代表，是国民获取知识和休憩的场所，具有极高的自然和文化价值，其经济活动收益远不足以体现其实际的价值。在国家公园上的公共开支保障了国家公园各项事务的正常推进。相比之下，我国部分景区进行企业式经营，自负盈亏并需纳税，其自然文化价值的实现难免受到影响。

国家公园事务的拓展有赖于其系统化的赞助活动，赞助体制增强了国家公园与社会各方的联系，保护自然、提升赞助方企业形象、推动就业，可谓一举多得，对这一体制的研究将为解决我国景区为发展牺牲资源的困境提供一些思路。

6.2 国家公园实践的局限性

联邦国家公园建设至今，体制不断完善，但仍有一些短期无法超越的局限性，例如，在乡村发展事务中，国家公园尽力争取对接相关平台，一个比较理想的状态是，项目支持乡村在国家公园事务框架下实践可持续农业，发展乡村旅游；但实际操作中，由于乡村发展的着眼点与国家公园保护目标不尽一致，真正实现多区叠加、无缝衔接、优惠尽享有一定的难度；另外，联邦国家公园的机构是去中心化的，这一体制特点决定了国家公园的统一形象工作比较滞后，国家公园基本实现了地方认同，但与民族认同之间仍有一定的距离。

注释和附表

注1　除 Vorarlberg 州之外，奥地利其他 8 个州均有国家公园相关法律，以下均简称国家公园法。各州国家公园法由于涉及对象不一而名称不一，如 T 州的相关法律名为《Tirol 州高陶恩国家公园法》，K 州的相关法律则名为《Kärnten 州国家公园和生物圈公园法》。

注2　例如，2015 年新修订发布的 S 州国家公园法在《总则》中将国家公园定义为符合 IUCN 国家公园类型保护地标准（及其他数项标准）的保护区域，并规定相关指标的达成措施需纳入《国家公园管理规划》。

注 3　联邦实际无宪法，仅有一系列宪法性法律（Verfassungsgesetze），本文将其总称为联邦宪法。

注 4　关于国家公园是否适用所在州的自然保护法，各州规定不一：S 州国家公园（2015 年修订版）法对此的回答是"否"，而 T 州国家公园法（现行为 1991 年版）对此则回答"是"。一般地，国家公园法的完备程度决定了其独立程度。

注 5　正式名称为依据联邦宪法第 15 条 a 款的协约，一般写作 Vereinbarungen gemäßArt. 15a B-VG。

注 6　国家公园的行政主体为所在州政府。

注 7　州议员（Landesrat）为州政府领导班子成员，可近似理解为"分管副州长"。

注 8　区（Gemeinde）是奥地利最低自治行政区划级，也译为自治州。

注 9　协约规定国家公园委员会由联邦环境部部长和各州负责国家公园事务的州议员共 4 人组成，后者即前述各州国家公园理事会主席。

注 10　外围区（Außenzone）是国家公园的区划之一。国家公园一般划分为核心区（Kernzone）、外围区和特别保护区（Sonderschutzgebiet）。

注 11　LEADER 是欧盟开展的一项乡村发展赞助计划，始于 1991 年，2007 年被纳入欧盟共同农业政策（CAP），成为欧盟乡村发展基金的一项事务。LEADER 鼓励乡村创新发展，应对人口、基础设施、就业等多方面挑战，并通过多渠道融资向乡村发展项目提供支持。除 LEADER 之外，欧盟乡村发展基金的其他项目及地方 21 世纪议程也是国家公园乡村发展事务的重要支持。

注 12　根据国家公园法，对违反该法行为所处的罚款纳入国家公园经费。

附表：本文涉及部分词汇的德汉对照（按文中顺序给出）

中文	德文
高陶恩国家公园	Nationalpark Hohe Tauern
联邦农林环境水务部（生活部）	Bundesministerium für Land- und Forstwirtschaft, Umwelt und Wasserwirtschaft（Lebensministerium）
行政律令	Verordnung
联邦与 Kärnten、Salzburg、Tirol 关于合作进行高陶恩国家公园的保护及资助的依据联邦宪法第 15 条 a 款的协约	Vereinbarung gemäß Artikel 15a B-VG zwischen dem Bund und den Ländern Kärnten, Salzburg und Tirol über die Zusammenarbeit in Angelegenheiten des Schutzes und der Förderung des Nationalparks Hohe Tauern
水框架指令	Wasserrahmenrichtlinie
非营利有限责任机构/公益有限责任机构	Gemeinnützige Gesellschaften mit beschränkter Haftung/Gemeinnützige GmbH
国家公园基金会	Nationalparkfonds
国家公园理事会	Nationalparkkuratorium
国家公园管理处	Nationalpark-Verwaltung/Nationalparkverwaltung
奥地利阿尔卑斯协会	der Österreichische Alpenverein
国家公园委员会	Nationalparkrat
联邦环境司	Bundesumweltamt
使命陈述	Leitbild
委员会秘书处	Ratssekretariat
国家公园主管会	Nationalparkdirektorium
自然地管理	Naturraum-Management/Naturraummanagement
协议自然保护	Vertragsnaturschutz
奥地利环境友好农业行动	Österreichisches Programm für Umweltgerechte Landwirtschaft/ÖPUL
统一可获取性	einheitliche Abrufbarkeit
国际 Ranger 联盟	Internationale Ranger FÖderation /International Ranger Federation
高陶恩国家公园之友	Verein der Freunde des Nationalparks Hohe Tauern

参考文献

［1］ Bundesumweltamt. Nationalparks in Österreich［DB/OL］. ［2016-11-05］. http://www. umweltbundesamt. at/umweltsituation/naturschutz/sg/nationalparks/.

[2] Umwelt Und Wasserwirtschaft Bundesministerium Für Land- Und Forstwirtschaft. Österreichische Nationalpark-Strategie: Ziele und Visionen von Nationalparks Austria [EB/OL]. [2016-11-15]. https://www. bmlfuw. gv. at/dam/jcr:00067760-0320-4544-b6a4-320325dcfd86/Nationalparkstrategie_WEB%5B1%5D. pdf.

[3] Bundesumweltamt. Gesetze, EU-Richtlinien und Konventionen [DB/OL]. [2016-11-15]. http://www. umwelt-bundesamt. at/umweltsituation/naturschutz/naturrecht/.

[4] Verbindungsstelle der Bundesländer. Praxisleitfaden _ Vereinbarungen _ gem _ Art _ 15a _ B-VG [EB/OL]. [2016-11]. http://www. bka. gv. at/legistik/15a/docs/Praxisleitfaden_Vereinbarungen_gem_Art_15a_B-VG. pdf.

[5] Der Salzburger Landtag. Gesamte Rechtsvorschrift für Salzburger Nationalparkgesetz 2014, Fassung vom 29. 03. 2016 [EB/OL]. [2016-11-15]. http://www. hohetauern. at/images/dateien-hp/2015/Salzburg/SNPG_Fassung_vom _29032016. pdf.

[6] Der Tiroler Landtag. Gesetz vom 9. Oktober 1991 über die Errichtung des Nationalparks Hohe Tauern in Tirol (Tiroler Nationalparkgesetz Hohe Tauern) [EB/OL]. [2016-11-15]. http://www. hohetauern. at/images/dateien-archiv/NP_Gesetz_Tirol. pdf.

[7] Der Kärntner Landtag. Gesetz über die Errichtung von Nationalparks-und Biosphärenparks (Kärntner Nationalpark-und Biosphärenparkgesetz) K-NBG [EB/OL]. [2016-11-15]. http://www. hohetauern. at/images/dateien-archiv/KTN_NATIONALPRKu_BIOSPHAERENPARKGESETZ. pdf.

[8] Salzburger Nationalpark Hohe Tauern. Nationalpark Hohe Tauern hebt Wissenschaft & Forschung auf internationales Niveau [DB/OL]. [2016-11-15]. http://www. hohetauern. at/de/aktuelles/alle-news-artikel/2746-nationalpark-ho-he-tauern-hebt-wissenschaft-forschung-auf-internationales-niveau. html.

[9] Mag. Elisabeth Skibar. Nationalparks in Austria [EB/OL]. http://www. umweltbundesamt. at/fileadmin/site/um-weltthemen/naturschutz/NSG-NP-RZ2. pdf.

[10] Tiroler Nationalparkfonds Hohe Tauern. Tätigkeitsbericht 2015 [EB/OL]. [2016-11-15]. http://www. parcs. at/nphtt/pdf_public/2016/32854_20160414_112831_TtigkeitsberichtTirol2015. pdf.

[11] Kärntner Nationalparkfonds Hohe Tauern. Tätigkeitsbericht 2015 [EB/OL]. [2016-11-15]. http://www. ho-hetauern. com/images/dateien-hp/2016/Kaernten/T%C3%A4tigkeitsbericht_2015. pdf.

[12] Nationalparks Austria. NP RANGER [DB/OL]. [2016-11-15]. http://www. nationalparksaustria. at/de/pages/np-ranger-17. aspx.

[13] Nationalparkregion Hohe Tauern. Nationalparkregion Hohe Tauern [DB/OL]. [2016-11-15]. https://www. lead-er-nationalparkregion. at/.

[14] Nationalpark Hohe Tauern. Partnertreffen der "Nationalparkfreunde" -Mehrwert für beide Seiten [DB/OL]. [2016-11-15]. http://www. hohetauern. at/de/aktuelles/alle-news-artikel/2657-partnertreffen-der-nationalparkfre-unde-mehrwert-fuer-beide-seiten. html.

台湾地区国家公园的发展历程与经验借鉴

吴忠宏

（台中教育大学）

【摘　要】 台湾自1961年开始推动国家公园与自然保育工作，1972年制定《国家公园法》之后，1982年成立第一座垦丁国家公园，至今共计9座国家公园。较为详细介绍了台湾《国家公园法》的内容框架以及台湾国家公园的设立标准、功能、目标以及管理组织架构。

【关键词】 国家公园法；台湾；功能；目标；组织架构

1　台湾国家公园成立缘起

　　1872年全世界第一个国家公园——黄石国家公园在美国诞生，110年之后，台湾地区在1982年建立了第一座国家公园：垦丁国家公园；此外，中国大陆于2013年10月十八届三中全会明确提出"建立国家公园体制"，且"十三五"规划亦建议"整合设立一批国家公园，设立统一规范的国家生态文明实验区"。因此2015年5月18日，国务院批转《发展改革委关于2015年深化经济体制改革重点工作意见》提出，将在北京、吉林、黑龙江、浙江、福建、湖北、湖南、云南、青海等9个省份（后增加四川、陕西、甘肃）开展建立国家公园体制试点。每个试点省份选取1个区域开展试点，试点时间2017年底结束。发改委同中央编办等13个部门更联合印发《建立国家公园体制试点方案》，《发改委国家公园体制试点区试点实施方案大纲》和《发改委建立国家公园体制试点2015年工作要点》，再一次掀起了对于国家公园的讨论。终于，中国大陆第一个国家公园：三江源国家公园于2016年6月7日正式成立。

1.1　国家公园的设立标准

　　依据世界自然保护联盟（IUCN）所辖世界保护区委员会（World Conservation of Protected Areas，WCPA）在1998年拟定的保护区系统六个类型中，国家公园系属于第二类保护区，主要以保障生态系统和游憩而经营管理的保护地（protected area managed mainly for ecosystem protection and recreation）。

　　IUCN于1974年规范国家公园的选定标准如下：

　　（1）不小于1000hm² 面积之范围内，具有优美景观的特殊生态或特殊地形，具有国家代表性，且未经人类开采、聚居或开发建设之地区；

　　（2）为长期保护自然、原野景观、原生动植物、特殊生态体系而设置保护之地区；

　　（3）由国家最高权责机构采取步骤，限制开发工业区、商业区及聚居之地区，并禁止伐木、采矿、设电厂、农耕、放牧、狩猎等行为之地区，同时有效执行对于生态及自然景观之维护地区；

　　（4）在一定范围内准许游客在特别情况下进入，维护目前的自然状态作为现代及未来世代科学、教育、游憩及启智资产之地区。

1.2　台湾地区国家公园的建立

　　台湾自1961年开始推动国家公园与自然保育工作，1972年制定《国家公园法》之后，1982年成立第一座垦丁国家公园，至今共计9座国家公园；为有效执行国家公园经营管理之任务，于"内政部"辖下成立"国家公园管理处"，以维护国家资产。而自1872年至今，根据World Database on Protected Areas（WDPA）的统计，全球已有5576座国家公园。

台湾地区国家公园分布表　　　　　　　　　　　　　　　　　　　　　　　　　　　表1

区域	国家公园名称	主要保育资源	面积（hm²）	管理处成立日期
南区	垦丁国家公园	降起珊瑚礁地形、海岸林、热带季林、史前遗址海洋生态	18,083.50（陆域） 15,206.09（海域） 33,289.59（全区）	1982年09月正式公告设立 1984年01月01日管理处成立
中区	玉山国家公园	高山地形，高山生态、奇峰、林相变化，动物相丰富、古道遗迹	103,121	1985年04月10日
北区	阳明山国家公园	火山地质、温泉、瀑布、草原、阔叶林、蝴蝶、鸟类	11,338	1985年09月16日
东区	太鲁阁国家公园	大理石峡谷、断崖、高山地形、高山生态、林相及动物相丰富、古道遗址	92,000	1986年11月28日
中区	雪霸国家公园	高山生态、地质地形、河谷溪流、稀有动植物、林相富变化	76,850	1992年07月01日
离岛	金门国家公园	战役纪念地、历史古迹、传统聚落、湖泊湿地、海岸地形、岛屿形动植物	3,528.74	1995年10月18日
离岛	东沙环礁国家公园	东沙环礁为完整之珊瑚礁、海洋生态独具特色、生物多样性高、为南海及台湾海洋资源之关键栖地	168.97（陆域） 353,498.98（海域） 353,667.95（全区）	东沙环礁国家公园于2007年1月17日正式公告设立，海洋国家公园管理处于2007年10月4日正式成立
南区	台江国家公园	自然湿地生态，台江地区行重要文化、历史、生态资源、黑水沟及古航道	4,905（陆域） 34,405（海域） 39,310（全区）	台江国家公园于2009年10月15日正式公告设立
离岛	澎湖南方四岛国家公园	玄武岩地质、特有种植物、保育类野生动物、珍贵珊瑚礁生态与独特梯田式菜宅人文地景等多样化的资源	370.29（陆域） 35,473.33（海域） 35,843.62（全区）	澎湖南方四岛国家公园于2014年6月8日正式公告设立
小计			311,498.15（陆域） 438,573.80（海域） 750,071.95（全区）	陆域面积占台湾8.63%

2　国家公园立法及管理

2.1　国家公园法立法宗旨

台湾地区的《国家公园法》是为保护国家特有之自然风景、野生物及史迹，并供国民之育乐及研究而专门制定的。立法宗旨的主要目标是：保护、育乐、研究。核心内容是自然风景、野生物和史迹。

2.2　国家公园主管机关

台湾地区的国家公园主管机关为"内政部"。"内政部"为选定、变更或废止国家公园区域或审议国家公园计划，设置国家公园计划委员会，委员为无给职（国家公园法第三、四条）。国家公园设管理处，其组织通则另定之（国家公园法第五条）。

2.3　国家公园之选定基准

（1）具有特殊景观，或重要生态系统、生物多样性栖地，足以代表国家自然遗产者。

（2）具有重要之文化资产及史迹，其自然及人文环境富有文化教育意义，足以培育国民情操，需由国家长期保存者。

（3）具有天然育乐资源，风貌特异，足以陶冶国民情性，供游憩观赏者。

合于前项选定基准而其资源丰度或面积规模较小，得经主管机关选定为国家自然公园。

依前二项选定之国家公园及国家自然公园，主管机关应分别于其计划保护利用管制原则各依其保育与游憩属性及型态，分类管理之（国家公园法第六条）。

2.4　国家公园之设立与存废

国家公园之设立、废止及其区域之划定、变更，由"内政部"报请"行政院"核定公告之（国家公园法第七条）。

2.5　国家公园之相关名词定义

<u>国家公园</u>：指为永续保育国家特殊景观、生态系统，保存生物多样性及文化多元性并供国民之育乐

及研究，经主管机关依本法规定划设之区域。

国家自然公园：指符合国家公园选定基准而其资源丰度或面积规模较小，经主管机关依本法规定划设之区域。

国家公园计划：指供国家公园整个区域之保护、利用及发展等经营管理上所需之综合性计划。

国家自然公园计划：指供国家自然公园整个区域之保护、利用及发展等经营管理上所需之综合性计划。

国家公园事业：指依据国家公园计划所决定，而为便利育乐、生态旅游及保护公园资源而兴设之事业。

一般管制区：指国家公园区域内不属于其他任何分区之土地及水域，包括既有小村落，并准许原土地、水域利用型态之地区。

游憩区：指适合各种野外育乐活动，并准许兴建适当育乐设施及有限度资源利用行为之地区。

史迹保存区：指为保存重要历史建筑、纪念地、聚落、古迹、遗址、文化景观、古物而划定及原住民族认定为祖坟地、祭祀地、发源地、旧社地、历史遗迹、古迹等祖传地，并依其生活文化惯俗进行管制之地区。

特别景观区：指无法以人力再造之特殊自然地理景观，而严格限制开发行为之地区。

生态保护区：指为保存生物多样性或供研究生态而应严格保护之天然生物社会及其生育环境之地区（国家公园法第八条）。

2.6　国家公园之土地利用与事业经营

国家公园区域内实施国家公园计划所需要之公有土地，得依法申请拨用。前项区域内私有土地，在不妨碍国家公园计划原则下，准予保留作原有之使用。但为实施国家公园计划需要私人土地时，得依法征收（国家公园法第九条）。

为勘定国家公园区域，订定或变更国家公园计划，"内政部"或其委托之机关得派员进入公私土地内实施勘查或测量。但应事先通知土地所有权人或使用人。为前项之勘查或测量，如使土地所有权人或使用人之农作物、竹木或其他障碍物遭受损失时，应予以补偿；其补偿金额，由双方协议，协议不成时，由其上级机关核定之（国家公园法第十条）。

国家公园事业，由"内政部"依据国家公园计划决定之。前项事业，由国家公园主管机关执行；必要时，得由地方政府或公营事业机构或公私团体经国家公园主管机关核准，在国家公园管理处监督下投资经营（国家公园法第十一条）。

2.7　国家公园之土地区域划分（国家公园法第十二条）

一般管制区。

游憩区。

史迹保存区。

特别景观区。

生态保护区。

2.8　国家公园区域内禁止之行为（国家公园法第十三条）

一、焚毁草木或引火整地。

二、狩猎动物或捕捉鱼类。

三、污染水质或空气。

四、采折花木。

五、于树林、岩石及标示牌加刻文字或图形。

六、任意抛弃果皮、纸屑或其他污物。

七、将车辆开进规定以外之地区。

八、其他经国家公园主管机关禁止之行为。

2.9　一般管制区或游憩区内，经国家公园管理处之许可，得为之行为

一、公私建筑物或道路、桥梁之建设或拆除。

二、水面、水道之填塞、改道或扩展。

三、矿物或土石之勘采。

四、土地之开垦或变更使用。

五、垂钓鱼类或放牧牲畜。

六、缆车等机械化运输设备之兴建。

七、温泉水源之利用。

八、广告、招牌或其他类似物之设置。

九、原有工厂之设备需要扩充或增加或变更使用者。

十、其他须经主管机关许可事项。

前项各款之许可，其属范围广大或性质特别重要者，国家公园管理处应报请"内政部"核准，并经"内政部"会同各该事业主管机关审议办理之（国家公园法第十四条）。

2.10　史迹保存区内下列行为，应先经"内政部"许可（国家公园法第十五条）

一、古物、古迹之修缮。

二、原有建筑物之修缮或重建。

三、原有地形、地物之人为改变。

2.11　特殊情形（国家公园法第十六条）

第十四条之许可事项，在史迹保存区、特别景观区或生态保护区内，除第一项第一款及第六款经许可者外，均应予禁止。

2.12　特别景观区或生态保护区内，为应特殊需要，经国家公园管理处之许可，得为下列行为（国家公园法第十七条）

一、引进外来动、植物。

二、采集标本。

三、使用农药。

2.13　国家公园之教育、学术与研究（国家公园法第十八、十九、二十、二十一、二十二条）

生态保护区应优先于公有土地内设置，其区域内禁止采集标本、使用农药及兴建一切人工设施。但为供学术研究或为供公共安全及公园管理上特殊需要，经"内政部"许可者，不在此限。

进入生态保护区者，应经国家公园管理处之许可。

特别景观区及生态保护区内之水资源及矿物之开发，应经国家公园计划委员会审议后，由"内政部"呈请行政院核准。

学术机构得在国家公园区域内从事科学研究。但应先将研究计划送请国家公园管理处同意。

国家公园管理处为发挥国家公园教育功效，应视实际需要，设置专业人员，解释天然景物及历史古迹等，并提供所必要之服务与设施。

2.14　国家公园事业之经费来源

国家公园事业所需费用，在政府执行时，由公库负担；公营事业机构或公私团体经营时，由该经营人负担之。

政府执行国家公园事业所需费用之分担，经国家公园计划委员会审议后，由"内政部"呈请"行政院"核定。"内政部"得接受私人或团体为国家公园之发展所捐献之财物及土地（国家公园法第二十三条）。

3　台湾国家公园组织结构提升

3.1　台湾国家公园设立的功能

在深究其资源特色与管理方式后，简言之，国家公园则具备四项功能：

（一）提供保护性的自然环境；

（二）保存物种及遗传基因；

（三）提供国民游憩及繁荣地方经济；

（四）促进学术研究及环境教育。

3.2 台湾国家公园设立的目标

台湾国家公园设置的目标在于通过有效的经营管理与保育措施，以维护国家公园特殊的自然环境与生物多样性。因此，管理单位明确地掌握与了解园区内环境与生物多样性之状况与变化，针对可能威胁园区内环境与生物多样性健全之因素，加以妥善地因应与处理，同时监测与评估经营管理的成效，对于达成国家公园设置的目标至为重要。此外，台湾的国家公园是依据《国家公园法》所设立，因此国家公园的三大主要目标：保育、育乐、研究。

为有效执行国家公园经营管理之任务，于"内政部"辖下成立国家公园管理处，以维护国家资产。国家公园主管机关为"内政部"。"内政部"为选定、变更或废止国家公园区域或审议国家公园计划，设置国家公园计划委员会，委员为无给职。2008年12月"内政部"营建署为健全国家公园经营管理体制，落实国土保育资源永续发展效能，建请提升国家公园组织层级，成立"内政部国家公园署"，近而拟定《国家公园署组织计划书》、《国家公园署组织法》、《国家公园署处务规程》、《国家公园署编制表》等草案；规划国家公园署编制下设业务单位：企划经理组、保育研究组、解说教育组、景观规划组、游憩服务组、区域公园组共六组及一个研究训练中心。但2016年"执政党"更替后，国家公园的组织调整，现已暂缓。

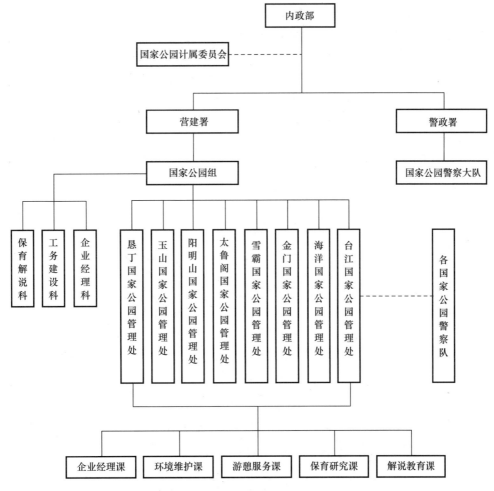

图1 现行台湾地区各国家公园之组织架构

4　台湾国家公园经验借鉴

一、凝聚共识（各方利益相关者）

二、居民参与（规划设计、施工监造、运营方式、利益分配等）

三、共管机制（政府代表与原住民）

四、补偿经费与制度的完善

五、主管机关的确定（顶层架构的确定）

（根据作者讲稿整理，未经作者审阅）

生物多样性保护与生态系统管理

生物多样性保护助推国家公园绿色发展

王祥荣

（复旦大学环境科学与工程学院）

【摘　要】　生物多样性对于国家公园的发展具有重要意义，生物多样性保护是国际趋势、国家战略、地方发展重大需求。本文详细阐述了生物多样性的概念，与人类的关系，面临的挑战，并提出了生物多样性保护的对策和途径。比较了自然保护区与国家公园的建设，为国家公园绿色发展提供了新思路。

【关键词】　生物多样性保护；国家公园；绿色发展

2014 年在澳大利亚悉尼召开的"IUCN 第六次世界公园大会"强调八个方面内容：1）公园价值重新认识 2）生态系统服务价值度量 3）保护地社区发展与能力建设 4）保护地与身心健康计划 5）保护地资产与金融 6）保护地管理模式 7）保护地旅游发展与价值实现 8）全球保护地分布的区域特征。上述八点提出世界生物多样性保护和世界生物圈计划具有重要意义，生物多样性保护是国际趋势、国家战略、地方发展重大需求。

1　生物多样性保护概述

1.1　相关概念

"生物多样性"是生物（动物、植物、微生物）与环境形成的生态复合体以及与此相关的各种生态过程的总和，包括生态系统、物种和基因三个层次。其保护与研究的层次包括：1）物种多样性 2）遗传多样性 3）生态系统多样性 4）景观多样性。

物种多样性的比较　　　　　　　　　　　　　　　　　　　　　　　表 1

类群	我国已知种	世界已知种	百分比
哺乳动物	581	4340	13.39%
鸟类	1244	8730	14.25%
爬行类	376	6300	5.97%
两栖类	284	4010	7.08%
鱼类	3862	22037	17.53%
苔藓植物	2200	23000	9.6%
蕨类植物	2200-2600	10000-12000	22%
裸子植物	约 240	850-940	26.7%
被子植物	>30000	>260000	>10%

我国是地球上生物多样性最丰富的国家之一，在全世界占有十分独特的地位。1990 年生物多样性专家把我国生物多样性排在 12 个全球最丰富国家的第八位（表 1）。在北半球国家中，我国是生物多样性最为丰富的国家。

我国生物多样性特点如下：

（1）物种高度丰富：我国有高等植物 3 万余种，仅次于世界高等植物最丰富的巴西和哥伦比亚。

（2）特有属、种繁多：我国高等植物中特有种最多，约 17300 种，占全国高等植物的 57% 以上。581 种哺乳动物中，特有种约 110 种，约占 19%。尤为人们所注意的是有活化石之称的大熊猫、白鳍豚、水杉、银杏、银杉和攀枝花苏铁等等。

（3）区系起源古老：由于中生代末我国大部分地区已上升为陆地，在第四纪冰期又未遭受大陆冰川的影响，所以各地都在不同程度上保存着白垩纪、第三纪的古老残遗成分。如松杉类植物，世界现存 7 个科中，我国有 6 个科。动物中的大熊猫、白鳍豚、羚羊、扬子鳄、大鲵等都是古老子遗物种。

（4）栽培植物、家养动物及野生亲缘种的种质资源异常丰富：我国有数千年的农业开垦历史，很早就对自然环境中所蕴藏的丰富多彩的遗传资源进行开发利用、培植繁育、因而我国的栽培植物和家养动物的丰富度在全世界是独一无二、无与伦比的。例如，我国有经济树种 1000 种以上。我国是水稻的原产地之一，有地方品种 50000 个；是大豆的故乡，有地方品种 20000 个；有药用植物 11000 多种等等。

总的来讲，我国生物种类多样性特征可以概括为：鱼类、鸟类和哺乳类种类数居世界前列；苔藓、蕨类和种子植物居世界第三位，裸子植物种居世界首位，特有的和古老的物种一万多种。

1.2 生物多样性与人类的关系

生物多样性是人类赖以生存的条件，是经济社会可持续发展的基础，是区域与国家生态安全、环境保护和粮食安全的保障。世界生物多样性大会指出：我们已经不能再把生物多样性的持续流失看作社会主要矛盾以外的事情了。国家公园应当为保育、重建生物多样性和减轻其消亡做出表率。见表 2。

生物多样性与人类的关系　　　　　表 2

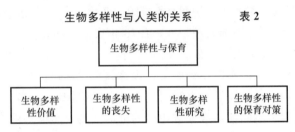

1.3 生物多样性保育面临的挑战

（1）生物多样性的丧失

人均资源过度消耗，全球生态系统每况愈下，许多物种不断灭绝，令生态学家们十分担心；从蕾切尔·卡逊《寂静的春天》到 GOLDEN SMITH（1972）的《生存的蓝图》，到罗马俱乐部（1978）《生存的极限》；从斯德哥尔摩（1978）的全球环境会议到 2015 澳大利亚的 IUCN 年会，生物多样性保育一直是一个重要主题。自从 40 多亿年前地球出现生命以来，曾经生存过几十亿个物种，而现在绝大部分都灭绝了，今后 100 年内，地球上 30%～70% 的植物将消失。过去的灭绝主要是自然过程所致，而今天人类毫无疑问地是物种灭绝的主要原因。见表 3。

生物多样性的丧失　　　　　表 3

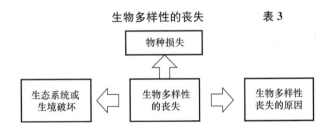

（2）生物入侵

是指某种生物从外地自然传入或人为引种后成为野生状态，并对本地生态系统造成一定危害的现象。农业部最新统计显示，目前入侵我国的外来生物已达 400 余种。在国际自然保护联盟（IUCN）公布的全球 100 种最具威胁的外来生物中，中国已经有 50 种。近十年来，新入侵我国的外来入侵生物至少有 20 余种。我国已经成为遭受外来入侵生物危害最严重的国家之一，面临的防治形势越来越严峻。

（3）我国生物多样性保育面临的问题

问题表现有三点：一、物种多样性面临威胁；二、遗传多样性面临威胁；三、生态系统多样性面临威胁。根据《中国生物多样性国情报告》，我国受威胁的物种数高于全球 5%～7%，森林面积急剧减少，覆盖率仅为 13.92%，为全球平均数的 1/2。草地有 50% 退化，25% 严重退化。水体污染达 80% 以上，淡水生态系统濒于瓦解。农家品种和野生近缘种的遗传多样性丧失很快。

1.4　生物多样性保护对策与路径

全社会日益重视的生物多样性问题，其焦点主要是生物多样性的保护，目的是保护人类生存的地球和我们共同的未来。

1.4.1　制定包括全球的、国家的、地方的不同层次的综合保护对策

国际级对策对于保育全球受威胁的生态系统是基本的，由世界自然保护联盟（IUCN）牵头，提供非政府活动组织（NGO）、政府组织（GO）和主权国之间的联系。

国家级保护对策反映国家的职责。提供政府组织活动的框架，建立地方和国家自然保护区和国家公园，安排生态补偿和生境的管理，都是执行保护对策各种手段。

地方保护对策，因地制宜。

人与生物圈计划（Man and the Biosphere Programme，MAB）是联合国教科文组织于1971年发起的一项政府间跨学科的大型综合性研究计划。生物圈保护区是MAB的核心部分，具有保护、可持续发展、提供科研教学、培训、检测基地等多种功能。其宗旨是通过自然科学和社会科学的结合，基础理论和应用技术的结合，科学技术人员、生产管理人员、政治决策者和广大人民的结合，对生物圈不同区域的结构和功能进行系统研究，并预测人类活动引起的生物圈及其资源的变化，及这种变化对人类本身的影响。

我国于1972年参加这一计划并当选为理事国，1978年成立了中华人民共和国人与生物圈国家委员会。我国有10个课题被纳入人与生物圈计划，有26个自然保护区加入了世界生物圈保护区。它们是：卧龙、鼎湖山、长白山、梵净山、武夷山、神农架、锡林郭勒、博格达峰和盐湖等。

中国还正在建设中国生物区保护网络，以吸引更多的自然保护区加入，并逐渐向国际网络输送。

生物圈保护区是按照地球上不同生物地理省建立的全球性的自然保护网络。世界人与生物圈委员会把全世界分为193个生物地理省（分布在我国范围内的有14个），在这些生物地理省中，选出各种类型的生态系统作为生物圈保护区。它不仅要具有网络的特征，还要把自然保护区与科学研究、环境监测、人才培训、示范作用和当地民众的参加结合起来，其目的是通过保护各种类型生态系统来保存生物遗传的多样性。

1.4.2　生物多样性保护的规划途径

（1）"景观稳定性"途径

以生态上的"稳定地带"为中心，在其周围营造新的景观使其成为一个整体，以缓解并改善由重工业和集约化农业所造成的生物多样性的严重破坏，同时延长哺乳动物和鸟类迁徙的关键性廊道的存在时间。从而创造新颖的生物多样性保护途径。

（2）"焦点物种"途径

在生物种群中选择一定的"焦点物种"，以这些物种对理想的生存空间的要求及其生活习性等将作为规划理想景观的指南。

（3）"绿色廊道"途径

美国的"绿色廊道"途径：基于景观中连续的线性特征，绿色廊道可以招引鸟类撒下树木种子，使廊道内的植物群落得到发展，由于廊道内小生境的异质性，它对动物区系更加重要。绿色廊道的设计和应用可以调节景观结构，使之有利于物种在斑块间及斑块与基质间的流动，从而实现对生物多样性有效保护的目的。在加拿大多伦多即是采用这种规划途径，把城市中的自然溪谷和林荫道作为公园之间生物迁徙的廊道保护起来。

（4）"集中与分散相结合格局"和"必要格局"途径

由著名景观生态学家Forman教授提出，"集中与分散相结合格局"主要指通过集中使用土地，保持大型植被斑块的完整性，在建成区保留一些小的自然植被和廊道，同时在人类活动区沿自然植被和廊道周围地带设计一些小的人为斑块，建成集中与分散相结合的景观格局。这种格局提高了景观多样性，达到生物多样性的保护。

"必要格局"认为自然保护中其生态效益无可替代的最首要格局是几个大型的自然斑块作为水源涵养所必须的自然地，有足够宽的廊道用以保护水系和满足空间运动需要，而在开发区或建成区里有一些小的自然斑块和廊道，用以保证景观异质性，这是景观规划中所要优先考虑保护或建成的必要格局。

（5）城市绿色生态网络途径

上海，深圳等。

2 自然保护区与国家公园规划建设

自然保护区和国家公园是生物多样性就地保护的场所。在保护区划分核心区、缓冲区和试验区是兼顾教育、科研和适度的生态旅游的新型方法。通过在保护区之间或与其他隔离生境相连接的生境走廊，是对付生境片段化所带来不利影响的重要手段。例如为保护斑头雁、棕头鸥等鸟类而建立的青海湖鸟岛自然保护区。

（1）不同的保护区有不同的保护物种

（2）迁地保护

（3）就地保护

（4）种子库和基因资源库

对物种的遗传资源进行长期保存，是一种新型手段。

（5）退化生态系统的恢复

通过各种方法改良和重建已经退化和破坏的生态系统。

（6）生物多样性的检测

对生物多样性组成和变化进行有计划的观察和记录。

（7）政策体系和法制建设

相关法律法规见表4。

相关法律法规 表4

年份	名称	年份	名称
1980	《世界自然保护大纲》	1988	《野生动物保护法》
1984	《森林法》	1989	《环境保护法》
1985	《草原法》	1992	《21世纪议程》
1986	《渔业法》	1992	《生物多样性公约》
1987	《中国自然保护纲要》		

（8）广泛参与途径

注重少数民族的参与；注重当地居民的参与；注重妇女的参与；注重青少年的参与；注重科技界的参与；注重宗教界的参与。

3 生物多样性保护案例分析

3.1 美国

早于生物多样性会议前26年，美国就在1966年以"濒危物种法案"的方式保护受威胁的物种。该立法赋予偌大权能调查列出受关注的物种，并要求创立物种复原计划。因此虽然美国签署协议后并未批准，仍然有最久的追踪记录和最全面的物种保护计划。在约7000种名单内有近半数的物种已经拥有受到批准的计划。

具体案例如佛罗里达州绿道与生态网络规划设计、美国华盛顿溪流廊道规划。后者将城市中零散分布的动植物园与野外天然生物群落区直接联系起来，使野生水禽可以进入城市公园，同时公园内的水生生物也可以进入到野外的自然栖息地，有效的促进了生物多样性的保护。

3.2 日本

在进行城市生物多样性保护过程中注重"自然引入城市"，即在城市园林中引入自然群落结构机制或建立相似的人工群落。从而促进生物多样性保护。

3.3　澳大利亚

澳大利亚发展了精密详尽的计划，辨识出超过 475000 种原生物种。其中一个主要的分支为大堡礁计划，该地的珊瑚礁其实比大多地方更为健康；澳大利亚也有最高的废水处理率。澳大利亚对危害热带国家的森林砍伐做出了能永续利用的柴薪生产量分析。生物目录加上伐木的估计、伐木的动态电脑模型、腐木和伐木的关系都被引用为安全伐木速率的数据。关于清除树丛对多样性和地下水层冲击的广泛研究也在进行，这些影响被用来分析图立滨湖的湿地。

3.4　圣路西亚

圣路西亚《生物多样性保护计划》揭露了在苏福利尔地区大量游客对海洋生物和海岸生物多样性的冲击。该计划特别承认人为利用和污水排放已经在 1990 年超出了敏感珊瑚礁地区的环境承载力。该计划也点出保存历史悠久的渔业；数个机关和当地渔民合作提出一个渔业资源永续利用的管理计划，1992年在苏福利尔海洋管理区中实行。西印度大学大量参与了该国计划；包含三种海龟、数种脆弱的鸟类、远洋鱼类和鲸类受到特别详细的关注。在栖息地保育方面，生产力旺盛且受到关注的红树林沼泽已全数纳入该国保护。

3.5　坦桑尼亚

坦桑尼亚的计划是有关于曼尼拉淡水湖，该地在 1950 年到 1990 年间被加速开发。曼尼亚拉生物圈保留区包含此湖跟接邻高价值树林。此区进行湿地的永续开发和简易农耕。该计划结合主要使用者来达成管理目标，有永续的湿地管理及陡坡地水资源的地下水和化学物质监控。

3.6　中国

《中国生物多样性保护战略与行动计划》环发［2010］106 号，（2011-2030 年）已于 2010 年 9 月经国务院常务会议第 126 次会议审核通过。主要内容包括：

中国生物多样性保护战略与行动计划

（2011-2030 年）

目录

前言

一、我国生物多样性现状

（一）概况

（二）生物多样性受威胁现状

二、生物多样性保护工作的成效、问题与挑战

（一）行动计划的实施情况

（二）生物多样性保护成效

（三）生物多样性保护面临的问题与挑战

三、生物多样性保护战略

（一）指导思想

（二）基本原则

（三）战略目标

（四）战略任务

四、生物多样性保护优先区域

（一）内陆陆地和水域生物多样性保护优先区域

（二）海洋与海岸生物多样性保护优先区域

五、生物多样性保护优先领域与行动

优先领域一：完善生物多样性保护与可持续利用的政策与法律体系

优先领域二：将生物多样性保护纳入部门和区域规划，促进持续利用

优先领域三：开展生物多样性调查、评估与监测

优先领域四：加强生物多样性就地保护

优先领域五：科学开展生物多样性迁地保护

优先领域六：促进生物遗传资源及相关传统知识的合理利用与惠益共享

优先领域七：加强外来入侵物种和转基因生物安全管理

优先领域八：提高应对气候变化能力

优先领域九：加强生物多样性领域科学研究和人才培养

优先领域十：建立生物多样性保护公众参与机制与伙伴关系

六、保障措施

（一）加强组织领导

（二）落实配套政策

（三）提高实施能力

（四）加大资金投入

（五）加强国际交流与合作

附录：生物多样性保护优先项目

4 结语

国家公园的绿色发展是国际趋势和地方重大需求，开展相关的工作意义非常重大，我们要以保育生物多样性为先导，以构建生态安全体系为宗旨，以融入世界生物圈网络为目标。

（根据会场速记 PPT 整理，未经作者审阅）

实现国家公园管理目标——生态系统服务概念框架能否支持保护地管理制度创新？

何思源

（世界自然基金会（WWF）Luc Hoffmann 研究所，北京师范大学）

【摘　要】 国家公园旨在保护大型生态系统，为民众提供多样化的使用机会。中国国家公园建设希望以体制创新改善保护地分散多头管理，达到"保护为主，全民公益性优先"。这个原则的实现与生态系统服务方法相吻合，即通过保障生态系统完整性来提供生态系统服务，实现人类福祉。生态系统服务方法联结自然生态系统和社会经济系统，对生态系统服务和产品的商品属性界定，从供给方面可以明确政府职能，引入市场机制。从需求方面可以平衡不同受益者需求，统筹保障生态系统完整性和改善社区生计双重目标。政策决策者、公众、企业和社会团体对这一理念的认知和接受，可以通过开展社区参与、建立补偿机制、发展特许经营等等体制创新保证关键生态系统服务供需平衡，推动国家公园体制建立。

【关键词】 国家公园；生态系统服务；生计；公共产品；社会-生态系统

1　前言

国家公园是保护地的一种，旨在保护一个或多个生态系统的完整性，并为民众提供多种教育、科研、休闲、游憩等利用机会。源自美国而风行世界的国家公园建立历史表现出了国家公园从理念形成到立法保障在各时各地的差异：从美国的荒野保护到欧洲的景观维持，从殖民时期的狩猎地到后殖民时期的物种保护；从 19 世纪的游憩欣赏主导到 20 世纪的生态学指导的保护，直到当代对社区的关注和多样化功能的发挥[1]。当代国家公园依据世界自然保护联盟（IUCN）的保护地六大类型的第 II 类，但自然条件、文化传统和历史发展决定了世界各国国家公园的实践是在 IUCN 分类体系指导下，立足国家实际问题，尊重国际原则。因此，我国在建立国家公园体制时不仅要把握国家公园关键保护目标，而且要立足社区生计发展，不以保护限制生计改善，也不以发展绑架保护需求。

我国提出建立国家公园体制，是对现有多样化保护地体系存在的管理机构分散、保护地空间重叠、部门利益冲突等保护、利用和服务民众的问题，通过改革管理体制和运行机制，优化保护地空间格局和保护效率，保障自然资源可持续利用。国家公园体制的建立，涉及包括土地和自然资源确权、事权划分和财力匹配、政府—市场—社会多方参与等多方面体制创新。如何能够使得体制建立有效实现管理目标将是跨学科研究的重点。

2　自然资本、生态系统服务和国家公园

2.1　自然资本和生态系统服务

自然资本（natural capital）是为现在或未来提供有用产品流或服务流的自然资源及环境资产的存量，不仅包括为人类所利用的资源，如水资源、矿物、木材等，还包括森林、草原、沼泽等生态系统及生物多样性[2]。建立在生态系统功能基础上的自然资本为人类提供的丰富的产品和服务经常被称为生态系统服务（Ecosystem Services），包括生态系统对人类福祉的直接和间接贡献[3]。这个概念随着千年生态评估逐渐成为一种连接生态系统功能和人类福祉的重要模型（图 1）。生态系统服务的具体分类方式也因为决策环境，需要解决的具体问题而有所不同（fit-for-purpose）[5]。

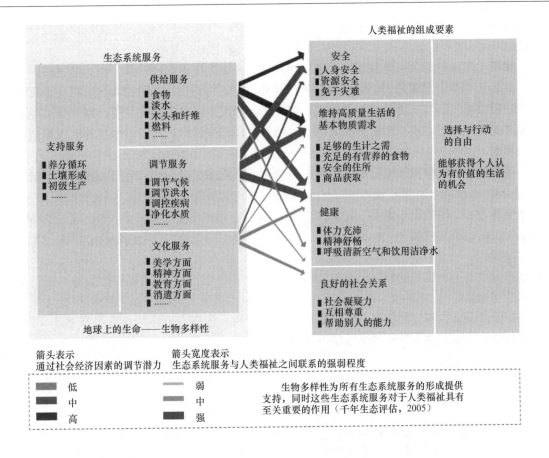

图 1　生态系统服务与人类福祉的关系

千年生态评估将其分为四大类型，最近则有学者从生态系统结构、组分、过程和功能上对原始定义予以完善[4]：支持服务（supporting services），即生态系统的组分和生物地球化学循环过程等，是其他生态系统服务的产生基础，在时空上周转极其缓慢，很多时候被等同于以生物多样性为主的生态系统完整性（Integrity）[6]；调节服务（regulating services），指那些通过复杂的生态系统结构和生物地球化学循环产生的可直接消费的生态系统服务，如调控洪水、风沙，被认为联结了支持服务和供给服务；供给服务（provisioning services）是人类可以从生态系统中取得的可供直接消费，或利用技术手段加工、储存以增加附加值或供未来消费的产品和服务，其潜在量取决于前两种服务的供给量和技术发展，为人类所用的过程则联结了生态系统和经济系统；文化服务（cultural services）是对生态系统的非物质利用，其潜在量取决于社会认知、技术、文化、道德价值观等因素；由于存在主观认知，对文化服务的利用可以对物质服务的利用产生促进或抑制作用，从而最终影响支持服务和调节服务的水平，联结了生态系统和社会系统。

因此，不难看出人类发展的本底源自自然生态系统，自然资本存量与包括人力、社会和建成等其他资本存量一起产生可以增进人类福祉的服务流，即生态系统服务。正因为如此，对生态系统服务进行物理量和价值量评估，对生态系统服务间的权衡（trade-off）和协同（synergy）进行分析等将生态系统服务概念和分析框架引入政策决策和空间规划是当前的研究热点[7]。

2.2　生态系统服务方法用于国家公园体制建设

中国国家公园体制建设提出"保护为主，全民公益性优先"，符合通过保护自然资本使得人类福祉得以可持续的理念。如果将自然资本概念引入国家公园管理，则其管理目标可以被解读为对自然资本进行投资使国家公园作为自然资本的综合体实现可持续的提供生态系统产品和服务。这个管理过程从自然资本的获取，到投入人力资本、社会资本和建成资本以最终实现商品和服务为人类带来福祉，涉及的正是将自然生态系统和人类社会经济系统在管理体制下联结。因此，把握生态系统和生态系统服务的主要特点，可以帮助我们更好地维持、修复或评估生态系统服务，在国家公园这一实体层面上设计切实可行的体制和机制。

　　当前，我国自然保护地大多还有当地居民生活其中，对自然资源依赖较强，不少地区传统生计方式仍然存在。如果认为供给服务是人类对支持服务和调节服务的物质获取，则前者与后两者不可避免地存在权衡：对物质供给不断增加的需求如果超过了支持服务和调节服务的承受范围，则会导致生态系统健康恶化，无法保证继续稳定提供原有的物质供给，乃至文化服务供给，比如对木材的砍伐可能引起的防洪能力减弱和水土流失。

　　这类存在于我国现有保护地中的权衡本质上源自生态系统的复杂属性：生态系统时空动态性（spatial and temporal dynamics）带来局地（in-situ）服务（如土地提供农业产品）和方向性（directional）服务（如水分调节对下游的洪水调蓄）之间的权衡；联合生产性（joint production）带来水体在灌溉、饮用、休闲的权衡；福利依赖性（benefit dependence）使得不同受益人在不同选择，如木材生产和水土保持间进行权衡。

　　拥有以上属性的生态系统的另一个重要特性就是它为人类福祉和生计所提供的服务具有经济学意义上的公共—私有商品层面（public-private aspect）的含义，生态系统服务不同类型根据经济学商品概念的竞争性和排他性而具有不同的商品属性，从而将上述权衡、选择、依赖的各类生态系统产品和服务、包括其选择的时空差异，纳入到经济学框架下（图2）。

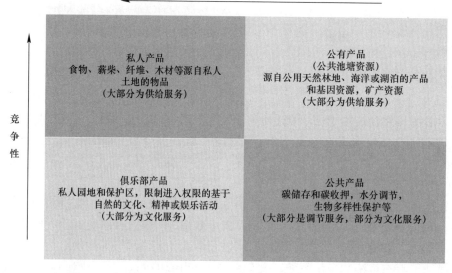

图2　生态系统服务的经济学商品属性示意（基于参考文献18）

3　生态系统服务的商品属性解读：用于国家公园体制建设

3.1　生态系统服务、公共产品和社区生计

　　不断增长的人口对生态系统服务的需求逐渐多样化，但基本的生存诉求仍是造成土地利用变化的驱动力[8]，并且需求集中在对供给服务上，包括食物、木材、纤维和其他物质[9-10]。一般来说，这些物质供给大多被认为是私有产品，由个人或者私人企业控制其生产线和供应链，其使用具有竞争性和排他性。由于我国土地公有性质，不存在法律意义上的私人所有制，更多地表现为使用权的私有，比如承包到户的农田[11]。供给服务如果是在公共土地上，其每一单位资源的获取或使用会影响到别人可用的资源总量但并不具有排他性，这类的生态系统产品或服务经常由公共池塘资源（common pool resources）产生，比如森林、草地、池塘、河流等生态系统。公共池塘资源在世界范围内广泛存在，保障了大量人口的生计、食品安全和农村经济发展[12]。在我国，一些继承了习俗权的草场和林地，或集体土地的实

际使用方式，往往还带有公共池塘资源性质。大部分的生态系统服务都属于经济学意义上的公共产品（public goods），例如生态系统多样性的非使用价值、防风固沙、涵养水源等调节功能以及美景等文化服务（cultural services），通常没有什么竞争性和排他性；有些亲近自然、愉悦精神的文化服务的实现需要在有限区域内付费或取得会员制等，虽无竞争性但有排他性，称为俱乐部商品（club goods）。

世界范围内研究表明，过分关注私有产品的生产已经导致前所未有的其他生态系统产品和服务的数量减少或质量下降[6,8,13]，从而严重影响人类福祉和生计发展，特别是发展中国家自然资源依赖性强的农村居民[14]。国家公园"保护为主，全民公益性优先"的最终管理目标是对当前生态系统服务管理的一个挑战。这不仅要求对私有产品生产需求的满足和对公共池塘资源的有序管理，同时要尽量避免因为以往过分强调物质产品供给而导致生态退化，从而保障国家公园作为公共产品实现全民公益。基于这种这种双重目标的考量必将对当地居民的福祉和生计产生影响，特别是他们的生产生活紧密依赖所在生态系统提供的各种服务。

3.2 生态系统服务方法面临的中国国情

推进生态系统服务方法的一个重要领域就是在经济学框架下解决不同属性商品的供给权衡问题，主要焦点是将广义上的公共产品或公共池塘产品提供的福利，比如清洁水源、固碳等纳入成本-收益分析中，使得以往没有得到充分认识的"公益性"被以生态系统服务的概念被纳入土地利用和管理决策中，寻找不同属性的商品在生产上需要权衡或可以协同的机会[15]。这种经济分析框架在发达国家已经得到较为深入的研究，特别是在完善的市场机制下形成了公共产品交易的机会[16],[17]。相对而言，中国面临的更多是居民生计问题，不仅仅是以市场效率就可以解决的资源调配。因此，作为生态系统服务关键受益人的保护地社区居民，他们的产品需求与全民更广泛的公共产品需求之间的权衡不可能全部交给市场来协调。

生态系统服务价值评估和制图，特别是对总体经济价值（Total Economic Value，TEV）的核算，是政府和其他公共机构对自然资本进行投资的基础。尽管核算方法不断发展，文献层出不穷，但是由于生态系统服务的复杂属性，多样而详细的基于边际成本和收益的生产函数发展有限[18]。国家公园的管理也面临着生态系统服务多样，受益人利益关系复杂，存在不易量化甚至不可量化的生态系统服务。在市场难以介入的时候，政府如何辨析责任，吸引社会团体和个人参与国家公园内生态系统服务的维持，是值得探索的问题。

全球范围内使用广泛的市场机制是生态系统服务付费系统（payments for ecosystem services，PES）。国内经常使用生态补偿（Eco-compensation）一词，其本质是对影响生态系统的行为的正、负外部性进行内化，既对生态系统服务产品的提供者进行补偿来激励内化正外部性，又对破坏环境、损害生态系统的行为进行限制以内化负外部性[19]。关于补偿标准的测算，仍然存在对生态效益、非使用价值测度的不确定性；政府购买行为也存在资金来源单一，财政负担重等问题[20]。一个关键问题是现有生态补偿在考虑生态系统服务公共产品供给时，没有充分考虑私人产品和公共池塘产品需求的合理性，比如在划定公益林时，对原有已经进行大量生产要素投入的人工林进行全面禁伐，对传统林下经济的完全限制等方式，忽视了生态系统的抗干扰能力、更新需求、动态平衡等在自然和人类扰动下形成的动态机制以及本土知识和传统习俗（口头交流）。

4 治理理论下的国家公园生态系统服务保障

生态系统服务本质上是要让人受益。生态系统服务受益人（Ecosystem services beneficiaries，ESBs）是指从生态系统服务中受益并对生态系统服务有需求的利益相关者；现在或可能涉及特定的环境或管理公共政策，或者从中受到正面影响的人[21]。如果我们想保证国家公园所保护的生态系统能够提供在这个公共—私有商品层面的各种服务，就需要明晰需求来自何方，现有供给如何，根据国家公园管理目标未来由谁来管理、谁有权经营、谁又来监督？这就需要根据生态系统服务的商品特性选择配套的治理系统（governance system），划定政府和市场的界限，在现有土地所有权制度下完善土地利用制度，为上述各种类型的商品提供不同的管理方案。

如前所述，由于生态系统自身特征，生态系统服务的提供者未必能从他所保障的服务内受益，如上游居民保养森林而为下游带来充足水源；而为实现某一服务需求而造成的其他服务的损伤，其后果也未必由该需求人承担，如开荒种田造成的水土流失。在公共政策的制定和福利公平的实现（public policy and equity in human welfare）这个决策背景下，国家公园管理体制将上述外部性内化是一个关键。在公共—私有商品层面上考虑各类服务的管理，需要以激励相容（incentive compatible）为核心，使得经管者权责对等。

我国在国家公园体制建立时面对的一个关键问题是保护地社区居民的生计改善如何在复杂的土地权属下与保护目标相匹配。生态系统服务的商品属性界定，可以帮助我们梳理生态系统服务受益人的关键生态系统服务需求，它们之间的潜在权衡和协同，从而针对不同属性的商品设计不同的经管机制。比如，对以市场为导向的私有产品以原产地、生态产品、国家公园等生态标签提高产品附加值，并规范和监督生产过程使其不违背保护目标，同时达到经济和生态效益；对不进入市场的关乎基本生计的产品供给则以习俗和传统为基础，比如口粮生产、林草副产品收获，特别是公共池塘资源的管理；对于随着需求增加而逐渐具有排他性的俱乐部产品，则可以采取预约、会员制等管控方式。在不同属性商品的管理上，政府、市场、非政府组织乃至个人可以取长补短，充分发挥效用，采用协同治理（collaborative governance）模式。

国家公园的"公"字本身其实说明了作为自然资本的实体，它本质上是一个公共产品。一个地理空间成为国家公园这一具有明确空间范围的保护地，会导致本地的公共池塘资源成为全国乃至全球的公共池塘资源[22]。随着生态系统服务受益人地域来源范围的扩大、需求的多样性和差异性增加，必然对原有的资源管理方式产生影响，特别是在体现公益性和保障生计方面。对于影响远远超越了国家公园范围的生态系统的支持和调节服务，对其供给保障的人、财、物投入不可能由地方政府一力承担，而是要由中央政府首当其冲。相对的，主要在国家公园范围内生产并消费的供给服务，在供需调控上则可以更多的由地方政府协调，并充分调动社区参与。因此，生态系统保护目标的实现，也取决于国家公园体制建立时如何匹配中央和地方政府的财权和事责。

5　基于生态系统服务的国家公园体制创新框架

国家公园既是一个自然资源的载体，也是一个民族精神的象征；既有生态系统组分所表现的景观价值，也有生态系统服务所体现的生物多样性。资源的低效保护、过度利用和公益服务性缺失，已经是我们保护地管理分散带来的现实[23]。如何以国家公园体制建设为契机，进行保护地的空间整合和管理单位的职能整合，从生态系统完整性和生态系统服务保障的视角来寻找政策突破口和机制创新点，是本文建立研究框架的目的。资源管理的复杂社会-生态系统（Socio-ecological system，SES）需要多学科的结合，单一学科的理论预测和一刀切的政策推行往往行不通[24]。

将生态系统服务概念放到经济学商品属性领域中，并在治理理论下探索生态系统服务最终成为人类福祉的制度保障，我们提出了一个以国家公园多重管理目标的实现为根本目的的研究框架（图3），既考虑国家公园自上而下的国家理念，也考虑当地长期形成的本土人地关系。在具体到每一个国家公园（试点）实体上，需要明确关键生态系统服务需求是什么，受益者时空范围如何，生态系统服务之间有何权衡和协同关系，其大致商品属性如何，不同层级政府对生态系统保护和商品供给负有何种责任，不同的参与者可以如何参与具体生态系统服务的管理。

一项具体机制的提出往往是针对一种或一类生态系统，并且通过实践来试图实现国家公园管理目标，并根据其长期成效作用到生态系统本身，再次回到生态系统服务的需求鉴定，重新开启研究路径，形成一套适应性（adaptive）的机制创新。

国家公园（试点）会有各种不同的人地关系和相互之间的动态机制，需要通过研究来解读这些社会—生态系统中的诸多人与自然的关联，并将这些关联整合进政策和决策框架中[18]。关注保护地社区

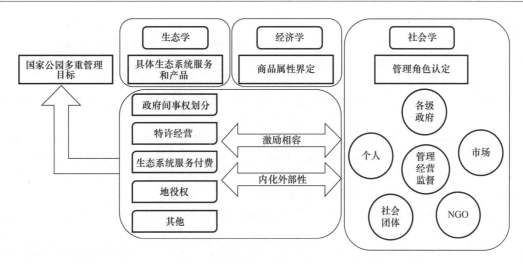

图3   基于生态系统服务概念的国家公园体制建立的社会—生态研究框架

的生态系统服务诉求，是因为任何生态系统服务转为人类福祉都依赖于生态系统本底的健康，而当地居民的土地制度和管理方式对此的影响最为频繁和直接。

这里提出的研究框架支持跨学科研究为形成管理政策提供科学证据（evidence-based policy），这个研究过程也为科学家和政策决策者互动提供了一个平台。同时，研究框架里不同生态系统服务直接受益人与政府等更广泛的利益相关者有机会参与研究，研究结果可以以实地证据提供政策支持。这种研究方式也可以促进研究者、政策制定者和管理实践者之间通过相互协调、参与式和跨学科交流来了解复杂景观的多重功能[25]。

6   结论与展望：国家公园案例研究

尽管生态系统服务这一概念已经广为流传，但将生态系统服务作为自然资源管理理念融入决策过程仍然不足[26]。在当前我国生态系统服务供给侧评估已经取得较为突出的成果时[27]，从需求侧出发将受益人的认知、生态系统产品和服务的商品属性与具体治理方式结合，才能平衡需求，特别是从保护地社区入手使影响生计的关键生态系统服务的保障与受益者更广泛的公共产品相协调。尽管社会—生态系统组分复杂，国家公园体制建设中需要分析的反馈和关联作用众多，但是这个研究框架可以帮助整合国家公园体制建设所需要的多学科，并以一个开放知识（open knowledge）系统促进学者、决策者和实践者的讨论[28]。面对中国的土地制度和较大规模的农村人口，生态系统服务的公共池塘产品和公共产品与社区可持续生计在国家公园体制建设中可以统一在管理目标之中，这就需要在国家公园体制建设乃至中国保护地系统的改良和完善中：

1. 不但评价生态系统服务的广泛而多样的经济和社会效益，而且分析融合本土知识和传统习俗的生态系统服务需求。

2. 创造讨论平台，将生态系统服务知识和实地证据融入自然资源管理和社区发展的多层级的政策讨论。

3. 立足实际，开展自下而上的对生态系统服务付费机制设计的参与和教育，并吸引研究机构、政府部门、社会组织合作开展生态系统服务保障和社区生计发展双赢项目。

参考文献

[1] 沃里克·弗罗斯特，C. 迈克尔·霍尔. 旅游与国家公园：发展、历史与严谨的国际视野 [M]. 王连勇译注. 北京：商务印书馆，2014.

[2] Costanza R，De Groot R，Sutton P et al. Changes in the global value of ecosystem services [J]. Global Environmental Change，2014，(26)：152-158.

[3] de Groot R S，Alkemade R，Braat L et al. Challenges in integrating the concept of ecosystem services and values in

landscape planning，management and decision-making［J］. Ecological Complexity，2010.（7）：260-272.

［4］ Fisher B，Turner R K，Morling P. Defining and classifying ecosystem services for decision making［J］. Ecological Economics，2009，（68）：643-653

［5］ Prajal P，Costaa L，Moneoa M et al. A Supply and Demand Framework for Ecosystem Services［J/OL］. http:// www. uni-kiel. de/ecology/projects/salzau/wp-content/uploads/2010/02/pradhan_et_al_salzau2010_paper. pdf，2015-10-25.

［6］ Kandziora M，Burkhard B，F Müller. Interactions of Interactions of ecosystem properties，ecosystem integrity and ecosystem service indicators-A theoretical matrix exercise［J］. Ecological Indicators，2013，（28）：54-78.

［7］ Cimon-Morin J，Darveau M，Poulin M. Towards systematic conservation planning adapted to the local flow of ecosystem services［J］. Global Ecology and Conservation，2014，（2）：11-23.

［8］ MEA（Millennium Ecosystem Assessment）. Ecosystems and Human Well-Being：Synthesis［R］. 2005，Island Press，Washington DC.

［9］ Costanza R. Ecosystem services：multiple classification systems are needed［J］. Biological Conservation，2008，（141）：350-352.

［10］ de Groot R S，Wilson M A，Boumans R M J. A typology for the classification，description and valuation of ecosystem functions，goods and services［J］. Ecological Economics，（41）：393-408.

［11］ 何•皮特. 谁是中国土地的拥有者［C］. 2014. 林韵然（译）. 社会科学文献出版社，北京

［12］ Villa F，Voigt B，Erickson J D. New perspectives in ecosystem services science as instruments to understand environmental securities［J］. Philosophical Transactions of the Royal Society B，2014，（369）：20120286

［13］ Inge L，Marije S，Leo D N et al. Developing a value function for nature development and land use policy in Flanders，Belgium［J］. Land Use Policy，2013，（30）：549-559.

［14］ Sunderlin W D，Angelsen A，Belcher B et al. Livelihoods，forests，and conservation in developing countries：an overview［J］. World Development，2005，（33）：1383-1402.

［15］ Baral H，Keenan R J，Sharma S K. Spatial assessment of ecosystem goods and services in complex production landscape：a case study from south-eastern Australia［J］. Ecological Complexity，2014，13，35-45.

［16］ Daw T M，Coulthard S，Cheung W W L et al. Evaluating taboo trade-off in ecosystems services and human well-being［J］. PNAS，2015，（112）：6949-6954.

［17］ Maes J，Paracchini M L，Zulian G. Synergies and trade-offs between ecosystem services supply，biodiversity，and habitat conservation status in Europe［J］. Biological Conservation，2012，（155）：1-12.

［18］ Paudyal K，Baral H，Keenan R. Local actions for the common good：Can the application of the ecosystem services concept generate improved societal outcomes from natural resource management［J］? Land Use Policy，2016，56：327-332.

［19］ 李国平，李潇，萧代基. 生态补偿的理论标准与测算方法探讨［J］. 经济学家，2013，（2）：42-49.

［20］ 何思源，苏杨. 国家公园管理制度设计：基于细化保护需求的保护地空间管制技术路线［J］. 环境经济，2016，96-101.

［21］ Harrington R，Anton C，Dawson T P et al. Ecosystem services and biodiversity conservation：concepts and a glossary［J］. Biodiversity Conservation，2010，（19）：2773. doi：10. 1007/s10531-010-9834-9.

［22］ Adams B. National parks as common pool resources：scale，equity and community［J/OL］. https://www. researchgate. net/publication/42761667_National_Parks_as_Common_Pool_Resources_Scale_Equity_and_Community，2016-11-07.

［23］ 苏杨，王蕾. 中国国家公园体制试点的相关概念、政策背景和技术难点［J］. 环境保护，2015，43（14）：011.

［24］ Ostrom E. A general framework for analyzing sustainability of social-ecological systems［J］. Science，2009.（325）：419-422.

［25］ Lang D J，Wiek A，Bergmann M et al. Transdisciplinary research in sustainability science：Practice，principles，and challenges［J］. Sustainability Science，2012，（7）：25-43.

［26］ Bennett E M，Cramer W，Begossi A et al. Linking biodiversity，ecosystem services，and human well-being：three challenges for designing research for sustainability［J］. Current Opinion in Environmental Sustainability，2015，（14）：76-85.

［27］ Ouyang Z，Zheng H，Xiao Y et al. Improvement in ecosystem services from investment in natural capital ［J］. Science，2016，352 (6292)：1455-1459.

［28］ Cornell S，F Berkhout，W Tuinstra et al. Opening up knowledge systems for better responses to global environmental change ［J］. Environmental Science & Policy，2013，(28)：60-70. doi：10.1016/j.envsci.2012.11.008

致谢

本文受到世界自然基金会 Luc Hoffmann 研究所研究员项目资助。作者特别在此感谢清华大学周绍杰教授、中国科学院生态研究中心郑华研究员对形成本文观点的贡献。

生态系统文化服务研究综述[①]

彭婉婷[1]　吴承照[1]　黄　智[2]　王　鑫[1]

（1　同济大学建筑与城市规划学院，2　牛津大学牛津大数据中心）

【摘　要】　生态系统文化服务（culture ecosystem services，CES）是连接生态系统和人类福祉的有效途径，已成为当前生态系统服务的研究热点和难点。本文对 CES 的已有研究进行整理，阐述了 CES 的概念和分类；对现有研究方法进行了分析，重点介绍了基于地理信息技术的参与式制图法和基于网络技术的社交媒体照片法；梳理了 CES 的评价方法主要以指标体系法和价值评估法为主；并探讨了 CES 与其他生态系统服务，以及同人类福祉之间的关系。最后总结了未来生态系统文化服务的主要发展方向，认为完善 CES 研究方法和评价指标，加强多学科融合，强化 CES 与其他类别生态系统服务和人类福祉关系研究，并在规划和管理决策中运用文化服务是 CES 研究的重要趋势。

【关键词】　生态系统文化服务；生态系统服务；人类福祉；研究综述

生态系统文化服务（culture ecosystem services，CES）是"人类从生态系统中通过充实精神、扩展认知、反思、游憩和审美经验获得的非物质福利"[1]。文化服务作为生态系统服务功能四大类别之一，是满足个人和社会需要[2-3]连接不同研究领域，加强生态系统和人类福祉联系的有效途径。近期全球性研究表明，国家经济发展越来越少地依赖于供给和调节服务，而对于文化服务的依赖性越来越强[4]。2003 年起，千年生态系统评估（Millennium ecosystem Assessment，MA）计划极大地推动了生态系统服务研究，文化服务研究也迎来了研究热潮，大量的相关研究报道问世。国内外学者从生态学、经济学和社会科学等不同的学科，对其理论和方法进行了探讨。但由于文化服务具有无形性，且研究涉及多学科交叉，研究难度较大，使得其研究水平相对滞后[5]。

因此，有必要对目前国外的 CES 研究进行归纳总结，以促进我国 CES 研究的发展。本文通过整理国内外已发表的 CES 文献，阐述了 CES 的概念和内涵，梳理了主要的最新研究方法和评价方法，论述了 CES 与其他生态系统服务，以及与人类福祉的联系。并在此基础上，分析了现有的研究问题，对未来研究的发展趋势进行了展望。

1　文化服务功能的概念和分类

对生态系统文化服务的概念可以追溯到 19 世纪 60 年代中期和 70 年代早期[6]，伴随着生态系统服务概念同时出现。从那时起，文化服务的概念已被赋予"人们从生态系统获取非物质利益"。到 20 世纪 90 年代，文化服务逐渐得到重视和发展。1997 年 Costanza 将文化服务定义为"生态系统的审美、艺术、教育、精神和/或科学价值"。到 21 世纪，随着"千年生态系统评估"报告的出版，极大推动了生态系统服务的研究，将文化服务定义扩大到"人类从生态系统中通过充实精神、扩展认知能力、反思、游憩和审美经验获得的非物质福利"，明确指出文化服务直接与人类健康和福祉相关。在此后，学者们进一步深化了 CES 的概念，Chan 等[7]认为 CES 可以被理解为"CES 是自然资源贡献给人类的非物质利益（例如，能力和经验），来源于人类和生态系统的关系"。Russell 等[8]（2013）将 CES 定义为"生态系统通过非物质的过程贡献于人类福祉（如精神或文化）"，更强调了人们通过更直接的自然体验，认知

① 国家社会科学基金重点项目：国家公园管理规划理论及其标准体系研究（14AZD107）

和理解生态系统而获得的福祉。

文化服务的分类也从最初的游憩和文化方面[9]，扩展到多个方面。根据千年生态系统评估（MA，2005）的定义[1]，可以将文化服务功能分为以下几类：审美价值、游憩和生态旅游、精神与宗教、灵感、地方感、文化遗产、社会关系和教育（表1）。

文化服务功能的定义及分类　　　　　　　　　　表1

类型	定义
审美/美学价值	审美价值会被个人在生态系统的各个方面发现，这反映在对公园建设的支持、风景的驱动和住房位置的选择等方面
游憩和生态旅游	人们往往依据某一地方的自然和文化景观特色，选择在哪里度过空闲时间
精神与宗教	许多社会的精神和宗教价值依附于生态系统或其组成部分
灵感	生态系统为艺术创造、民间传说、民族标志、建筑风格和广告创意提供了丰富的灵感来源
地方感	生态系统，作为"地方感"的核心支柱，这个概念经常被用来描述某些使这个地方特殊或者独特的特征，或者能够使人真正形成依恋感和归属感的地方
文化遗产	很多社会重视维护重要历史景观（"文化景观"）或者文化显著物种的价值。生态系统多样性是一个促使文化多样性的重要因素
社会关系	生态系统可以影响建立于特定文化氛围之中的各种社会关系类型。例如，渔业社区的社会关系在许多方面都不同于游牧社区或者农业社区
教育	生态系统及其组成部分和过程向社会提供了正式和非正式基础教育。另外，不同的文化产生不同类型的知识系统，但生态系统也会影响知识系统的形成类型

2　生态系统文化服务的研究方法

由于生态系统文化服务的研究涉多个学科，不同学科对其研究进行了探讨。目前，对于CES的研究主要采用传统的社会学方法，和基于新型技术产生的新研究方法。传统的社会方法，比如问卷、访谈和焦点小组为主[10-12]，可以提供文化服务使用情况的相对详细信息，但耗费时间长，且缺乏明晰的空间信息，难以指导CES运用于实际规划和管理[13]。基于地理信息和网络技术发展产生的新方法，为文化服务的研究提供了快速、有效的新途径，目前已逐渐受到重视和关注。本文重点介绍基于地理信息技术的参与式制图法和基于网络技术的社交媒体照片法。

2.1　参与式制图法（Participatory mapping）

参与式制图最早兴起于20世纪80年代，是一种参与式理念和方法与地理信息技术系统相结合的方法。该方法使用易于理解的工具（如、纸和数字地图），旨在使利益相关者群体参与决策过程，是一种组织科学和空间信息的技术或工具，也作为一项有效的参与式规划支持方法。由于文化服务涉及人们对生态系统价值和感受的认知，是一种人们参与的意识活动，而参与式制图为人们提供了一种利益相关者参与指导决策的方法，现在已经越来越广泛地运用于CES研究中。

这种技术以基于GIS技术的纸质或者电脑地图，邀请参与者直接在地图上指出具有重要文化服务价值的区域/或对其文化服务价值进行评分[14-16]，再运用地理信息系统（GIS）软件实现研究区域文化服务数字化制图。参与式制图法已经在全球范围得到了大量运用，包括识别新西兰有重要保护价值的地方[15]，绘制澳大利亚的社区价值分布图和识别对自然资本和生态系统服务产生威胁的区域[17]。Plieninger（2013）运用参与式制图识别了德国东部文化景观的精神服务、教育价值、灵感、美学价值、游憩与生态旅游、地方感、社会关系等文化服务的热点和冷门区域[2]。Rachel和Zoë运用参与式制图的方法，结合照片法受访者对每种景观按1-5分进行赋分，定量化评价了农业景观的文化服务功能[18]。

参与式制图作为空间信息的探索工具，为快速测绘文化服务功能，识别高质量或脆弱生态文化服务的位置提供了可能[16]。由于参与式制图基于参与者的教育和认知能力，这些可能会影响评价的准确性。同时，不同的研究区域和对象都是应对当时、当地复杂情况的不断探索，还没有普适运用模型，也限制了参与式制图的推广。

2.2　社交媒体照片法（social media photographs）

随着网站技术的发展，社交媒体网站提供了大量具有明确空间，包含视觉信息的照片，为CES研究提供了潜在的资源数据。社交媒体照片法提供了一种快速、高效和低成本的CES评价方法。该方法利用公众常用的社交网站，如 Flickr、Instagram、Photobucket（www. photobucket. com）、Panoramio（www. panoramio. com）和 Jiepang（www. jiepang. com）等，下载研究区域的照片，这些照片多带有地理位置信息且位置偏差多小于 10m。随后，对照片进行解译和分析，照片的内容使用一个客观的分类编码方法，区分不同类型的 CES。最后，运用分布模型，如 MaxEnt，将详细的地理空间数据附加到每个图像，用于调查环境因素与文化使用之间的关系。Richards 和 Friess[18]以 Flickr 网站照片对新加坡红树林进行了文化服务功能评价，验证了照片评估法的可行性、敏感性和有效性。结果表明，该 CES 评估方法能为新加坡红树林管理提供迅速、有用信息，可以广泛应用在一系列的栖息地和环境。

但由于该方法依赖于研究区域充足的照片数据，所以在偏远或者市场占有率较低的区域运用存在局限性。相反，在热门区域研究可能也会存在一些困难，因为大量上传的照片数据，容易引起样本选择偏差，所以该方法的推广还有待进一步完善。

3　文化服务的评价方法

3.1　指标体系评价法

指标体系法是根据生态系统的特征和其文化服务类型建立指标体系，采用定量方法确定其服务功能状况的评价方法。运用指标体系法构建合理的文化服务评价指标体系，既能反映文化服务功能发挥水平，又要反映其发展趋势，为生态系统保护和管理提供有效的信息。指标的选择应遵循具体、可衡量、可实现、相关性和有时限性的原则（UNDP，2009）。该 CES 评价方法已经在生态系统文化服务评价中得到了广泛应用。如英国启动了英国生态系统评估计划（UK NEA），从国家尺度筛选出可获得数据，建立了高效的文化服务功能评价指标体系，用于探讨文化服务在不同环境空间的供需关系，指导其战略决策。

由于文化服务涵盖多个服务类别，不同类别涉及不同评价指标。Mónica 等[20]根据 MA 框架分析发现，344 个生态系统评价指标中，只有 38 个是文化服务的评价指标。这些评价指标中，54％为游憩和生态旅游服务评价指标，如"森林休闲"[21]，"休闲渔业"[22]，"淡水垂钓"[23]或者相关的"休闲活动"[24]；其次是美学价值评价指标，通常指标为"景观美学"[20]和"景色质量"[25-26]，其他精神和宗教价值、教育价值、文化遗产和社会关系等评价指标较少。本文整理了生态系统文化服务评价的常用指标（附录 1）。

3.2　价值评估法

对于文化服务价值的评估多采用费用支出法、机会成本法、旅行费用法（TCM 法）、条件价值法（CVM 法）等方法。费用支出法是指以人们对某种环境效益的支出费用来表示该效益的经济价值；条件价值评估法又称支付意愿法，主要是指利用征询问题的方式诱导人们对公共物品的偏好，并导出人们对此物品的保存和改善而支付的意愿（WTP），从而诱导出公共物品的价值；旅行费用法是寻求利用相关市场的消费性来评估环境物品的价值，即利用游憩的费用（诸如交通费用、门票和景点服务费等）资料求出游憩商品的消费者剩余，并以此作为游憩的价值。

近年来，价值评估法在国内外得到了广泛的应用。Costanza（2005）等人对全球生态系统服务价值进行了评估，也评估了文化服务功能的价值。Sellar 等评价了美国德克萨斯州东部一些湖泊的游憩服务价值。薛达元等[27]较早采用费用支出法、旅行费用法及条件价值法对长白山自然保护区生物多样性旅游价值和森林生态系统间接经济价值进行了评估。乔光华等[28]（2005）运用旅行费用法（TCM）评估了该内蒙古达里诺尔自然保护区的游憩文化服务功能的经济价值，计算出了该自然保护区的游憩文化价值为 9721.41 万元。然而文化服务的无形性属性，使得价值评估多在可进行货币化评估的游憩、生态旅游等服务，而对于其他文化服务的价值评估还较难开展。

4　文化服务功能与其他服务功能的关系

一个生态系统可以提供多种供给、调节、支持和文化服务功能，这些服务功能相互作用，并影响人们对环境的管理方式。这种相互影响关系，从现象上可以简单归纳为增强某种生态系统服务会降低其他服务，即"互竞"，以及某种生态系统服务可以与其他几种服务同时提高，即"协同"。文化服务与供给、调节、支持服务也存在协同关系权衡关系以及平行关系，对其理解能够有助于管理者权衡不同服务功能，做出更明智的决策[21]。

4.1 协同关系

生态系统为人类同时提供着物质和非物质利益，文化服务之间以及它与其他生态系统服务经常存在相互依存，共同提高的协同关系。例如，森林生态系统提供着木材供给服务，同时人们接近自然产生游憩和审美体验；城市湿地提供了多种重要调节和供给服务，例如调节小气候、净化水体和涵养水源，同时也提供了丰富的文化服务，如游憩、精神体验、地方感和美学服务。协同关系也体现在当生态系统中的初级生产物植物生物量的增加时，不仅可以增加土壤固碳量、调节气候、与水质也存在显著的正相关关系。同时，绿地面积的增加，生物多样性的提高，使人们得到充实精神、扩展认知能力、反思、游憩和审美经验的文化服务。

4.2 互竞关系

在某些生态系统中，文化服务功能与其他服务功能也存在着竞的关系[29]。Raudsepp-Hearne等[21]研究在景观尺度上，生态系统的供给服务与几乎所有的调节服务和文化服务存在此消彼长的竞争关系，其中游憩服务与提供木材和食物等供给服务之间存在明显的共竞关系。Turner等[30]（2014）研究发现，在丹麦的文化景观中文化服务与供给和调节服务功能之间有明显的共竞关系趋势。研究表明，文化服务功能，特别是游憩服务，可能会增加生态系统压力，引起支持服务的降低。一些游憩行为会对生态系统中的生物多样性和生境多样性产生威胁，影响动植物群落的稳定和生产力的维持。同时，游人的践踏、露营等行为，易造成土壤板结，土壤支持植物生命的能力下降，引起水土流失，进而导致水资源再生能力的下降。在城市生态系统的调节服务与文化服务也存在共竞关系，城市内部密集的乔木植被有利于降温增湿，调节城市小气候，但缺乏灌木与草地的单调的森林景观往往会降低其美学与休闲娱乐价值。同时，为游憩活动的开展而铺设的硬质铺装也会降低植被地表径流调节的能力。

5 文化服务功能与人类福祉的关系

生态系统文化服务被公认为解释人类环境关系的最新方式，对人类身心健康发挥着重要的福祉。生态系统中由文化服务所产生的身体、情感和精神收益往往是微妙的、直观的，并含蓄间接地进行表达[31]。不同于其他生态系统服务，人们较难感知、并且不可见（如碳循环，空气净化等），对其理解需要对生态过程（如光合作用，叶片表面气体交换）以及它们如何影响人类福祉有较深入的理解。与此相反，许多文化服务能够直接被人们感知和经历。在每天的生活中，文化服务能够让人们意识到其意义和福祉，例如，提供心理的恢复，或者间接从娱乐和锻炼中获取精神放松[32]。

千年生态评估计划（MA，2005）将人类福祉划分为基本原材料、自由选择、健康、良好的社会关系与安全5个方面，大量研究表明文化服务与人类福祉，特别是健康和社会关系有着直接的关系。生态系统中的文化服务能够显著促进心理健康，人在自然环境中有利于舒缓压力，恢复认知能力和促进活力恢复。游憩和休闲体验在自然领域在人与自然环境连接中扮演了重要的角色，为人们提供一个独特的机会接触大自然，人们从这些活动中受益[33]。Bushell等研究也表明游憩能够提高生活质量和心理健康，例如增加自尊和工作能力，以及依附感和认知感[34]。同时，自然环境的恶化，失去享受精神鼓舞、美学价值、自然和文化景观游憩机会，会对心理健康产生消极的影响。人和生态系统之间文化联系的断裂，经常导致文化归属感消失，引起社会混乱和压力上升，进而导致社会关系的危机[35-36]。

6 文化服务研究存在的问题和展望

6.1 存在问题

当前生态系统文化服务研究主要存在以下几个问题：1）由于文化服务属于多学科交叉，不同学科运用其方法对文化服务进行了探讨，也尝试运用了一些新方法。但目前研究方法还属于探索期，没有形成较为成熟的研究方法或范式；2）对于CES的评价多集中于游憩效益货币价值化评估，而对于精神、地方感等定量化较难的评价指标的准确性和完整性还需要加强，评价指标体系也需要进一步优化和完善；3）尽管许多研究测量了文化服务功能和其他生态系统服务功能，但只有很少的研究表明了生态服务功能间的权衡关系和组别；4）尽管现有研究已经表明文化服务对人类福祉的作用，但以往文化服务对人类福祉定量化关系还不清楚。且以往研究多侧重于全球或国家尺度，而区域尺度研究较少，评价指标也有限；5）虽然，近年来有关文化服务应用于规划和管理得到越来越多人认可，但文化服务功能的供给与需求定量应用方法还不明确，系统的生态服务规划和设计方法还未深入探讨[37]。

6.2　研究展望

根据生态系统文化服务现阶段的问题，结合以上分析，我们认为CES研究的发展趋势有以下几个方面。

6.2.1　文化服务评价的完善与新方法的运用

建立和完善CES评价指标体系，借助ES评价中驱动力压力状态影响反应（Driving-forces-Pressure-State-Impact-Response）等有效的评价模型，根据CES特征构建和完善其评价指标体系。同时，加强场地尺度指标的选择，提高评价指标的有效性和完善性。社交媒体图像等新方法在国外进行了初步尝试，其快速、有效性也得到了验证。而国内还没有使用该方法开展的研究，利用百度图片、人人网、微信等国内社交媒体照片发展CES研究是文化服务研究的新方向。同时，加强对参与式制图方法的运用，利用空间制图对于空间和时间动态的理解[38]，提高无形生态服务的可见性。此外，通过制图的方法对CES的空间分类，识别CES与其他的生态服务功能的权衡关系，也将成为规划决策的必要信息[39]。

6.2.2　文化服务研究需要多学科的融合

文化服务涉及人类认知、态度和信仰，与社会科学的紧密联系。越来越多的学者意识到，在CES的研究中，社会科学和人文学科同生态学一样重要。生态学家更专注对于自然生态系统的现象研究，而对于涉及人类感知的文化服务功能，存在一定的局限性。社会科学、心理学、人类学和行为性研究更多从人类福祉、公众健康和心理体验角度出发[40]，也为CES的研究提供了新的视角。

同时，我们也注意到文化服务的内容和其他研究领域是重合或者密切相关的，例如，美学价值。在景观学科中，有关景观美学的研究从20世纪60年代中期开始，并逐步成形了四大学派和较为成熟的评价方法[41]。而文化服务的美学价值评价还在处于初期。借用其他学科较为完善的理论和方法发展文化服务研究，加强多学科合作，这也是一个重要的发展趋势。

6.2.3　加强文化服务与其他类别服务的关系研究

现阶段，不同生态系统服务间存在着相互作用关系，已逐渐被研究者接受并成为生态系统领域新的挑战和热点。但对于两者间的关系和相互影响机制的研究还较少，而从文化服务角度出发研究更鲜有研究。由于不同生态系统服务间存在较大的复杂性与动态性，当前生态系统服务权衡关系的研究，尤其是量化关系的研究还存在很大欠缺。如何利用多项服务的影响关系，设立不同管理目标使整体服务效益最大化，且能较少不利影响是今后研究的难点。

6.2.4　强化文化服务与人类福祉关系的研究

强化文化服务与人类福祉的关系研究对于维持良好的社会关系、保持人的身心健康、发挥自由权和社会权起着重要作用。未来应综合环境心理学、环境伦理学、景观生态学等学科研究方法，深入探讨文化服务或者特定文化服务与人类福祉的关系，强化文化服务对人类福祉影响的评价指标研究，并且研究尺度不仅局限于国家和区域尺度，对于场地尺度特定文化服务，如美学价值、教育价值对于人类福祉的影响的评价指标也需要加强。识别生态系统中的景观环境和人类活动与人类福祉的定量关系，可以在两方面深入研究：1）在场地尺度，探讨特定文化服务，如美学价值，对于人类生理和心理的影响；2）探讨哪些环境因素会对人类福祉产生影响？怎么样的环境设置会促进人类福祉的发挥？对于加强人类福祉具有积极的意义。

6.2.5 在规划和管理决策中运用生态服务功能

将 CES 融于生态系统服务功能管理计划[42-43]，运用 CES 评价结果为规划和管理决策制定提供科学依据。虽然，目前文化服务的相关定量化指标还不明确，但不可否认的是，在定量分析生态系统服务的基础上进行规划设计是今后文化服务应用的重要发展方向。可以在以下几个方面进行探索：1）完善 CES 不同类型的评价指标，发展有利于 CES 空间化和货币化的评价方法，促使决策者意识到文化服务价值，推动文化服务在规划决策中的运用；2）针对不同尺度和不同文化服务类型构建不同的评价模型，定量化评估文化服务的供需关系；3）鉴定各 CES 和其他服务之间的相互关系，为决策者权衡管理目标提供科学依据；4）将文化服务与景观格局相结合，模型模拟并预测未来不同景观格局情景下生态系统文化服务的发展趋势，为规划与决策提供直接信息，这也是 CES 研究的重要发展方向。

参考文献

[1] Millennium Ecosystem Assessment, Living Beyond Our Means: Natural Assets and Human Well-being. Millennium Ecosystem Assessment [M]. Island Press, Washington, DC. 2005.

[2] Plieninger, T., Dijks, S., Oteros-Rozas, E., & Bieling, C. Assessing, mapping, and quantifying cultural ecosystem services at community level [J]. Land Use Policy, 2013, 33, 118-129.

[3] Klain, S. C., Chan, K. M. A.. Navigating coastal values: participatory mapping of ecosystem services for spatial planning [J]. Ecol. Econ., 2012, 82, 104-113.

[4] Guo, Z. W., Zhang, L., Li, Y. M.. Increased dependence of humans on ecosystem services and biodiversity [J]. Plos ONE, 2010, 13113.

[5] Chan, K. M. a. A., Guerry, A. D., Balvanera, P., Klain, S., Satterfield, T., Basurto, X., Bostrom, A., Chuenpagdee, R., Gould, R., Halpern, B. S., Hannahs, N.. Where are cultural and social in ecosystem services? A framework forconstructive engagement [J]. Bioscience, 2012a, 62, 744-756.

[6] De Groot, R. S., Wilson, M. A., Boumans, R. M.. A typology for the classification, description and valuation of ecosystem functions, goods and services [J]. Ecol. Econ, 2002, 41, 393-408.

[7] Chan, K. M. A., Satterfield, T., Goldstein, J. Rethinking ecosystem services to better address and navigate cultural values [J]. Ecol. Econ., 2012b, 74, 8-18.

[8] Russell, R., Guerry, A. D., Balvanera, P., Gould, R. K., Basurto, X., Chan, K. M. a., Klain, S., Levine, J., Tam, J., Humans and nature: how knowing and experiencingnature affect well-being [J], Annu. Rev. Environ. Resour. 2013. 10. 11-46.

[9] Costanza, R., d'Arge, R., de Groot, R., Farber, S., Grasso, M., Hannon, B., Limburg, K., Naeem, S., O'neill, R. V. O., Paruelo, J., Raskin, R. G., Sutton, P., van den Belt, M. The value of the world's ecosystem services and natural capital. Nature [J]. 1997, 387 (6630), 253-260.

[10] Pleasant, M. M., Gray, S. A., Lepczyk, C., Fernandes, A., Hunter, N., Ford, D. Managing cultural ecosystem services [J]. Ecosyst. Serv., 2014, 8, 141-147.

[11] Plieninger, T., Dijks, S., Oteros-Rozas, E., Bieling, C. Assessing, mapping, andquantifying cultural ecosystem services at community level [J]. Land Use Policy, 2013, 33, 118-129.

[12] Norton, L. R., Inwood, H., Crowe, A., Baker, A. Trialling a method to quantify thecultural services of the English landscape using Countryside Survey data [J]. LandUse Policy, 2012, 29, 449-455.

[13] Milcu, A. I., Hanspach, J., Abson, D., Fischer, J. Cultural ecosystem services: aliterature review and prospects [J]. Ecol. Soc., 2013, 18, 44.

[14] Alessa, L. N., Kliskey, A. A., Brown, G. Social-ecological hotspots mapping: aspatial approach for identifying coupled social-ecological space [J]. Landscape andUrban Planning, 2008. 85, 27-39.

[15] Brown, G., Weber, D. Measuring change in place values using public participation GIS (PPGIS) [J]. Applied Geography, 2015, 34, 316-324.

[16] Sherrouse, B., Clement, J. M., Semmens, D. J. A GIS application for assessing, mapping, and quantifying the social values of ecosystem services [J]. Applied Geography, 2011, 31, 748-760.

[17] Raymond, C. M., Bryan, B. A., MacDonald, D. H., Cast, A., Strathearn, S., Grandgirard, A., Kali-

vas, T., 2009. Mapping community values for natural capital and ecosystemservices [J]. Ecological Economics 68, 1301-1315.

[18] Rachel D., Zoë L. Quantifying and mapping ecosystem service use across stakeholdergroups: Implications for conservation with priorities for cultural values [J]. Ecosystem Services, 2015, 13 153-161.

[19] Daniele L. R., Marcin S., Luis I. Indicators of Cultural Ecosystem Services for urban planning: A review [J]. Ecological Indicators, 2015, 1-16.

[20] Hernández-Morcillo, M., Plieninger, T., Bieling, C. An empirical review of cultural ecosystem service indicators [J]. Ecol. Indic., 2013, 29, 434-444.

[21] Raudsepp-Hearne, C., Peterson, G. D., Bennett, E. M. Ecosystem service bundlesfor analyzing tradeoffs in diverse landscapes [J]. Proc. Natl. Acad. Sci. U. S. A., 2010. 107 (11), 5242-5247.

[22] Van Poorten, B. T. Social-ecological interactions, management panaceas, and the future of wild fish populations [J]. Proc. Natl. Acad. Sci. U. S. A. 108 (30), 12554-12559.

[23] Villamagna, A. M., Mogollón, B., Angermeier, P. L. A multi-indicator frameworkfor mapping cultural ecosystem services: the case of freshwater recreationalfishing [J]. Ecol. Indic., 2014. 45, 255-265.

[24] Norton, L. R., et al. Trialling a method to quantify the "cultural services" ofthe English landscape using Countryside Survey data [J]. Land Use Policy, 2012. 29 (2), 449-455.

[25] Brandt, P., et al. Multifunctionality and biodiversity: ecosystem services intemperate rainforests of the Pacific Northwest [J], USA. Biol. Conserv., 2014. 169, 362-371.

[26] Frank, S., et al. Making use of the ecosystem services concept in regionalplanning-trade-offs from reducing water erosion [J]. Landsc. Ecol., 2014. 29 (8), 1377-1391.

[27] 薛达元,包浩生,李文华. 长白山自然保护区生物多样性旅游价值评估研究 [J]. 自然资源报,1999,(02):45-50.

[28] 乔光华,王海春,韩国栋,赵萌莉. 达里诺尔国家级自然保护区游憩服务功能价值评估 [J]. 绿色中国,2005,(06):53-55.

[29] Rodriguez, J. P., Beard, T. D., Bennett, E. M., Cumming, G. S., Cork, S. J., Agard, J. Trade-offs across space, time, and ecosystem services [J]. Ecology and Society, 2006, 11 (1).

[30] Turner, B. L., II, Janetos, A. C., Verburg, P. H., & Murray, A. T. Land systemarchitecture: Using land systems to adapt and mitigate global environmentalchange. Global Environmental Change [J]. 2013, 23, 395-397.

[31] Anthony, A., J. Atwood, P. August, C. Byron, S. Cobb, C. Foster, C. Fry, A. Gold, K. Hagos, L. Heffner, D. Q. Kellogg, K. Lellis-Dibble, J. J. Opaluch, C. Oviatt, A. Pfeiffer-Herbert, N. Rohr, L. Smith, T. Smythe, J. Swift, and N. Vinhateiro. Coastal lagoons and climate change: ecological andsocial ramifications in U. S. Atlantic and Gulf coast ecosystems [J]. Ecology and Society, 2009, 14 (1): 8.

[32] Chan, K. M. a. A., Guerry, A. D., Balvanera, P., Klain, S., Satterfield, T., Basurto, X., Bostrom, A., Chuenpagdee, R., Gould, R., Halpern, B. S., Hannahs, N. Where are cultural and social in ecosystem services? A framework forconstructive engagement [J]. Bioscience, 2012a. 62, 744-756.

[33] Chery W., The contribution of cultural ecosystem services to understanding the tourism-nature-wellbeing nexus [J]. Journal of Outdoor Recreation and Tourism, 2015, 10: 38-43.

[34] Williams, D. R., & Patterson, M. E. Place, leisure and well-being In: J. Eyles, &A. Williams (Eds.), Sense of place, health and quality of life. Hampshire [M], England:: Ashgate Publishing Ltd. 2008.

[35] Bushell, R. In: R. Bushell, & P. J. Sheldon (Eds.), Quality of wellness and tourism: mind, body, spirit, place [M]. Elmsford, NY: Cognizant: Cognizant Communication Corporation. 2009.

[36] Kumar, M., and P. Kumar. Valuation of the ecosystem services: a psycho-cultural perspective [J]. Ecological Economics, 2008, 64: 808-819.

[37] Egoh, B., M. Rouget, B. Reyers, A. Knight, R. Cowling, A. van Jaarsveld, and A. Welz. Integrating ecosystem services into conservation assessments: a review [J]. Ecological Economics, 2007, 63: 714-721.

[38] Daniel R. R., Daniel A. F., A rapid indicator of cultural ecosystem service usage at a fine spatial scale: Content analysis of social media photographs [J]. Ecological Indicators, 2015, 53, 187-195.

[39] Derek B. B., Peter H. V. Spatial quantification and valuation of cultural ecosystem services in anagricultural landscape [J]. Ecological Indicators, 2014, 37, 163-174.

[40] Bratman G. N., Hamilton J. P., Daily G C. The impacts of nature experience on human cognitive function and mental health [J]. New York Academy of Sciences, 2012, 1249, 118-136.

[41] Daniel, T. Whither scenic beauty? Visual landscape quality assessment in the 21st century [J]. Landsc. Urban Plann. 2001, 56, 267-281.

[42] Ryan, R. L. The social landscape of planning: integrating social and perceptual research with spatial planning information [J]. Landscape Urban Plan., 2011, 100, 361-363.

[43] Tress, B., Tress, G. Scenario visualisation for participatory landscape planning a study from Denmark [J]. Landscape Urban Plan., 2003, 64, 161-178.

生态系统文化服务评价指标　　　　　　　　附录 1

文化服务类型	指标	数据获取手段
美学	香农威纳多样性指数（SHDI）	遥感解译
	形状指数（SHAPE）	遥感解译
	斑块密度（PD）	遥感解译
	景观破碎度	遥感解译
	景观连接度	遥感解译
	自然紧密度	遥感解译
	归一化植被指数（NDVI）	遥感解译
	植被覆盖度	土地利用解译
	植被平均斑块面积	遥感解译
	生境连接度	遥感解译
	植物香农威纳多样性指数	植被调查
	均匀度指数	植被调查
	生境多样性指数	遥感解译
	特有种，稀有种数量和丰富度	植被调查
游憩	游憩用地面积	土地利用解译
	单位面积游憩用地	土地利用解译
	游憩区的可达性	土地利用解译与空间运算
	可捕鱼水域面积	土地利用解译
	游客步行以及自行车道的长度	土地利用解译
	游憩设施的数量、类型、质量	问卷调查，量化分级
	人均绿地面积	遥感解译，人口调查
	奇异自然资源	调查统计，资料收集
	美景度	问卷调查，量化分级
	可达性	遥感解译
	旅游承载能力	遥感解译
	旅游使用能力	遥感解译
	基于自然存在的旅游产业	调查统计，资料收集
	一定自然环境范围内的旅游设施（酒店、餐馆等）	调查统计，资料收集
	休闲狩猎价值	问卷调查，量化分级
	休闲垂钓价值	问卷调查，量化分级
	对于户外空间和活动的满意度	问卷调查，量化分级
	景观质量指数	问卷调查，量化分级
	游憩基础设施供给水平	调查统计，资料收集
	景点和观光道数量	问卷调查，量化分级

续表

文化服务类型	指标	数据获取手段
宗教，精神	精神体验	问卷调查，量化分级
	参观与精神、宗教自然区域的人数	调查统计，资料收集
	与精神、宗教相关的景观特性数量	调查统计，资料收集
	宗教表演种类数量	调查统计，资料收集
	户外婚礼举行次数	调查统计，资料收集
	在自然世界有精神体验的报道	调查统计，资料收集
文化感	文化与当地自然连接强度	调查统计，资料收集
	Facebook 和 twitter 使用次数	调查统计，资料收集
	感知自然性的能力指标	调查统计，资料收集
文化遗产	当地音乐歌词	调查统计，资料收集
	遗址数量	
	激励和保持传统文化特征、遗址景观水平	调查统计，资料收集
	自然和乡村旅游纳入土地利用或政策决定	调查统计，资料收集
	与遗址保持一定距离的绿地空间	遥感解译
	具有历史价值的自然面积数量	土地利用解译
教育	教育场所用地面积	土地利用解译
	科普点	土地利用解译
	教育场所可达性	遥感解译
	问卷，识别本地物种	问卷访谈
	能感受社区感和景观特征的人数	问卷访谈
	对自然感受体验的能力满意度	问卷访谈
	与自然相关教育机构数量	调查统计，资料收集
	受教育人群的来访数量	资料收集
灵感	表现出的魅力	问卷访谈
	物种、栖息地和景观数量	调查统计，资料收集

国家公园生态系统管理方法研究[①]

吴承照　陶　聪

（同济大学建筑与城市规划学院，上海交通大学建筑系）

【摘　要】　国家公园生态系统具有对象性、尺度性、动态性、复合性等特征，国家公园生态系统管理方法包括生态系统可持续评价方法、生态系统胁迫机制分析方法和生态系统适应性管理方法。以天目山自然保护区为例开展了保护地生态系统管理的实证研究，发现生态系统管理理念与方法对发现保护地存在问题、解决保护地社区发展与保护管理矛盾等方面是一种比较有效的方法论。

【关键词】　国家公园；生态系统管理；可持续评价；胁迫机制；适应性管理

2013 年十八届三中全会提出建立国家公园体制以来，国家公园成为社会与学界关注的热点，讨论最多的话题是保护地问题与国家公园体制，而对国家公园具体管理方法技术的研究和讨论并不多[1-51]，本研究从管理技术层面探讨我国国家公园生态系统管理方法，以期对我国国家公园的健康发展提供技术支撑。

1　生态系统的界定

按照 IUCN 对国家公园的定义，国家公园是以大面积生态系统或生态过程为保护对象，具有国家代表性，提供与生态和文化兼容的教育游憩机会。其中关键词是生态系统和生态过程，在实际保护管理中如何界定生态系统是首先面临的问题。生态系统是指在一定的空间范围内，生物群落与非生物环境相互作用共同构成的具有一定功能的统一整体[40-42]。一般来讲，生态系统在概念上指的是一个空间单元，把特定生态系统作为研究对象时，可以根据研究对象对生态系统范围进行界定[43]。

国家公园中自然系统与人类系统之间不是简单的叠加关系，而是相互紧密关联、相互制衡共同构成一个综合系统，任何一个子系统出现问题，都会与另一个子系统产生联系，从而影响整个国家公园生态系统的状态（图 1）。

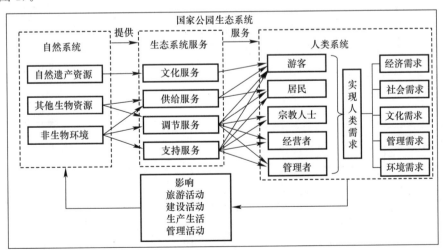

图 1　国家公园生态系统基本结构-功能关系

① 国家社会科学基金重点项目：国家公园管理规划理论及其标准体系研究（14AZD107）

生态系统具有对象性、尺度性、动态性、复合性等4个基本特性。所谓对象性是指生态系统通常是与特定保护对象密切关联的，是以保护对象为中心的生态系统如黑颈鹤生态系统，以自然过程为中心的生态系统如基于水文过程的流域系统，以景源特征为中心的生态系统如瀑布生态系统等。尺度性是指生态系统具有一定的空间范围，有的保护对象如大型野生动物其赖以生存的生态系统面积就比较大，这样才能获取足够的食物来源；动态性是指生态系统要素结构及其边界的不确定性，有些生态系统具有明显的地理标识如山脊线、河流、断崖等，有些生态系统边界比较模糊如动物食物链系统边界。复合性是指国家公园生态系统结构的多层次性，自然生态系统是本底，通常在自然生态系统基础上叠加人文生态系统如传统农业生态系统、人居生态系统、精神文化系统、动物与人类共生关系、游憩系统等。

国家公园生态系统类型单一性与多样性取决于国家公园资源属性和价值属性、规模大小、管理目标等，生态系统边界同国家公园管理边界、社区边界等边界的关系复杂多样，受行政区划、土地权属、历史文化以及价值观等因素的综合影响。

2　生态系统管理

生态系统管理的理念最早是由 Leopold 于 1949 年提出的[19]。在 20 世纪 80 年代后期和 90 年代初期，生态系统可持续性的问题成为焦点[20,21]。2000 年以来生态系统管理的思想被许多关注全球或区域性资源、环境与生态问题的国际组织所吸收和倡导，并强调在实践中的运用[23-26]。

国内对生态系统管理的研究主要是概念的引入、对管理框架和管理原则等方面的探讨[26-28]，并在农业、湖泊、流域、森林、海岛与海岸带等领域开展了生态系统管理的理论和实践[29~32]，但对国家公园进行生态系统管理的研究文献不多。

生态系统管理作为一种工具，是基于生态系统特征形成的一种具有综合性、系统性、适应性的管理方法[19]，是世界保护地共同推进的一种方法[17,18]。这种方法充分考虑国家公园生态系统的整体性和系统性特征，兼顾人类的合理发展需求，加强规划管理的反馈以增加管理的灵活性和适应性。

2.1　生态系统管理是对传统自然资源管理的新发展

生态系统管理是自然资源管理发展的新阶段，是人们对生态系统认识的不断深化而出现的新的资源管理方式[19]。

自然资源是人类生存的基础，人类发展的历史可以说就是人类认识和利用自然资源的历史[33]。人类对自然资源的认识水平决定了人类对自然资源的利用和管理方式。早期，人类对自然的利用和管理关注的核心就是自然的产出，人类对自然的管理，只是对那部分对人类有直接利用价值的资源的管理，往往通过多重利用、单种种植、集约经营等方式进行管理，目的在于不断提高自然资源的产出，但是，对自然中其他的生物和环境以及其他的生态系统服务则漠不关心，往往忽视综合考虑生态系统，不遵从生态系统特征和规律，这就是传统的自然资源管理方式，如图2所示。因为没有遵循生态系统特征和自然规律，传统的自然资源管理方式经常出现生物多样性降低，生态功能减弱，资源短缺、环境破坏等众多问题，因而受到了强烈质疑[34]。

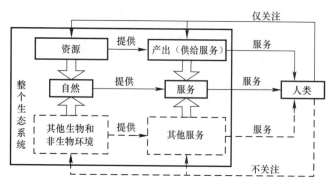

图 2　传统自然资源管理理念

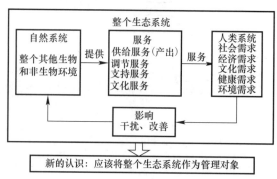

图 3　生态系统管理理念

基于过去的教训，人们逐渐认识到仅仅关注单一资源和产出的传统资源管理方式，难以实现可持续的发展，只有整个自然生态系统处于健康状态，才能保证系统持续地提供资源和产品。自然除了给人类提供资源和产品外，还同时为人类提供着调节服务、支持服务和文化服务，这些都是人类生存发展所必需的。另外，人类也是系统的一部分，人类在享受自然提供的服务的同时，还通过各种活动对自然产生着或是干扰或者改善的影响，随着人类生产力和科技的发展，人类的影响越来越大，所以生态系统的管理不能脱离人类要素（图3）。随着人们对生态系统认识的逐渐深化，人们开始认识到只有使生态系统"所有齿轮"保持良好的运转状态，保证整个生态系统的可持续发展，才能持续的为人类提供服务，满足人类的发展需求，生态系统管理的思想应运而生[19]。

2.2 生态系统管理的基本思路和特征

生态系统管理是一种遵循生态系统特征的综合性的管理方法，提供了一个将多个学科的理论与方法应用到具体管理实践的科学性框架和工具箱[39]。生态系统管理方法提供了一个更为广泛的管理基础，为政府、社团和私人之间的合作提供了一个更具操作性的管理框架和平台，使综合的、跨学科的、公众参与的和可持续的管理成为可能[39]。

生态系统管理一般分三个步骤（图4）：（1）识别生态系统的健康状态，寻找系统存在的问题；（2）需要分析系统出现问题的原因，由于生态系统的整体性特征，需要综合、系统地分析问题产生的原因和胁迫机制；（3）需要对生态系统进行调控管理，由于生态系统的复杂性、不确定性，一般需要对生态系统进行适应性管理①。

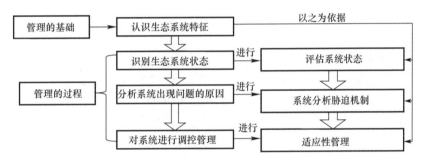

图4　生态系统管理的基本思路

3　生态系统管理方法

3.1　方法体系建构

根据生态系统管理的一般思路，国家公园生态系统管理主要解决3个问题：

（1）如何识别国家公园生态系统的状态？

国家公园生态系统管理的目标就是整个生态系统的可持续发展，我们首先需要知道国家公园生态系统是否处于可持续状态，这就要求对生态系统进行可持续评价[49]。通过对国家公园生态系统的评价，反映生态系统的可持续状况，并诊断可能存在的问题，为生态系统管理提供依据。

（2）如何分析国家公园生态系统出现问题的原因？

发现国家公园生态系统问题后，还要分析出引起问题的原因，才能有针对性的管理。国家公园生态系统出现问题的原因可能是多方面的、系统性的，因而需要综合分析系统的胁迫因素和胁迫机制。

（3）如何对国家公园生态系统进行调控管理？

国家公园生态系统具有复杂性、动态性和不确定性特征，这需要对国家公园生态系统的管理也要有较大的适应变化的能力，管理方法应具有灵活性和弹性。

---

① 适应性管理是基于学习决策的一种资源管理方法，是通过实施可操作性的资源管理计划，从中获得新知，进而不断改进管理策略，推进管理实践的系统化过程[4]。适应性管理方法提供了一个解决具有复杂性和不确定性问题的可能[6]。

国家公园生态系统管理方法体系（图5）主要包括：1）国家公园生态系统可持续评价，主要包括生态系统可持续评价和生态系统问题的识别；2）国家公园生态系统胁迫机制分析，主要是分析系统出现生态问题的原因，找到主要胁迫因素；3）国家公园生态系统调控管理，主要采用适应性管理方式，包括近期适应性管理和长期适应性管理，近期适应性管理就是针对已经找到的系统问题和近期管理目标而进行的适应性管理（一般3-5年），长期适应性管理就是针对国家公园可持续发展的总目标而进行长期适应性管理（一般10年以上），对国家公园生态系统进行定期可持续评价、寻找新问题、分析新的胁迫因素，从而调整管理策略。

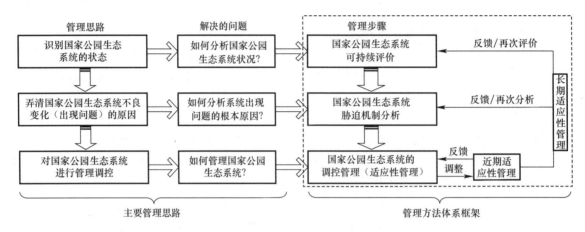

图5　国家公园生态系统管理方法系统框架

3.2　国家公园生态系统可持续评价方法

借鉴IUCN提出的"人类-生态系统福祉"模型来建构国家公园生态系统可持续评价指标体系。"人类-生态系统福祉"模型，也称为"福祉蛋"（Egg of Well-being）[50]（图6），即自然生态系统被比作蛋白，人类系统比作蛋黄，自然生态系统环绕并支撑着人类，只有当人类和自然生态系统都呈现优良状态时，整个系统才是可持续的。人类系统福祉是指所有社会成员都能满足各自需求的社会状况；生态系统福祉是指自然系统能维持良好的生态环境质量，生物多样性丰富，可以承载系统内所有生物的生存活动，具有适应环境变化和可提供未来多种发展选择的潜力[50]。

依据"福祉蛋"模型，本研究构建了国家公园生态系统可持续评价的指标体系框架，框架主要分为自然系统状况和人类系统状况两个方面，自然系统状况又分为4个维度：系统状况、物化环境、物种状况、资源状况；人类系统状况也分为4个维度：社会状况、经济状况、文化状况、管理状况，如图7所示。

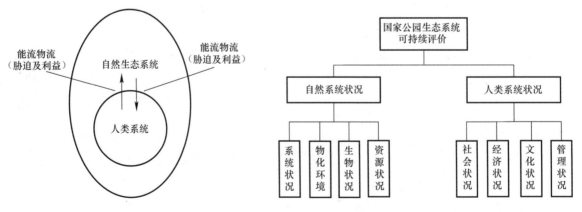

图6　"人类-生态系统福祉"模型　　　　　图7　国家公园生态系统可持续评价指标框架
（作者根据IUCN的"福祉蛋"模型译制[50]）

国家公园生态系统可持续评价针对的就是整个国家公园生态系统可持续发展的总管理目标。可持续评价指标体系可以说是对这个管理目标的细化，体现了管理目标对国家公园生态系统具体各方面的要求。如果整个评价结果为优良，则说明国家公园生态系统处于健康状态；如果评价结果较差，说明国家公园生态系统存在问题，需要进行调控管理，使之逐渐达到国家公园生态系统可持续发展的管理目标。

3.3 生态系统胁迫机制分析方法

国家公园生态系统胁迫因素包括自然系统胁迫因子、人类系统胁迫因子和空间胁迫等三方面，这些因素的相互作用形成了国家公园生态系统胁迫机制[51]，本研究提出"生态胁迫链（网）"的概念，以更清晰直观地分析胁迫因子引起生态系统问题的整个过程。

生态胁迫链是指引起生态问题的胁迫因子间的相互作用关系，通过"链条"的方式形象表达出来，如图 8 中左侧为 5 条胁迫链，P 为生态问题，A_n、B_n、C_n 为引起 P 的胁迫因子；生态胁迫网就是生态胁迫链的进一步组合而形成的关系更为复杂的网络结构，将 5 条生态胁迫链进行组合可以得到 P 的生态胁迫网（图 8 中右侧）。

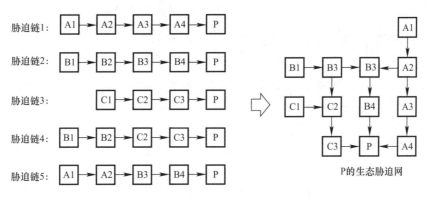

图 8　生态胁迫链与生态胁迫网的关系

通过建立生态系统的胁迫链（网）模型，可以更清楚的剖析国家公园生态系统的胁迫因子与系统生态问题的作用关系，为国家公园生态系统管理制定针对性的管理策略提供依据。

3.4　国家公园生态系统调控管理方法

国家公园生态系统调控内容主要包括生态系统胁迫因素的控制、生态系统修复和人与环境关系的协调。由于国家公园生态系统具有的复杂性和不确定性，使得人类对国家公园生态系统准确的理解和把握还很困难，需要在管理实践中不断加深对其的认识。而适应性管理方式正是一种基于学习的管理方式，所以国家公园生态系统管理主要采用适应性管理方式。通过对管理过程的监测、反馈，进而调整和改进管理方案，通过管理和反馈的循环过程逐渐实现管理目标。国家公园生态系统适应性管理的六步骤模式如图 9 所示。

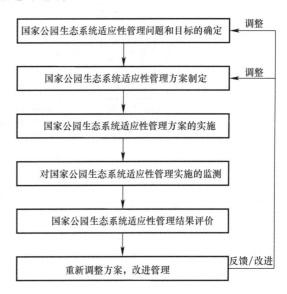

图 9　国家公园生态系统适应性管理模式

4　天目山自然保护区生态系统管理研究

为了证实本研究提出的国家公园生态系统管理方法的可行性，需要通过案例进行实证研究。当前我国国家公园试点主要以自然保护区为主，而位于浙江临安的天目山自然保护区也较符合我国国家公园的建设要求[1]。故本研究以天目山自然保护区作为国家公园生态系统管理的实践案例。

天目山自然保护区总面积 $4284hm^2$，是自然资源和人文资源并重的保护地。天目山保护区生态系统管理的综合目标是使整个保护区生态系统可持续发展，具体就是使保护区中自然系统和人类系统都处于健康可持续状态，使自然和人文遗产资源得到保护和合理利用。

首先，根据国家公园生态系统可持续评价指标框架建构了天目山自然保护区生态系统可持续评价指标体系，对天目山自然保护区生态系统状况进行了评价。从评价结果看，天目山自然保护区生态系统整体状况较好，但是，物种状况维度和经济状况维度评价等级为"中"，这两项处于不可持续状态。进一步分析识别出当前天目山自然保护区生态系统的主要问题为：毛竹林入侵问题、柳杉死亡问题以及农民经济收入不满问题。

然后，从自然系统胁迫因子分析、人类系统胁迫因子分析和空间胁迫分析三方面对天目山自然保护区的生态系统问题进行了胁迫机制分析，并构建出了综合胁迫网，如图10所示。可以发现天目山自然保护区柳杉退化、毛竹入侵和居民经济收入不满几个主要问题之间是相互关联的。并总结了天目山自然保护区当前生态问题的关键胁迫因素：1）农家乐居民过度汲取自然保护区水资源；2）游客踩踏柳杉附近土壤；3）毛竹入侵严重；4）非农家乐居民在保护区外围开荒种竹；5）天目山自然保护区毛竹林缺乏人工管理；6）非农家乐居民经济收入相对较低；7）管理者管理薄弱等。

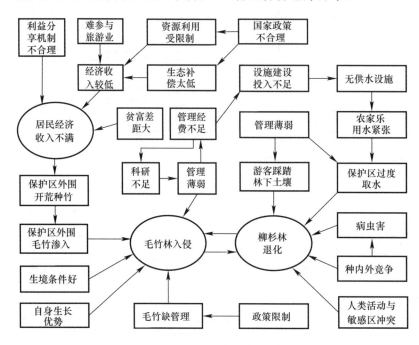

图10　天目山自然保护区生态系统问题综合胁迫网

最后，采用适应性管理方式对天目山自然保护区生态系统进行了调控管理。为了有效开展生态系统适应性管理，本课题组和保护区管理局以及其他利益相关者组建了"天目山自然保护区协调共管委员会"（图11），旨在服务整个天目山自然保护区生态系统的管理，努力为天目山自然保护区生态系统适应性管理创造较好的管理决策环境。之后按照自然保护区生态系统适应性管理六步骤循环模式，通过确定生态问题和管理目标、制定适应性管理的规划方案、实施规划、监测管理的实施过程、评价管理结

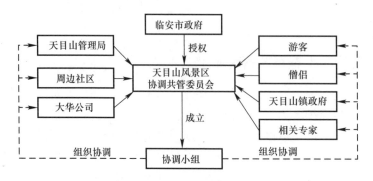

图11　天目山自然保护区协调共管委员会组织结构

果，并反馈回来不断调整管理方案，对天目山自然保护区进行了约两年（2014 年 3 月至 2016 年 4 月）的生态系统适应性管理实践。

在此案例研究中，考虑了天目山自然保护区生态系统各利益相关者的诉求，考虑了跨边界的管理，考虑了公众参与，较以往相比，在增加社区经济收入、增加管理局收益、保护生态环境、管理系统性等方面都有改善，这体现了生态系统管理方式的优越性。但同时也发现我国当前自然保护区管理制度等方面存在不少问题，尤其对于公众参与的制度的缺失，对于施行自然保护区生态系统管理带来较多阻碍。另外，生态系统管理过程中发现，当各方利益得到平衡，各自都有所获利时，事情推进较为顺利，而当利益冲突较强烈时，事情不容易协调，协调委员会显得较为无力，这一方面突显了自然保护区管理强制性规制力较弱需要加强，另外一方面也体现了在适应性管理执行中平衡各利益相关者利益的重要性。通过此案例，基本证实生态系统管理方法在我国自然保护区中具有可行性。

5 结论

生态系统管理是人们对生态系统认识的深化基础上提出的一种新的资源管理方式，是一种遵从生态系统特征的综合的管理方法。本研究在对国家公园生态系统特征分析的基础上，提出了国家公园生态系统管理的方法体系，并以天目山自然保护区为例，证实了该方法的可行性和优越性，但同时也发现了一些困难，指出需要在我国国家公园管理体制等方面进行改进的必要性，以期在方法和技术层面为我国国家公园管理的发展提供助力。

（文中图表除了已标明出处外均由作者自制）

参考文献

[1] 周睿，钟林生，刘家明，等. 中国国家公园体系构建方法研究——以自然保护区为例 [J]. 资源科学. 2016 (04)：577-587.

[2] 杨锐. 防止中国国家公园变形变味变质 [J]. 环境保护. 2015，43 (14)：34-37.

[3] 杨锐. 论中国国家公园体制建设中的九对关系 [J]. 中国园林. 2014 (08)：5-8.

[4] 徐广才，康慕谊，史亚军. 自然资源适应性管理研究综述 [J]. 自然资源学报. 2013 (10)：1797-1807.

[5] 苏杨，王蕾. 中国国家公园体制试点的相关概念、政策背景和技术难点 [J]. 环境保护. 2015 (14)：17-23.

[6] 杨荣金，傅伯杰，刘国华，等. 生态系统可持续管理的原理和方法 [J]. 生态学杂志. 2004，23 (3)：103-108.

[7] 王佳鑫，石金莲，常青，等. 基于国际经验的中国国家公园定位研究及其启示 [J]. 世界林业研究，2016 http://www.cnki.net/kcms/detail/11.2080.S.20160425.1413.001.html.

[8] 马世骏，王如松. 社会-经济-自然复合生态系统 [J]. 生态学报. 1984，4 (1).

[9] Basset A. Ecosystem and Society：do they really need to be bridged? [J]. Aquatic Conservation：Marine and Freshwater Ecosystems. 2007 (17)：551-553.

[10] Liu, et al. Complexity of coupled human and natural systems [J]. Science. 2007，317：1513-1516.

[11] 杨锐. 中国自然文化遗产管理现状分析 [J]. 中国园林. 2003，19 (9)：38-43.

[12] 黄林沐，张阳志. 国家公园试点应解决的关键问题 [J]. 旅游学刊. 2015 (06)：1-3.

[13] 杨锐. 改进中国自然文化遗产资源管理的四项战略 [J]. 中国园林. 2003 (10)：40-45.

[14] 严国泰，沈豪. 中国国家公园系列规划体系研究 [J]. 中国园林. 2015 (02)：15-18.

[15] 张景华. 风景名胜区保护培育规划技术手段研究 [D]. 北京：北京林业大学，2011.

[16] 胡洋，金笠铭. 庐山风景名胜区居民社会问题与整合规划 [J]. 城市规划. 2006 (10)：55-59.

[17] Halvorson W L，Davis G E. Science and Ecosystem Management in the Natioanal Parks [M]. Tucson：The University of Arizona Press，1996.

[18] Secretariat Of The Convention Diversity. Handbook of the Convention on Biological Diversity：Including Its Cartagena Protocol on Biosafety (3rd) [R]. Montreal，Canada，2005.

[19] 莫尔特比 E. Maltby Edward 编著，康乐，韩兴国. 生态系统管理：科学与社会问题 [M]. 北京：科学出版社，2003.

[20] 徐国祯. 森林生态系统经营—21 世纪森林经营的新趋势 [J]. 世界林业研究. 1997 (02)：16-21.

［21］　Lubchenco J，Olson A M．The Sustainable Biosphere Initiative：An Ecological Research Agenda ［J］．Ecology．1991，72（2）：371．

［22］　田慧颖，陈利顶，吕一河，等．生态系统管理的多目标体系和方法 ［J］．生态学杂志．2006（9）．

［23］　冉东亚．综合生态系统管理理论与实践 ［D］．北京：中国林业科学研究院，2005．

［24］　角媛梅，肖笃宁，郭明．景观与景观生态学的综合研究 ［J］．地理与地理信息科学．2003（01）：91-95．

［25］　杨荣金，傅伯杰，刘国华，等．生态系统可持续管理的原理和方法 ［J］．生态学杂志．2004，23（3）：103-108．

［26］　于贵瑞．生态系统管理学的概念框架及其生态学基础 ［J］．应用生态学报．2001，12（5）：787-794．

［27］　任海，邬建国，彭少麟，等．生态系统管理的概念及其要素 ［J］．应用生态学报．2000，11（3）：455-458．

［28］　于贵瑞．略论生态系统管理的科学问题与发展方向 ［J］．资源科学．2001，23（6）：1-4．

［29］　陈利顶，傅伯杰．农田生态系统管理与非点源污染控制 ［J］．环境科学．2000（02）：98-100．

［30］　韩念勇．锡林郭勒生物圈保护区退化生态系统管理 ［M］．北京：清华大学出版社，2002．

［31］　刘永，郭怀成，黄凯，等．湖泊-流域生态系统管理的内容与方法 ［J］．生态学报．2007，27（12）：5352-5360．

［32］　徐国祯．生态问题与森林生态系统管理 ［J］．中南林业调查规划．2004，23（1）：1-5．

［33］　卜善祥等．国内外自然资源管理体制与发展趋势 ［M］．北京：中国大地出版社，2005．

［34］　杨学民，姜志林．森林生态系统管理及其与传统森林经营的关系 ［J］．南京林业大学学报（自然科学版）．2003，27（4）：91-94．

［35］　沃格特 K．A．Vogt Kristiina，王政权，王群力，等．生态系统：平衡与管理的科学 ［M］．北京：科学出版社，2002．

［36］　Brussard P F，Reed J M，Tracy C R．Ecosystem management：what is it really？［J］．Landscape and Urban Planning．1998，40（1）：9-20．

［37］　赵云龙，唐海萍，陈海，等．生态系统管理的内涵与应用 ［J］．地理与地理信息科学．2004，20（6）：94-98．

［38］　刘永，郭怀成．湖泊-流域生态系统管理研究 ［M］．北京：科学出版社，2008．

［39］　周杨明，于秀波，于贵瑞．自然资源和生态系统管理的生态系统方法：概念、原则与应用 ［J］．地球科学进展．2007，22（2）：171-178．

［40］　常杰，葛滢．生态学 ［M］．北京：高等教育出版社，2010．

［41］　曹凑贵．生态学概论 ［M］．北京：高等教育出版社，2006．

［42］　蔡晓明，蔡博峰．生态系统的理论和实践 ［M］．北京：化学工业出版社，2012．

［43］　刘增文，李雅素，李文华．关于生态系统概念的讨论 ［J］．西北农林科技大学学报：自然科学版．2003，31（6）：204-208．

［44］　章怡．旅游景区生态系统管理研究——以龙胜龙脊梯田景区为例 ［D］．桂林：桂林工学院，2006．

［45］　杜丽，吴承照．旅游干扰下风景区生态系统作用机制分析 ［J］．中国城市林业．2013（01）：8-11．

［46］　陈向红，方海川．风景名胜区生态系统初步探讨 ［J］．国土与自然资源研究．2003（01）：64-66．

［47］　石建平．复合生态系统良性循环及其调控机制研究 ［D］．福州：福建师范大学，2005．

［48］　孙濡泳．生态学进展 ［M］．北京：高等教育出版社，2008．

［49］　张志强，程国栋，徐中民．可持续发展评估指标、方法及应用研究 ［J］．冰川冻土．2002（04）：344-360．

［50］　Guijt I，Moiseev A．IUCN resource kit for sustainability assessment ［R］．Gland，Switzerland and Cambridge，UK：International Union for Conservation of Nature and Natural Resources，2001．

［51］　张永民，席桂萍．生态系统管理的概念·框架与建议 ［J］．安徽农业科学．2009，37（13）：6075-6076，6079．

三江源国家公园建设中社区参与的
必要性与可行性分析

仙　珠

（青海民族大学公共管理学院）

【摘　要】　社区是国家公园的有机组成部分，社区参与是国家公园可持续发展的重要途径之一。本文在分析三江源国家公园社区社会经济状况的基础上，从资源与环境保护、协同治理模式、发展生态旅游业、社区利益及社会稳定等角度对社区参与的必要性进行深入分析，并且从传统生态文化及社区共管的经验深入分析三江源国家公园建设中社区参与的可行性。

【关键词】　三江源国家公园；社区参与；必要性与可行性

国家公园是一种被全球验证了的能有效实现保护与发展的保护地管理模式。党中央国务院选择在三江源头典型和代表区域开展国家公园体制试点，这是继实施三江源生态保护与建设工程之后，又一项生态文明建设的重大举措上升为国家战略，这对加快青海省生态文明建设历史进程具有里程碑式意义。2015 年 12 月 9 日，中央全面深化改革领导小组第 19 次会议审议通过了《三江源国家公园体制试点方案》，2016 年 6 月 7 日，三江源国家公园管理局（筹）挂牌成立，三江源国家公园呼之欲出。试点公园包含长江源（可可西里）、黄河源、澜沧江源在内的"一园三区"，总面积为 12.31 万 km^2，占三江源地区面积的 31.16%。其中：冰川雪山 883.4km^2、河湖湿地 29842.8km^2，草地 86832.2km^2，林地 495.2km^2。三江源国家公园的建设，将会对长久居住在该区域内部及周围且依赖划定区域内的资源而生存的人们产生很大的影响。因此，妥善处理好社区居民的利益问题显得尤为重要。伴随着国家公园在全世界的发展，社区问题一直是人们关注的焦点。

国家公园是一种能够合理处理生态环境保护与资源开发利用关系的保护和管理模式，三江源国家公园的建设中如何兼顾社区利益，消除社区参与的障碍是必须引起重视的问题。社区不仅是国家公园的重要组成部分，而且是关系公园可持续发展的决定性因素。通过规划，能从制度上保证充分调动社区的力量积极参与到公园的自然资源管理与可持续利用过程中。通过这种积极参与，既能满足社区群众不断增长的物质文化需求，同时又使社区群众成为公园的主人，从而使他们对公园内资源保护成为其自觉行为。因此，本文所说的社区参与，即国家公园园区内及周边牧民群众参与自然资源的管理和保护，从而使国家公园的自然资源得以合理的开发、利用，使园区内的生物多样性得以保护，并促使社区居民的生活水平得以提高，使牧民参与生态保护、公园管理和运营中获得稳定收益。

1　三江源国家公园社区概况

三江源国家公园涉及玉树藏族自治州杂多、治多、曲麻莱三县和果洛藏族自治州玛多县及可可西里国家级自然保护区管理局管辖区域。三个园区涉及玛多县黄河乡、扎陵湖乡，玛查里镇 3 个乡镇，治多县索加、扎河 2 个乡，曲麻莱县曲麻河乡、叶格 2 个乡，杂多县莫云、查旦、扎青、阿多和昂赛 5 个乡等共 12 个乡镇，53 个行政村，16793 户，61588 人，贫困人口 2.4 万人，主要是藏族聚居区，以牧民居多，传统草地畜牧业仍为主体产业，无工业生产，商贸旅游业和服务业规模弱小。居民的经济收入来源主要是放牧、挖虫草、政策性补偿等。从每个园区的贫困者的比例来看贫困面广，贫困程度深。牧民群众增收渠道窄，脱贫攻坚任务重。因此，实现三江源国家公园自然资源的严格保护和永续利用，关键要处理好当地牧民群众全面发展、民生改善、生态保护三者的关系。

2　三江源国家公园建设中社区参与的必要性

2.1　从资源与环境保护角度分析

三江源是世界高海拔地区生物多样性最集中的地区，这里具有生态环境的多样性、物种的多样性、基因和遗传的多样性，是世界上高海拔地区生物多样性最集中的地区。居住在三江源地区的藏族牧民，一方面，其生计与生活紧密依赖于自然资源，另一方面，他们又是环境与资源保护的同盟军。千百年来，藏族人长期居住在这里，拥有历史性的资源利用模式，他们与生物多样性保护交织在一起，同时，社区周围有神山圣湖，当地藏族居民受到传统生态文化的影响，有着民众所认同的很有效的自然保护方式，这些都对生物多样性保护有积极的贡献。美国主流生物学家、波士顿大学罗萨尔德·普里马克教授在其《保护生物学基础》一书中深刻论述："现在，越来越多的人认识到，当地居民的参与是生物多样性保护策略中常被忽视的一个极为重要的部分。'自上而下'的策略，即政府下达保护计划，需要与'自下而上'的程序结合起来，即当地村社和其他的群体能够拥有和实现他们的发展目标（clay，1991）。"[1]所以，在实施国家公园建设与管理，开展生物多样性保护和持续利用时，允许本地社区对生物多样性保护和利用在可持续发展方针指导下，有一定的自主性和独立性，要充分发挥社区居民利用和保护自然资源的主体作用，创建各具特色的原住民乡村社区发展模式。

三江源国家公园地域辽阔，人口稀少，需要保护的范围比较广，仅靠管理部门的工作人员难以完成巡视、监测等重要任务，加上三江源生态保护的社会参与度整体上不高，尚未形成有效的参与机制和平台。为此，在三江源国家公园试点期间，按照山水林草湖一体化管护的原则，整合原有草原、湿地、林地管护员制度，进一步科学合理扩大生态管护公益岗位规模，充分发挥牧民群众保护生态的主体作用，激发当地牧民参与生态保护的内生动力，建立牧民为主、动态管理、长效保护、严格考核的生态管护机制。

2.2　从协同治理模式的角度分析

目前世界各地国家公园的管理模式和体制并不完全相同，各有优劣。然而设立国家公园的目的，从早期的保存、保护到现在的集生态保育、科研、游憩、教育、社区发展等为一体的综合管理，体现了公园管理哲学的综合性。[2]经过长期的发展，国外政府逐渐意识到国家公园属于集体所有的公共资源，在其管理目标、行政归属、管理方法、管理理念等方面开始逐步改变。[3]由只考虑经济、生态效益的管理目标转变为经济、生态、社会三重效益的管理目标；由政府或企业主体单一化管理转变为由许多合作伙伴及相关力量合作管理；由违反或忽视当地居民的意愿而转变为满足当地人的需求、保障当地居民的权益，并且与当地社区共同管理。总体而言，就是为了保障地方社区的利益，由单一的"政府"或"企业"管理的传统模式转变为包容的政府＋社区（还可能包括生态旅游企业、NGO、科研机构等）的协同治理模式，形成一个多方治理的共赢模式，在国家公园范围内任何利益相关者都是可能的合作伙伴，政府相关部门、企业、社区、大学或研究机构、非政府组织、旅游者等，通过协商，集思广益，为国家公园管理提供支持。

"社区参与"作为"多方共治"中的重要组成部分，是国家公园管理体系中保障当地社区居民权利的重要制度。因此，考虑到三江源的实际情况，笔者认为这种协同治理的模式具有许多可借鉴之处。

2.3　从发展生态旅游业的角度分析

三江源地区旅游资源丰富，发展旅游业有着较大的空间，在不突破环境承载力的前提下，可以依托国家公园，培育和发展生态旅游业。生态旅游亦被称作绿色旅游和自然旅游，是一种小规模的替代性旅游形式，强调保护自然环境，关注当地居民的原生态文化，这种形式既能补充旅游目的地社区的经济收入，又能与当地的自然、文化融为一体。社区是生态旅游关键的利益相关者，真正意义上的生态旅游是可持续的，它必须考虑社区的参与，将当地居民作为合作者，保证居民在旅游产品设计、旅游规划实施等方面进行参与，并使居民在环境保护和社区发展中受益。社区居民参与旅游服务及管理，可在旅游活动中开发出原汁原味的具有特定地方、民族文化特色，以及对游客有很大吸引力的旅游产品。通过建立家庭旅馆、牧家乐、制作传统手工艺品、表演传统节庆活动等，才能带给游客以真实、自然的感受，才能增加游客对本土文化深层次的了解。

然而，三江源地区地广人稀，长期以来当地居民还保持着游牧的生存方式，生存技能单一，居民普遍受教育程度低，多数牧民不会说汉语，导致沟通能力弱，对旅游发展的认识明显不足，参与旅游开发和经营的能力不足。同时，该地区社区要素发育不充分，层次相对较低。在源区开展社区参与的生态旅游缺乏相对稳定的社区环境。这就导致当地居民仅仅具有提供歌舞表演、向导及住宿等能力，然而极少介入管理和决策层面，参与层次低，多为非技术、低报酬的工作。社区参与基本上处于自发状态，没有相应的组织进行有效的指导，社区参与因缺少一体化管理环境而难以起到实际的效果。基于三江源国家公园特殊的生态地位和经济社会发展的现实需求，为推进社区参与生态旅游发展目标的实现，应建立以政府为主导、以社区参与为基础的政府、企业、社区、NGO等多边合作体系，通过引导、激励、扶持机制的完善，达到社区居民利益与区域经济、生态、社会效益，社区发展与环境保护的互惠共赢。

2.4　从社区利益及社会稳定的角度分析

社区不仅是国家公园的重要组成部分，而且是关系公园可持续发展的决定性因素。三江源国家公园建设期间，要兼顾各相关利益群体的利益，建立合理的利益分配机制，特别要照顾到核心社区居民的利益，只有保障了他们的利益不受损，才能充分调动他们保护生态环境，参与公园发展的主动性，积极性，既能满足社区群众不断增长的物质文化需求，同时又使社区群众成为公园的主人，实现公园与社区的可持续发展。基于社区参与生态环境保护、参与生态旅游发展，参与生态畜牧业等内容，可以为当地社区带来经济、社会、心理、政治等多方面的利益。当地居民是生态环境和文化环境的维护者、创造者和承受着。因此，在三江源国家公园体制试点时期应该考虑当地社区居民的利益，只有牧民利益得到保障后，才能维持社会稳定。

目前，在当地牧民群众意识中，国家公园建设所涉及的利益是解决部分人就业问题，只要被应聘为生态管护员每个月就有1800元的收入，这就比原来的管护员的工资收入多出600元，这个政策无疑对当地牧民具有一定的吸引力，关系到牧民尤其贫困牧民的经济收入来源问题。三江源国家公园体制试点生态管护公益岗位机制主要要走出一条生态保护与精准扶贫相结合，与牧民转岗就业、提高素质相结合，与牧民增收、改善民生相结合的道路。因此，设立生态管护公益岗位不仅是生态保护社区参与的举措，也是造福源头民众的重大民生举措，其政策性强、关注度高、涉及面广、敏感性大。为了使生态管护与精准扶贫有效结合，从园区范围内建档立卡的贫困户入手，选择增补新的管护员，在原有的2554个林地、湿地单一生态管护岗位的基础上，新设置生态管护岗位7421个，组建了乡村两级牧民生态管护队伍，岗位设置总数将达到9975个人。因此，如何精确统计、严格审查建档立卡贫困户，以及从符合应聘条件的人中如何选拔等等都涉及贫困牧民的利益。笔者在对长江源园区曲麻莱管理处进行调查中发现，园区生态公益岗位每人每年21600元，而具有管护能力的兜底贫困户每人只能享受2000元的扶贫金，收入差距很大。因为，政策中规定兜底贫困户不作为生态管护公益岗位的选拔对象，主要是由于兜底贫困户大多为残疾人、老年人，没有管护能力，但事实上在兜底贫困户中也有具有管护能力的牧民。因此，管护员的应聘在公益岗位设置上尽量扩大范围，扩大受益人群。

3　三江源国家公园建设中社区参与的可行性

3.1　从当地传统生态文化的角度分析

三江源区是藏民族聚居地，藏族人口占到当地总人口的90％以上。由于自然条件十分恶劣，长期生活在这一地区的藏族群众形成了敬畏生命、保护自然、众生平等、万物有灵的传统文化观念。当地居民有着传统的敬天惜地、尊重生命、与自然友好相处的生态文化基础。他们尊重土地及土地上的生物，认为人与自然的关系就是平等相处与相互交换的关系，将自然界看成是一个整体，反对任何形式的破坏。藏族传统文化中有不少因素有利于今日环境保护工作，值得深入挖掘和总结。如藏传佛教中的万物平等的思想和人与自然和谐相处的思想，佛教反对杀生提倡放生、护生，就是尊重生命，关怀生命，保护与恢复自然生态系统的完整。回顾历史，佛教倡导的"慈悲"、"平等"、"不杀生"等思想曾经在很大程度上为人与自然、人与环境、人与万物生灵和谐相处的和谐发展做出过伟大的贡献。

藏民族在雪域高原上与雪山、冰川、草原、森林、圣地、圣湖和数以万计的生灵们结下了生生世世的缘。目前，这些神山圣湖正是各地的主要旅游景区和环境保护、生物多样性保护最集中与最成功的地方。因此，在三江源区开展社区参与有着良好的群众基础和文化基础，这是其他自然保护区所不具备的。

3.2　从当地生态保护社区共管的经验角度分析

社区共管（Community Based Co-management），也被称为社区参与式管理、社区合作管理或社区共同管理，是一种主要利益相关者特别是当地社区和国家之间共同分担责任、权利和义务的管理方式，是一种当地使用者和国家在决策过程中享有相同地位的分权式的决策机制（Tlus Word Bank, 1999）[4]，其主要目的是生物多样性保护和可持续社区发展的结合。近些年生态保护工程推进的过程中，通过省政府及相关部门的组织和引导，在玉树、果洛等地尝试社区共管的模式，取得了较好的成效，积累了一定的经验。本文中主要介绍两种典型案例。

3.2.1　措池村社区共管项目个案分析

措池村地处长江源头三江源国家级自然保护区通天河源野生动物保护核心区，位于曲麻莱县的西南部，在行政上隶属于麻莱县曲麻河乡。总面积2440km²，平均海拔4600m。长江源区的措池村持续开展了十多年的生态保护。从自发的巡护，到公益机构的支持和保护区管理局的授权，再到自身的坚持，措池村的经历是青藏高原社区保护的缩影。20世纪90年代，外来人员的盗猎使得藏羚羊、野牦牛等大量减少。面对这种情况，几名对野牦牛十分关注的牧民留意到野生动物的变化，组成了13人巡护小组，在盗猎频繁的季节组织巡护、阻止盗猎行为。为更有效制止外来威胁，在三江源保护协会的帮助下，2004年12月，措池村以这13位牧民为核心，成立了非正式的保护协会——野牦牛守望者协会，一个自发的草根保护组织就此诞生。2006年到2008年，国际环保组织"保护国际"与三江源国家级自然保护区管理局（以下称保护区管理局）在措池村实施协议保护项目。保护区管理局将保护权委托给措池村牧委会，并帮助其制定保护计划，支持社区进行保护，对保护成效进行监督和评估；措池村牧委会负责措池村境内的野生动物的保护。同时，项目还配套开展社区能力建设、环境保护意识教育等活动。这是青海省三江源自然保护区管理局首次在生态保护项目中实施社区共管。2010年1月，在一期项目的基础上，山水自然保护中心支持启动协议保护项目第二期，为期两年。这次目标更加明确，保护行动也更具针对性。在措池村项目的社区共管中，主要参与方包括三江源自然保护区管理局、当地社区居民、当地政府有关部门和当地NGO组织。

措池村协议保护地项目通过多年的实施，生物多样性保护和社区经济社会建设等方面都取得了积极成效。主要体现在，当地牧民的生态保护意识得到了加强，广大牧民群众生态保护的自发意识日益成为生态保护的自觉行为，参与生态保护工作的积极性不断释放；同时，牧民的生态保护能力得到了提高。通过NGO组织的帮助当地牧民学会操作巡护监测设备，建立分工明确的巡护监测队伍，制定切实可行的巡护监测方案，使保护工作制度化、科学化。这些就为三江源国家公园的建设和保护提供了牢固的群众基础。

3.2.2　甘达村社区共管项目个案分析

甘达村是玉树县结古镇的一个行政村，地处结古镇西部18公里，距离机场30公里处的扎西科草原，是园区外的社区，总面积93000亩，全村共有305户，1138人，主要是以放牧为生。甘达村在历史上就是"千眼水源"的保护地，玉树重要的河流扎曲河的源头也在此。扎曲河是结古镇约15万人口的重要取水处，也是通天河的一条重要支流。然而在2008年开始村里有50个水源已干枯，因此，村长就找到了环保组织——"三江源环境保护协会"，使这个协会开始关注该村，积极寻找水源干枯的原因，协会工作人员协同村里的核心人员对大小198个水源头进行实地勘察和GPS定位，发现有垃圾填埋、通信线路、采金、修公路、修隧道等多种原因，同时在调查中发现水源头有祭祀水源的文化。于是，该NGO组织带领村民进行垃圾清理，同时借助于佛教人士的力量来对村民宣讲水源文化，举办了连续三届水源保护生态文化节——"甘达乡村龙泉生态文化节"。

2009 年开始，三江源环境保护协会开始扎根于该村，建立社区工作站，入驻该村，长期致力于做真正的社区共管。

甘达村社区共管是村民自发组织的社区自然资源共同管理委员会针对村里公共事务共同协商做出决策的过程。甘达村共管委会共有 30 个代表，其中 23 个代表是根据生产和生活上有互助关系的熟人社会而组成的 23 个片区。另外，还有两个寺院代表 2 个、街道办代表 1 个、村委会代表 1 个，学校校长 1 个，还有协会代表 1 个等，意味着这些代表在做决策时都有权投一票，但其中牧民代表的票数最高。他们共同商议制定村规民约，水源保护、垃圾清理、自行管理保护资金等等，充分体现民主协商机制在社区管理中的作用，更大程度上体现了社区共同体的治理问题。而在这种模式中最主要的特点是 NGO 组织引领社区保护生态的同时也积极关注社区发展。如，甘达村马帮队伍的建立，通过反复的共同讨论，确定其目标是社区团结、共同管理社区自然资源，传承文化等，目前有 12 户、24 匹马。马帮作为导游除了成为生态旅游的产品产生经济效益之外，他们又是垃圾清理、水源保护、环境卫生治理的典范户。还有社区村民参与式重塑水源文化，没有任何资金的支持，修建了水祭祀塔等等。

该模式的社区共管完全调动了社区居民的积极性和主动性，跨越村长、生产队长，在村民中根据生产生活的互助关系建立社区小团体，由非政府组织直接跟村民共同管理，没有任何政府部门的参与。因此，尽管该模式完全调动了居民的积极性、主动性，培养了牧民的自治能力，但其长远发展还需要政府部门的大力支持，同时要培育更多的 NGO 组织，协助社区参与到国家公园的建设中。

参考文献

[1] 苏杨，中国西部自然保护区与周边社区协调发展的研究 [J] 农村生态环境，2004. 20 (1).

[2] 徐菲菲，制度可持续性视角下英国国家公园体制建设和管制模式研究 [J] 旅游科学，2015 (3).

[3] 闫水玉，孙梦琪，陈丹丹. 集选择视角下国家公园社区参与制度研究 [J]. 西部人居环境学刊，2016，31 (04)：68-72.

[4] HieWorld Bank. Confereooe Rep＜nt [R]. Hie Intenniriimil Wok-shop on CommuniQr-Baaed Natuial Reaource Hanagemoit (CBNRM) Washington DC，1998.

国家海洋公园生态保护补偿与生态损失补偿双轨制度设计思路

陈 尚[1] 夏 涛[1] 郝林华[1]

（国家海洋局第一海洋研究所生态中心）

【摘 要】 环境污染与生态破坏是我国海洋环境的两大突出问题，建立国家海洋公园、推行生态保护补偿与生态损失补偿制度是保护海洋环境的关键政策与措施，企业必须承担相应的补偿法律义务，实行双轨制度时机已经成熟。

【关键词】 国家海洋公园；生态保护补偿；生态损失补偿；双轨制度设计

1 我国海洋公园的环境问题

我国海洋公园目前分属环保部、海洋局、农业部管理，其中环保部直属海洋自然保护区（99＋），海洋局直属海洋特别保护区（31＋），国家级海洋公园（2011，42），农业部直属水产种质资源保护区（2011，300＋）。

我国海洋公园主要存在两大环境问题：一是环境污染：化学物质进入，水质变差、沉积物质量变差；二是生态破坏：物理性改变，水动力流场改变、海岸侵蚀、生物种群退化、入侵种、生境破坏。例如富营养化水体导致绿潮灾害，沙滩遍布垃圾，海滩采油、大米草入侵，双重压力下底栖贝类种群消失，海上溢油污染破坏水质，生物窒息死亡，大规模网箱养殖破坏水质等。

大规模围填海面积达几十平方公里，如曹妃甸、大连、连云港、温州等。

现代主要用海活动包括大规模填海造地，大规模围海养殖，港口建设运营，石油开采，海底管线铺设，海洋化工，电厂取水冷却用、排放热污染，海洋工程装备，海洋旅游设施建设，旅游活动自身等。

对于这些人类活动造成对海洋环境的影响，我们采取的对策主要有：

（1）预防性手段

① 行政审批：环评审批、海域使用论证审批

② 总量控制：围填海总量、排污总量

③ 达标排放：

④ 环境经济政策：生态保护补偿、补偿、赔偿

（2）事后性手段

① 污染治理

② 生态修复

③ 追责

2 生态补偿等基本概念

生态补偿的定义：综合考虑生态保护成本、发展机会成本和生态服务价值，采用行政、市场等方式，由生态保护受益者或生态损害加害者通过向生态保护者或受损者以支付金钱、物质或提供其他非物质利益等方式，弥补其成本支出以及其他相关损失的行为（汪劲 2014），法律没有规定生态补偿用语。

生态补偿分三种类型：

生态保护补偿：生态服务购买。

受益者对做出生态保护贡献或者牺牲发展机会的个人和组织进行补偿，弥补其保护支出或机会损失。

生态损失补偿：

合法建设项目造成生态损失，开发者应进行修复，补偿生态损失。

生态损害赔偿：

违法建设项目或者因突发事故造成生态损害，责任者应进行修复，赔偿生态损失。

3 海洋生态补偿政策双轨并行的必要性

3.1 政策含义

指海洋部门同步实施海洋生态保护补偿制度和生态损失补偿制度，一手激励生态资本投资，一手激励环境友好型产业发展，实现生态福利与经济收入双增长。

生态补偿政策属于环境经济政策，在改革深水区，比行政管理政策更有效。

3.2 实施生态保护补偿政策三个作用：

可以激励居民参与环保；提供公共生态产品和生态安全保障；并壮大生态资本，探索自然资本投资新模式，建立和谐政府-居民关系。

3.3 实施海洋生态损失补偿政策的三大作用：

约束企业生态环境资源损耗，主动采用环境友好生产方式；激励企业集约用海，主动采用高效开发方式；推动环境友好产业发展，促进产业绿色转型。

实施生态补偿制度是法定义务，而非增加企业负担。

《环境保护法》明确了国家实施生态保护补偿制度，支付生态损失补偿资金用于生态修复，不是新增企业义务，而是企业原本应承担的法定责任（《环境保护法》第 30 条、《防治海洋工程损害海洋环境管理条例》第 17 条），生态损失补偿制度规定企业履行修复责任的范围、内容、程度和方式。

3.4 提高海域使用金标准解决不了生态破坏问题

海域使用金主要针对空间资源，属于权利金，国家出让海域资源使用权。企业使用海域资源获利，应当向国家缴纳部分收益。

公益项目没有获利，减免海域使用金，只针对企业用海海域，没有考虑邻近影响海域。

生态损失补偿资金：采取环保措施之后仍然产生的企业不能控制的生态损害，应承担的修复费用。包括企业用海海域＋邻近影响海域（1∶8）；公益项目产生生态损害，不能减免补偿资金；政府企业更应该为企业做环保楷模，足额缴纳补偿资金。

政府疏于监管，企业长期未履行法定义务。

3.5　实施海洋生态补偿政策的司机已经成熟

政治正确：中央生态文明改革要求、政绩考核

经济转型发展的要求：蓝色经济、绿色发展、可持续发展

依法治国的要求：强化执法、企业履行本应承担法定责任

人民的期待：蓝天、白云、碧水、青山

良知企业的社会责任：干干净净赚钱，不赚血汗钱

环境公平、和谐社会的要求：政府、百姓、企业、NGO

国际领导力的要求：带头大哥、好榜样

科技成熟：国标、行标、地标

3.6　陆地已经征收的类似补偿资金

排污企业：排污费－＞环保税

生态破坏企业：生态损失补偿资金

建设铁公基等项目，造成生态破坏的，企业支付生态修复资金，用于实施水土保持方案。（水土保持法，水利部门审批）；

开采矿产资源，企业支付土地、植被等治理恢复费用，缴纳保证金。（部门规章、省人大条例）；

耕地：企业开垦新耕地或者交纳耕地开垦费，按行政事业性收费管理，占一补一（土地管理法）；

林业：企业预交森林植被恢复费，按政府性基金管理，占一补一（森林法）；

草业：企业预交草原植被恢复费，按专项收入管理，（森林法）。

4　海洋生态保护补偿制度框架

4.1　政策目标

政策包括生态、经济、社会三个主要目标，其实现机制基于制定海洋生态保护补偿办法，通过建立包括补偿方与受偿方的补偿途径，筹措资金，补偿标准基于生态服务、保护成本的差别化补偿。以监测＋评估的方式考核，并监督与奖惩。

基础工作包括生态红线区总量评估、生态产品需求确定、"生态、生产空间"平衡、生态红线监测评估与考核，补偿标准按分区、分级、保护成本、机会损失、差别化、补偿标准等确定。对于海洋生态损失补偿的修复区域，方式包括原地修复、异地修复。资金用途包括修复工程、效果监测、损失评估等。最终制定海洋生态损失补偿评估技术导则（地标）。

4.2　实现机制

制定海洋生态保护补偿办法（海、渔、财）。

补偿方：海洋＋渔业＋财政部门

受偿方：渔民、县乡镇村政府、保护机构、企业、NGO等

补偿途径：资金、就业机会、税收减免、教育……

资金筹措：财政、海域使用金返还、生态损失补偿资金

补偿标准：基于生态服务、保护成本的差别化补偿

资金用途：保护投入、个人生活、机构运转……

资金筹措：财政、海域使用金、损失补偿资金……

考核方式：监测＋评估

监督与奖惩。

4.3　基础工作

生态红线区总量评估：生态产品需求确定：经济、人口、生态福利、安全等；"两生"平衡：生态、生产空间；总面积、分类、落地、管控要求、责任人；

生态红线监测评估与考核：水质、健康、生态服务、安全；

补偿标准确定：分区（行政区）、分级（生态等级、生态服务差别）、保护成本、机会损失、差别化、补偿标准；

补偿资金筹集：财政转移支付（国家级保护区-中央财政为主）、排污费、生态损失补偿资金。

5 海洋生态损失补偿制度框架

5.1 政策目标

生态目标：修复受损海洋生态健康体质（美容）；经济目标：壮大环境友好型产业，发展蓝色经济；社会目标：修复紧张的社-企关系，构建和谐社会。

5.2 实现机制：

制定海洋生态损失补偿管理办法（人大或海洋部门）

- ➢ 主管部门：海洋、渔业、财政
- ➢ 补偿方：用海者（企业……）
- ➢ 补偿资金管理者：海洋、渔业部门
- ➢ 补偿资金：上交财政专户（国有资源有偿使用收入）

第三方监管银行（企业名下账户、保证金）

- ➢ 补偿标准：根据技术标准确定
- ➢ 资金核定：环评会核定
- ➢ 修复区域：原地修复、异地修复
- ➢ 资金用途：修复工程、效果监测、损失评估等
- ➢ 修复检查与监测
- ➢ 监督与奖惩。

制定海洋生态损失补偿评估技术导则（地标）

- ➢ 计算原理：补偿资金＝基准值生态值×损害系数
  $$\times补偿系数×受损面积×用海年限$$
- ➢ 生态现状调查评估：按照国标，计算本底生态资价值
- ➢ 生态资本基准值表制定：分区（行政区、生态区）
- ➢ 生态损害系数标准制定：分类（用海方式）、
  分区（工程区＋邻近影响区）
  分期（施工期、营运期）
- ➢ 补偿标准表制定：分类（产业）、
  分级（生态等级）、差别化
- ➢ 受损范围确定：工程用海区、邻近影响区
- ➢ 受损期限确定：施工期、使用期、营运期、恢复期
- ➢ 修复方案制定
- ➢ 修复效果监测评估：环境质量、健康、生态服务。

6 海洋生态补偿制度实施的关键

实施海洋生态补偿制度的关键在于政治意愿（中央政策要求、政治奖励）、法律规定、经济奖励（资金奖励、优惠政策）、公众监督（百姓呼声、利益相关者）、科技支撑（技术解决方案、人员支援）、主管部门主要领导的理念（最关键）。

（根据嘉宾报告速记及PPT整理，未经作者审阅）

社会生态系统方法在国家公园管理中的应用[①]

刘广宁

（同济大学建筑与城市规划学院）

【摘 要】 本文的主要内容是社会生态系统方法框架指导下的国家公园和社区管理。社会生态系统方法是一个综合的概念方法体系，主要用来指导自然资源管理问题，本文主要是对这一方法框架和相关技术的总结以及对中国国家公园管理的借鉴。本文的内容主要有三大部分，包括：社会生态系统方法的概念，社会生态系统方法在中国国家公园管理中的必要性，社会生态系统方法在国家公园或保护地管理中的应用。

【关键词】 国家公园；管理；社会生态系统方法

1 社会生态系统方法的概念

社会生态系统并不是单纯利用生态系统的概念解释社会关系，而是对当前"人类世"阶段下人类社会与自然系统关系的重新认识和理解，把人和自然作为一个整合的复杂系统。每个保护地都是一种社会生态系统类型。适应性（adaptive capacity）、韧性（resilience）、强健性（robustness）、稳定性（stability）和转换性（transformability）是它的特性。社会生态系统方法指的是那些在社会生态系统概念指导下的问题分析框架和相应的技术方法整合。

它包括几个宏观的概念框架，第一个是社会生态系统理论研究的先驱 Ostrom 和她的研究团队构建的社会生态系统概念框架，这一框架的建立为社会生态系统的分析提供了基本的依据，主要用于分析不同类型和尺度下的社会生态系统的自组织性，辅助解决公共资源管理问题。

另一个概念模型是霍林基于他的韧性理论所提出的用于分析复杂系统的适应性 S 循环，它可以用来解释社会生态系统韧性、动态变化和系统阈值。

除了这两个核心分析框架外，还有生物多样性和生态系统服务政府间合作平台 IPBES 所使用的针对人与自然关系分析的概念性框架，以及在社会生态系统框架下生态系统服务评估循环模型，这一模型中把社会要素、人类活动和管理行为作为影响生态系统服务功能和价值的重要因素，变成一种循环评估结构。

2 社会生态系统方法在中国国家公园管理中的必要性

国家公园管理选择社会生态系统方法是因为它符合当前自然保护和资源可持续利用的全球共识，即重视社区在自然保护管理中的作用，重新理解人与自然深度联系，传统智慧与现代科学的结合，同时社会生态系统方法适合中国保护地的人地关系特征。中国绝大多数保护地人地关系紧密而久远，社区与自然系统协同演化，都是典型的社会生态系统。

3 社会生态系统方法在国家公园或保护地管理中的应用

在社会生态系统框架下的社区规划方法被称之为"景观方式"（landscape approach）的规划方法，

---

① 国家社会科学基金重点项目，国家公园管理规划理论及其标准体系研究（14AZD107）

就是把生产性耕地、乡村聚落和周围的自然生态环境视为一种完整和具有连接性的景观系统。在这个景观系统中，农田和作物、生物多样性、动植物栖息环境以及农田外围的景观多样性需要通过社区的参与和调节才能保持稳定，实现自然、社会、经济的可持续发展。

社会生态系统框架下的国家公园和保护地管理流程可总结为四个相互作用的步骤，首先是确定管理主体，第二是明确自然、社会以及社会生态系统的内容和范围，第三是生态系统服务功能、效益和价值评价，第四是系统结构和问题情境的分析，最后反馈到管理主体，并形成循环过程。其中的核心就是要通过科学的方法更清晰全面地掌握人与自然的深度联系的途径、过程和机制，生态系统服务社会效益评估作为管理决策的重要环节，针对不同尺度下的社会生态系统和不同的研究目的有各自的适用性。

第一个是参与式制图，是当前许多保护地社区项目中在应用的方法，这种方法有利于全面的获取社区与其所在的自然系统之间的深度联系信息，并能有效整合传统知识体系与当代科学技术。

第二个是一种基于GIS的对不同的利益相关者获得的生态系统服务社会价值进行评估、量化和图示化的工具技术。用来预测一个可能的环境信息图，反应生态系统服务社会价值与自然环境、资源利用之间的关系。

第三个是由里山倡议（Satoyama Initiative）所建立和使用的社会-生态-生产性景观韧性指标体系，是一种用于社会生态系统韧性评估的指标工具，基于社区居民的观察、感知和经验，通过一系列可以衡量的指标，辨识出提供社区生态系统服务的景观边界范围，深入了解社区的传统生计、知识体系，以及与自然系统的深度耦合关系。

4　总结

总的来说，社会生态系统方法框架下的自然资源管理和社区管理策略对中国未来国家公园的管理的指导意义可总结为以下四点：

第一是要建立整体性管理策略，把社区和人类活动与自然系统作为一个整体进行管理，而不是单纯地把社区的资源利用和生产生活作为国家公园保护的对立面来规范和限制；第二是自主性管理策略，增强国家公园社区管理的自主性和管理制度的多样性，引导资源使用者的自主治理；第三是动态性管理策略，建立社会-生态双向监测与管理动态反馈机制，管理过程必然是一个繁复的程序，需要不断的反馈和调整，绝不会出现一劳永逸的管理策略；第四是特异性管理策略，通过对每个国家公园社会生态系统机制和过程的分析研究制定一一对应的管理方案，避免一刀切式的管理模式。

国家公园生态旅游与环境解说

中国应发展怎样的生态旅游

张玉钧　张婧雅

（北京林业大学生态旅游发展研究中心，北京林业大学园林学院）

【摘　要】　较为系统地介绍了生态旅游的起源以及生态旅游在中国的认知、发展过程。针对生态旅游存在的众多问题，明确界定了生态旅游的内涵与条件，并以仙居国家公园为例介绍了生态旅游发展策略。

【关键词】　生态旅游；起源；内涵；条件；中国；仙居

1　生态旅游的起源与发展

1983 年，Héctor Ceballos-Lascuráin（谢贝洛斯·拉斯喀瑞，墨西哥建筑师，环境学家，生态旅游和文化旅游专家）用西班牙语提出：Turismo Ecologico；

1986 年，在墨西哥召开的世界环境大会上被正式确定下来；

1988 年，进一步完善：1988 The Future of Ecotourism. In Mexico Journal，Vol. I，No 17，Mexico，DF：13-14；

生态旅游是前往相对没有被干扰或污染的自然区域，专门为了学习、赞美、欣赏这些地方的景色和野生动植物和存在的文化表现（现在和过去）的旅游。

1993 年 9 月在北京召开的"第一届东亚地区国家公园和保护区会议"通过了《东亚保护区行动计划纲要》的文件，标志着生态旅游的概念在中国第一次以文件形式得到确认。

出版物《绿满东亚：第一届东亚地区国家公园与保护区会议暨 CNPPA/IUCN 第 41 届会议文集》。

国内学者王献溥（1993，1995）、卢云亭（1996）、郭来喜（1997）、张广瑞（1999）都相继提出了他们各自的生态旅游概念。吴楚才、杨桂华、叶文等教授分别提出起源论、系统论、本土化思想等。

2009 年国家旅游局制定了《全国生态旅游发展纲要（2008-2015）》，确定 2009 为"生态旅游年"，2010 年出台了《国家生态旅游区示范建设与运营规范》GB/T 26362-2010，2011 年十二五规划提出全面推动生态旅游发展，2016 年十三五规划强调支持发展生态旅游，出台了《全国生态旅游发展规划（2016-2025 年）》。

目前存在的主要问题是概念泛化：到处滥用（贴标签）；商业化：关注门票和经济收入；低标准化：缺乏自然教育与体验；各种乱象：人满为患、踩踏、刻画等。

2　中国存在真正的生态旅游吗

生态旅游的三个条件：生态保护是前提，自然教育是责任，社会参与是保障。

2.1　生态保护

我国拥有丰富多样的生态资源如表 1 所示，面积大、类型多。

中国保护地类型系统　　　　　　　　　　　　　　　　表 1

类型	数量		面积	
	总个数	占总数%	总面积（km²）	面积占比
自然生态系统类	281	65.66	713662.33	74.16%
森林生态系统类型	201	46.96	132717.55	13.79%
草原与草甸生态系统类型	3	0.70	7247.64	0.75%
荒漠生态系统类型	13	3.04	367041	38.14%
内陆湿地和水域生态系统类型	46	10.75	200600.24	20.85%
海洋和海岸生态系统类型	18	4.21	6055.90	0.63%

续表

类型	数量		面积	
	总个数	占总数%	总面积（km²）	面积占比
野生生物类	126	29.44	246883.47	25.65%
野生动物类型	107	25.00	237700.11	24.70
野生植物类型	19	4.44	9183.36	0.95%
自然遗迹类	21	4.90	3398.93	0.35%
地质遗迹类型	14	3.26	1715.00	0.18%
古生物遗迹类型	7	1.64	1683.93	0.17%
合计	428	100	963944.71	100%

类型	数量		面积	
	数量（处）	占总数	面积（×10⁴km²）	占总面积
国家级自然保护区	428	14.27%	96.52	73.24%
国家级风景名胜区	225	7.50%	10.36	7.86%
国家级森林公园	791	26.38%	10.60	8.04%
国家湿地公园	569	18.97%	—	—
国家地质公园	240	8.00%	11.99	9.10%
国家级水利风景区	658	21.94%	—	—
国家级海洋特别保护区（含海洋公园）	56	1.87%	0.66	0.50%
国家沙漠公园	32	1.07%	1.65	1.25%
合计	2999	100.00%	131.78	100.00%

湿地区	数量（处）	比例
长江中下游湿地区	125	29.14%
黄河中下游湿地区	89	20.75%
东北湿地区	69	16.08%
云贵高原湿地区	54	12.59%
西北干旱湿地区	50	11.66%
东南华南湿地区	17	3.96%
滨海湿地区	14	3.26%
青藏高寒湿地区	11	2.56%
合计	429	100%

沙漠公园（批次）	数量（处）	数量占比	面积（km²）	面积占比
2013	9	16.67%	792.06	4.58%
2014	23	42.59%	15694.91	90.95%
2015	22	40.74%	774.10	4.47%
合计	54	100%	17261.07	100%

类型	数量（处）	比例
水库型	337	49.08%
自然河湖型	137	20.06%
城市河湖型	117	18.24%
水土保持型	23	3.65%
湿地型	26	5.32%
灌区型	18	3.65%
合计	658	100.00%

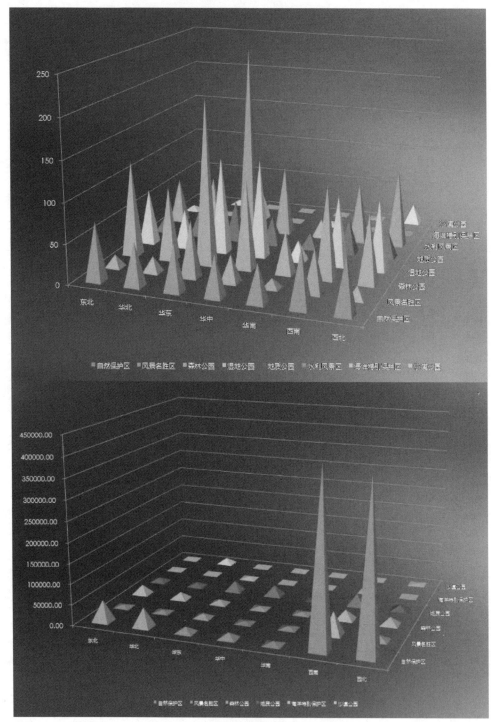

图1 中国保护地类型系统的地区分布

2.2 责任与自然教育

优势

◆ 环境教育资源丰富（生物多样性）

◆ 提供足够的环境教育空间

弱点

◆ 未形成环境解说系统

◆ 现有环境解说形式单一

◆ 产品质量较低

◆ 缺乏专业的环境解说人才

机遇

◆ 环境教育愈发受重视的趋势

◆ 国家公园环境教育功能的实现

◆ 国内外成功案例可借鉴

挑战

◆ 公众接受环境教育意识较低

◆ 我国环境教育体系尚不完善

◆ 尚未形成理论体系及实践模式

构建仙居国家公园环境教育体系

◆ "关于"环境的教育

——理解仙居国家公园环境及与人的关系，了解相关自然人文知识与技能

◆ "通过"环境的教育

——有目的地探索与调查，帮助公众获得个人体验并从中有所感悟

◆ "为了"环境的教育

——对自然的价值产生正面的态度，并采取积极的行动

对策

◆ 仙居国家公园博物馆

◆ 解说牌示系统

◆ 主题解说径

◆ 仙居自然学校

◆ 自然体验教育活动

◆ 环境教育印刷品

◆ 国家公园线上体验平台

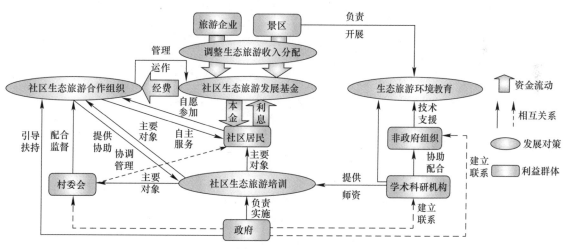

图2 可持续生计的生态旅游动力机制

2.3 社区参与是保障，实现可持续生计

生计资本评估 表2

资本类型	指标	计算公式	指标平均值	资本数值
自然资本 N	物种珍稀濒危性 N_1	$0.25N_1+0.25N_2+0.20N_3+$ $0.15N_4+0.15N_5$	1.00	0.67
	种群结构 N_2		0.50	
	生境自然性 N_3		0.33	
	面积适宜性 N_4		1.00	
	景区吸引度 N_5		0.50	

续表

资本类型	指标	计算公式	指标平均值	资本数值
人力资本 H	家庭成员的劳动能力 H_1	$0.3H_1+0.2H_2+0.5H_3$	0.52	0.40
	家庭劳动力的受教育程度 H_2		0.43	
	家庭劳动力掌握旅游知识和技能的程度 H_3		0.32	
社会资本 S	家庭成员有无村委会成员/农民代表 S_1	$0.1S_1+0.5S_2+0.2S_3+0.2S_4$	0.15	0.44
	社区组织对帮助居民参与旅游的作用 S_2		0.43	
	对社区内其他家庭的信任程度 S_3		0.55	
	对游客的欢迎程度 S_4		0.51	
物质资本 P	家庭可用于开办农家房屋面积 P_1	$0.4P_1+0.2P_2+0.4P_3$	0.55	0.60
	家庭可用于开办农家院的房屋质量 P_2		0.58	
	家庭可用于开办农家院的固定资产 P_3		0.66	
金融资本 F	可用于支配的现金和储蓄 F_1	$0.4F_1+0.3F_2+0.2F_3+0.1F_4$	0.42	0.29
	向银行/信用社贷款的机会 F_2		0.23	
	向其他家庭借款的机会 F_3		0.20	
	接受无偿资金援助的机会 F_4		0.10	

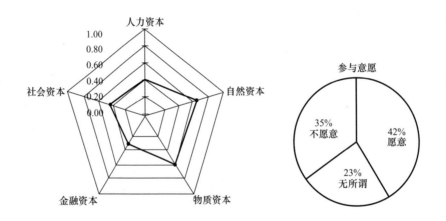

3　走向生态旅游共治

协调各方利益相关者，共赢共治。在我国，生态旅游的利益相关者主要为生态旅游者、当地社区、政府/行政机构和旅游经营者、其他产业部门以及 NGO 和环保组织。

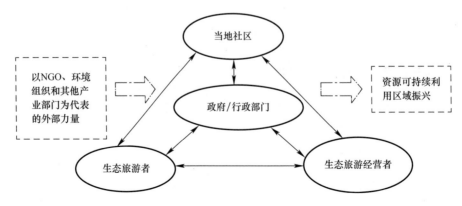

图3　生态旅游利益相关者动态模型1

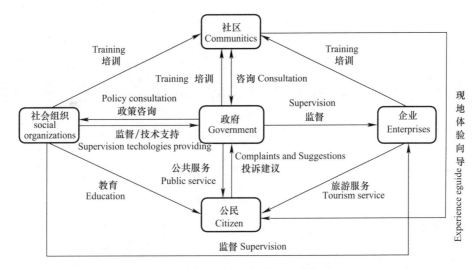

图 4　生态旅游利益相关者动态模型 2

目标——多元交流型再生

责任——共同而有区别的责任

协作——旅游者、经营者、政府、当地居民的协调合作

机制——政府主导、全民参与型发展动力机制

融合——人、自然、文化和产业融合

（根据嘉宾报告速记及 PPT 整理，未经作者审阅）

旅游供给变革与国家公园体制建设：机遇与挑战

张朝枝

（中山大学旅游学院）

1 国家公园建设的现实困难

1.1 原住民与国家公园建设问题
a）无法撇开居民问题探讨国家公园建设问题
b）无法将居民问题与民族问题分开讨论

1.2 地方政府利益分配问题
c）旅游发展经济收益权的问题
d）旅游经济收益权与门票经济模式紧密关联

2 旅游供给变化的新趋势

2.1 大体量接待设施建设从风景区内部向外围转移
a）住宿设施从核心区向外围缓冲区转移，但缓冲区的突破底线的问题越来越多
b）但核心区的民宿设施却在不断增长

2.2 社区参与旅游业由地理区隔转向空间共享
c）网络空间延伸了风景区内的居民接待空间
d）信息化发展加剧了风景区内部居民的收益增长

2.3 交通设施建设从功能性向体验性转变
e）从索道、电梯到玻璃桥、观光火车等转向
f）从游步道建设向游乐道建设转向

2.4 经营体制从整体租赁向股份制转变
g）政府回购与央企进入
h）中小型企业逐渐被迫退出
i）风景区开发与区域开发整合进行

2.5 风景区建设与管理向主题公园模式转向
j）人员管理模式越来越标准化：统一制服、创造主题、重视形象设计
k）设施建设越来越强调游客体验：追求刺激、强调现场体验感、大工程

2.6 投资模式从重资产模式向轻资产模式转变
l）圈地开发的房地产营利模式向产品开发模式转变
m）景区外围大型设施建设的意愿正在降低

2.7 地方政府在旅游业中的角色由参与者逐渐转变为推动者
n）国企直接投资
o）股份改造，利益多元化
p）对核心景区门票依赖性逐渐降低

3　国家公园体制建设的机遇

3.1　居民问题解决的机遇
a）拆迁不是唯一选项，互联网与信息技术发展为解决居民生产问题创造了新的可能

3.2　地方政府利益分配问题解决机遇
b）对核心景区的门票依赖度降低，国家公园体制建设的阻力相对减少

c）风景区内部大型住宿设施减少，国家公园运营的难度相对降低

d）以房地产为导向的旅游开发模式逐渐走向衰落，风景区大开发时期基本过去，减少了国家公园体制建设的地方阻力

4　国家公园体制建设的挑战

居民问题解决的挑战：

a）风景区居民的旅游收益在不断增长，居民外迁的难度越来越大

b）地方政府利益分配问题解决的挑战：

c）风景区经营主体的产权结构不断复杂化，上市公司、央企等有话语权主体不断深入到风景区经营中，国家公园体制建设的利益群体日益复杂

d）风景区内部的娱乐导向的人工设施不断增加，国家公园建设管理压力加大

（根据速记及PPT整理，未经作者审阅）

中国国家公园旅游评估模型建设

郭　巍[1]　钟珊珊[2]

（1. 苏州大学社会学院旅游管理系，江苏 苏州　225123；2. 香港浸会大学生物系，香港 九龙塘　000852）

【摘　要】　文章回顾了六个国外国家公园管理模型：游憩机会谱系（ROS）、可接受改变的极限（LAC）、游客影响管理模型（VIM）、游客体验与资源保护（VERP）、游客活动管理程序（VAMP）和旅游最优化管理模型（TOMM）的管理方式与调控指标。研究发现以上旅游评估模型的具体操作过程各不相同，但普遍特征是：1）根据旅游景区发展目标设定管理重点；2）进行具体的国家公园旅游评估；3）动态监控国家公园发展现状并且定期调整管理重点。文章在此基础上，提出了我国国家公园旅游评估模型（Tourism Carrying Capacity Framework，TCCF）。

【关键词】　国家公园；旅游承载力；旅游评估；模型建设

1　引言

国家公园通常是由政府所拥有的自然保护区，是一种为保护自然生态环境不受人类发展而破坏的特定区域。世界上最早的国家公园是 1872 年建立的美国黄石国家公园。1969 年世界自然保护联盟在印度新德里第十届大会作出决议，明确国家公园基本特征：1）区域内生态系统尚未由于人类的开垦、开采和拓居而遭到根本性的改变，区域内的动植物种、景观和生态环境具有特殊的科学、教育和娱乐的意义，或区域内含有一片广阔而优美的自然景观；2）政府机构已采取措施以阻止或尽可能消除在该区域内的开垦、开采和拓居，并使其生态、自然景观和美学的特征得到充分展示；3）一定条件下，允许以精神、教育、文化和娱乐为目的的参观旅游。

我国的国家公园体系于 1982 年设置"国家重点风景名胜区"（即现在的"国家级风景名胜区"）时即已确立。《中国风景名胜区形势与展望》绿皮书已经明确将"国家级风景名胜区"与英语的"National Park"即"国家公园"相对应，中华人民共和国国家标准《风景名胜区规划规范》（GB 50298—1999）也将国家级风景区与"国家公园"挂钩。根据《风景名胜区条例》，我国风景名胜区是指具有观赏、文化或者科学价值，自然景观、人文景观比较集中，环境优美，可供人们游览或者进行科学、文化活动的区域，迄今全国共有国家级风景名胜区 225 处。2013 年十八届三中全会提出建设国家公园体制至今已经三年多时间，国家公园试点也已一年多，正确的国家公园建设管理理念和旅游评估模型对中国国家公园的未来发展意义重大。然而，至今为止，我国还没有具有针对性的国家公园管理机制及旅游评估模型。

国外国家公园管理模型在坚持生态文明理念的前提下，往往通过控制游客数量和游客活动来控制游客对于公园的负面影响。旅游承载力的概念常被用于国外国家公园管理机制中。常见的旅游承载力管理模型有：游憩机会谱系（Recreation Opportunity Spectrum，ROS）[1]、可接受改变的极限（Limits of Acceptable

［基金项目］本研究受 2015 年乐山市委市政府重大决策咨询课题"基于世界遗产保护与利用的乐山旅游业创新发展研究"，2015 年四川省旅游局遗产旅游重点研究基地课题"国外世界遗产管理现状及趋势研究"（YCA15-03），2013 年度国家社科基金项目"旅游目的地文化展示与旅游形象管理突出问题研究（13BGL088）"联合资助。［This study was supported by a grant from Leshan Minicipal Committee and municipal government fund（to Deng Mingyan），Sichuan Tourism Bureau，Sichuan Province of China fund（to GUO Wei）（No. YCA15-03），2013 National Social Science Fund（to Deng Mingyan）（13BGL088）.］

［作者简介］郭巍（1980—），女，江苏省苏州人，讲师，博士研究生，研究方向为国家公园、地质公园的可持续发展，E-mail：guowei@suda.edu.cn；钟珊珊（1967—），女，香港人，助理教授，博士，博士生导师，研究方向为废物管理与回收及生态旅游，E-mail：sschung@hkbu.edu.hk。

Change，LAC)[2]、游客影响管理模型（Visitor Impact Management，VIM)[3]、游客体验与资源保护（Visitor Experience and Resource Protection，VERP)[4]、游客活动管理程序（Visitor Activity Management Process，VAMP)[5]和旅游最优化管理模型（Tourism Optimization Management Model，TOMM)[6]。

2　文献回顾

2.1　旅游承载力

承载力来自于 16 世纪到 18 世纪的船舶业，最初是以数字形式出现的船舶载货量，后来逐渐运用到各个行业中，如建筑、生物、经济、环境等。在旅游行业，承载力常常和环境的可持续发展有关[7]。普遍采用的应用于国家公园管理范畴的旅游承载力概念是指在发展国家公园旅游业同时，不破坏当地生态自然环境所能承载的最大游客数量[8]。

2.2　国家公园管理体制中的旅游承载力模型

国家公园的管理要追溯到 1916 年《美国国家公园管理构成法》（US national Park Service Organic Act）的批准成立[9]。自此，开始了美国国家公园管理体制建设。1930 年，加拿大国会通过了国家公园行动计划（National Parks Act），确立了国家公园是在保护自然资源的前提下，尽可能地为国民提供各种游憩机会的区域[10]。1936 年，承载力被首次应用于国家公园的研究中。但此时，承载力还是被用来计算美国加州约塞米蒂国家公园（Yosemite National Parks）中可容纳的野生动物数量[11]。

1968 年 Hardin 的公地悲剧（The Tragedy of the Commons）的发表是承载力这一概念从国家公园内生物承载量的研究过渡到国家公园内为追求可持续发展而进行的环境承载力研究的标志[12]。同年，美国《野生与风景河流法》（The Wild and Scenic River Act，WSRA）和《国家步道系统法案》（National Trails System Act）都涉及承载力的概念，指出旅游人数的增加会使得国家公园内自然景区环境承载力下降。1972 年《国家地理》杂志一篇黄石公园百年纪念的文章以《成功的隐忧》为题，指出造访国家公园的游客人数已经接近最初的两倍，可能会对国家公园的自然生态环境造成破坏。自此，有关国家公园内环境承载力的研究开始得到越来越多的学术界和公园管理部门的关注。1973 年美国《国家户外游憩计划》（National Outdoor Recreation Plan）和 1976 年的《美国国家森林管理法》（US National Forest Management Act）都提及环境承载力的概念。1978 年，美国国家公园管理局通过法案条例（U. S. Public Law 95-625）要求所有国家公园都要进行总体管理规划（General Management Plan，GMP）和游客承载力控制。

1979 年，基于公地悲剧的担忧，ROS 模型被确立用以研究国家公园内的游客游憩活动[1]。核心是为了某个特定的游憩体验提供某一游憩机会，并管理某一游憩环境，最终实现提供多样化的游憩体验的目的。1981 年，世界旅游组织公布了承载力的概念，即：某一个地区不会引起环境、经济、社会文化的破坏，不会降低游客满意度的最大游客承载量[8]。在此概念的基础上，1985 年，美国 LAC 模型被建立起来，用以研究如何平衡游客使用和环境保护两者的关系[2]。VIM 模型 1990 年建立，着重用于研究游客对美国国家公园的影响[3]。VIM 重点关注问题条件、潜在影响因素和潜在的管理策略三个方面，在实施过程中确定一系列以管理目标为基础的标准，说明适当的游客影响水平和可接受的游客影响极限。VAMP 是加拿大公园局（Parks Canada）于 1991 年制定的用于为加拿大新的国家公园的规划管理、发展中的现有国家公园和已建国家公园提供方向性原则指导的管理模型，是加拿大公园管理计划体系中自然资源管理程序的辅助程序，更多的是一种针对管理活动和旅游活动的管理框架[5]。其中，ROS、LAC 和 VIM 都是事件导向的，即：以解决问题为导向。如：解决游客拥挤问题或游客破坏环境问题等。1993 年美国国家公园管理局在 LAC 的基础上制定了以目标为导向的国家公园环境承载力管理框架 VERP 模型。VERP 根据资源和游客经历的质量来确定承载力，帮助国家公园管理者在维持可持续发展的前提下做开发发展决策[4]。1999 年澳大利亚联邦工业、科学和旅游部（Commonwealth Department of Industry，Science and Tourism）以及南澳大利亚州旅游委员会（South Australian Tourism Commission）在 LAC 的基础上提出了 TOMM 模型，最初是为了对南澳大利亚袋鼠岛（Kangaroo Island）13 个各级保护区的旅游和资源进行整合管理而设计的，强调国家公园可持续发展的重要性的管理模型[6]。

TOMM 将地区政治文化特征加入到决策过程中，后来被广泛应用于欧洲国家公园中[13]。

总的说来，六种国外承载力评估模型的评估过程有三个共同点：1）指明发展目标；2）评估承载力；3）管理建议。六种模型都强调国家公园环境承载力研究和游客满意度的重要性，但具体评估过程和评估指标各不相同。ROS 指明了六个类别的国家公园区域：原始的、半原始的未发展的、半原始发展的、自然的、乡村的、城镇的。LAC 优于 ROS 的地方在于：1）确定了可测量的定性研究指标；2）扩展了游憩的内涵；3）确立了评价指标的标准；4）制定了监控 ROS 六个游憩区域的计划，并且定期考察各指标、标准和管理目标的完成情况。VIM 和 LAC 的区别在于：1）VIM 不是基于 ROS 建立的，因此，并未特别强调游憩机会；2）VIM 包含一个特定步骤指明产生现在影响可能的原因。VIM 将 ROS 和 LAC 的各指标重新划分为三类：自然的、生态的和社会的。VERP 和 LAC 及 VIM 目标一致，即保护国家公园的环境，又考虑游客满意度。VAMP 是在 ROS 的基础上建立的，引进了对国家公园的 SWOT 分析[14]。TOMM 是在 LAC 的基础上建立的，和其他五种模型类似，TOMM 也是通过指标和标准的对比来考察国家公园承载力的大小，以实现国家公园资源的可持续发展和旅游业的健康发展[15]。

3 模型建设

六个承载力模型都是基于美国国家公园的经验建立的。追溯到 1872 年美国第一个国家公园黄石国家公园建立之初，黄石管理模型是为了满足游客的游览需要同时保护自然环境，因此自然环境承载力和人文社会承载力一直是国家公园承载力研究的两个主要方面。然而时代在发展，国家公园在发展中渐渐发现，如果忽略对当地居民的经济发展的关注，国家公园的可持续发展将很难真正得以实现。现在的黄石国家公园可持续发展计划（Yellowstone's Strategic Plan for Sustainability）也指出公园内包括当地居民的每一个人都应该共同合作，关注当地经济发展，实现黄石公园的最终发展目标[16]。当地居民积极参与到国家公园的旅游发展中，实现对地方经济的贡献，才是目前国家公园实现健康可持续发展的要求[17]。因此，除了自然环境承载力和人文社会环境承载力，国家公园的整体承载力评估中还应该考虑到政治经济环境承载力。

基于六个国外国家公园模型的三个共同点和目前国家公园承载力研究应该考虑的自然环境承载力、人文社会环境承载力和政治经济环境承载力三方面，我国国家公园旅游评估模型建设建议如下：首先，评估准备阶段回顾国家公园的基本发展现状、管理机构情况、未来发展目标等；其次，国家公园旅游承载力评估阶段由自然环境承载力、人文社会环境承载力和政治经济环境承载力三方面内容组成；最后，基于评估内容，给出未来发展建议。

六个国外国家公园旅游承载力模型的评估指标如表 1 所示，结合国家公园的整体承载力评估的三个方面，我国国家公园旅游评估模型采用三类评估指标：自然环境类、社会人文环境类和政治经济环境类。其中，自然环境类包含了娱乐类、自然资源类、生态环境类和环境类等；社会人文环境类包含了游览体验类等；政治经济环境类包含了经济类和市场类等相关指标。

国家公园旅游承载力模型的评估指标类型 表1

模型名称	指标类型
ROS	娱乐类
LAC	自然资源类、社会人文类
VIM	自然环境类、生态环境类、社会人文类
VAMP	娱乐类
VERP	自然资源类、社会人文类
TOMM	经济类、市场类、环境类、游览体验类、基础设施类、社会文化类

所有指标选自联合国教科文组织的《工作指南》(Guidelines and Criteria for National Geoparks Seeking UNESCO's Assistance to Join the Global Geoparks Network) 和《自评表格》Applicant's Self-evaluation Form for Global Geoparks Network，确保了各指标的内容有效性。李克特五点量表用

于测量当地居民对景区承载力的评价及游客对景区满意度的评价。

景区承载力（TCC）评估由自然环境类（ECC）、社会人文环境类（SCC）和政治经济环境类（PCC）三类共二十一个指标构成。自然环境类指标由"保护生态资源的重要性（BIO）"、"保护地质资源的重要性（GEO）"、"保护风景资源的重要性（SCE）"、"保护文化资源的重要性（CUL）"、"提高生活质量的重要性（LIV）"、"居民和游客的互动的重要性（INT）"六个题项共同测量。社会人文环境类指标由"政策决策过程的参与程度的重要性（POL）"、"保育活动的参与程度的重要性（CON）"、"公众科普教育的参与程度的重要性（EDU）"、"旅游活动的参与程度的重要性（TOU）"四个题项共同测量。政治经济类指标由"对农林渔业的促进作用的重要性（AFF）"、"对餐饮业的促进作用的重要性（RES）"、"对休闲渔类业的促进作用的重要性（LEI）"、"对住宿业的促进作用的重要性（ACC）"、"对旅游纪念品的促进作用的重要性（SOU）"、"对交通业的促进作用的重要性（TRA）"、"对景区和当地居民合作的促进作用的重要性（COO）"、"提供永久性工作机会的重要性（PJP）"、"提供暂时性工作机会的重要性（TJP）"、"提供培训机会的重要性（TRAI）"、"提供市场推广信息的重要性（MAR）"十一个题项共同测量。

景区游客满意度（SAT）评估由资源满意度（RES）、设施满意度（FAC）和人文环境满意度（HUM）三类18个指标构成。资源满意度由"对风景资源的满意度（SCE）"、"对地质资源的满意度（GEO）"、"对生态资源的满意度（BIO）"、"对文化资源的满意度（CUL）"四个题项共同测量。设施满意度由"交通停车便利性的满意度（TRA）"、"游步道满意度（HIK）"、"指示讲解牌满意度（SIG）"、"对餐饮业满意度（RES）"、"对休闲娱乐设施满意度（LEI）"、"对休息设施的满意度（SHE）"、"对垃圾处理的满意度（BIN）"、"对洗手间的满意度（TOI）"、对"旅游纪念品的满意度（SOU）"九个题项共同测量。人文环境满意度由"对环境安全性的满意度（SEC）"、"对环境卫生的满意度（CLE）"、"对其他游客行为的满意度（INT）"、"对景区工作人员的满意度（INE）"、"游客与当地居民交流的满意度（INL）"五个题项共同测量。

综合上述分析，本研究构建了国家公园旅游评估模型，如图1～图3所示。

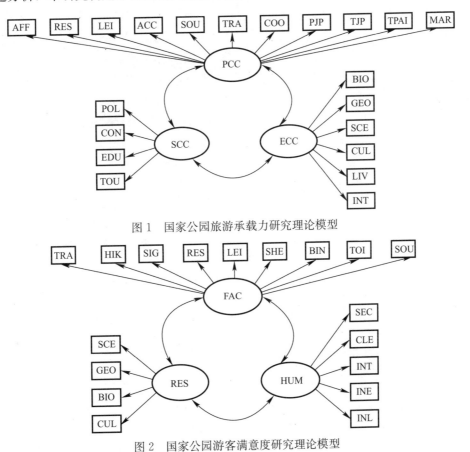

图1　国家公园旅游承载力研究理论模型

图2　国家公园游客满意度研究理论模型

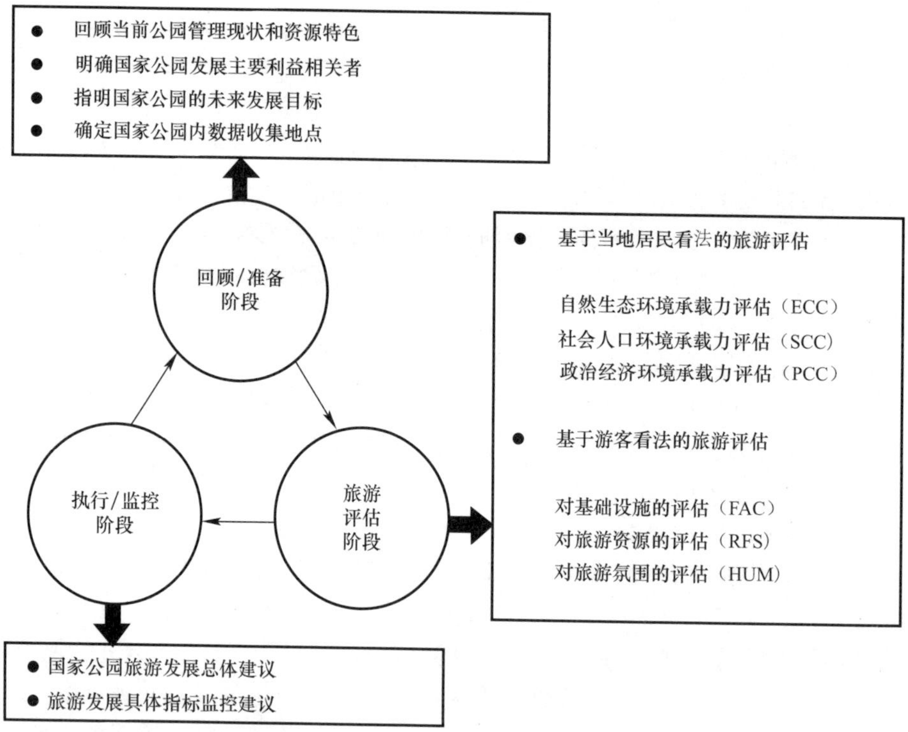

- 回顾当前公园管理现状和资源特色
- 明确国家公园发展主要利益相关者
- 指明国家公园的未来发展目标
- 确定国家公园内数据收集地点

- 基于当地居民看法的旅游评估

  自然生态环境承载力评估（ECC）
  社会人口环境承载力评估（SCC）
  政治经济环境承载力评估（PCC）

- 基于游客看法的旅游评估

  对基础设施的评估（FAC）
  对旅游资源的评估（RFS）
  对旅游氛围的评估（HUM）

回顾/准备阶段

执行/监控阶段

旅游评估阶段

- 国家公园旅游发展总体建议
- 旅游发展具体指标监控建议

图3　国家公园旅游评估模型（Tourism Carrying Capacity Framework，TCCF）

4　总结

2015年5月18日，国务院批转《发展改革委关于2015年深化经济体制改革重点工意见》提出，在9个省份开展"国家公园体制试点"。13个部门联合印发了《建立国家公园体制试点方案》。希望寻找到有效协调的国家公园管理体制。文章通过回顾了六个国外国家公园管理模型：游憩机会谱系（ROS）、可接受改变的极限（LAC）、游客影响管理模型（VIM）、游客体验与资源保护（VERP）、游客活动管理程序（VAMP）和旅游最优化管理模型（TOMM）的管理方式与调控指标，为中国国家公园旅游评估模型建设提供了建议。研究中，所有指标选自联合国教科文组织颁发的《工作指南》和《自评表格》，确保了指标的内容有效性。如果能以我国所有国家公园为例，定期进行模型评估应用，将有利于研究结论的普适性检验和对此模型有效性的提高。

参考文献

[1] Clark R，Stankey G. The Recreation Opportunity Spectrum：A framework for planning，managing and research [J]. *General Technical Report PNW*，1978，98.

[2] Stankey G H C，Lucas D N，Petersen R C，et al. The limits of acceptable change（LAC）system for wilderness planning [R]. USDA，Ogden. *Forest Service*，1985.

[3] Graefe A R，Kuss F R，Vaske J J. Visitor impact management：The planning framework，Vol II [J]. *National Parks and Conservation Association*，Washington，DC，1990.

[4] Hof M. VERP：A process for addressing visitor carrying capacity in the national park system（working draft）[J]. Denver，CO：*National Park Service*，Denver Service Center，1993.

[5] Selected Readings on the Visitor Activity Management Process [J]. *Environment Canada and Park Service*，Ottawa，Ontario：Environment Canada，1991.

[6] *Annual Report Tourism Optimisation Management Model TOMM Kangaroo Island South Australia* 2000. UTOK home page [EB/OL]. http://www. utok. cz/sites/default/files/data/USERS/u28/TOMM%20Tourism%20optimisation%20management%20model. pdf，2014-02-27.

[7] Özveren Y E. Shipbuilding，1590-1790 [J]. Review（*Fernand Braudel Center*），2000：15-86.

[8] Saturation of Tourist Destinations [J]. *Report of the Secretary General*, Madrid: UNWTO, 1981.

[9] Prato T. Fuzzy adaptive management of social and ecological carrying capacities for protected areas [J]. *Journal of Environmental Management*, 2009, 90 (8): 2551-2557.

[10] Wilkinson P F. Protecting for Ecological Integrity in Canada's National Parks: Allowable and Appropriate Visitor Use [C]//*Fourth Science and Management of Protected Areas Association Conference* (SAMPAA), University of Waterloo, Waterloo, Ontario, May. 2000: 14-19.

[11] Sumner E L. Special report on a wildlife study of the High Sierra in Sequoia and Yosemite National Parks and adjacent territory [M]. US Department of the Interior, *National Park Service*, 1936.

[12] Hardin G. The Tragedy of the Commons [J]. *Journal of Natural Resources Policy Research*, 2009, 1 (3): 243-253.

[13] Arnberger P D A, Eder D I R, Jiricka A, et al. Listen to the voice of villages WP3-research and analysis final report part II [EB/OL]. http://www. central2013. eu/fileadmin/user_upload/Downloads/outputlib/Listento_Tomm_indicators. pdf,2014-04-09.

[14] Driver B L, Brown P J. The opportunity spectrum concept and behavioural information in outdoor recreation resource supply inventories: a rationale. In: Integrated inventories of renewable natural resources: proceedings of the workshop, January 1978, Tucson, Arizona (Edited by HG Lund et al.) [J]. *USDA Forest Service*, *General Technical Report*, 1978 (RM-55): 24-31.

[15] McArthur S. Beyond carrying capacity: Introducing a model to monitor and manage visitor activity in forests [J]. *Forest Tourism and Recreation: Case Studies in Environmental Management*, 2000: 259-278.

[16] Yellowstone: Purpose of the Strategic Plan. Nps home page [EB/OL]. http://www. nps. gov/yell/learn/management/sustainability-purpose. htm, 2015-03-22.

[17] Dowling R K, Newsome D. *Global geotourism perspectives* [M]. Goodfellow Publishers Limited, 2010.

国家海洋公园：旅游承载力评估的
理论模式与应用实践

叶属峰

（国家海洋局东海分局，上海 200137）

【摘　要】 比较系统介绍了海洋国家公园旅游承载力的意义、概念、特征、类型及其计算模型，以嵊泗马鞍列岛国家级海洋公园为例深入介绍了旅游承载力的评估与测定方法，对如何加强旅游承载力在未来国家海洋公园管理中的应用提出了研究方向。

【关键词】 国家海洋公园；旅游承载力；嵊泗马鞍列岛；金山三岛

1937 年美国建立了首个国家海洋公园（National Marine Park，NMP）——哈特拉斯角国家海滨公园（Cape Hatteras National Seashore）以来，澳大利亚、英国、加拿大、新西兰、日本、韩国等国家相继建立国家海洋公园体系，成为国际上海洋保护区（Marine Protected Areas，MPAs）设立与发展的主要模式之一，受到普遍认可（李悦铮和王恒，2015）。

在我国，借鉴国际上国家公园建设模式，2011 年 5 月 29 日国家海洋局发布了首批经国家级海洋公园，属于《海洋特别保护区管理办法》的一种海洋特别保护区类型（Marine Special Sanctuary，NSS）。迄今，已设立 42 处国家级海洋公园。当然，有关系统而深入的研究尚不多见，而且从目前建设情况来看，并不能在真正意义上称它为国家海洋公园，需要努力使之成为国家海洋公园。其中，国家海洋公园具有游憩娱乐功能、受人类活动影响而导致海洋资源环境退化而需修复、开发海域资源而需进行主体功能区规划等均需开展 NMP 旅游承载力（Tourism Carrying Capacity，TCC）研究。

1　为什么要开展 NMP TCC 研究？

1.1　NMP：概念、特征及分类

NMP 是指通过建立以海洋生态系统与海洋景观保护为主，兼顾海洋科考、环境教育及休憩娱乐的发展模式，使生态环境保护与经济发展等目标共同得到较好的满足。它是一种海洋保护区类型，通常由中央政府指定并受法律严格保护的、具有一个或多个保持自然状态或适度开发的生态系统和一定面积的地理区域（李悦铮和王恒，2015）。

NMP 在发展过程中，存在一定差异，名称也不完全相同，又称国家公园（National Park，NP）、国家海岸公园（National Coast Park，NCP）、国家海滨公园（National Seashore，NS）、国家海洋保护区（National Marine Sanctuary，NMS）等，但它们具有三个基本功能特征（改自李悦铮和王恒，2015）：

（1）海洋保护功能，提供一个大面积的完整海洋生态系统，由邻近海域和岛屿/滨海陆地组成，兼具海洋与陆地双重属性特征，特别是海洋特征决定了海洋公园与陆地公园有着本质区别（陆海统筹与完整性原则）；

（2）游憩娱乐功能，提供一个游憩娱乐的场所，但游客规模与数量取决于旅游设施资源、自然生态环境以及游客的社会心理承载能力（人口限制、资源环境承载原则）；

基金项目：海洋公益性行业科研专项"基于海洋健康的资源环境承载能力监测预警关键技术研究与区域示范应用"（编号：201505008）。

作者简介：叶属峰（1971—），男，博士后、教授，主要从事海洋资源环境承载力监测与预警研究。Email：ysf6@vip.sina.com。

（3）海洋科研功能，提供一个海洋科学研究与环境教育的场所（MPAs通用原则）。

NMP分为海岛型和海滨型两大类（李悦铮和王恒，2015）。海岛型国家海洋公园指以海岛为核心，包括海岛陆域及其周边海域所构成的海陆空间，主要保护天然岛屿及其周边海域所组成的生态系统与自然资源景观，如美国的海峡群岛国家公园（Channel Islands National Park）；海滨型国家海洋公园指以海岸带陆域及其邻近海域所构成的海陆空间，主要保护原始海岸及其周边海域生态系统与自然资源景观，如美国的哈特拉斯角国家海滨。

近岸海岛海洋带也是我国生态安全格局的重要组成部分。

2011.5-2016.8：批准设立42处国家级海洋公园

——2011年7处：海州湾、厦门、刘公岛和日照、海陵岛、特呈岛、钦州茅尾海

——2013年12处：海门蛎岈山和小洋口、渔山列岛和洞头、福瑶列岛、长乐、湄洲岛、城洲岛、大乳山、长岛、雷州乌石、涠洲岛珊瑚礁

——2014年14处：盘锦鸳鸯沟、绥中碣石、兴城觉华岛、长山群岛、金石滩、团山青岛西海岸、烟台山、蓬莱、招远砂质黄金海岸、威海海西头、嵊泗、崇武、东南澳青澳湾

——2016年9处：大连仙浴湾、大连星海湾，烟台莱山、胶州湾，平潭海坛湾，阳西月亮湾、红海湾遮浪半岛，万宁老爷海、昌江棋子湾

面积最大大连长山群岛（52000hm²），最小福建城洲岛（225hm²）

这些海洋国家公园特色包括滨海景观、珍稀生物群落、地质遗迹、历史遗迹或文化民俗等。

1.2 NMP TCC研究的必要性与重要性

NMP具有三个基本功能特征：海洋保护、游憩娱乐、海洋科研，其区别于MPAs的是允许向国民提供一个回归自然、陶冶情操的天然游憩场所，以增加社区居民收入，繁荣区域经济。NMP的这一功能涉及人类活动，与NMP内自然环境、人工环境和社会经济环境所能承受的旅游及其相关活动的规模和强度有关，即所谓的旅游承载力（Tourism Carrying Capacity，TCC）。因此，开展NMPTCC研究，对TCC进行监测、预警与决策，这对于实施基于生态系统的NMP管理都非常重要，很有必要性。

旅游承载力（TCC），是指在未引起对资源的负面影响、未减少游客满意度、不对该区域的社会经济文化构成威胁的情况下，对一个给定地区的最大使用水平，一般量化为旅游地接待的旅游人数最大值。

海洋承载力（Ocean Carrying Capacity，OCC）研究始于海洋保护区，它可为海洋主体功能区规划与海洋生态红线制度制定与实施、MPAs选划、海洋资源环境开发利用与修复等提供技术手段。因此，开展NMP TCC研究的目的意义在于：

（1）持续地、科学地、系统地监测、评估、预警NMP TCC（旅游人口、旅游设施、自然环境、心理环境），建立综合高斯曲线，确定拐点、预警值，为管理服务；

（2）评估游憩娱乐活动对NMP海洋生态系统和海洋景观资源影响，确定保护方案；

（3）确定基于TCC的NMP海洋生态红线（核心区、缓冲区与实验区）。

2 NMP TCC：概念、分类与理论模式

2.1 NMP TCC概念定义

《旅游规划通则》GB/T 18971-2003提出，旅游容量（Tourism Carrying Capacity），是指在可持续发展前提下，旅游区在某一时间段内，其自然环境、人工环境和社会经济环境所能承受的旅游及其相关活动在规模和强度上极限值的最小值。

NMP TCC概念定义如下：指在可持续发展前提下，国家海洋公园在某一时间段内，其自然环境、人工环境和社会经济环境所能承受的生态旅游及其相关活动在规模和强度上极限值的最小值。

2.2 NMP承载力分类体系

从NMPTCC概念定义及NMP的海陆双重属性，可将NMP承载力可以分为六大类：

（1）NMP 旅游人口承载力（TPCC），即时空上接待游客的最大承载数量；

（2）NMP 旅游资源承载力（TRCC），即人工设施资源承载最大游客数量；

（3）NMP 旅游生态承载力（TECC），即海滨或岛屿陆域资源环境承载最大游客数量；

（4）NMP 社会心理承载力（SPCC），即游客的社会心理承载能力；

（5）NMP 渔业资源承载力（FRCC），即海域承载渔业资源的最大捕捞量；

（6）NMP 海域环境承载力（MECC），即海域环境承载力。

其中，前四项（1-4）属于 NMP TCC 范畴。

2.3 NMP TCC 评估与预警理论模式

TCC 是对 NMP 某一个时间段内区域旅游承载状态的评估，预警指对其中某一警素的现状和未来进行测度，预报不正常状态的时空范围和危害程度，以及提出防范措施评价方法的进化过程。这两个问题，可以按照高斯模型曲线结合转化为一个问题来考虑。基于这一模型，本文提出 NMP TCC 统一的评估与预警理论模式（表1）。

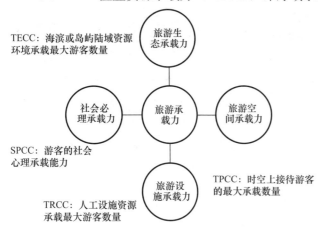

NMP TCC 评估指标体系　　　　　　　　　　　　　　表1

一级	二级	三级
NMP TCC	1. 旅游生态	1.1　大气环境
		1.2　固体垃圾环境
		1.3　生物（渔业）资源
		1.4　生活污水处理能力
	2. 旅游空间	2.1　旅游资源环境
	3. 旅游设施	3.1　供水设施
		3.2　供电设施
		3.3　住宿设施
		3.4　交通运输设施
	4. 社会心理	4.1　人口构成
		4.2　宗教信仰
		4.3　民俗风情
		4.4　生活方式
		4.5　社会开化程度

3 案例实证研究

3.1 里拉普达措国家公园

以滇西北少数民族地区——里拉普达措国家公园碧塔海景区生态旅游环境承载力研究，为 NMP TCC 研究提供经验借鉴。

3.2 嵊泗马鞍列岛国家级海洋公园

2014 年 12 月，加挂"浙江嵊泗马鞍列岛国家级海洋公园"，嵊泗马鞍列岛区域面积 549km²，其中岛礁面积 19km²，包括 136 个岛屿，其中有居民岛 10 个，无居民岛 126 个；分重点保护区、生态与资源恢复区和适度利用区，规划建设"东部蓝色海洋休闲度假区（表2）"、"花鸟灯塔览胜景区"、"特色海洋观光区（表3）"、"生态海钓体验区"四类生态旅游功能区。

按《旅游规划通则》GB/T 18971-2003 提出的四种旅游承载力对舟山群岛的嵊泗马鞍列岛国家级海洋公园进行了初步评估，确定了嵊泗马鞍列岛国家公园的最大游客数量。

东部蓝色海洋休闲度假区和花鸟灯塔览胜景区空间CC 表2

生态旅游区		规划岛陆面积（km²）	合理旅游活动面积（m²/人）	每日开放时间（h）	停留时间（h）	可游系数	空间CC（人/日）	
							最小值	最大值
东部蓝色海洋休闲度假区	核心景区	0.647	200	8	2-3	100%	8627	12940
	非核心景区	9.493	1000	12	4-8	50%	7120	14240
花鸟灯塔览胜景区	核心景区	0.369	200	8	2-3	100%	4920	7380
	非核心景区	3.191	1000	12	4-8	50%	2393	4787

特色海洋观光区、生态海钓体验区空间CC 表3

生态旅游区		规划岛陆面积（km²）	每批游客人数（按船载客量）	游完全程时间（h）	两批游客相距时间（h）	每日开放时间（h）	空间CC（人/日）	
							最小值	最大值
特色海洋观光区	东西绿华岛群	2.88	180	2-8	1	12	720	1800
生态海钓体验区	壁下岛群	2.70	100	2-8	2	12	200	500
	大盘山、东库山、柱住山和张其山各岛群		40	1-4	1	8	160	280

马鞍列岛空间CC：生态旅游区空间环境容量之和，取最小值，24140人/日。

嵊泗马鞍列岛国家级海洋公园：旅游生态CC

（1）污水处理CC

到2025年污水处理能力9200m³/d，人均污水排放量100L/d，日92000人，减去当地居民21076人，因此，水质环境容量为70924人/日。

（2）大气环境CC

嵊泗县2007年森林覆盖率为45%，马鞍列岛岛陆面积19km²，人均森林绿地取40m²，以大气环境为限制因子的CC为213750－21076人＝192674人/日

（3）固体垃圾环境CC

2025年马鞍列岛固体垃圾处理能力按40t/日计，人均固体垃圾排放量取1kg/日

每日固体垃圾处理CC＝40000人－居民21076人＝18924人/日

（4）生物环境CC

对海洋渔业资源的影响。2014年嵊泗县海水产品产量331010t，以人均日消费量1kg计

每日生物环境CC＝473178人－居民21076人＝452102人/日

限制因子为固体垃圾环境容量，18924人/日

嵊泗马鞍列岛国家级海洋公园：旅游设施CC

供水设施容量：现有自来水厂和海水淡化厂、大水坑水库，到2025年马鞍列岛供水设施CC为10847－144620人/日

供电设施容量：依靠海底电缆输送，不构成旅游环境容量的限制因子。

住宿设施容量：2015年8月全县床位数17989张，到2025年住宿设施容量大于17989人/日

交通运输容量：2014年水路客运航线4条，航班5个，按照满载计算日最大进客流量为1632人到2025年的交通运输容量根据现有马鞍列岛各水路客运航线航班数增加2倍进行计算，则为4896人/日。

马鞍列岛旅游设施CC＝4896人/日，限制因子为交通运输容量。

玉环东部岛群国家级海洋公园（图1）

海洋公园属亚热带海洋性气候，春季多雾，夏、秋多台风，年均雾日56天，以3-6月为最多；2011年11月：玉环披山省级海洋特别保护区，2012：玉环东部群岛国家级海洋公园，总面积306.59km²，陆域面积15.86km²，海域面积290.73km²，重点保护区31.72km²、生态与资源恢复219.86km²、适度利用区55.01km²，93个旅游资源单体，隶属于8个主类、21个亚类、47个基本类型。

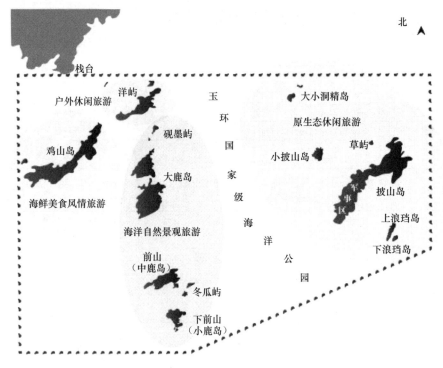

图1　玉环东部岛群国家海洋公园空间结构

海洋公园各岛以水路交通为主，受季风影响大，冬季（12-次年2月）盛行偏北风，风力最大可达11级，影响海上交通；夏季（6-8月）盛行偏南风或东南风，热带风暴、强热带风暴和台风，严重影响海上交通。

综合气候和区位条件等因素，海洋公园年旅游时间年可游天数270天，旅游旺季为5-10月，120天，淡季150天。

旺季以理论日容量100％计算，淡季以50％计算，则年环境容量：

4896×（120×100％＋150×50％）＝954720人，即95.5万人

乐清湾大桥开通前：日游客承载人数3144人次，年游客承载人数61.3万人次；

乐清湾大桥开通后：日游客承载人数6997人次，年游客承载人数136.4万人次。

玉环东部岛群国家级海洋公园TCC　　　　　　　　　　　　　　　　　　　　　表4

二级指标	三级指标	关键参数	单项评估	最终结果
1. 旅游生态	1.1　大气环境	森林覆盖率45％，NMP岛陆15.86km²，人均森林绿色40km²	178425人/日－海洋公园户籍人口15784人＝162641人/日	
	1.2　固体垃圾环境	2020年固体垃圾处理能力40t/日，人均固体垃圾排放量1kg/日	40000人－海洋公园户籍人口15784人＝24216人/日	24216人/日
	1.3　生物（渔业）资源	县海水产品产量273658t，NMP按20％计，以每人日消费量1kg计	149949人－海洋公园户籍人口15784人＝134165人/日	
2. 旅游空间	2.1　旅游资源环境	总面积为306.59km²，7个旅游活动区陆域总面积达11.64km²	39356人次/天	39356人次/天
3. 旅游设施	3.1　供水设施	日供水标准（中级旅馆275L/人，居民105L/人，散客20L/人），2030年总供水量96万m³，日供水量2630m³	6997～96209人/日	
	3.2　供电设施	海底电缆输送，无限制		
	3.3　交通运输设施	滚装渡船5艘，708客位，全县渡船12艘，471客位，按2/3为海洋公园服务，1小时一趟，每天8小时	3144人/日	

续表

二级指标	三级指标	关键参数	单项评估	最终结果
4. 社会心理	4.1 人口构成			
	4.2 宗教信仰			
	4.3 民俗风情			
	4.4 生活方式			
	4.5 社会开化程度			

3.3 若干国家海洋公园建议

探讨金山三岛、特殊海域、南沙西沙群岛建立国家海洋公园的可行性。

4 研究展望

国家海洋公园虽然是国家公园的一种重要类型，但由于海洋与陆地之间的巨大差异，水是流动的这一特征属性，决定了国家海洋公园界定存在着大面积、生态系统完整性这一条标准上难以得到保证。从这个意义上来说，我国目前设立的 42 处国家级海洋公园，绝大多数不是真正意义上的国家海洋公园。

因此，许多专家开展关于我国设立国家海洋公园的可行性研究（朱春全，2014；李志强等，2009；祁黄雄，2009；谢欣，2008），如何使目前设立的国家级海洋公园建设成为国家海洋公园？其中，NMP TCC 研究是一项重要内容，有助于配套推进海洋主体功能区规划、NMP 选划与海洋生态红线制度的实施。但目前，这方面工作基本没有开展，未来 NMP TCC 研究与应用应着眼于：

（1）加强海洋生态系统生态学研究，特别是从典型、珍稀或海洋关键种角度开展最小种群生存力分析及生态系统完整性研究，包括生活史、生态过程与洄游通道等基础性研究；海洋公园如何实现陆海统筹？

（2）NMP TCC 评估指标体系规范化和评估方法标准化，按高斯曲线的要求开展单项评估要素的生态阈值研究，建立长期动态监测、评估、预警综合模型，开展案例实证研究；见图 2。

生态阈值（ET）类型——Huggett（2005）：分点和带两种类型。见图 2，图 3。

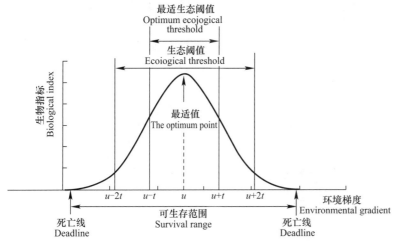

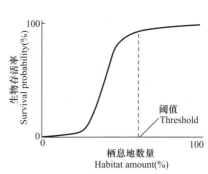

图 2   高斯模型及生态阈值图解   图 3   生物灭绝阈值[①]

唐海萍等（2015）：按 ET 在管理中的应用，分四种类型：

等级类型		MRECC	生态学内涵
Ⅰ	特别严重	红色	关键阈值点，超过此阈值，生态系统将发生不可逆转的退货甚至崩溃
Ⅱ	严重	橙色	需要排除干扰因子，利用系统的弹性或恢复力使得生态系统重新达到平衡
Ⅲ	较重	黄色	生态系统可通过自身的调节能力重新达到稳定状态
Ⅳ	一般	蓝色	生态系统处于未发生质变的稳定状态

---

① Fahrig L. How much habitat is enough? Biological Conservation，2001，100：65-74

［美］生态学家 VE Shelford（1931）：耐受性法则

$$y=c\exp(-1/2(x-u)^2/t^2)$$

其中，

y——植物种生态特征指标；

c——对应指标的最大值；

u——植物种对某种环境因子的最适值，即相应的生物指标达
　　　到最大值时所对应的环境因子值；

t——该植物种的耐度。

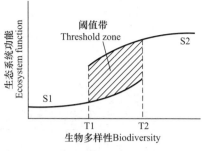

图 4　生态系统功能变化阈值带①

（3）加强

（4）TCC 在 NMP 选划与管理中的应用示范，评估指标体系规范化和评估方法标准化，逐渐形成强制性标准规范。

参考文献

［1］李悦铮，王恒. 国家海洋公园：概念、特征及建设［J］. 旅游学刊，2015. 30（6）：11-14.

［2］李志强，吴子丽，刘长华. 设立湛江国家海滨公园的初步研究［J］. 海洋开发与管理，2009，（1）：15-17.

［3］王恒，李悦铮，邢娟娟. 国外国家海洋公园研究进展与启示［J］. 经济地理，2011，31（4）：673-679.

［4］中华人民共和国国家质量监督检验检疫总局. 旅游规划通则（GB/T18971—2003）［S］. 2003. http://www.cnta.gov.cn/zwgk/hybz/201506/t20150625_428119.shtml.

［5］朱春全. 关于建立国家公园体制的思考［J］. 生物多样性，2014，22（4）：418-420.

［6］祁黄雄. 国家海洋公园体系建设的区划途径研究［C］. 中国地理学会百年庆典学术论文摘要集. 2009.

［7］谢欣. 国家海洋公园建设探析［J］. 海洋开发与管理，2008，（7）：50-54.

---

① Andrew J Huggett. The concept and utility of ecological thresholds in biodiversity conservation. Biological Conservation，2005，124：301-310

自然教育与户外环境解说展示设计

高 峻 付 晶 王 紫 李 杰

（上海师范大学旅游学院）

【摘 要】 论文深入分析了自然教育与环境解说的相互关系，并以上海崇明岛东滩国家鸟类湿地保护区为例，系统阐述了环境解说展示设计的方法。

【关键词】 自然教育；户外环境解说；展示设计；崇明岛；东滩湿地

1 户外环境解说：自然教育的重要手段

1.1 自然教育的特点

户外性：自然教育是在大自然中开展的，因此户外环境解说与向导解说成为自然教育的重要途径；

有效性：由于大自然环境的信息多样化以及参观时间的短暂性，因此需要找到特征知识开展自然教育；

科学性：自然教育需要准确地传授科学知识，因此需要注重户外环境解说与向导解说的内容准确；

生动性：无论是户外环境解说和向导解说，面对非专业性的游客群体，必须抓住游客的兴趣点，以生动的方式传播科学知识。

1.2 环境解说的起源

环境解说起源于美国国家公园运动。自然向导之父伊诺斯米尔斯（Enos Mills）于 1920 年出版的"Adventures of a Nature Guide"是第一本用于阐述解说哲学原理的书籍（Sharpe，1976），他强调通过各种感官去体验自然环境，并指出向导的目的是唤起人们对自然的持久兴趣（Mills，1920）。

环境解说之父弗里曼提尔顿（Freeman Tilden）于 1957 年出版了"Interpreting our Heritage"一书，在书中系统地阐述了遗产解说的原理和理论，被认为是对 Mills 理论开拓性的发展。他指出遗产解说不是简单的信息传达，而是一项旨在使用最原始的实物，通过亲身感知，以及解说媒介来揭示事物价值与相互关系的教育活动。

2 国内外户外环境解说设计

2.1 科学素描

素描是造型的基础，这个学科是从事美术创作所必备的对于造型的规律性知识和技能。而科学素描的首要任务是提供准确的科学题材的效果图。科学素描的对象通常是：地理、建筑、自然景观、生物等，强调个体与个体、个体与环境的关系，可以非常真实地反映科学性的客观事实。

科学素描提供一种视觉解释——简言之，是为了交流。一幅科学素描图可以比一张照片更好地阐明一个科学的道理，这是因为科学素描可以除去一些与解说内容无关的信息，或者将解说内容处理成为更加容易被旅游者接受的形式。

2.2 生态绘画

生态绘画是一种用绘画的形式来表达生态学、生物学内容的方式，如生态系统、生物多样性、生物链以及种群关系等。生态绘画对生物形态的准确性要求不如科学素描，不注重比例尺，但求着眼于表达更为宏观的生态系统，较常见的比如生物链等。

一张图内同时描述生物的形态外貌、繁殖方式、生活环境、食源生物。不需要多张照片来表达，使生态知识的解说更加系统性。生态绘画除了可以展现摄影作品所无法表现的宏大场面场景之外，还因绘图者的个人理解和表现习惯，往往呈现出截然不同的绘画风格，更加具有收藏价值。

2.3 生态剪影

形态明显没有影调细节的黑影像称为剪影。一般为亮背景衬托下的暗主体。剪影可以把我们看到的复杂影像，提炼加工成对比强烈的大反差剪影效果，从而使主题更突出，画面更简洁。

剪影画面的形象表现力取决于形象动作的鲜明轮廓。剪影不利于表现细部和质感。但对于丰富图面效果和控制图面信息层级有起到很大作用，因为剪影图案的可塑性在某些程度上比照片和绘画更强，所以灵活运用形态剪影可以创造新奇的效果。

2.4 自然摄影

以自然界的各种现象（如气象、海象、地象等）、动植物的生态、天体等为主题的摄影。深刻地观察自然，抓住诉诸人们的自然描述，通过照相技巧，将自然描述更换为摄影语言，这就是自然摄影的本质。在环境解说中，好的摄影作品能更有效辅助解说的信息传达。

2.5 雕塑模型

模型是拥有体积及重量的物理形态的概念。雕塑模型主要使用在两种地方：一种是放大的局部，如植物的种子、鸟类的嘴巴等；另一种则是缩小的整体，如沙盘模型。雕塑模型通过等比例的形象可以表达容易被忽视的细微事物，而且在真实感和体量感上的表现也优于平面的表现方式。同时，为环境解说增加了触觉感官。

2.6 信息图表

图表泛指在平面中显示的，通过图示、表格来表示某种事物的现象或某种思维的抽象观念，可直观展示统计信息属性。为了更好地整合信息，可以运用图表这种可视化的形式，向旅游者展示一些统计数据等信息，如某种植被群落的增长情况、生物演化与年代的关系等。

信息图表可以将大量的信息整合为容易快速阅读的视觉图像，此形式适用于旅游者无法长时间停留的走道或者过道上。其优点是：①可读性强②准确性高③艺术性佳。

2.7 符号标志

符号是指具有某种代表意义或性质的标识，符号具有抽象性、普遍性和多变性的基本特征。

标志是表明事物特征的记号。它以单纯、显著、易识别的物象、图形或文字符号为直观语言。

符号标志有一定的规范性，这种规范在旅游者心中已经达成共识。即使在语言无法交流的情况下，符号标志也可以起到规范旅游者行为的作用。作为一种简化的文字信息，现在已经普遍运用于保护区和景区的日常管理中。

2.8 地图

在环境解说展示牌的设计中，地图的主要作用一般是反映保护区的区域范围和地理特征，包括水系、地形。也可以用于表达动植物的分布情况。

地图一般出现在进入某个区域或者区域内某个重点节点和路口，地图有指明方位、辨别位置的作用。在管理类的展示牌中十分重要。

同时，一幅地图也可以表达大量的信息，它是信息的载体。地图形式多样，具有与信息图表一样的艺术性和可读性，通常作为保护区导览类展示牌设计中的主体内容。

3 崇明东滩户外环境解说展示主题分析

3.1 崇明东滩基本概况

崇明东滩鸟类国家级自然保护区位于长江入海口，崇明岛的最东端。

■ **典型的河口水域湿地地貌特征**

东滩保护区属于潮滩地貌单位。潮滩由潮上带、潮间带（高潮滩、中潮滩、低潮滩）和潮下带组成。潮滩区内还有众多发育良好的潮沟。

东滩保护区土壤类型为潮滩盐土。其中，潮上滩和高潮滩基本上是沼泽潮滩盐土，而低潮滩是潮滩盐土。

3.2 规划概况

（1）规划范围

东滩鸟类自然保护区位于东经 121°50′～122°05′，北纬 31°25′～31°38′之间，南起奚家港，北至北八滧港，西以1988、1991、1998和2002等年份建成的围堤为界限（目前的一线大堤），东至吴淞标高1998年零米线外侧3000m水域为界。呈仿半椭圆形，航道线内属于崇明岛的水域和滩涂。总面积241.55km²。

（2）区域概况

解说牌设计区域为上海崇明东滩鸟类国家级自然保护互花米草生态控制与鸟类栖息地优化示范区二期区域，二期是互花米草治理成效最为显著的区域。

本区域通过必要的工程性措施和日常的运营维护管理，进一步巩固互花米草治理和鸟类栖息地优化效果，基本建立相对稳定的、主导功能相过对明确且可持续管理的湿地生态系统

区域范围：北部自北八滧水闸开始，南部大致接崇明东滩1998大堤中部，西以崇明东滩1998大堤为界，东侧控制区以2006年崇明东滩保护区内互花米草的外边界为界，往外扩50—100m布置。控制区总面积为24.2km²。整个控制区由东旺沙水闸出口分割成2个大控制区，分别为1ǂ控制区和2ǂ控制区。

根据以上对于东滩鸟类自然保护区中动植物资源的梳理，择其中具有以下特点的114种物种进行形象提炼和绘制，并逐一制作成详细的物种手册。

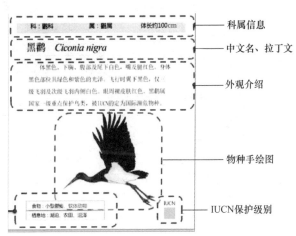

| 科：鹬科 | 属：鹬属 | 体长约30-35cm | | 科：鹬科 | 属：鹬属 | 体长约27cm |

青脚鹬 *Tringa nebularia*

上体灰黑色，有黑色轴斑和白色羽缘。下体白色，前颈和胸部有黑色纵斑。嘴微上翘，腿长近绿色。飞行时脚伸出尾端甚长。常单独或成对在水边浅水处涉水觅食，有时也进到齐腹深的深水中。

泽鹬 *Tringa stagnatilis*

上体灰褐色，腰及下背白色，尾羽上有黑褐色横斑。前颈和胸有黑褐色细纵纹，额白。下体白色。虹膜暗褐色，嘴长，相当纤细，直而尖。颜色为黑色，基部近灰色，脚细长，暗灰绿色或黄绿色。叫声为重复的tu-ee-u。

| 食物：甲壳动物、软体动物 |
| 栖息地：河口三角洲、海岸滩涂 |

IUCN

| 食物：甲壳动物、软体动物 |
| 栖息地：河口三角洲、海岸滩涂 |

IUCN

3.3 环境解说图谱架构

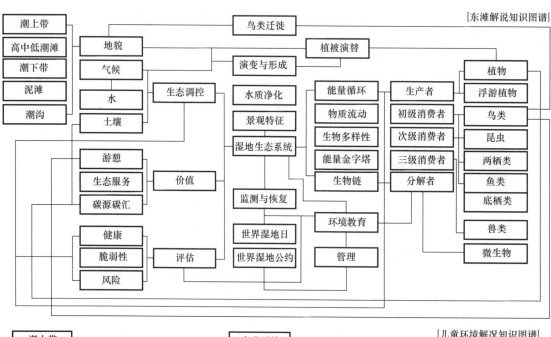

[东滩解说知识图谱]

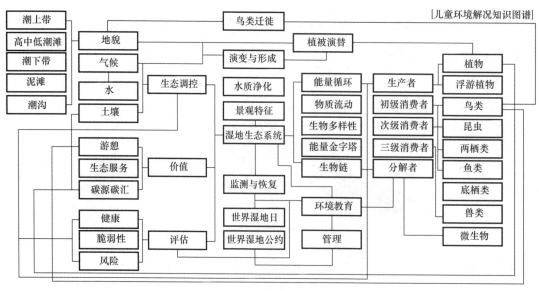

[儿童环境解况知识图谱]

[非专业人士环境解说知识图谱]

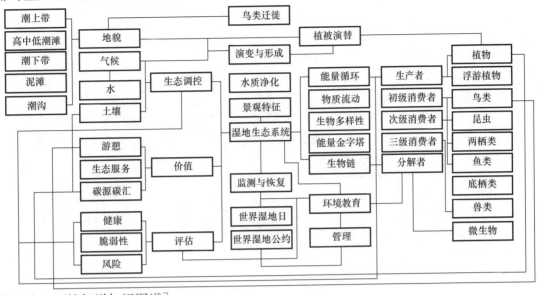

[专业人士环境解说知识图谱]

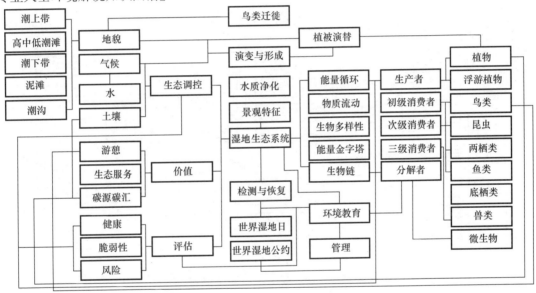

[展示方式—展板]

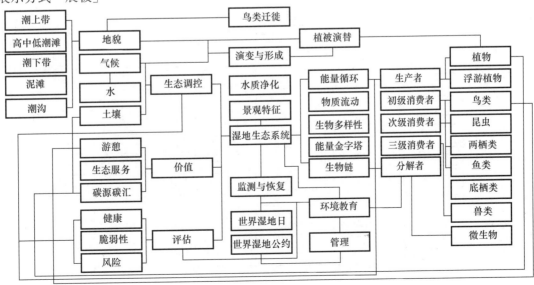

[展示方式二活动展板]

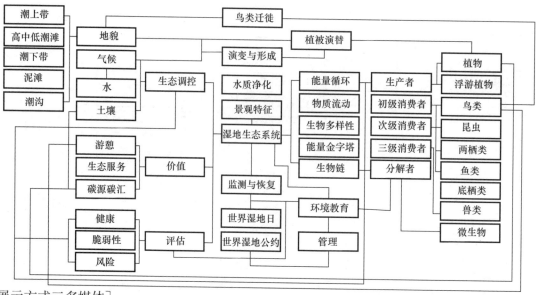

[展示方式三多媒体]

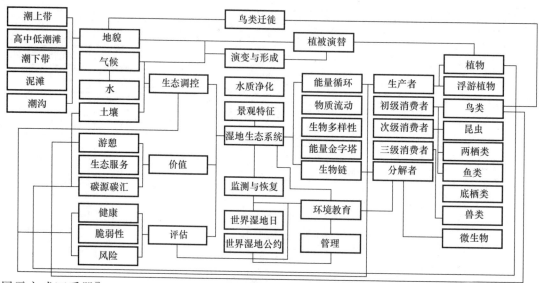

[展示方式四手册]

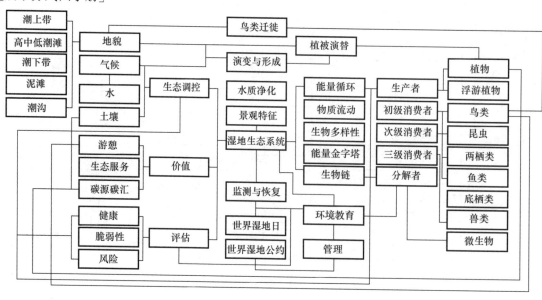

3.4　湿地生态系统的知识结构

东滩鸟类自然保护区湿地生态系统知识展示分析表

模块名称	编号	知识点	展示的空间分布					展示方式				展示类型					受众年龄		
			入口	道路	节点	博物馆	观鸟台	展板	录音	讲解	观众互动	印刷	地图	图板	箱子	Ipad	儿童	青年	成年
模块一	1	什么是湿地	●					●		●		●		●		●	●	●	●
	2	湿地是怎么形成的				●		●		●		●		●		●	●	●	●
	3	湿地景观是怎样的	●					●		●		●		●		●	●	●	●
	4	东滩湿地的类型和特征				●		●				●	●		●	●			●
	5	东滩湿地景观的形成				●		●		●		●		●		●	●	●	●
	6	长江口与东滩湿地				●		●		●		●		●		●	●	●	●
	7	湿地的环境特征			●			●	●			●		●		●		●	●
	8	潮沟与冲积平原			●			●		●		●		●		●		●	●
	9	潮间带（滩涂）			●			●		●		●		●		●		●	●
	10	潮上滩			●			●		●		●		●		●		●	●
	11	高潮滩			●			●		●		●		●		●		●	●
	12	低潮滩			●			●		●		●		●		●		●	●
	13	湿地的水文周期与水平衡				●		●		●		●		●		●		●	●
	14	湿地土壤环境			●			●		●		●		●		●		●	●
模块二	1	东滩湿地生态系统的演替				●		●		●		●		●		●		●	●
	2	湿地生态系统的物质循环				●		●		●		●		●		●		●	●
	3	湿地生态系统的能量流动				●		●		●		●		●		●		●	●
	4	湿地生态系统的能量金字塔				●		●		●		●		●		●		●	●
	5	湿地生态系统的生物链			●	●		●		●		●		●		●		●	●
	6	湿地生态系统的退化			●	●		●		●		●		●	●	●		●	●
模块三	1	东滩湿地的生物多样性			●	●	●			●	●	●		●		●		●	●
	2	湿地植物的生活性		●	●			●		●		●		●		●		●	●
	3	东滩湿地的滨海草甸植被		●	●			●		●		●	●	●		●		●	●
	4	东滩湿地的滨海沼泽植被		●	●			●		●		●		●		●		●	●
	5	东滩湿地的芦苇群落		●	●			●		●		●		●		●	●	●	●
	6	东滩湿地的海三棱藨草群落		●	●			●		●		●		●		●	●	●	●
	7	东滩湿地的互花米草群落		●	●			●		●		●		●		●	●	●	●
	8	东滩湿地的鸟类				●		●		●		●		●		●	●	●	●
	9	东滩湿地的水禽				●		●		●		●		●		●	●	●	●
	10	东滩湿地的涉禽				●		●		●		●		●		●	●	●	●
	11	东滩湿地的底栖动物		●		●		●		●		●		●		●	●	●	●
	12	东滩湿地的生物入侵		●	●	●		●	●			●		●	●	●		●	●
	13	东滩湿地与国际候鸟迁徙路线				●	●	●		●		●		●		●		●	●
模块四	1	湿地生态服务的价值评估				●		●		●		●		●		●		●	●
	2	湿地与水质净化		●	●			●		●		●		●		●		●	●
	3	湿地与气候调节	●	●				●		●		●		●		●		●	●
	4	物质能量的源汇和转化				●		●		●		●		●		●		●	●
	5	湿地与生物多样性保育			●	●		●		●		●		●		●		●	●
	6	湿地的游憩价值		●				●		●		●		●		●		●	●
	7	湿地资源的综合利用			●			●		●		●		●		●		●	●
	8	湿地的温室效应	●		●			●				●	●					●	●

续表

模块名称	编号	知识点	展示的空间分布					展示方式				展示类型					受众年龄		
			入口	道路	节点	博物馆	观鸟台	展板	录音	讲解	观众互动	印刷	地图	图板	箱子	Ipad	儿童	青年	成年
模块五	1	湿地生态系统健康	●			●		●		●		●		●		●	●		●
	2	我国的湿地分布	●					●				●	●	●	●	●		●	●
	3	国际湿地生态公约	●					●				●		●					●
	4	湿地与碳源碳汇				●		●		●	●	●	●			●			●
	5	世界湿地日	●					●				●		●	●	●	●	●	●
	6	湿地的评价				●										●			●
	7	湿地生态恢复		●	●	●		●		●	●	●		●		●	●		●
	8	湿地生态系统设计		●	●			●				●	●	●		●			●
	9	全球变化对湿地的影响										●	●	●		●			●
	10	湿地对全球变化的响应										●		●		●			●
	11	湿地的生态调控			●			●		●		●		●		●			●
	12	湿地生态风险评估			●			●		●		●		●		●			●
	13	工程湿地的营造			●	●								●		●			●
	14	如何观察湿地	●	●	●	●		●	●	●		●		●	●	●	●		●
	15	国际重要湿地	●			●		●				●		●		●	●		●
	16	国家湿地公园	●			●		●				●	●			●	●		●

注：●表示可以在此展示。

3.5　环境解说主题分解

主题：赶走外来物种"互花米草"，恢复芦苇涵养湿地生态环境，是保护东滩鸟类栖息地的重要手段。

（1）互花米草是外来入侵物种，它的存在侵扰了芦苇的生长；

（2）芦苇才是本地物种，并且能保护湿地生态环境；

（3）湿地生态环境是鸟类的重要栖息地；

（4）鸟类是东滩的重要生物，保护鸟类栖息地就是保护鸟类自身。

分解次主题：

（1）互花米草曾经占据过芦苇的生长地

■ 解说知识点：

互花米草的特性，芦苇的特性，外来生物入侵，严重的后果。

■ 解说目标：

了解在东滩因为生物入侵后芦苇这种植物曾销声匿迹，鸟类觅食困难；

了解外来生物入侵的后果是很严重的；

了解生长芦苇的湿地生境才是鸟类天堂。

（2）清除互花米草的艰辛过程

■ 解说知识点：

清淤治理的物理实验、化学实验、生物实验，三种方式的效果比较，清淤治理的过程与效果

■ 解说目标：

了解清淤治理的原理与过程；

了解东滩清淤治理选用的方法与效果；

了解清淤治理的工作时长与互花米草生长时长之间的比较，突出治理的艰辛。

（3）小鸦雀和大苇莺在东滩可以找到原生天然食物

■ 解说知识点：

震旦鸦雀的生活习性，震旦鸦雀的外形特征，东方大苇莺的生活习性，东方大苇莺的外形特征，鸟类的主要食物在芦苇荡中可以找到，引鸟植物。

■ 解说目标：

认识震旦鸦雀和东方大苇莺；

了解它们喜欢在芦苇中筑巢；

了解芦苇荡对于这两种鸟类生存的重要性。

（4）湿地是鸟类最好的家园

■ 解说知识点：

鸻鹬类、雁鸭类、鹭类、鸥类、鹤类东滩五大鸟类的外形特征，生活区域与湿地生境之间的关系，食物与湿地生境之间的关系，如何观鸟。

■ 解说目标：

在观鸟时可以分辨 1-2 种特征鸟类；

了解芦苇营造的湿地生境对鸟类生存的重要性；

了解鸟类食物的特点，为何要禁止喂食鸟类。

3.6 展板主题与类型

解说牌类型	主题分类	编号	解说牌标题	数量	安放位置
A. 全景解说牌	a. 全景解说	Aa1	互花米草生态治理中试二期导览	3	出入口A、出入口B、出入口C
B. 生态知识解说牌	a. 次主题一：外来物种"互花米草"的危害	Ba1	认识外来物种互花米草	2	出入口A、出入口B
		Ba2	互花米草的分布	1	出入口A
		Ba3	互花米草入侵东滩的生态后果	1	出入口A
	b. 次主题二：清除互花米草，重建鸟类家园	Bb1	互花米草的常见控制方法	1	观光平台A
		Bb2	东滩治理互花米草的方法	2	观光平台A、出入口B
		Bb3	东滩治理互花米草的成效	2	观光平台A、出入口B
	c. 次主题三：小鸦雀和大苇莺的故事	Bc1	震旦鸦雀的"衣食住行"	1	观光平台B
		Bc2	东方大苇莺	1	观光平台B
	d. 次主题四：湿地是鸟类的美好家园	Bd1	鸟类与湿地的关系	1	出入口C
		Bd2	崇明东滩水鸟的主要类群	1	出入口C
C. 栈道引导标识牌	a. 鱼类	Ca1	弹涂鱼		栈道两侧
	b. 鹭类	Cb1	琵鹭头部		
		Cb2	琵鹭脚印		
	c. 雁鸭类	Cc1	绿头鸭头部		
		Cc2	绿头鸭脚印		
	d. 鸻鹬类	Cd1	鹬头部		
		Cd2	鹬脚印		
D. 生态知识问答牌		D		32	观鸟屋
E. 鸟类生境解说牌		E		2	观鸟屋
F. 望远镜使用说明牌		F		1	观鸟屋
G. 观鸟须知解说牌		G		1	观鸟屋

4 崇明东滩户外环境解说展示设计

4.1 元素提炼

二期工程环境解说展板共使用 34 种设计元素，设计元素又是由具象的版面设计元素和抽象的解说内容元素所组成。

版面设计元素包括：保护区 LOGO、全景手绘、鸟类剪影、生态绘画、植物纹样、照片、平面地图七大类。这些版面元素组成了可见的展板样式。

解说内容元素包括：实景参考、生态系统、生物多样性、湿地地理、湿地生境、治理方法、治理成效、鸟类特征、生活习性、栖息范围、东滩常见五大水鸟类群十一小类。这些知识元素组成了展板所传达的内容。

4.2　全景解说牌

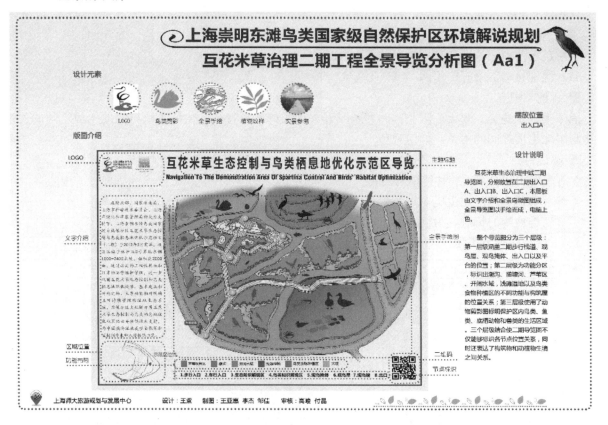

4.3　生态知识解说牌

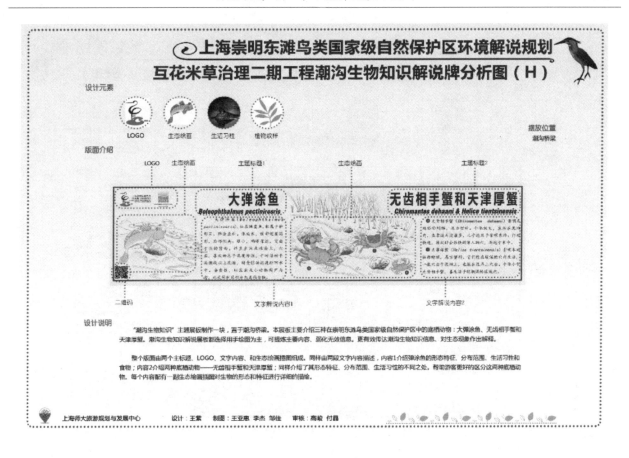

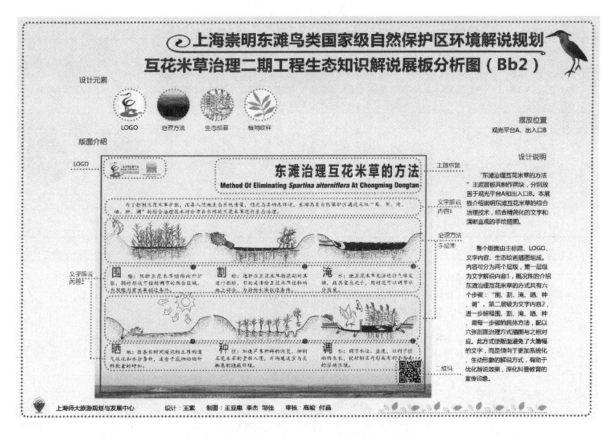

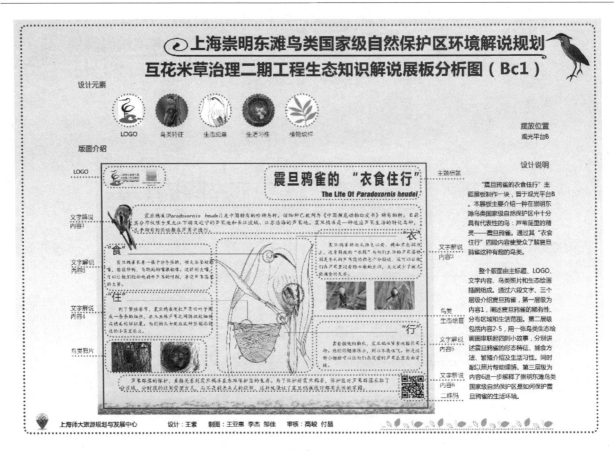

版面设计元素统计表

	LOGO	植物纹样	全景手绘	鸟类剪影	生态绘画	平面地图	照片
涉及内容	崇明东滩鸟类国家级自然保护区LOGO	来自于植物对称叶片的版面装饰纹样	描绘二期工程湿地生境与人工构筑物之间位置关系的鸟瞰全景手绘	提炼各种鸟类形态（底栖生物、兽类、鱼类）轮廓的剪影图案	以科学素描或生态绘画的方式对解说的生态学知识辅助理解	用于表现生物分布、范围、路线等	更加真实的表达所解说是生态知识内容
频次	13	13	3	1	9	1	3
图例	LOGO	植物纹样	全景手绘	鸟类剪影	生态绘画	手绘地图	照片

解说内容元素统计表

	实景参考	生态系统	生物多样性	湿地地理	湿地生境	治理方法	治理成效	鸟类特征	生活习性	栖息范围	东滩常见五大水鸟类群
涉及内容	将实景照片作为全景手绘图的参考范例	湿地的生态系统知识点以及互花米草对生态系统的影响	湿地的生物多样性知识点以及互花米草对生物多样性的影响	潮沟的形成以及互花米草对潮沟的影响	开阔水域潮沟光滩草滩芦苇等湿地生境知识点	传统物理化学生物治理方法以及崇明东滩治理方法	通过治理保护和改善鸟类生活的家园	震旦鸦雀和东方大苇莺的形态特征	震旦鸦雀和东方大苇莺的生活习性、繁殖方式	震旦鸦雀和东方大苇莺的栖息范围、迁徙路线	鹤类鹭类雁鸭类鸻鹬类鸥类各自的形态特点和生活范围
频次	1	1	1	1	2	2	1	2	2	1	1
图例	实景参考	生态系统	生物多样性	湿地地理	湿地生境	治理方法	治理成效	鸟类特征	生活习性	栖息范围	鸻鹬类

4.4 栈道引导标识

崇明东滩二期游线通过栈道组织，长度较长且两侧没有防护设施。栈道引导标识设计选择了崇明东滩鸟类国家级自然保护区中具有代表性的物种，并设计成 7 种剪影标识（一种鱼型，三种鸟头部，三种鸟脚印）。其中的鱼型剪影来自底栖动物弹涂鱼；另外选择了琵鹭、绿头鸭和中杓鹬这 3 种代表性水鸟，还提取了它们的头部和脚部轮廓，制作成栈道引导标识。

此设计可避免在保护区内设立过多的垂直标识牌，减少了对鸟类生活的影响。另有以下三个优点：

① 增加趣味性；

② 引导效果清晰，可刷夜光漆，在夜间也能起到引导作用；

③ 不遮挡旅游者参观时的视线。

4.5 湿地生态系统长轴图

设计的另一重点是在保护区的观鸟屋和观鸟掩体中，在此处参观者和游客会进行观鸟活动，而配有简明的图文参照辅助游客的观察活动也是观鸟屋和观鸟掩体的一个重要环节。故在之前设计的基础上，还设计制作了一幅《上海崇明东滩鸟类国家级自然保护区湿地生态系统常见物种》长轴图。

长轴图一共由 114 种崇明东滩鸟类国家级自然保护区湿地生态系统常见生物组成。

（1）设计方法

生态系统长轴图采用手绘与电脑绘画结合的方式，在保持整体风格完整统一的同时，可以对单独的物种单体行进修改和新物种的补充。"手绘＋电脑"是一种操作性更强的绘画方式。

（2）展示内容

生态系统长轴图所展示的内容主要以湿地生态系统中的植被、鸟类、鱼类、兽类和底栖类等相互之间的关系，以及它们与湿地生境之间的关系。

（3）设计效果

• 生态系统长轴图自左向右的展示了湿地滩涂地貌的演替；

• 并将 114 种东滩常见物种分布在其中，表示其生活范围；

• 画面整体风格色彩鲜艳、形象活泼。成人与儿童均可阅读。

5 崇明东滩自然教育文创纪念品设计

5.1 「湿地生态系统常见物种」台面装饰画

◆《上海崇明东滩湿地生态系统常见物种长轴图》等比例缩小制作而成的台面装饰画，作为旅游纪念品供旅游者收藏或赠送客人。

◆ 后方由一根金属支架支撑，牢固美观。

◆ 采用密度板和相片冲印技术，保证图片的清晰鲜艳。

◆ 尺寸小巧方便携带。

◆ 台面装饰画尺寸有 40cm×14cm、60cm×22cm 和 90cm×31cm。

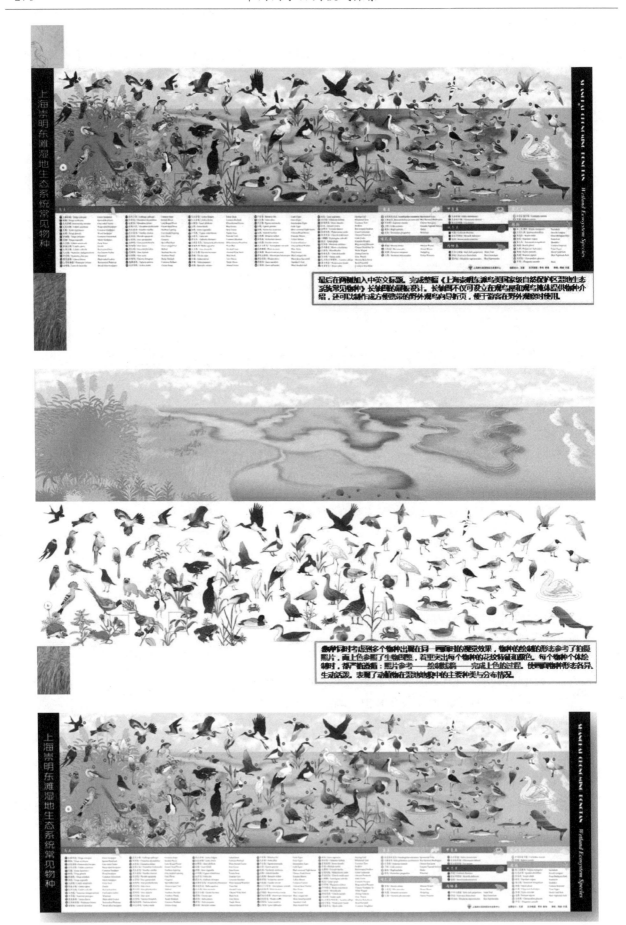

5.2 「湿地生态系统常见物种」冰箱贴

◆ 冰箱贴在文化创意纪念品中非常常见，它既可以装饰冰箱又有即时贴的功能。因此，那些制作精美的冰箱贴已经成为大多数旅游者喜欢收集的旅游纪念品之一。

◆ 此组冰箱贴为 6 块一组，是将长轴图拆分印刷。既可 6 块组合，又能单个使用。

◆ 软磁平面冰箱贴有多种形状和尺寸。颜色绚丽，防水防潮。

◆ 尺寸为 8.5cm×5.5cm。一组为 8.5cm×33cm。

5.3 「Enjoy the Nature」帆布包

◆ 大滨鹬帆布袋是用白色水洗纯棉厚帆布做成，具有较好的牢固度和耐久度，尺寸为 39cm×37cm，可供旅游者在保护区内参加野外活动时使用。

◆ 设计者在帆布袋上加入了一个非常活跃的主题元素——色彩鲜艳的手绘大滨鹬图案。在帆布袋上印有的这只手绘大滨鹬，它是崇明东滩湿地一种具有代表性的水鸟。

◆ 在帆布袋的左上角印有 "Enjoy the Nature" 字样，左下角印有大滨鹬的中文名称、拉丁文学名，以及有关大滨鹬的简单介绍。

5.4 「Enjoy the Nature」野外记录本

◆ 为鼓励旅游者在观察大自然时做记录，而设计的用途广泛的自然记录本。旅游者可以用它记录下自己在野外活动时的所见所闻、体会和感想。与此同时，自然记录本还可以作为旅游者的标本收集册。通过使用自然记录本，让旅游者亲身感受一下在野外工作的乐趣与辛苦。

5.5 「Enjoy the Nature」鸟类剪影书签

◆ 书签可以夹在笔记本或图书中，它是一种用途较广的文化创意礼品。

◆ 这组书签以 4 种鸟类的剪影为主题，选取了 4 种外形特征辨识度较高的鸟类作为书签的主题。

◆ 书签上方印有"Enjoy the Nature"字样，下方印有鸟类的中文名称及拉丁文学名。

◆ 色彩风格明亮活泼。

◆ 尺寸为 13cm×5cm。

基于功能属性的中国国家公园标志用公共信息图形符号适用性研究[①]

范圣玺　徐文娟

（同济大学艺术设计学院）

【摘　要】　本文以国家公园中的标志用公共信息图形符号为研究对象，从国家公园的基本概念和功能出发，通过与旅游景区的比较分析和研究，并结合现行《标志用公共信息图形符号》的所有标准和《旅游景区公共信息导向系统设置规范》的相关标准，基于国家公园特殊的功能区及科研、科普及教育的功能，参考各相关国家标准、行业标准和地方标准，尝试制定国家公园中公共信息图形符号进行标准和规范，探求适应国家公园需求的标志用公共信息图形符号的标准。

【关键字】　中国国家公园；标志用公共信息；图形符号；适用性

1　引言

国家公园是一百多年前美国始创的一种保护地模式，目前已经成为全球公认的保护地模式。2013年11月，《中共中央关于全面深化改革若干重大问题的决定》提出建立国家公园体制，2015年初，我国出台建立为期三年的国家公园体制试点的方案，9月中共中央、国务院印发的《生态文明体制改革总体方案》中第三条（十二）明确提出建立国家公园体制，这些政策的出台为中国国家公园的体制和品牌建设提供了肥沃的土壤。

国家公园是为了保护国家最具特点、最具价值和最具代表性的自然、文化景观和生态系统，在某种程度上，国家公园是一个国家的象征。为中国国家公园树立良好的品牌形象是近年来相关学者研究的重点，笔者正是从国家公园公共信息导向系统（以下简称导向系统）中标志用公共信息图形符号（以下简称图形符号）的角度出发，研究比较中国现行《标志用公共信息图形符号》所有标准[1]、《公共信息导向系统》所有标准、《旅游景区公共信息导向系统设置规范》[2]、《图形符号、安全色和安全标志》所有标准、《旅游景区公共信息导向系统设置规范》、《城市旅游公共信息导向系统设置原则和要求》[3]、《图形符号术语》所有标准，结合中国国家公园的概念、发展方向、定位，尝试探索中国国家公园图形符号的标准和规范，以期为国家公园体制的建设及品牌形象的塑造尽一份绵薄之力。由于笔者专业知识和研究水平有限，文章难免有不足和欠妥的地方，期望得到各方面专家的指正。

2　国家公园与传统旅游景区的比较研究

2.1　国家公园与旅游景区的概念比较

关于国家公园的概念有很多，目前专业权威的说法是 IUCN 于 1994 年提出的"为现代人和后代提供一个或更多完整的生态系统，排除任何形式的有损于保护地管理目的的开发或占用；提高精神、科学、教育、娱乐及参观的基地，用于生态系统保护及游憩活动的保护地"。但无论哪种说法，都向我们传递这样的信息，国家公园是以大面积自然生态系统为基础，在风景、生态或人文特色方面具有世界遗

---

①　国家社会科学基金重点项目，国家公园管理规划理论及其标准体系研究（14AZD107）

产价值或国家代表性，以保护与维护为主要目标，以科研、科普、休闲游憩、精神文化为主导功能，具有法定性和公益性的保护区域。

旅游景区（Tourist Attraction），是指具有吸引国内外游客前往游览的明确的区域场所，能够满足游客游览观光，消遣娱乐，康体健身，求知等旅游需求，应具备相应的旅游服务设施并提供相应旅游服务的独立管理区。为游客提供各项需求和设施，难免会对环境造成不同程度的破坏。

从二者的概念界定上，我们不难看出国家公园是旅游景区的特殊形式，国家公园除了满足旅游景区的相关功能外，还具有科研、科普的功能，这种特殊的功能必将导致图形符号的标准不同。

2.2 国家公园与旅游景区的功能属性比较

通过大量的文献调研，笔者了解到从保护国家公园的自然环境角度出发，根据环境资源的稀缺性、承载力、敏感度、保护价值等资源特征，结合国外国家公园的管理模式，我们也将对国家公园实行分区控制管理，根据不同国家公园的特征，一般把国家公园化为特殊保护区、原野区、自然环境区、游憩区、服务区等不同的功能区。

特殊保护区：国家公园内拥有独特的、稀有的或濒临灭绝的物种或天然物种的最好样本，拥有某些自然特色的特定地区化为特别保护区。严格控制或禁止游客进入或使用，不许机动车或船只进入，不许营建人工设施。

原野区：代表国家公园中某一自然历史主题，并保护原野状态的广阔地区。只容许安排某些少量适合荒野条件的旅游设施和分散型活动。对使用原野区的人数有限制，机动交通工具不允许进入。

自然环境区：作为天然环境保护的地区，在不破坏天然环境的情况下可容许少量有关设施进行低密集度的室外活动。

游憩区：设在风景优美和交通便利地段，在保持自然风景和游客安全方便的前提下容许安排各种教育活动、室外娱乐项目和建设相关设施。

服务区：设在国家公园中部或边缘地带，以小市镇和游人服务中心面貌出现。设有游客服务处和各种辅助设施以及国家公园管理机构。

中华人民共和国国家旅游局（以下简称旅游局）在《旅游景区公共信息导向系统设置规范》中这样界定旅游景区，"旅游景区主要由旅游景区内各旅游景点及餐饮、购物、公共卫生间等相关配套公共设施组成"。

无论是国家公园还是旅游景区，其功能属性和定位，决定了他们的区域和功能构成。在功能分区和设施建设上，国家公园和旅游景区有很多相同之处，但因二者建设目标及体制不同，功能区域的划分也存在着很大的不同，国家公园中特殊保护区、原野区是不允许人或车进入的，而旅游景区中所有区域游人均能到达。

2.3 国家公园与旅游景区的比较综述

通过前文中国家公园和旅游景区的概念和功能分区方面的比较研究，笔者总结了二者之间的相同点和不同点。

① 相同点

国家公园和旅游景区在主要功能划分上有很高的相似度，都具有保护、游览功能。这就决定图形符号的相关标准和规范在很大程度上会同时适用于国家公园和旅游景区。

② 不同点

首先，建设国家公园和旅游景区的目的和出发点不同。国家公园的建设在很大程度上说是公益的、非盈利的，在功能区域中会有很多不允许人和车进入的区域。而旅游景区则是在自然环境或人文环境中，增加更多的人文因素，通过开发和利用为游人提供更为方便的设施服务、娱乐、住宿等相关服务，是以盈利为目的的。

其次，国家公园和旅游景区的功能也不尽相同。国家公园区别于旅游景区最明显的特点是国家公园除了游憩的功能外，更重要的是具备保护、科研、科普、教育的功能，这直接影响了国家公园相应系统对公共信息图形符号的使用。

笔者通过分析国家公园和旅游景区比较结果，以旅游局颁发的《旅游景区公共信息导向系统的规范》中对公共信息图形符号的引用为基础参考，基于国家公园特殊的科研、科普及教育功能，参考各相关国家标准、行业标准和地方标准，尝试制定国家公园中图形符号进行标准和规范。

3 与中国国家公园图形符号的相关规范与标准研究

3.1 现行相关规范及标准

3.1.1 现行《旅游景区公共信息导向系统设置规范》的相关规范及标准

现行《旅游景区公共信息导向系统设置规范》LB/T 013—2011是国家旅游局于2011年6月1日开始实施的旅游行业规范。该规范规定了旅游景区导向系统构成及各子系统的设置原则，并针对导向系统中各类导向要素给出了具体的设计要求，明确了周边导入系统、游览导向系统、导出系统等三个子系统的关键节点及关键节点处需要设置的导向要素的类型，提供信息及设置方式。该标准适用于各类旅游景区导向系统的规划、设计和设置。在规范性引用文件中该规范明确指出对《标志用公共信息图形符号》GB/10001是引用所有部分的。

3.1.2 现行图形符号标准

现行图形符号标准是由全国图形符号标准化技术委员会提出并归口，中华人民共和国质量监督检验检疫总局和中国国家标准化管理委员会联合发布的。笔者通过大量的文献调研和对专业人员的专访等各种途径，获取并分析研究了自2002至2014（现行最新版标准）13年来图形符号的所有相关规范。现行最新标准《公共信息图形符号第10部分：通用符号要素》GB/T 10001.10—2014中明确提出《公共信息图形符号》GB/T 10001拟分为以下10部分出版：

——第1部分：通用符号；
——第2部分：旅游休闲符号；
——第3部分：客运货运符号；
——第4部分：运动健身符号；
——第5部分：购物符号；
——第6部分：医疗保健符号；
——第7部分：办公教学符号（计划实施）；
——第8部分：公园景点符号（计划实施）；
——第9部分：无障碍设施符号；
——第10部分：通用符号要素。

笔者将参照此标准，结合国家公园功能属性和实际需求，将在下章中对国家公园图形符号的适用性进行分析和研究。

3.2 中国现行图形符号标准的进化与演变

笔者统计自2002年至今《公共信息图形符号》GB/T 10001所有标准，现行标准在原有标准上进行不同程度的修订，如符号增加、修改、删除等，使现行公共信息图形符号标准更能满足当前所有行业需求。以GB/T 10001.1—2012为例，这部分标准整合了《标志用公共信息图形符号第1部分：通用符号》GB/T 10001.10—2006、《印刷品公共信息图形符号》GB/T 17695—2006和GB/T 10001.10—2007《标志用公共信息图形符号第10部分：铁路客运服务符号》中的内容。本部分代替GB/T 10001.1—2006和GB/T 17695—2006表1的内容，与《标志用公共信息图形符号第3部分：客运货运符号》GB/T 10001.3—2011共同代替GB/T 10001.10—2007，其技术变化为：增加图形符号28个，移至本部分图形符号24个，修改图形18个，删除图形符号4个。

通过调研与分析，笔者总结《标志用公共信息图形符号》GB/T 10001进化和演变的原因如下：
① 社会发展对图形符号的新要求。社会的不断发展和进步，促使新生事物和新行业的出现，如

WIFI、高铁等。以高速列车为例，高速列车于 2007 年 4 月开始运行，其出现在 GB/T 10001.3—2004 之后，因此在《标志用公共信息图形符号第 3 部分：客运货运符号》GB/T 10001.3—2011 添加了高速列车的图标，但这比高速列车滞后了 4 年，如图 1 所示。上述案例表明一些新生事物在旧标准发布执行时尚未出现，但这些事物或行业一旦出现，旧的图形符号并不能适用于现有的事物或行业，因此，标准委员会要及时对图形符号标准进行重新修订。

图 1　2011 版标准添加高速列车图标　　　　　图 2　2004 年与 2011 年火车图标对比

② 图形符号的美化。人们的审美需求也会随着社会的进步而不断增加，标准委员会应及时对图形符号进行美化。同以《标志用公共信息图形符号第 3 部分：客运货运符号》GB/T 10001.3—2011 中火车的图形符号为例，新的图形符号不仅形式更加美观，而且添加了透视轨道符号，视觉上得到了优化，如图 2 所示。

4　基于功能属性的国家公园图形符号适用性研究

4.1　从国家公园与旅游区功能属性的区别界定图形符号的标准

从前文对国家公园与旅游景区功能属性比较研究的结论中，笔者分析国家公园与旅游景区最大的区别在于国家公园建设是以保护和维护自然生态系统免遭破坏，为子孙后代提供更多更完整的生态系统的公益性行为。根据这一属性，结合《公共信息图形符号》所有标准及分类，结合现行《旅游景区公共信息导向系统设置规范》的规范和标准，笔者对中国国家公园图形符号的分类及标准范围进行界定，其区域划分及图形符号类型如下：

① 通用区，包括管理办公和导向系统，其中图形符号部分完全适用《标志用公共信息图形符号第 10 部分：通用符号要素》GB/T 10001.10—2014；

② 保护区，包括保护区主体空间、科研中心、科普教育基地、露营地/补给点，其中图形符号部分完全适用《标志用公共信息图形符号第 2 部分：旅游休闲符号》GB/T 10001.2—2006；

③ 风景游览 & 公园设施，包括常规、道路交通、旅游接待、观景台、娱乐设施、配套功能设施。其中图形符号部分完全适用《标志用公共信息图形符号第 1 部分：通用符号》GB/T 10001.1—2012、《标志用公共信息图形符号第 2 部分：旅游休闲符号》GB/T 10001.2—2006、GB/T 10001.3—2011《标志用公共信息图形符号第 3 部分：客货运符号》、《标志用公共信息图形符号第 4 部分：运动健身符号》GB/T 10001.4—2009、《标志用公共信息图形符号第 5 部分：购物符号》GB/T 10001.5—2006；

④ 游客服务，包括游客中心、医疗和应急救援、环境卫生、安全管理。其中图形符号部分完全适用 GB/T 10001.1—2012《标志用公共信息图形符号第 1 部分：通用符号》、《标志用公共信息图形符号第 6 部分：医疗保健符号》GB/T 10001.6—2006、《标志用公共信息图形符号第 9 部分：无障碍设施符号》GB/T 10001.9—2008；

⑤ 居民点，其中图形符号部分完全适用 GB/T 10001 所有部分。

4.2　中国国家公园标志用公共信息图形符号的适用性分析

4.2.1　适用规范与内容分析

根据国家公园的功能区分类，并参考《旅游景区公共信息导向系统设置规范》LB/T 013—2011[3] 规范性引用文件，《标志用公共信息图形符号》GB/T 10001 中所有部分对国家公园导向系统将全部适用。

4.2.2　不完善规范图形符号内容分析

因国家公园建设的目的很大一部分是为了自然保护，其中多自然环境、地质地貌以及动植物，但目前我国关于公共信息图形符号标准中，只有《标志用公共信息图形符号动物符号》GBT 29625—2013 是作为专项内容提出的，对于地质地貌和植物均没有特定的图形符号规范。因此，国家公园中图形符号的标准会在此基础上添加新领域内的行业标准。新添加图形符号标准如表1。

现行《标志用公共信息图形符号》GB/T 10001 中现有及缺少的图形符号　　　　　　　表 1

具体内容图形符号的新需求		现有图形符号标准中涉及内容	缺少的图形符号	备注
植物	花卉	根据界、亚界、门、亚门、纲、亚纲、（超目）、目、亚目、科、亚科、族、亚族、属、亚属、组、亚组、系、亚系、种、亚种、变种、亚变种、变型、亚变型进行详细列举	缺少专有的植物图形符号	植物
地形地貌	地形	自然保护区、山洞、冰川、雪山、山峰、峡谷、瀑布、河流、湖泊、湿地/沼泽、海滩、森林/林地	高原、山地、平原、丘陵、裂谷系、盆地、沙漠等	缺少专有的地形地貌图形符号
	地貌		侵蚀剥蚀构造地貌、侵蚀剥蚀地貌和堆积地貌、变质岩、花岗岩、石灰岩、砂页岩、砂砾岩、红岩、丹霞地貌、喀斯特地貌、海岸地貌、海底地貌、风积地貌、风蚀地貌、冰缘地貌、构造地貌、热融地貌、人为地貌、重力地貌、黄土地貌、雅丹地貌等	
安全警示	与动物有关的	请勿触摸	狼群出没地、请勿接近狮群等	
	与植物有关的	请勿触摸、请勿踩踏	有毒植物、请勿攀爬、请勿采摘等	
	与地形地况有关的		前方沼泽、请勿靠近、流沙、注意水下漩涡、注意雪崩、活火山等	
	与气候有关的		沙尘暴、暴雨时谨防洪流等	

受研究水平和专业知识的限制，此表可能会存在一定的不足和漏洞，笔者会在以后的研究中逐步完善。

5　对中国国家公园图形符号标准的展望

中国国家公园对我们来说是一个新兴的概念和事物，具有保存与保护景观资源、科考研究资源环境、实现旅游观光业可持续发展的三大功能。伴随着建立国家公园制度和试点公园政策的出台，相关专家纷纷展开对国家公园体制、法制及品牌建设方面的研究，导向系统的规范和建设对国家公园品牌形象的塑造有着至关重要的作用，为中国国家公园公共信息导向系统建立完善的标准及规范，是品牌建设的重要内容。但中国《标志用公共信息图形符号》的标准发展和更新相对缓慢，新的标准的制定和发行远落后于社会发展和新行业的出现，适用国家公园的图形符号还是一片空白，这就需要相关行业和学术专家投入更多的精力。2011《旅游景区公共信息导向系统设置规范》、2014 新版《标志用公共信息图形符号》的相关标准及国家对建设国家公园体制的支持为我们研究国家公园的图形符号标准提供了肥沃的土壤和强有力的支持，国家公园图形符号的标准也会随着相关部门的不断努力而逐步完善起来。

参考文献

［1］　中华人民共和国国家标准. 标志用公共信息图形符号　第 10 部分：通用符号要素［S］. 2014.

［2］　中华人民共和国国家旅游局. 旅游景区公共信息导向系统设置规范［S］. 2011.

［3］　中华人民共和国国家标准. 公共信息导向系统要素的设计原则与要求［S］. 2006-2014 所有现行及废弃标准.

基于环境行为学理论的中国国家公园标识导向系统的分析①

徐文娟

（同济大学艺术环境设计学院）

【摘　要】 国家公园中的标识导向系统直接反映国家公园的建设水平、管理水平，是国家公园品牌识别和品牌传播的重要内容。本文从环境行为学角度出发，通过对国家公园的环境特征、人群特征以及寻路行为的分析，探讨以空间行为动线主导的标识系统模式，总结中国国家公园标识导向系统设计的基本原则。

【关键词】 中国国家公园；环境行为学；标识导向系统；行为动线；寻路

国家公园作为保护自然资源的重要形式，已成为世界通行的能有效解决资源保护和利用矛盾的可持续发展模式。国家公园中的标识导向系统直接反映国家公园建设水平、管理水平，是国家公园品牌识别和品牌传播的重要内容。标识导向系统是国家公园品牌建设中的重要组成部分，这就要求我们在重视平面造型艺术，重视色彩、图形符号的和谐组合等相关要素的基础上，在力求满足寻路、指引的功能上，能超越民族、国家与语言的限定，以一个立体的表现形式突显国家公园的品牌特色。

1　国内外国家公园标识导向系统的文献研究

1.1　国外国家公园中的标识导向系统的相关研究

1.1.1　美国国家公园中的标识导向系统

国家公园概念的提出是美国人在历史上的创举，标志着遍及 100 多个国家、1200 多个国家公园的世界范围内的保护运动的开始。在世界各主要国家的国家公园管理实践中，美国的国家公园和其所在的国家公园体系是历史最为悠久和完善的。

通过大量的文献调研与分析，作者发现美国国家公园的标识分为交通标志和路面标识两部分，但总体上都要遵守《统一交通控制装置手册》中所包含的标准以及《国家公园管理局标志手册》的补充规定，所有的路边标志和标识都要符合良好的交通工程法。公园的标识导向系统，是国家管理局总体识别体系中的一个重要部分，必须符合《公园标志》和《第 52C 号局长令》中所包含的标准，遵循统筹规划、生态环保、经济实用、艺术美观、功能完备的原则。

1.1.2　其他国家国家公园中的标识导向系统

其他一些国家，也都建立了统一的专业机构来管理国家公园。如韩国由隶属环境部的国家公园管理局负责管理；澳大利亚的国家公园由环境与遗产部管理；新西兰包括国家公园在内的自然与历史遗产由保护部负责管理，但无论是哪些部门管理，他们都实行垂直管理，强调多方参与。其标识导向系统的设计也较为规范，除了能满足基础的寻路功能，同时还充分展示国家公园的景观资源类型、特色、美学特征和游憩价值，突出国家公园的资源魅力和文化品位。

1.2　中国国家公园标识导向系统的现状

相比美国，中国国家公园发展较晚，中国最早的国家公园试点出现在 2008 年。同年 6 月，云南省

---

①　国家社会科学基金重点项目，国家公园管理规划理论及其标准体系研究（14AZD107）

被国家林业局作为国家公园建设试点省份，以具备条件的自然保护区为依托，开展国家公园建设工作。同样在 2008 年，环保部和国家旅游局选择在黑龙江省伊春市汤旺河区进行国家公园建设试点，并为汤旺河国家公园授牌。通过大量的文献阅读，作者发现尽管国家公园试点开展迄今已有 7 年时间，国家公园仍然沿袭原有的管理体系的体制机制，其管理体制和法律体系都处在探索和发展阶段，标识导向系统的设计更是参差不齐，缺少相关原则和规范。

目前，中国各个领域的标识导向系统的监管力度不够，大多数标识导向系统的规划和设计一般由专门的标识公司、广告公司或其他相关设计咨询机构承担，没有统一的规范标准指导和约束，行业水平差异较大。再加上中国国家公园体制也是十八届三中全会上开始提出建设，缺乏相关的管理规范，国家公园的标识导向系统仍是沿用原来的规划和设计，缺乏相应的法则和规范。

综上所述，中国国家公园要发展，需要结合实际国情，在参考美国等国家公园成熟管理体制的基础上，建立具有中国特色的国家公园管理体制，制定标识导向系统的设计原则、设计规范及评价模型，塑造独特的国家公园形象，彰显国家公园的品牌魅力。

2 国家公园的环境特征与人群分析

2.1 国家公园的环境特征分析

按照世界自然保护联盟（IUCN）的定义，国家公园指那些陆地或海洋地区，它们被指定用来为当代或子孙后代保护一个或多个生态系统的生态完整性；是一个国家或地区的标志性形象，是一个天然的教育基地。为了保护国家公园的自然环境，根据稀缺性、承载力、敏感度、保护价值等资源特征，对国家公园实行分区控制管理，一般把国家公园化为特殊保护区、原野区、自然环境区、游憩区、服务区等不同的功能区。

特殊保护区：国家公园内拥有独特的、稀有的或濒临灭绝的物种或天然物种的最好样本，拥有某些自然特色的特定地区化为特别保护区。严格控制或禁止游客进入或使用，不许机动车或船只进入，不许营建人工设施。

原野区：代表国家公园中某一自然历史主题，并保护原野状态的广阔地区。只容许安排某些少量适合荒野条件的旅游设施和分散型活动，如骑马、徒步等。对使用原野区的人数有限制，机动交通工具不允许进入。

自然环境区：作为天然环境保护的地区，在不破坏天然环境的情况下可容许少量有关设施进行低密集度的室外活动。允许公共交通工具和一定数量的私人车辆进入，但最好使用非机动交通工具。

游憩区：设在风景优美和交通便利阶段，在保持自然风景和游客安全方便的前提下容许安排各种教育活动、室外娱乐项目和建设相关设施。

服务区：设在国家公园中部或边缘地带，以小市镇和游人服务中心面貌出现。设有游客服务处和各种辅助设施以及国家公园管理机构。

不同国家公园具有各自的环境特征，本着国家公园整体环境的复杂性和多样性，不同区域形成一个有机整体，不同区域车、人的动线不同，标识导向的规划原则也应呈现不同。

2.2 国家公园中的人群分析

在本文研究中，作者通过大量调研，从游客对标识导向系统的需求角度，将游客从生理特征和入园目的两个方面进行归类。

2.2.1 生理特征角度

通过文献及实地调研，从生理特征和行动力角度，作者将游客大致分为青壮年游客、老幼游客、残障游客。

青壮年游客：这部分人群有较好的精神和体力，旅游方式多为自助游，在国家公园的行为多为徒步。

老幼游客：体力受限，倾向节奏慢或集体出行的游园方式，游园过程多借助交通工具。

残障游客：这部分特殊人群由于行动力有限，在游园过程中的行动受限。

2.2.2 游园目的角度

游客目的不同，在国家公园的行为就会不同，对标识导向系统的需求也不同。按照游园目的，作者将游客分为游憩人群、研究人群和学习考察人群。

游憩人群：这部分人在国家公园中的行为较为随性，没有很强的目的性。

研究人群：这部分人进入国家公园，带着一定的科研目的或任务，一般会具有很强的目的性。

学习考察人群：这部分介于上述两种人群之间，有一定的目的性同时也具有一定性质的随意性。

游客生理特征不同，游园目的不同，他们在国家公园中的行为和动线必然不同，对标识的需求也不同。标识导向系统的规划和设计要考虑游客的不同生理特征、不同游园目的，并结合行为学理论，为他们在国家公园中的行为提供正确的指引[2]。

3 基于环境行为学理论的国家公园寻路行为分析

3.1 环境行为学概述

环境行为学是环境心理学的一部分，是研究环境与人的行为之间相互关系的学科，它着重从环境学和行为学的角度，探讨人与环境的最优化共处关系，探究怎样的环境是最符合人们心理和行为需求的。前文提到，国家公园的环境具有特殊性、复杂性和多样性，游客存在生理上的差异和目的上的差异，在国家公园中应用环境行为学理论，着重研究和解决以下问题：国家公园中环境和行为的关系、怎样完成对国家公园不同环境的认知、人们在国家公园中是如何利用环境和空间的、怎样感知和评价国家公园环境特征、国家公园游客的行为和感受。环境行为学研究的这些内容，对标识导向系统的设计起着至关重要的作用。

3.2 寻路理论

人是环境的产物，为了更好的生存和发展，会根据环境的不同提前预设好自己的行为模式，以便在不同或变化的环境中做出更快、更好的反应。

对大多数人来说，国家公园都是作为陌生环境出现的，如何在国家公园中顺利到达目的地的寻路行为是人最本能的行为。在国家公园这一特定的空间环境中，游客一般凭借标识导向系统中提供的信息，到达目的地。游客在陌生环境中的一个完整的寻路过程，首先要对空间环境有一定的认知，其次凭借自己的认知与周围环境共同生成认知地图，最后根据前两个阶段所获取的信息产生寻路决策[1]。

3.3 人在国家公园中的寻路行为分析[3-4]

基于上述环境行为学、寻路理论的基本理论以及大量调研，作者总结了游客在国家公园中的几种寻路行为。

3.3.1 借助标识寻路

大多数游客在进入国家公园以后，会首先寻找标识，解读标识导向系统中信息，实现了对国家公园标识环境结构的认知，并按照标识的信息的指引到达目的地。

3.3.2 凭借经验和习惯寻路

当游客未发现所需标识信息时，首先会根据个人经验和移动习惯来进行方向选择。人们惯常具有左转弯、走捷径、识图形，以及遇到非常状态本能躲避、向光、追随等潜意识行为习性，因此在规划标识信息时，要以人的移动规律和习性为指导进行设计。

3.3.3 询问寻路

当游客在当时环境不知道如何到达目的地时，部分人会就近向附近工作人员或其他游客询问，按照他们的指引到达目的地。

3.3.4 从众寻路

作者从调研中发现，有少部分游客在游园过程中会跟随大多数人集中的游园路线完成在国家公园中的寻路行为。

3.4 影响寻路的因素

影响寻路的因素主要包括个人因素、标识系统因素、空间环境因素、环境人群因素。

（1）个人因素，包含寻路个人本身的特性，如生理特性、心理特性与智力特性等。

（2）标识因素，包括标识布点、标识文字、色彩、图案、箭头的组合，加上造型、材质及尺寸，提供对不同空间环境的引导、说明、识别、警告等功能，为游客提供寻路资讯。

（3）空间环境因素方面，环境复杂和多样是关键性的因素，若空间环境在关系、形式、大小、安排上过于复杂或缺少规则，会造成游客寻路上的迷失和路径抉择上的困惑，从而造成寻路的困难。

（4）环境人群因素对国家公园标识导向的影响主要表现在两个方面，分别为人群的流动和人群的聚集。

4　空间行为动线主导的标识导向系统模式

国家公园的动线安排最基本的作用就是给游客一个清晰的引导，帮助他们清楚地知道自己所在位置，并且能够方便、快捷地到达自己的目的地。国家公园标识导向系统在考虑行为动线的基础上必须将空间信息有选择、有组织地传达给寻路的人，满足游客在寻路时的潜在需求。科学合理的标识导向系统能够向游客提供清晰、有序的信息，辅助人们更好地理解国家公园的特点、空间环境的结果，增强国家公园中不同功能区域的辨识性，有助于建设国家公园的品牌形象。

通过对国家公园环境特征及寻路行为的分析，我们可以将国家公园标识系统划分为四种模式。

4.1　路径模式

自然形成的道路、人工开凿（铺设）的道路所主导的标识系统引导模式，通过不同支路形成分支性的动线。这种模式的代表多为山地为主的国家公园，特点是动线分支清晰、绵长，不同的分支路径往往不能完整地串联起来，较难对所有分支路径进行完整的游览。

4.2　区域模式

通过功能区域、自然地形划分的区域等特定区域进行标识系统的规划，每个区域形成一个小型的标识系统，各个区域合起来成为一个完整的大标识系统。标识系统通过一条总的动线将各个区域进行串联。这种模式的特点是区域分布清晰，便于有明确目的区域的游览人群。

4.3　中心与节点

以一个特定区域点作为整体空间的中心，通过这个区域中心将其他区域作为一个个节点进行关联，形成一套发散的动线或者环状闭合的动线。这种标识系统的导引方式为从一个中心向四周发散，具有每条支路较短，回路清晰的特点，较适合总体形状为圆形、扇形或正方形的国家公园。

4.4　标志物模式

将国家公园中各个具有代表性的地形地貌、特色观光点等作为寻路系统的标志物进行参考，便于人们使用特定参照物进行地形或方位的空间比照。

5　中国国家公园标识导向系统设计的基本原则

国家公园标识导向系统与一般的公园或旅游景区不同，具有很强管理、引导、展示、宣教的功能，同时又能够彰显国家公园品牌特色，提升国家公园的旅游形象和地区形象。作者通过大量的文献调研和实地调研，并结合国外成熟国家公园标识导向系统的设计原则和规范[5-7]，以中国国家公园中游客的动线和寻路行为为依据，尝试对国家公园标识导向系统的设计原则进行总结。

（1）国家公园中标识导向系统设计遵循统筹规划、生态环保、经济实用、艺术美观、功能完备的原则。信息表达应规范科学、准确清晰、通俗易懂，便于阅读。

（2）国家公园中标识导向系统设计应彰显国家公园的品牌形象，突出不同国家公园特点、地方特色，不同国家公园中的标识导向系统设计应与国家公园的定位、环境特征、景观风格相协调。

（3）国家公园标识的设置应遵循"看得到、看得清"的基本要求，结合环境特征、寻路行为等确定标识规划的合理性，形成连贯有序的国家公园标识导向系统。

（4）国家公园标识系统中的动线规划应遵循准确、简短、不交叉、不重复、不遗漏景点的原则。

（5）结合国家公园生态保护区、特殊景观区、历史文化区、游憩区、服务区、一般控制区等不同的功能和特点规划设计各类标识，并做到类型合理、数量精简，避免出现标识内容相互矛盾的现象。

（6）应严格按照设计和相关的规范、要求进行制作安装，保证清晰美观，考虑协调性、稳固性和安全性。

（7）国家公园中的标识导向系统既要体现功能上的特殊性，又要讲究视觉上的统一性。由于国家公园环境的多变和主题的不同，各个地点的标识系统的设计可以不受局限。当然，在注重标识系统功能特殊性的同时，也不能忽略视觉的统一性，需要通过形象符号化、系统化和标准化的标识与导向系统设计塑造国家公园的品牌形象。

（8）国家公园标识导向中的图形要使用标准化图形符号，确保不同国家、不同地域和不同民族的游客在国家公园中能够准确获取标识信息。

参考文献

[1] 范圣玺. 行为与认知的设计 [M]. 北京：中国电力出版社，2009.

[2] 日本建筑学会. 人类环境学 [M] 东京：朝仓书店，1996.

[3] 马耀峰，李君轶. 旅游者地理空间认知模式研究 [J]. 遥感学报 2008，12（2）：378-384.

[4] 杨瑾，马耀峰. 旅游行为意象图相关行为探讨 [J]. 人文地理，2008，23（5）：108-111.

[5] 吴希冰，张立明，邹伟. 自然保护区旅游标识牌体系的构建：以神农架国家自然保护区为例 [J]. 桂林旅游高等专科学校学报，2007，18（5）：655-658.

[6] Wordsworth William. （1835）：A guide through the district of the lake in the north of England with a description of the scenery，&c. for the use of tourists and residents（5thed.）. Kendal，England：Hudson and Nicholson. p. 88.

[7] John Ap. KevinK. F. Wong：A case study on tour guiding：profession-alismissues and problems [J]. Tourism Management，2001，22（3）：511-563.

云南省国家公园标识导向系统的调查与研究①

徐文娟　范圣玺

（同济大学艺术环境设计学院）

【摘　要】　标识导向系统是国家公园建设中的必要构成，其规划与建设的好坏直接影响国家公园的品牌形象以及游客在园区中的寻路、游憩等行为。本文通过对云南省5个国家公园试点标识导向系统中形象标识、索引标识、导向标识、功能标识等各类标识的调查、分析与研究，结合行业经验、多年从事国家公园相关研究经历、国外成熟国家公园标识导向系统成功案例及目前中国国家公园标识导向系统的现状探求适合中国国家公园标识导向系统建设的发展方向和道路。

【关键词】　国家公园；标识导向系统；调查；研究；发展方向

1　前言

国家公园是为了保护国家最具特点、最具价值和最具代表性的自然、文化景观和生态系统[1]，在某种程度上，国家公园是一个国家的象征。国家公园中的标识导向系统直接反应国家公园的建设水平、管理水平，是国家公园品牌识别和品牌传播的重要内容。

中国国家公园发展较晚，国家公园管理体系、体制建设、法律体系等都处在探索和发展阶段[2]，标识导向系统的建设与设计更是参差不齐，缺少相关原则和规范。以云南省5个国家公园试点为研究对象，通多调查与分析，制定中国国家公园标识导向系统的设计原则、设计规范及评价模型，塑造独特的国家公园形象，为国家公园体制建设的完善增砖添瓦。

2　关于云南省国家公园标识导向系统的调研

云南省作为国家公园试点区，迄今为止，共批建13个国家公园。笔者分别对梅里雪山国家公园、普达措国家公园、老君山国家公园、西双版纳热带雨林国家公园望天树景区、普洱国家公园进行了实地调研。

2.1　调查概要

2.1.1　调查目的

标识导向系统是国家公园建设中必不可少的内容，其设计的好坏直接影响人们在国家公园的品牌形象和游客在园区中的寻路、游览及其他行为[3]。本调查主要从国家公园品牌建设的角度出发，对云南省国家公园的标识导向系统中的形象标识、导向标识、功能标识等各种类标识进行调查、分析与研究，探求适合中国国家公园标识导向系统建设的发展方向和道路。

2.1.2　调查方法

（1）观察法：观察法是一种非参与式调查方法，本次调研观察分两部分进行。一是对园区所有标识进行记录、拍照，并进行整理；二是通过跟踪和观察并客观记录游客从进入国家公园从起点到终点的所有行为，包括游客停留、观望、寻路、咨询等所有行为和谈话内容，如转折、停顿、张望、看标识等[4]。为保证观察结果的准确性，笔者在每个国家公园中分别选择3个随机游客作为观察对象，并在游客不知情的自然状态下，对其行为进行观察和记录。

（2）访谈法：通过对5个国家公园公园管理公司相关负责人进行访谈，了解各国家公园试点标识导

① 国家社会科学基金重点项目，国家公园管理规划理论及其标准体系研究（14AZD107）

向系统建设情况。

（3）实验法：每个考察点选择一个调查对象，对其在园区中的游园行为做特定的任务规定，让其按照现有标识规划进行寻路，并对整个使用过程中的行为和感受做客观记录。

2.2　调研执行

2.2.1　沿途交通标识

前两站考察目的地分别是梅里雪山国家公园和普达措国家公园，二者分别在2009年和2008年获建国家公园试点，是云南省国家公园试点的形象工程。自丽江自驾出发，无论是行驶在国道或者省道，沿途交通标识、景区标识、警告标识、禁令标识、指示标识、指路标识、道路施工安全标识、辅助标识等标识导向系统辐射全面，导向明确，标识体系和构架完整、全面。尤其是沿途国道关于梅里雪山、普达措以及今年四月获批的白马雪山甚至其他景区的旅游景区标识，几乎在每隔一段距离都会放置旅游景区标识，且标注方向和距离目的地里程（如图1所示）。除此之外，一般会在景区5km范围内设置醒目的景区广告牌，起到宣传作用。

图1　国道上的旅游景区标识，每隔一段距离放置，且标注清楚距离目的地的公里数

第三站丽江老君山国家公园。通过相关管理者访谈，笔者获知，老君山国家公园景区标识导向系统并非云南省旅游局统一建设，而是由其管理公司自行承建，受经费限制，无论是标识本身的设计如形式、大小、材质、视觉信息还是布点合理性、密集度乃至设计专业度上都存在了很大的局限性。除此之外，沿途旅游景区的标识内容为"丽江老君山黎明景区"，并未出现国家公园的相关字样，可见，在老君山获批国家公园以后，并未对其旅游景区标识做重新的规划和设计。

第四站西双版纳热带雨林国家公园望天树景区。西双版纳热带雨林国家公园由勐海、勐养、攸诺、勐仑、勐腊、尚勇六大片区构成，且这六大片区分布在西双版纳州3县（市）境内，片区之间比较分散且距离较远。驱车至望天树，沿途除了离西双版纳市区相对较近的景区如野象谷、植物园等相对著名的景点，偏远地区的景区标识包括热带雨林国家公园各个园区的标识导向相对不完整、辐射面不够广，行程路线基本要靠导航完成。即使在沿途旅游景区标识上有标明热带雨林国家公园字样的景区标识，却没有注明是哪个景区，要咨询工作人员。而望天树景区，地处偏远的勐腊县，交通不便、难行，加上景区标识的缺失，即使凭借导航，仍会出现走错路的现象。

2.2.2　国家公园园区内的标识导向系统

（1）普达措国家公园

普达措国家公园作为中国大陆第一个由国家林业局审批的试点，开创了中国国家公园的先河，因此，其整体规划相对合理。其品牌传播与维护、标识导向、公共设施、解说系统等都比较成熟。笔者考察时恰逢游客中心施工改造，但进入景区范围，仍然能看到完整的标识导向系统。停车场标识、游客中心标识、景区内部等不同业态标识导向覆盖全面、体系构架完整。普达措国家公园景区是单向循环和固定线路的旅游模式，从入口的形象标识、索引标识、导向标识到各种功能标识如温馨提示、安全警示等如图2所示，标识种类齐全且辐射全面。为了后期维护与定位的方便，在每个索引标识牌上都设置了编号，方便游客在环境中更好的定位与寻路以及后期的维护。普达措国家公园中标识导向系统的整体规划和设计比较合理，但是在整个景区的标识导向系统中，没有一个消防安全及设施标识。

图 2　普达措国家公园标识导向系统

（2）梅里雪山国家公园

梅里雪山国家公园包含了原生态居民区、特殊保护区、原野区、自然环境区、游憩区、服务区等不同的功能区，区域面积大且广，其各个区域的标识导向系统规划完整、设置合理。飞来寺虽为开放景点，但其游客中心及景区内标识导向种类齐全、布点合理、辐射全面，很好地诠释了梅里雪山国家公园的品牌形象与魅力，更通过标识设计对梅里雪山的文化进行了完整的解说，如图 3 所示。梅里雪山徒步路线每隔 1km 设置休息设施和导向标识，且沿途电线杆均有标注序号和海拔。

图 3　梅里雪山国家公园标识导向种类

（3）老君山国家公园和西双版纳热带雨林国家公园

老君山国家公园、西双版纳热带雨林国家公园的标识导向系统大多沿用原景区的标识导向系统，整体相对陈旧，获批为国家公园后只是在原有基础上做了相应的增补。尤其是老君山国家公园文化管理相对欠缺，入口处的形象标识内容为"三江并流国家重点风景名胜区黎明景区"，景区内形象标识为老君山国家地质公园，在形象标识上并没有"国家公园"的相关字样或标志，如图4所示。在景区的标识导向系统中，出现两个不同的老君山国家公园的标志，且在不同的标识牌上关于老君山的相关的"国家地质公园"、"风景名胜区"、"世界遗产"、"国家公园"形象标识不统一，有些是三个图标，有些是四个图标及加上了后来的国家公园标志。

图4　老君山国家公园形象标识

西双版纳热带雨林国家公园望天树景区的游客中心只有"国家级风景名胜区"和"望天树景区"的字样，并未出现国家公园的字样，乘船进入景区，通道上能看到宣传栏上热带雨林国家公园的字样，进入园区看到形象标识，但并未在入口位置（如图5所示），整体标识导向系统仍沿用望天树景区原有的标识体系。

图5　西双版纳热带雨林国家公园形象标识

（4）普洱国家公园

普洱国家公园于2011年获批重建并与2013年正式开放，但关于该国家公园有两种叫法即普洱国家公园和普洱太阳河国家公园，命名上缺少规范。犀牛坪景区并未出现国家公园形象标识，如图6所示。但整体上普洱国家公园标识导向系统是随着国家公园获批后与园区整体规划同时进行重新的规划与建设，标识与设施的建设细致入微、巧中取胜，不仅功能完整、规划合理且很好的与环境融为一体。

图 6　普洱国家公园标识导向系统现状

3　调查结果及分析

通过对以上云南省 5 处试点国家公园的调研与分析，标识导向系统的规划、设计和建设有好有坏、参差不齐，如普达措国家公园及梅里雪山国家公园整体标识导向系统的规划和设计相对较为完整，而老君山国家公园、西双版纳热带雨林国家公园和普洱国家公园的标识导向系统大多是在原有景区标识导向系统上做了部分的调整，但整体上缺乏统一的管理、规范与标准。

3.1　国家公园命名

在调研的 5 个国家公园中，每个国家公园的命名都不相同，即使是同一个国家公园在不同的应用上出现多种名称，缺少统一的命名方式。在表 1 中，根据调研情况，笔者列举了 5 个国家公园园区中标识导向系统中的名称，具体名称及分析如下。

5 个考察对象的命名状况　　　　　　　　　　　　　　　　　　　　　　　　　　表 1

序号	标识导向系统中的国家公园名称	命名构成	其他命名
1	普达措国家公园	具体名称＋国家公园	标志设计中名称为"香格里拉普达措国家公园"，其构成为"市＋具体名称＋国家公园"
2	梅里雪山国家公园	具体名称＋国家公园	在《香格里拉梅里雪山国家公园总体规划》中出现了"市＋具体名称＋国家公园"，在信纸上出现了"德钦梅里雪山国家公园"，其构成为"县＋具体名称＋国家公园"
3	丽江老君山国家公园	市＋具体名称＋国家公园	园区形象标识中出现了"三江并流国家重点风景名胜区黎明景区"和"老君山国家地质公园"
4	西双版纳热带雨林国家公园	州＋具体名称＋国家公园	西双版纳国家公园，构成为"州＋国家公园"
5	普洱太阳河国家公园	市＋具体名称＋国家公园	形象标识出现"犀牛坪"；其他名称有"普洱国家森林公园"
	普洱国家公园	市＋国家公园	

3.2　园区外相关标识及辅助信息

园区外相关标识及辅助信息主要指沿途交通标识、旅游景区标识、警告标识、禁令标识、指示标识、指路标识、道路施工安全标识、辅助标识、立柱广告牌等。该区域的规划主要体现国家公园整体管理水平，规划的合理与否直接影响游客对该国家公园的视觉感受和心理感受[5]。如表 2 所示，分别从上述 9 种类别上列举该 5 个国家公园试点的规划状况。

国家公园园区外标识及辅助信息规划状况　　　　　　　　　　　　　　表2

名称 类别	普达措国家公园	梅里雪山国家公园	老君山国家公园 黎明景区	西双版纳热带雨林 国家公园望天树景区	普洱国家公园
交通标识	辐射全面、信息合理	辐射全面、信息合理	信息合理、间隔较远	信息合理、间隔较远	信息合理、间隔较远
旅游景区 标识	旅游局统一规划， 每隔4km设置	旅游局统一规划， 每隔4km设置	自行规划，缺少规 范，间隔较远，且为 出现国家公园字样	缺少规范，间隔较 远，每个景区导向不 明确	缺少规范，间隔较远
警告标识	合理、全面		基本合理、全面		
禁令标识	合理、全面		基本合理、全面		
指示标识	合理、全面		基本合理、全面		
指路标识	合理、全面		基本合理、全面		
道路施工 安全标识	合理，根据道路实际情况设置		根据道路实际情况设置，偶尔有缺失		
辅助标识	合理、全面		欠合理，相对较少		
立柱广告牌	分布密集		较少，景区较近的地方才能看到		

3.3　园区内的标识导向系统

从调研结果来看，普达措国家公园和梅里雪山国家公园试点建设较早，标识导向系统的规划与设计合理且辐射全面。老君山国家公园、西双版纳热带雨林国家公园的标识导向系统是在原有景区标识基础了做了局部的调整和补充，标识信息显示局部不统一。普洱国家公园的标识导向系统随着其获批国家公园试点之后整体规划，整体规划和设计相对合理。具体情况分析见表3。

国家公园园区内标识导向系统现状　　　　　　　　　　　　　　　　表3

标识类别	普达措国家公园	梅里雪山国家公园	老君山国家公园 黎明景区	西双版纳热带雨林 国家公园望天树景区	普洱国家公园
国家公园 形象识别					
	包含标志、标准字、 英文、藏文，	包含标志、标准字、 英文、藏文	同一个园区当中出现了 两个标志	无国家公园标志，只有 望天树景区的标志	普洱国家公园的标志
形象标识					
	入口	无形象标识设计	无	6个片区统一的 形象标识	进入规划区
索引标识					
	无总索引， 区域索引带编号	总索引 区域索引	索引标识与说明性 标识组合	总索引	总索引 区域索引

续表

标识类别		普达措国家公园	梅里雪山国家公园	老君山国家公园黎明景区	西双版纳热带雨林国家公园望天树景区	普洱国家公园
导向标识						
		岔路口，方便寻路	人行导向车行导向	岔路口设置导向，方便寻路	岔路口，方便寻路	单线旅游线路，无导向标识
功能标识	说明性标识					
		覆盖面全	覆盖面全	覆盖面全	覆盖面全	覆盖面全
	提示标识					
		覆盖面全	覆盖面全	覆盖面全	覆盖面全	覆盖面全
	警示标识					
		覆盖面全	覆盖面全	覆盖面全	覆盖面全	覆盖面全
	消防标识	无	无；只有关于防火类的提示	无；有消防设施和提示	无；有关于防火类的提示	无；有关于防火类的提示
	其他					
		共同构成标识导向系统	不同部门的标识	居民土著特色标识	宣传栏，辅助对望天树的介绍	特色标识

4 中国国家公园标识导向系统的发展方向

新生伴随阵痛，转型伴随迷茫，中国国家公园作为一个新生事物面临着各个方面的考验，其标识导向系统建设道路同样任重而道远。笔者结合标识设计的行业经验、多年从事国家公园相关研究经历、国外成熟国家公园标识导向系统成功案例及目前中国国家公园标识导向系统的现状，尝试对中国国家公园标识导向系统的发展方向提出个人看法。

4.1 国家公园的命名

国家公园要进行品牌建设，首先要有统一的命名方式。在命名方式上可采用固定命名方式，如"省＋市＋公园名称＋国家公园"或"公园名称＋国家公园"或其他命名方式，国家公园名称在标识、广告、门票、网络等方面的应用不能出现多种命名方式，必须保证名称一致。

4.2 建立中国国家公园品牌的视觉识别系统

中国国家公园 VI 系统的规划与设计，尤其是 LOGO、标准字、标准色、辅助图形、辅助色、吉祥物等设计，以及 VI 应用系统尤其是在标识导向系统方面的应用要做统一规范。

4.3 标识设计的原则与规范

标识导向系统是一个完整的独立的体系，中国国家公园同样要有独立标识导向系统的设计原则及规范。

4.3.1 图形规范

可针对国家公园这一特殊环境，制定《中国国家公园公共信息图形符号标准》。

4.3.2 园区外道路标识

规范园区外道路上旅游景区标识是否维持现有的道路标识规范或在此基础上更进一步深化，如间隔距离、标识牌造型、大小、材质、色彩等；广告牌及位置规范，如广告牌的大小、信息、点位等。

4.3.3 标识种类规范（每种类型标识的具体设计规范）

主要从标识的功能属性方面规范标识种类，如形象标识、索引标识、导向标识、功能标识等。

（1）形象标识具体规范要求：统一国家公园形象标识，如形象标识的信息构成（LOGO、中英文及少数民族标准字等信息，以及各种信息构成之间的间距）、大小、材质、色彩、字体、安装方式、放置位置等。

（2）索引标识具体规范要求：索引标识信息构成、放置位置、编号、大小、材质、色彩、字体、安装方式等。

（3）导向标识具体规范要求：导向标识中的信息构成、版面布置、布点、造型、材质、安装方式等。

（4）功能标识具体规范要求：功能标识种类（提示类标识、警示类标识、说明类标识等）以及每一个种类的具体规范及要求。

4.3.4 其他标识导向系统

如触觉标识、听觉标识、感应标识等具体设计细则与规范具体设计细则与规范。

4.3.5 标识制作与安装规范

标识制作与安装应符合国家相关行业标准。

参考文献

[1] 国家林业局森林公园管理办公室，中南林业科技大学旅游. 国家公园体制比较研究 [M]. 北京：中国林业出版社，2015：8-9.

[2] 李如生. 美国国家公园管理体制 [M]. 北京：中国建筑工业出版社，2005.

[3] National Park Service. (2008). The National Park Service Organic Act.

[4] 杨瑾，马耀峰. 旅游行为意象图相关行为探讨 [J]. 人文地理，2011，23（5）：108-111.

国家公园试点与实践

三江源国家公园创新行动

王 蕾

（世界自然保护基金会）

【摘　要】　WWF 国家公园项目提倡以多种方式并整合多方力量，支持通过建立国家公园体制实现对重要生态系统完整性和原真性的有效保护，并以此为契机探索中国自然保护体制机制创新和生态文明制度构建。

【关键词】　三江源；国家公园；创新行动

1　四个方面

1.1　政策研究和倡导

为国家公园体制试点区提供管理问题分析与政策建议，并利用合作伙伴的渠道上传决策者。

1.2　科学研究

支持国家公园科学研究和国际学术交流。

1.3　交流和参与平台搭建

开展宣传，搭建平台，协调企业、当地社区、国内外社会团体及公众共同关注和参与国家公园及体制建设。

1.4　示范点建设

建立国家公园试点区，通过体制构建实现绿色发展的示范点和社会力量参与的示范点。

2　主张

WWF 主张巩固和维护当前自然保护成果，防止关键生态系统和栖息地破碎化；推动建立国家公园体制，整合各体系下中国自然保护地并制定管理办法；将生态系统完整性和物种保护纳入国家公园遴选、管理目标制定、监测和考核指标体系；推动完善相关立法和社会参与机制；通过自然保护凝聚国家意志。

3　希望

WWF 国家公园项目希望以中国国家公园及体制建设为契机，理顺中国的保护地体系并优化其管理，遏制生物多样性丧失和栖息地破碎化的趋势，率先在国家公园体制试点区实现"保护为主、全民公益性优先"。

4　体制

体制试点突出垂直管理、中央事权，即：所有权由中央政府直接行使，试点期间由青海省政府代行。依托三江源国家级自然保护区管理局，组建三江源国家公园管理局，整合农牧、国土、林业、水利等部门，以管理局为主、地方政府管理为辅。"一年夯实基础工作、两年完成试点任务、五年建成国家公园"。

5   原则

基于发改委《建立国家公园 2015 年工作要点》，以及《三江源国家公园体制试点区方案》等体制建设政策背景，社会积极参与国家公园试点探索。当前试点工作内容包括：保护制度创新、生态保护示范、导览设计及解说体系规划以及中国国家公园志愿者参与平台孵化等，并提出如下创新行动指导原则：生态保护是前提、环境教育是责任、社区参与是保障。

（根据嘉宾报告及多媒体资料整理，未经作者审阅）

云南省国家公园建设探索与反思

叶 文

（西南林业大学生态旅游学院）

【摘　要】　2005 年云南省普达措国家公园开始中国第一个国家公园建设的试点，到 2013 年十八届三中全会提出建设国家公园体制，经历了 8 年的探索有很多经历值得总结与反思。本文比较系统总结了普达措国家公园建设历程与经验收获，对中国国家公园未来建设发展提出了 5 个方面的建议。

【关键词】　普达措国家公园；规划设计；管理经验；云南省

1　云南国家公园探索的缘由

1998 年长江大洪水，中央要求长江流域严禁砍伐，迪庆藏族自治州的木头财政遇到了瓶颈。

1998 美国大自然保护协会（TNC）与当时的云南省计委对滇西北三江并流区合作研究时，提出了在滇西北建立"大河流域国家公园"的设想。之后 TNC 请清华大学的杨锐教授做了丽江老君山、梅里雪山的管理计划，国家公园的概念对一些官员产生了影响。

2002 年"三江并流世界自然遗产地"获批，迪庆州大部分国土为遗产地。由传统的保护地管理思想进行管理。生存发展路在何方？

2　普达措国家公园发展阶段

2.1　第一阶段（2005-2007）：香格里拉普达措国家公园艰难起步

2004 年受云南省林业厅委托西南林业大学在杨宇明教授的带领下开始对碧塔海省级自然保护区进

行科考和总体规划，准备申报国家级自然保护区，但迪庆州政府反对。当地政府主要官员受 TNC 的影响，尤其是清华大学到迪庆州挂职的史宗恺教授的影响，提出探索建设国家公园。受迪庆州政府的委托，我带领一个团队开始了艰辛的规划设计，充分利用了民族自治法。尽量发挥国际专家和 NGO 的作用。

在国家公园试点起步过程中有关部门认识不统一，云南省政府研究室和环保部、省环保厅大力支持，但林业部门、住建部门不同意。

（1）香格里拉普达措国家公园概况

普达措国家公园位于滇西北香格里拉县东部境内，距县城 25km，海拔 3600-3700m。位于"三江并流"世界自然遗产地和"三江并流"国家级风景名胜区内；公园主要包括碧塔海省级自然保护区（碧塔海也是国际重要湿地）和属都湖景区以及周边地区；区内的资源主要包括六大类：森林、湿地、草甸、湖泊、河流以及藏族文化。

（2）普达措国家公园规划建设理念

生态环境可持续是社会经济可持续发展的基础，社会经济可持续发展是环境可持续的动力。

（3）国家公园功能结构（保护地的管理都是通过分区来实现的）

特别保护区

自然生境区

（荒野区、野生生物区）

景观游憩带

公园服务区

引导控制区（遗产廊道）

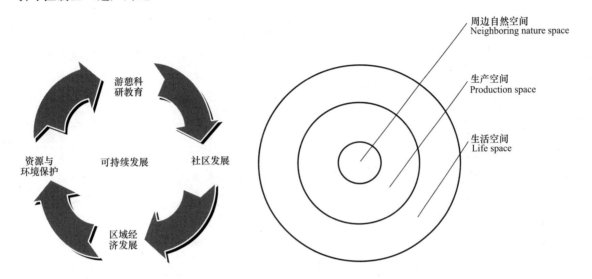

（4）设施设计和建设四原则：

与环境协调（生态协调、景观协调）

所有设施都是景观的构成部分

所有材料都是环保的

设施上的人互为景观

率先进行了项目建设对生物多样性影响的实证调查和监测研究

（5）科学、文化与艺术结合的解说系统

（6）普达措的生态旅游模式及设计要点

（7）乡村聚落（社区）规划层次结构

（8）管理体制设计

成立正处级的国家公园管理局

● 代表政府行使对资源的管理（土地、森林、水体等）

● 区域内和辐射区的社区管理

● 监督管理企业经营活动

● 协调政府、企业、社区的关系，特许香格里拉旅游股份有限公司进行旅游经营活动

● 在保护的基础上适度开发，开发面积不到1%

● 收益分配主要包括：政府收益（税收、资源使用费、管理费等）、社区收益、保护费、企业利润、企业发展金等

（9）效益体现

直接门票收入：由没有建国家公园前的每年500多万元增加为2007年约1亿多元，目前每年的收入已超过3亿元。当地政府、企业、社区居民皆大欢喜，有了更多的保护资金。

周边居民：放弃了对环境影响很大的旅游经营方式——牵马，2007年获得了1000余万元的收入，逐年增加，目前已达每户2万元以上。

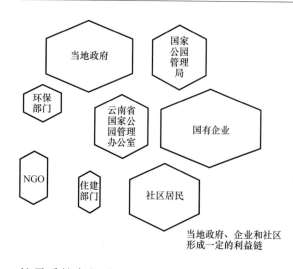

当地政府、企业和社区形成一定的利益链

环境保护：提高了管理的科学性和有效性，栈道约束了游客的空间活动行为。已经富营养化的高原湿地开始恢复，当地社区居民由环境破坏者变成了积极保护者。

社区参与：300多名社区居民参与到了生态旅游的经营活动中。

（10）普达措国家公园建设探索的意义

这是我主编的《香格里拉的眼睛——普达措国家公园规划设计》一书前言的一段话："对于中国这样一个正在进行新型工业化和没有经过环境运动洗礼的发展中国家，特别是云南这样一个边疆少数民族省份，尤其是迪庆这样的藏区，建立国家公园，按照国家公园的理念来保护、开发和管理资源，已远远超出了解决开发与保护矛盾的意义。"

2.2　示范带动效应阶段（2007-2008）

开始启动另外四个国家公园规划：

● 梅里雪山国家公园（依托三江并流世界遗产、国家级风景名胜区）

● 丽江老君山国家公园（依托三江并流世界遗产、国家级风景名胜区、国家地质公园）

● 西双版纳热带雨林国家公园（依托国家级自然保护区、国家森林公园）

● 普洱国家公园（依托省级自然保护区、国家森林公园、公益林）

带动了云南国家公园的建设，国家林业局同意云南省作为国家公园建设试点省（国家林业局林护发〔2008〕123号）；导致了国家各部委广泛重视；云南省成立了国家公园管理办公室；编制了国家公园技术标准。

已批准建设13个，还有一个没建，9个是依托国家级自然保护区来建设。

2.3　大规模建设阶段 2009 至今

云南省政府在云南省林业厅保护办加挂一块牌子"云南省国家公园管理办公室"；编制了《云南省国家公园技术规程》；《云南省迪庆藏族自治州香格里拉普达措国家公园管理条例》2014 年 1 月 1 日实施；开创"一园一法"的先河；《云南省国家公园管理条例》2016 年 1 月 1 日起实施。

这一阶段主要特点是：以政府名义正式批准设立国家公园，并成立了对应的管理机构；保护和管理经费列入财政预算；林业部门负责国家公园的管理和监督；林业部门会同省标准化主管部门制定和完善云南省国家公园地方标准。

2.4　第四个阶段：十八届三中全会至今

普达措国家公园列入国家发改委 9 个试点区之一（2015 年 1 月），第一轮试点方案没通过。

3　普达措国家公园建设的问题与反思

3.1　问题

（1）当地政府的角色

（2）国家公园管理局与旅游企业的关系

（3）旅游收益分配机制

（4）社区可持续发展问题，目前依然以输血式为主

（5）保护能力建设问题

3.2　反思

（1）依法依规限制政府权力

（2）进一步厘清国家公园管理局与企业各自的责任和义务

（3）强化社区能力建设，增强社区造血功能

（4）科学研究和监测应有更大的投入

3.3　管理机构设置问题

应该是一个综合机构，单一部门不足以管理好国家公园。

3.4　国家和省级权利问题

国家试点阶段，国家部委尊重基层和基层主动与国家层面交流存在很大的问题。相关部门务必站在国家利益角度共同合作。

3.5　管理理念问题

回到保护区的老路上去：静态的、被动的、画地为牢的精英保护思想；依托国家级自然保护区建立国家公园问题总体上降低了保护级别。规模过大，许多并不适合建国家公园；

3.6　建设资金渠道问题，批准一个给 1000 万的建设资金，只是药引子

3.7　利益分配机制问题

3.8　效益问题，绝大部分只是多加挂了一块牌子，生态旅游起色不大

4　国家公园体制建设的核心问题

4.1　很大程度上是政治问题

（1）政治层面：保护地管理体制顶层设计，解决谁来管？怎么管？

（2）运行层面：保护地体系调整设计，需要建立完整的适合国情的保护地体系，明确国家公园的定位。

（3）保障层面：法规体系设计。

4.2　对国家公园试点的期许

（1）管理架构，成立三个相互制约的管理机构：

1）国土安全部：矿藏资源司、土地资源司、水资源司、生物资源司、大气资源司、保护地管理司（国家公园管理司）等；

2）资源利用部：农业司、水利司、矿产司等；

3）环境保护部：负责所有资源的监测、评估、监管、处罚等。

从根本上解决保护部门把个人利益当成部门利益，部门利益当成国家利益的"九龙治水"的痼疾！

（2）价值取向

1）四位一体：保护＋可持续利用＋教育＋社区发展；

2）突破自然保护区等原有保护地的保护理念和功能分区架构的羁绊；

3）厘清保护与利用的关系"保护是全人类的事，学习自然和欣赏美景是天赋人权"。

（3）最重要的三种自然保护地的关系

1）强化保护区本底调查，为科学功能分区奠定基础。

2）自然保护区：生物福利的主要区域。严格保护生物多样性和物种栖息地，科学的功能分区，控制面积，禁止开发，所有保护经费都来自于国家财政，居民实施搬迁。

3）国家公园：人类和生物共享福利区域。国家意识、环境教育的自然课堂。保护经费的大部分来源于国家财政。社区发展经费来源于国家财政和生产经营所得两个方面。

4）风景名胜区：主要为人类提供福利，可持续利用。

（4）构建适合中国国情的运营模式

1）靠国家全额投入：可能性不大。

2）管理主体（国家、NGO、企业）是谁并不是最重要的，重要的是建立严格的监管体系。

3）建立运行通畅的自上而下的管理运营体系。

（5）终极关怀

与IUCN合作，在强化文化保护和社区发展的基础上，完善保护地结构类型，在中国做试点，进而推广到全球，凸显大国风范。

（根据嘉宾报告及多媒体资料整理，未经作者审阅）

仙居县国家公园试点调研报告

王利民　　彭军伟

（仙居国家公园管理委员会）

【摘　要】　浙江省仙居县南部的河谷平原和丘陵山区，保存完好的中亚热带常绿阔叶林、中生代火山与火山岩地貌地质，先后建成多个国家级、省级自然园区，对自然生态保护、绿色经济发展具有重要意义。但是，各个自然园区交叉重叠、人为割裂生态系统完整性，管理混乱、责任不清，严重影响了保护和管理的成效。为了进一步协调处理好环境与发展、保护与利用、经济与社会等方方面面的关系，仙居县探索国家公园体制，试行政府主导、多方参与、区域统筹、分区管理，管经分离、特许经营，侧重于管理体制优化整合的改革试点。

【关键词】　仙居县；国家公园；试点；启示

国家公园是国际上通行、已被证明是行之有效的、实现保护与开发双赢的自然生态保护与管理模式。党的十八届三中全会通过的《中共中央关于全面深化改革若干重大问题的决定》首次提出"建立国家公园体制"，建立"国家公园"已成为我国生态文明体制改革的一项重要内容，鼓励各地积极开展自主探索。2014 年 3 月，国家环保部批复仙居县开展国家公园试点工作。

仙居县地处浙江东南部，特殊的自然地理条件造就了独特的生物多样性、地形地貌、气候特征，是国家级生态县、中国长寿之乡。仙居国家公园地处浙江省仙居县南部的田市镇、白塔镇、淡竹乡、皤滩乡 4 个乡镇河谷平原和丘陵山区，介于东经 120°17′6″-120°55′51″、北纬 28°28′14″-28°59′48″之间，南北宽 21.1km、东西长 20.84km，总面积 301km²，森林覆盖率高达 97％以上，空气质量达到国家一级标准、地表水水质达到国家Ⅰ类水质要求、环境质量为优，负氧离子最高值达 8.8 万个/cm³，保存着完好的中亚热带常绿阔叶林，分布着世界上规模最大、最典型的中生代火山与火山流纹岩地貌地质，被誉为我国东部罕见的天然植物"基因库"、动植物"博物馆"、"火山岩地貌的大观园"。

1　仙居国家公园试点现状

1.1　基本概况

据统计，截至目前，仙居国家公园范围已建立了各级各类自然生态保护园区 5 类，5 处。主要类型有：自然保护区、风景名胜区、森林公园、地质公园、自然保护小区、A 级旅游景区（表 1）。

各类自然园区类型、数量和区位统计表　　　　　　表 1

自然园区类型	数量	面积（km²）	等级	区位
自然保护区	1	27.01	浙江省级	东经 120°29′12″-120°37′23″ 北纬 28°31′59″-28°35′48″
风景名胜区	1	158	国家级	东经 120°29′27″-120°40′3″ 北纬 28°34′37″-28°40′15″
森林公园	1	29.8	国家级	东经 120°32′38″-120°38′57″ 北纬 28°32′43″-28°36′46″
地质公园	1	101.65	浙江省级	东经 120°33′49″-120°40′11″ 北纬 28°35′15″-28°43′52″
旅游景区	1	158	国家 5A 级	东经 120°29′27″-120°40′3″ 北纬 28°34′37″-28°40′15″

1.2　管理体制

目前，各类自然生态保护园区按生态要素划分管理职能，分属环保、林业、国土、住建、旅游等 5 个部门和单位主管（表 2）。

各类自然园区类型与归口部门统计表　　　　　　　　　　　　　　　表 2

园区名称	园区审批	主管部门	批复文件
括苍山省级自然保护区	浙江省人民政府	环保部门	《关于建立仙居括苍山省级自然保护区的批复》（浙政函〔2011〕109 号）
仙居国家级风景名胜区	国务院	住建部门	《国务院关于发布第四批国家重点风景名胜区名单的通知》（国函〔2002〕40 号）
浙江仙居国家级森林公园	国家林业局	林业部门	《关于准予设立仙居国家级森林公园的行政许可决定》（林场许准〔2008〕9 号）
神仙居省级地质公园	省国土厅	国土部门	《关于同意建立神仙居省级地质公园的函》（浙土资厅函〔2013〕1280 号）
神仙居 5A 级旅游景区	国家旅游委	旅游部门	全国旅游资源规划开发质量评定委员会公告（2015 年第 3 号）

1.3　管理依据

风景名胜区的管理主要依据国务院专门行政法规《风景名胜区条例》，其他自然生态保护园区的管理依据为国家部门规章或规范性文件以及地方性法规或办法，同时参照相关法律法规执行管理、保护等工作（表 3）。

各类自然园区及其管理依据统计表　　　　　　　　　　　　　　　表 3

园区名称	管理依据	发布文号	其他指导性意见
括苍山省级自然保护区	《浙江省自然保护区管理办法》	浙江省政府令 2014 年第 321 号	《中华人民共和国环境保护法》（主席令 2014 年第 9 号）、《中华人民共和国森林法》（主席令 2009 年第 3 号）、《中华人民共和国野生动物保护法》（主席令 2004 年第 24 号）、《浙江省陆生野生动物保护条例》（浙江省人大会常委会公告 1998 年第 3 号）、《浙江省野生植物保护办法》（浙江省政府令 2011 年第 289 号公布）、《浙江省森林管理条例》（2004 年浙江省第 10 届人民代表大会常务委员会第 11 次会议修订）等
仙居国家级风景名胜区	《风景名胜区管理条例》	国务院令 2006 年第 474 号	《风景名胜区分类标准》CJJ/T 121—2008 等
浙江仙居国家级森林公园	《国家级森林公园管理办法》	国家林业局令 2011 年第 27 号	《中华人民共和国森林法》（主席令 2009 年第 3 号）、《中国森林公园风景资源质量等级评定》GB/T 18005—1999、《森林公园管理办法》（国家林业部令 1993 年第 3 号）、《国家级森林公园设立、撤销、合并、改变经营范围或者变更隶属关系审批管理办法》（国家林业局令 2005 年第 16 号）等
神仙居省级地质公园	—	—	省级地质公园建设标准（试行）
神仙居 5A 级旅游景区	《旅游景区质量等级评定管理办法》	（国家旅游局令 2005 年第 23 号）	《中华人民共和国旅游法》（主席令 2013 年第 3 号）《旅游景区质量等级的划分与评定》GB/T 17775—2003 标准、《旅游资源保护暂行办法》（旅办发〔2007〕131 号）等

1.4　存在问题

（1）自然园区交叉重叠、人为割裂生态系统完整性

对照表 1，各类自然园区集中分布于东经 120°29′12″-120°40′11″、北纬 28°31′59″-28°40′15″之间，通过 ArcGis 分析、评价，5 处自然园区交叉重叠严重、人为割裂生态系统完整性，形成一张复杂的空间"文氏图"。

（2）管理混乱、责任不清

对照表2、表3，各类已建立的自然园区是由不同的资源管理部门根据各自权限制定不同的管理制度、措施、标准和技术规范。通过比对、解析，存在自然生态保护管理混乱、责任不清，进而引发重复建设、管理低效等问题。

1.5 原因分析

（1）实行生态要素划分自然园区

现有各类园区过于强调对自然生态要素的划分，忽视了生态系统的完整性和服务功能，与维护生态安全和保护生物多样性的需求不适应。导致各类自然生态保护园区的无序发展，造成自然园区种类繁多、数量庞大，彼此之间缺乏有机联系，不成体系。

（2）实行部门线条管理体制

现有各类园区实行由资源部门分散、线条管理的管理体制，过于强调管理权限的划分。没有实现对区域生态环境的整体保护和统一监管，不符合自然规律，出现授权不一、规范性文件经常代替正式的立法等多种现象，导致自然生态保护管理有缺失、漏洞。

（3）实行管经一体化运营

现有各类园区实行管理、经营和服务一体化，"既是裁判员又是运动员"垄断经营模式，未引进竞争机制、未对市场全面放开。导致生态环境保护、宣传教育、科学研究、生态旅游各方面发展不平衡。

2 仙居国家公园试点措施和成效

两年多来，仙居县在国家环保部的指导下，按照"保护与开发双赢、职责高度统一、管经分离和可复制推广"的原则，体现政府主导性、国家公园公益性和科学性这三大国家公园的根本特性，积极探索既有仙居特色又可复制推广的国家公园体制模式，在体制机制创新、融资渠道创新、国际合作等方面进行了大胆尝试，并取得了一定成效。

2.1 政府主导、多方参与，探索建立管理体制

（1）强化组织领导，统筹协调工作

自仙居县获国家环保部批复开展国家公园试点以来，成立了以党委、政府主要领导为组长的国家公园建设领导小组，建立国家公园办公室，下设体制机制组、规划调查组和政策研究组，分别由发改、环保和旅游等部门一把手任组长，整合编委办、林业等23个部门力量联动推进国家公园试点工作。

（2）联合多方参与，共同助力推进

密切联系国际、国内组织，先后邀请世界自然保护联盟（IUCN）、世界自然基金会（WWF）、保护国际（IC）、法国开发署（AFD），国务院发展研究中心、环保部规划院、环科院、中科院、人民大学、北京大学、中国矿业大学、清华大学等专家实地考察、调研国家公园建设。与环保部对外合作中心、环保部南京环科所、台州学院生命科学学院建立战略合作伙伴关系。聘请了中国工程院院士金鉴明，国家发改委国家公园评审专家苏杨、雷光春、李俊生等多个领域专家学者建立了国家公园智囊库。获得环保部南京环科所、台州学院人力支持，分别派遣1名专职人员和1名副教授到国家公园挂职工作。环保部领导和国内、国际专家先后多次来仙居调研、指导国家公园试点建设，平均每月都有5位以上专家、学者在仙居开展国家公园试点工作。

（3）创新机构设置，探索建立体制机制

在原有仙居国家公园试点县工作领导小组办公室及4个工作组的基础上，整合了国家级风景名胜区、国家级森林公园、省级自然保护区、省级地质公园等管理机构，组建"仙居国家公园管理委员会"。2015年，仙居国家公园管理委员会（仙居国家级风景名胜区管理委员会）作为仙居县政府正科级派出机构、仙居县生物多样性资源保护中心（浙江括苍山省级自然保护区管理处、仙居神仙居省级地质公园管理处、浙江仙居国家森林公园管理处）副科级事业单位获得市、县两级编委批复，核定编制29名（其中机关编制14名，全额事业编制15名）。县委、县政府配强国家公园管委会领导班子，整编仙居县

俞坑常绿阔叶林自然保护区人员 6 名、选调教育系统人员 2 名、法院系统人员 1 名，派驻环保局、交通局、建设局人员各 1 名，招录专业人员 5 名。

2.2　区域统筹，分区管理，实行分类等级保护

（1）明确目标，加强规划编制

委托国家环科院编制《浙江仙居国家公园建设规划》以来，组织了多层次的讨论和征求意见，多次召开国际专家研讨和论证会，开展了生态系统服务价值评价、生态敏感性分析、生态适宜分析，筛选完整的生态系统，在国土空间上有效整合了自然保护区、风景名胜区、地质公园、森林公园、A 级景区等各类自然保护园区。针对不同生态资源保护对象、生活生产需求，将国家公园区域划分为严格保护区、重要保护区、限制利用区和利用区等 4 个功能分区，实行区域统筹、分区管理、等级保护，明确空间管制、负面清单，各区全面禁止、限制改建、扩建工业项目，严格控制非环境友好型项目进入，加快发展第三产业，提高服务业比重和水平，促进三次产业在更高水平上协同发展。2015 年 11 月，《浙江仙居国家公园建设规划》通过环保部组织的专家评审；2016 年 8 月，通过县人大常委会批准。

（2）引入保护体系，与国际接轨

加强同国际金融机构、非政府机构合作，积极有效引进境外和先进技术，开展多领域合作。加强与联合国环境规划署（UNEP）的交流合作，深化生物多样性和生态系统服务价值评估（TEEB）项目。今年 4 月，我县承办了"第九届中德生物多样性保护国际研讨会"，并发布了仙居国家公园生态系统服务价值（56.02 亿元）。利用全球环境基金（GEF）赠款，实施了国内首个生物多样性新型碳汇，我县 11624.5 亩新造林 29.6 万 t CO_2 的减排量即将上市交易。进一步争取到约 150 万美元的 GEF 赠款项目落户仙居，开展国家公园体制机制研究工作。加强与世界自然保护联盟（IUCN）的交流合作，启动 IUCN 绿色名录申报。

（3）大力推进生物多样性保护

发布并实施全国首个县级单位生物多样性保护行动计划——《仙居县生物多样性保护行动计划（2015-2030 年）》，组织开展植物、兽类、两栖类、爬行类、鱼类、鸟类、昆虫类、水生生物类生物多样性调查与监测工作。鸟类调查新增记录 66 个物种、两栖爬行类新增记录 24 个物种、哺乳类新增记录 1 个物种、水生生物调查共采集 1627 头生物、土壤动物鉴定有 182 个科。现在在国家公园范围内以永久性设置 80 台热感红外无人相机、动物监测样线 8 条，红外相机拍摄到国家一级保护动物 2 种，二级保护动物 6 种（包括新发现国家二级保护动物 3 种）。发表了 6 个以仙居命名的新物种（仙居边框桥弯藻、仙居刺齿跳、仙居多足摇蚊、仙居猛摇蚊、仙居狭摇蚊、韦羌二叉摇蚊）。去年中国举办"5·22 国际生物多样性日纪念大会"，仙居生物多样性保护工作获得联合国《生物多样性公约》执行秘书迪亚斯的接见及认可，并向环保部部长、中国生物多样性保护国家委员会副主席陈吉宁建议将仙居县列入到国际履约单位，探索地方政府在生物多样性保护、宣教、科研、履约的新机制。仙居县政府出台全国首个国家公园全域禁猎区令。

2.3　管经分离、特许经营，一园一法长效管理

（1）深入解析政策法规，探索"一园一法"

我们通过学习借鉴云南香格里拉、黑龙江汤旺河等地经验，法国国家公园体制，吸收专家意见建议，召集环保、林业、住建、国土、发改、旅游等部门骨干集中办公，深入研究国家 12 类自然保护园区 19 项管理办法，开展全方位调研，广泛吸收各类自然生态保护园区成功做法，编制《仙居国家公园管理办法》初稿，并列入 2017 年台州市政府、人大立法计划。

（2）编制自然资源资产负债表，探索党政领导干部生态环境损害责任追究制度

通过构建土地资源、森林资源、水资源等主要自然资源资产的实物量账户，摸清自然资源资产的存量、质量及变动情况，衡量经济发展的资源消耗、环境损害、生态效益。同时探索党政领导干部生态环境损害责任追究制度，为公园长效管理提供基础数据和决策依据。

（3）组建运营平台，实行管经分离

借鉴法国、美国国家公园理念，组建仙居国家公园发展有限公司，注册资金1亿元，建立法人制。明确公司经营范围。政府逐步退出营利类项目，逐步实行收支两条线管理。

2.4 要素保障、整合资源，推进重点项目建设

（1）加大财政投入，拓宽资金渠道

2015年县财政投入700万元建设国家公园，2016年县政府加大投入力度预算安排2000万元，同时积极争取环保部生物多样性保护、省级自然保护区、国家森林公园保护利用基础设施建设专项资金；"仙居国家公园生物多样性保护重大工程项目"列入国家生物多样性保护重大工程预算。完成2015年外国政府贷款备选项目、浙江省吸收外资重点项目、长江经济带生态环境保护规划重大工程项目、土壤污染防治专项资金等系列项目申报工作。

（2）整合资源，推动重点项目建设

近期，国家发改委、财政部正式下达了2016外国政府贷款项目备选规划，仙居获得法国开发署7500万欧元的贷款额度。项目总投资估算达到12.33亿元人民币，优先开生物多样性保护、生态修复、文化遗产保护、生态旅游、社区发展、环境教育、能力建设、基础设施等工程。该项目得到了法国开发署亚洲司司长高度的肯定和赞赏，并致力推动将项目打造成亚太地区示范性项目。先后通过了法开署总部组织的预甄别、甄别考察、预评估、正式评估考察工作，完成了可研、环评、社评、移民安置计划等编制工作，进入审批程序。启动浙江仙居括苍山省级自然保护区科研宣教中心大楼建设项目，完成选址、用地性质调整、测量、总体方案编制，初步完成设计方案；启动浙江仙居括苍山省级自然保护区基础设施配套项目，开展游步道、瞭望台、凉亭、木桥改造等工程；启动仙居国家公园科教中心工程项目，初步完成项目建议书编制工作。

2.5 提高认知、加强宣传，全民共建共享

（1）加强党政干部理论教育

邀请行业专家、上级领导，召开"县委理论学习中心组--国家公园专题学习会"，深入学习党的十八大、十八届三中全会等会议及《中央关于深化改革的决定》等重要文件精神。在党校、行政学院等干部培训基地开设国家公园知识讲座，强化生态文明建设的导向。先后邀请原环保部总工程师万本太、环保部生态司生态处长房志、国务院发展研究中心研究员苏杨就生态文明、国家公园体制建设专题讲课。

（2）多方位宣传，加强社会舆论

通过央视《发现之旅》、《地理中国》，中国环境报、中国生态旅游杂志国家公园专刊、中生态文明杂志专题宣传仙居国家公园模式；在人民网、光明网、中国网、腾讯网，省、市政府简报、官网微博、微信发布文章100余篇；在首都机场T3国际航站楼首次面向国际进行国家公园与生物多样性保护宣传；开通仙居电视台国家公园频道、仙居国家公园官方微信；完成多语种国家公园专题宣传片制作；"工地停工两月，只为保护幼鸟"、"豹猫放生记"等故事传为佳话，中央电视台、浙江卫视、新华社等主流媒体纷纷接力传递社会正能量；特别是今年9月组织召开了"中国县域绿色发展（仙居）论坛—国家公园专题分论坛"有效的扩大了仙居国家公园知名度。

（3）社区参与，全民共建共享

召集全县有一定影响力的志愿服务组织，召开座谈务虚会向社会志愿组织介绍仙居国家公园，引导他们参与国家公园的志愿服务工作，仙居登山协会、正能量义工服务队、环保志愿者等组织积极参与了国家公园的生物多样性调查、旅游资源调查、环保宣传等工作。举办生物多样性摄影大赛、国家公园之歌征集活动，活动的开展让更多人参与到国家公园试点工作，又起到很好的宣传效果。积极引入乡镇协作机制，形成"政园合一"；国家公园借"妇女节"、"中国旅游日"等节日实行国家公园神仙居景区"免单日"；优先开展公园周边"五水共治"、"四边三化"、美丽乡村等重点工作，优先招聘社区居民务工、扶持社区基础设施建设、改造社区生态环境、发展社区经济，实现全民共建共享、绿色化发展。

沪苏浙协同共建江南水乡国家公园体制机制研究

周世锋　张旭亮[1,2,3]

（1. 浙江省发展规划研究院，浙江 杭州　310012；2. 浙江工业大学　全球浙商发展研究院，
浙江 杭州　310023；3. 浙江大学经济学院，浙江 杭州　310008）

【摘　要】 自然和文化遗产地同是国家文化瑰宝，是美丽中国建设的重要组成，是我国国家公园建设上的重要标的。结合国内国家公园研究述评和我国国家公园试点地类型选择，提出文化遗产地也应是我国国家公园建设的重要组成部分，并选择江南水乡作为案例地，从品牌合力、联保动力、共治推力和保障有力四个方面分析其建设的必要性和价值，并从行政管理体制、资源保护机制、资金筹措机制、社区参与和就业机制、特许经营机制等方面进行较为详尽的体制机制阐述，以期引导更多学者关注人文遗产地的国家公园建设，以及通过具有国家角色介入的国家公园建设，来改善并增强区域生态环境联合保护和治理动力。

【关键词】 沪苏浙；江南水乡；国家公园；体制；机制

　　遗产地从类型上可分为自然遗产地和文化遗产地。国务院发展研究中心、国家发改委国家公园特约专家苏杨研究员指出，我国要探索建立国家公园体制建设，其意义远不限于自然遗产地，文化遗产地建设也是重要内容[1]。同时指出，从对中央相关文件的理解来看，中国国家公园体制的成员单位中也必须纳入文化遗产地这类重要资源，这不仅是因为自然遗产保护和文化遗产保护在很多情况下的理念和管理体制相同且可相互借鉴，还因为中国自然遗产地中大多分布有大量的文化遗产，文化和自然遗产同是国家文化瑰宝，都是美丽中国建设的重要组成，不可忽视。同样，美国的国家公园体系成员单位中也有70％左右以文化遗产为主[2,3]。顺延苏扬研究员对文化遗产地建设国家公园的思路与提法，以及国内学界目前对文化遗产地建设国家公园关注的缺失，笔者团队经过长期实践调研、考察和研究，提出江南水乡国家公园体制建设议题，以期作为我国文化与自然遗产地建设国家公园体制的典型案例，引导学界关注文化遗产地开展国家公园体制建设起到抛砖引玉的作用。

1　国内相关研究述评和试点地类型

　　国内对国家公园虽有较早研究，但只是为数不多的专家在探索性地开展国外建设经验借鉴和国内建设思路及措施建议研究。然而，自我国十八届三中全会提出"建设国家公园体制"以来，加之后续国务院关于生态文明建设相关文件和国家"十三五"规划纲要中均提出建设国家公园要求，国内关于国家公园的研究成果大量涌现。从国内现有研究成果看多集中在以下方面：一是国外国家公园建设经验研究，包括建设理念、管理体制、运营机制，以及对我国开展国家公园建设的借鉴启示等[4,5,6]；二是中国国家公园建设体制机制内在关系处理研究，包括中央与地方政府在国家公园管理上的职能分工、国家公园与自然保护地关系处理、国家公园管理机构与利益集团关系等[7,8]；三是自然遗产地的国家公园建设模式及试点地案例研究，包括影响因素、体制架构、机制创新、旅游融入、社区参与等[9,10]。综上，国内关于国家公园研究均以自然遗产地为标的，进行国外国家公园体制机制建设、管理模式延伸、案例地运营方式等研究，这些研究均潜意识地将自然遗产地和文化遗产地进行人为割裂，忽视了文化遗产地也是国

项目基金：国家社科基金一般项目（13BRK017）、教育部青年基金项目（14YJC790174）、浙江省自然科学基金一般项目（LY17D010011）、中国博士后科学基金面上项目（2014M561738）

家公园建设的重要考虑对象。另外，从 2015 年初国家发改委等十三个部委联合发文的九个国家公园试点来看，如青海三江源、湖北神农架、福建武夷山、浙江开化等也均以自然遗产地为对象开展体制机制建设和试点。说明国家虽然知道文化遗产地是我国生态文明与国家公园体制建设的重要组成部分，但在接受试点申报材料时，发现均为自然遗产地在积极争取，文化遗产地或兼有自然文化遗产地等地方政府往往缺乏自我认识和主动性。所以，提出并开展人文遗产地的国家公园体制建设，是对我国历史文化遗产地的尊重，也是从国家层面整合和保护文化遗产地的思路创新。

2 江南水乡国家公园建设的必要性与价值

2.1 区位概况

经本课题组调研分析，提出江南水乡国家公园的范围是上海青浦区以东、沪常高速公路以南、太湖及以东、申嘉湖高速公路以北（图1），面积约 4300km²，涉及青浦区、松江区、嘉兴市、湖州市、苏州市、无锡市"两区四市"的行政区，是由太湖、古镇群落、湿地和湿地保护区组成的文化遗产和自然遗产紧密融合的区域。

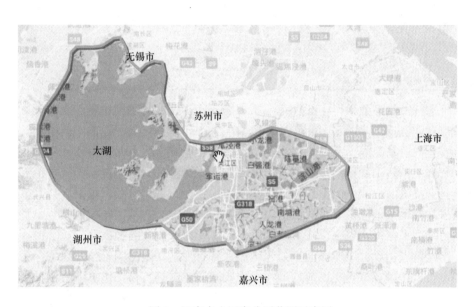

图 1 江南水乡国家公园范围示意图

2.2 建设必要性及价值

笔者认为，开展江南水乡国家公园体制建设的必要性如下：

（1）人文遗产地建设保护各自为政，缺少品牌强区合力。区内有知名古镇 13 个（表 1），如浙江的乌镇、西塘、南浔、新市，江苏的角直、周庄、千灯、锦溪、沙溪、同里、黎里、震泽、凤凰，各古镇均在极力打造自己的品牌和特色，但仅个别取得成效，如周庄、乌镇、西塘。从我国人文遗产地保护层面来看，该区域古镇高度集聚，有着深厚的历史文化底蕴，是天然的历史文化教科书，但古镇在各自发展中相互联系少，历史与文化串联度不高，游客难以对区域历史文化有深层次的理解和认识。就保护性开发和文化富民角度出发，亟待整合形成国家级古镇群大区域品牌，一方面保护古镇的原真性，另一方面提升古镇的旅游规模效应。

江南水乡国家公园案例地中保护较好的古镇	表 1
省份	古镇名称
浙江	乌镇、西塘、南浔、新市
江苏	角直、周庄、千灯、锦溪、沙溪、同里、黎里、震泽、凤凰

（2）自然遗产地保护协调难度较大，缺少生态联保动力。区内属于我国自然湿地发育最好、面积最大区域，然而该区块仅有 9 个湿地保护区（表 2），苏州太湖湖滨、太湖三山岛、无锡长广溪、无锡蠡湖四个为国家级湿地公园，其余 5 个为省级湿地公园，湿地保护总面积仅 89.8km²，仅占该江南水乡案例地的 2%，除去太湖水域面积也仅占 5%。这说明案例地的湿地保护力度与其湿地资源禀赋并不协调。同时，江苏省的四个国家级湿地公园均在太湖的湖滨区，说明该区域的湿地主体区域仍没国家级湿地，区域湿地的保护力度并不大。另外，受行政区经济的影响，湿地连片保护的省际协调难度也相当大，省际湿地生态环境保护的责任行为较难追究，沪苏浙在湿地资源保护上缺少联保动力。

江南水乡国家公园案例地中湿地保护情况 表 2

湿地名称	面积（km²）	级别
苏州太湖湖滨国家湿地公园	4.6	国家级
太湖三山岛国家湿地公园	6.3	国家级
无锡长广溪国家湿地公园	2.6	国家级
无锡蠡湖国家湿地公园	9.5	国家级
苏州吴江震泽湿地公园	9.1	省级
苏州吴江肖甸湖湿地公园	2.7	省级
秀洲连四荡省级湿地公园	8.2	省级
石臼荡省级湿地公园	38.8	省级
嘉善汾湖省级湿地公园	8.0	省级

（3）流域水生态环境治理效果慢，缺少五水共治推力。江南水乡案例地属于太湖及以东两省一市流域范围，是上海市黄浦江饮用水的水源涵养地，区域水生态环境不但关乎本地生产生活，还关乎下游上海市民的饮用水安全与质量问题。为此，国家及两省一市对流域水生态保护投入逐年加大，但流域在供水安全和生态安全上仍未达到预期治理目标，治理成效总体缓慢。分析而言，流域水生态环境治理虽有国家和省市专项资金投入，但缺少国家作为治理主体的角色介入，需要寻求国家层面且又能兼顾两省一市利益的生态项目，以更好地形成五水共治推力。笔者认为建设江南水乡国家公园，设计好公园的管理体制和运行机制，能大大提高两省一市在区域水生态和水安全保护上的积极性。

（4）两省一市经济发达财力雄厚，国家公园建设保障有力。我国的国家公园建设除了解决管理体制问题外，保护经费投入是摆在试点地面前的另一大现实问题。国家转移支付总体有限，剩余经费要靠地方政府支持或寻找适度的营收模式。所以，从财力保障而言，笔者认为就国家公园建设的成功性，东部地区将明显高于中西部。江南水乡国家公园案例地属于我国经济最为发达的长三角区域，有财力保障江南水乡国家公园所需资金，对中央财政拨款依赖程度低。从区域生态文明共建共享角度，以国家公园建设为落脚点，区域人文与自然遗产地的保护有效性更为可靠，更易实现"保护为主"和"全民公益性优先"的国家公园本质。

3 江南水乡国家公园建设的体制机制

3.1 明确行政管理体制

谋划成立国家公园管委会。可由浙江在长三角主要领导领导座谈会上提出，由两省一市主管副省（市）长牵头，成立国家公园领导小组，负责监督协调，长三角合作办负责协调推进，组建由上海、江苏、浙江相关机构人员组成的江南水乡国家公园管委会，划定明确的区域范围，对人文与自然进行保护、整合和利用，实施统一管理，可由上海方抽调相关人员作为管委会主任，苏浙各配一名副主任。

明确管委会机构职责。开展制定江南水乡国家公园管理规章，依据相关法律、法规，明确保护建设标准、规章。对区内湿地、水生态系统、干支流水系、古镇、历史遗迹进行统计、分类和监督。负责区块内资源规划利用、特许经营，以及旅游、科研、科普等设施建设与维护，制定国家公园发展计划，编制年报及科研年报。负责各类生态补偿、社会捐赠等经费管理，编制预算报告，以及收支信息公开。协调与地方乡政府各类经济社会事务。

3.2 健全资源管理机制

实施资产统一确权登记。开展江南水乡国家公园自然和人文资源调查，开展确权登记，做好产权信息管理，使资源权属清晰、权能完善、管理规范、保障充分，形成归属清晰、权责明确、监管有效的自然与人文资源资产产权管理制度。对必须要保护的资源，建议先开展林地、山地、水域、遗址等用地流转，如可通过征收、租赁和协议等方式，对集体所有土地进行流转，调整权属管理、经营关系，确保国有资产和用地占比。

资源管理方式和制度保障。建议实施"机构一体化"管理。逐步剥离地方县（市）国土资源局、林业局、水利局等相关部门对该保护区域的相关管理职能，归口到国家公园管委会并直接管理，从根本上改变自然与人文资源管理分散和割裂的局面。在资金投入机制和资源权属界定管理上建立统一和垂直管理的、有法律保障的国家资产管理体系，有效遗产地提供稳定的资金来源和管理标准。

3.3 创新资金筹措机制

明确资金来源渠道。结合国外国家公园筹资经验，江南国家公园建设资金来源更适合借鉴日本、韩国等经验，经费来源应依靠政府财政拨款、公营事业机构或公私团体、私人或团体的捐献（财物及土地），还需同步需要省级政府税收返还的形式。政府财政拨款中，中央财政投入是主体，其次是两个省一市地方投入。与全球环境基金（GEF）、世界自然基金会（WWF）、保护国际（CI）、世界自然保护联盟（IUCN）、中国绿化基金、光大碳基金等组织合作，建立社会捐赠制度。

严格资金管理制度。江南水乡国家公园可实施收支两条线的资金管理制度，即一条线是指国家公园各项预算收入必须全额上缴同级财政；另外一条线是指支出由同级财政按支出预算和单位财务收支计划统筹安排。不断完善财政部门和国家公园内部的审核、监督制度，推动国家公园的收入与支出账目清晰明了。

3.4 社区参与和就业机制

明确社区参与的事务。鼓励江南水乡国家公园内居民开展生态种养，为游览游客提供安全、绿色、有机的新鲜食物。鼓励将生态农业与乡村旅游结合起来，发展乡村体验和农业观光等产品。鼓励当地居民优先参与国家公园内的各类特许经营项目，通过国家公园管委会担保等形式给予一定金融贷款支持。

落实就业引导机制。建议成立就业管理中心，制定相应的制度和规范，形成社区就业引导与培训机制。与国家公园各类开发经营主体协商，优先解决本地社会居民就业。

3.5 特许经营与管理机制

明确特许经营项目类型。江南水乡国家公园特许经营项目类型，包括商业特许经营和市政特许经营两类。商业特许经营范围应集中在餐饮、住宿、生态旅游、交通方式、商品销售等业态。对通过特许经营方式取得酒店、旅馆等食宿设施经营权的承租人核发执照，严格按照国家的相关标准执行，以保证对游客的服务质量。鼓励在能源、交通、水利、环境保护、市政工程等领域开展特许经营，激发社会资本参与国家公园环境建设保护中。

现有经营业态转变机制。尊重现有经营主体，但要实施差别化管理。建议对国家公园区内经营经营主体，全部纳入特许经营管理对象；对于农民专业合作社，将其销售、加工环节纳入特许经营管理对象；对于个体工商户，将营业面积大于100平方米的经营户纳入特许经营管理对象。鼓励当地居民采取各种方式参与特许经营管理。如鼓励社区将民居建筑等以股份形式出租给外来商户，直接受益于特许经营利润。对资金充足的居民采取入股或承包特许经营项目的模式，对拥有技术或资源的居民采取技术或资源入股的模式。

4 江南水乡国家公园建设保障与建议

4.1 加强部门合作与监管

加强管委会与地方政府的协调。江南水乡国家公园管委会代表两省一市政府依法对内部的湿地、河流、水域、土地、古镇等自然与人文资源实行统一领导和管理。建议地方县市人民政府协同管委会对本行政区域内国家公园所辖的国土、森林、环境、水利及相关社会管理事务进行依法监督，并承担法律监督中的相应职责。

强化长三角高层领导协调指导。将江南水乡国家公园建设纳入长三角合作与发展联席会议日程中，强化省市高层领导对国家公园体制建设的统筹、指导和协调，审议或审定相关改革方案，并组建工作小组，承担具体日常工作。加强国家公园管委会与所在地行政区政府的交叉互派和日常沟通。

4.2 资金保障与社会筹措

争取中央财政资金支持。两省一市联合向国家发改委、国家林业局等部委争取，力争通过国务院批复，率先设立江南水乡国家公园建设专项基金，在我国东部地区先行先试。

建立合理的引导基金。两省一市，及市、县级政府应该积极参与并引导相关企业或者私募基金管理人发起设立专项基金用于遗产地保护，吸引银行，保险等金融机构及其他社会资本参与，通过市场化运作支持基础设施、公用事业和公共服务领域项目建设，降低项目运营风险，增加项目融资信誉，为遗产地项目提供持续的投融资服务。

加大流域转移支付力度。适当参考两省一市对区域水生态、水安全的依赖性，经协商向江南水乡国家公园实施流域生态转移支付，并以贴息、补助等多种形式予以体现，展现出东部地区建设国家公园效率和质量。如江南水乡国家公园是上海市黄浦江的重要水源涵养区，建议上海应投入更多的转移支付用到江南水乡国家公园建设上。

协同开展流域生态资源改革试点。生态资源交易和各省市生态转移资金由江南水乡国家公园管委会监管，并由其全权支配，用于生态和文化保护修复上。具体包括，探索地区间、流域间、流域上下游等水权交易方式；推进重点流域、重点区域排污权交易，扩大排污权有偿使用和交易试点；逐步建立碳排放权交易制度；建立统一的绿色产品标准、认证、标识等体系，完善落实对绿色产品研发生产、运输配送、购买使用的财税金融支持和政府采购等政策。加强生态保护补偿效益评估，积极培育生态服务价值评估机构，以建立保护者和受益者良性互动的机制，形成评估机制、市场机制促进生态保护的局面。

参考文献

[1] 苏杨. 国家公园归谁管？[J]. 中国发展观察，2016 (9)：46-54.

[2] 苏杨，王蕾. 中国国家公园体制试点的相关概念、政策背景和技术难点 [J]. 环境保护 2015，43 (15)：17-23.

[3] 苏扬. 国家公园体制试点是生态文明制度配套落地的捷径 [J]. 中国发展观察，2016 (7)：54-61.

[4] 王连勇，霍伦贺斯特·斯蒂芬. 地理研究创建统一的中华国家公园体系：美国历史经验的启示 [J]. 地理研究，2014，33 (12)：2407-2417.

[5] 张振威，杨锐. 美国国家公园管理规划的公众参与制度 [J]. 中国园林，2015 (2)：23-28.

[6] 吴承照. 国家公园生态系统管理及其体制适应性研究：以美国黄石国家公园为例 [J]. 中国园林，2014 (8)：21-26.

[7] 杨锐. 论中国国家公园体制建设中的九对关系 [J]. 中国园林，2014 (8)：5-9.

[8] 田世政. 中国国家公园发展的路径选择 _ 国际经验与案例研究 [J]. 中国软科学，2011 (12)：6-9.

[9] 张海霞，张旭亮. 自然遗产地国家公园模式发展的影响因素与空间扩散 [J]. 自然资源学报，2012，27 (4)：705-711.

[10] 张朝枝. 国家公园体制试点及其对遗产旅游的影响 [J]. 旅游学刊，2015 (5)：1-2.

广东省立国家公园建设管理体制机制研究初探

牛丞禹

（广东省城乡规划设计研究院）

【摘　要】　为加强对自然生态系统和自然文化遗产的统筹管理，在我国尚未确立国家公园体系的前提下，广东省提出了建设省立国家公园体系的构想。在帮助解决广东省现有各类省级以上公园建设管理体制问题的基础上，结合日本国家公园体系和广东省绿道网建设管理的经验，形成适应于广东省实际情况的省立国家公园建设管理体制机制的初步框架，为广东省建设省立国家公园体系和最终建立国家公园体系提供参考和借鉴。

【关键词】　省立国家公园；建设管理体制；广东省

1　省立国家公园概念辨析

1.1　广东省省立国家公园定义

省立国家公园为近年出现的新事物，尚无统一的概念和定义。参考云南省出台的《国家公园建设规范》[1]，综合国内外已有研究和实践和广东省实际情况，本研究认为广东省省立国家公园定义为：由广东省政府统一划定和管理的，以保护具有省级或区域重要意义和代表区域特色的自然资源和人文资源及其景观为目的，具备一定的观光游览、科学研究和教育功能，能够实现资源有效保护和合理利用的特定区域[2]。

1.2　省立国家公园与国家公园的关系

参考美国州立公园与国家公园的关系，广东省立国家公园应作为中国未来国家公园的有力补充，同时在内涵与功能上有所区别。国家公园作为国家的象征，反映国家的自然和文化特色，面积较大，资源丰富，以保护重要资源为原则，旅游开发程度有限；省立国家公园主要用以凸显岭南自然人文特色，同时分担国家公园一定的游览压力，特别要为当地居民提供休闲游憩场所，因此允许建立更多旅游服务设施[3]。

2　广东省级公园建设管理体制机现状

2.1　广东现有省级以上公园基本情况

广东省已经建立了包括风景名胜区、自然保护区等重要自然区域的省级以上公园体系，在规划建设省立国家公园体系时，可考虑以现有省级以上公园为基础，广东省省级以上公园基本构成如表1所示。

广东省现有省级以上公园构成　　　　　　　　　　　　　　　表1

序号	国家级		省级	
	类型	数量	类型	数量
1	国家级风景名胜区	8	省级风景名胜区	18
2	国家级自然保护区	13	省级自然保护区	64
3	国家森林公园	25	省级森林公园	69
4	国家地质公园	8	省级地质公园	3
5	国家湿地公园	7	—	—
6	国家城市湿地公园	2	—	—
7	国家矿山公园	6	—	—
8	国家水利风景区	8		

2.2　广东各类公园建设管理存在的主要问题

经梳理归纳广东省各类省级以上公园的建设管理现状，主要存在以下问题：

2.2.1　标准不统一

广东省省级以上公园和自然保护区管理重叠名录　　表2

编号	名称	风景名胜区	自然保护区	森林公园	地质公园	湿地公园
1	西樵山	●		●	●	
2	丹霞山	●	●		●	
3	湖光岩	●			●	
4	星湖	●				●
5	新丰水库		●（省）	●		
6	南岭		●	●		
7	湛江红树林		●			●

目前，许多公园多牌重叠，每一类公园都有相应的管理条例，包括《广东省自然保护区建设管理办法》、《广东省风景名胜条例》、《广东省森林公园管理条例》等，其对公园的保护与利用侧重点各不相同，既有差异又有相似之处，管理上难免发生冲突和混乱（表2）。以广东省丹霞山景区为例，丹霞山是国家级风景名胜区，同时也是国家级自然保护区和世界地质公园。在建设管理上，不同部门的行业管理侧重点不同，导致管理时资源、资金和人员等分配问题矛盾重重。具体特点对比如表3。

丹霞山风景名胜区、自然保护区、地质公园总体规划特点对比[4]　　表3

类别	国家级风景名胜区（90版）	国家级自然保护区	世界、国家地质公园
规划主体	自然与人文景观	自然景观与生态系统	地质遗迹和丹霞地貌
规划范围和面积	风景区范围215km²，外围丘陵风景区保护范围75km²，风景视线保护带60km²	保护区东西宽17.5km；南北长22.9km。总面积290km²	地质公园东西宽17.5km；南北长22.9km。总面积290km²
性质定位	以丹霞地貌为主体景观特征，兼有宗教文化和历史胜迹的国家公园。	典型地质地貌现象和自然生态系统保护区	以丹霞地貌为主体的典型地质遗迹自然公园
功能分区	五区（丹霞山、韶石山、大石山、金龙山—矮寨和锦江景区）	两核两区一带（两核心区、一科教旅游区和一试验区、一缓冲带）	两核四区（两个核心区、四个景区）
重点内容	自然与人文景观保护 景观与游赏规划设计 旅游开发与景点建设 旅游设施规划设计	地质遗迹保护 生态环境保护 科研与科普旅游 保护设施	地质遗迹保护 生态环境保护 科研与科普旅游 社区可持续发展
规划特点	强调各类景观保护 重视各类景观观赏性培育 重视发展观光旅游	强调自然与生态保护 重视生态与科教旅游和研究 重视科教旅游	强调地质地貌遗迹保护 重视地质科教旅游和研究 重视发展科考与科教旅游
开发与保护的关系	保护与开发并重	保护为主，限量利用，核心区不作旅游开发	保护与开发并重

资料来源：丹霞山风景名胜区总体规划（2011—2025）

2.2.2　管理不专业

广东各类省级以上公园的经营管理机构人员多数由政府派出机构或相关部门直接管理，部分甚至由开发公司管理，缺乏专业的团队对公园的生态环境进行保护，不合理的开发现象较为常见[5]。

2.2.3　权责不明晰

目前广东各类省级以上公园管理体制大多存在多头管理，各部门职能分工交叉，在大型公园中体现更为明显，这种现象一定程度上造成对公园的管理效率低下，同时也造成管理真空，出现问题时权责不清等。

3 日本国家公园建设管理经验借鉴

3.1 体系模式

日本的国家公园体系可以分为：国立公园、国定公园和都道府县公园三类，其中国立公园为国家公园，国定公园为准国家公园，都道府县公园类似于省立国家公园或州立公园[6]，其中都道府县公园由各都道府县提出申请，再由国家级的"自然环境保全委员会"审查，最后由环境大臣指定，交由各都道府县进行管理，代表了都道府县的自然风景，是都道府县经管的自然公园[7]，与广东省立国家公园的定位较为相似。

3.2 管理模式

日本国家公园最大的特点是公园的土地所有权复杂，且由于人口密度大，日本的土地开发程度较高，因此其公园的旅游开发程度也更高，但并没有影响日本国家公园对资源的保护。日本国家公园管理方式与我国现行公园管理模式有一定相似之处，其采用国家与地方协同管理，一方面在国家层面对公园内的旅游活动进行管理和规范，充分发挥主管部门的主导作用，另一方面又充分调动地方政府、特许承租人、专家学者和当地民众的积极性。对广东省立公园的建设管理具有一定的参考价值[8]。

4 广东省立国家公园建设体制机制初探

4.1 准入条件

参考国内外实践经验，可以从自然条件、保育条件和开发条件等方面对适合建设省立国家公园的现有省级以上公园和其他适宜建设省立国家公园的区域进行合理的评估和考核（表4），综合各方面条件，确定是否准入[9]。对于新建公园，可以给予一定的期限用于前期建设，如果未能按时完成设施建设可取消其建设资格。

省立国家公园的准入条件评价表   表4

		评价指标	分值	赋分标准
保育条件	1	以自然资源为核心资源，总面积不小于1000ha。	20分	超过1000ha的得20分，其他得0分。
	2	具有核心资源，应予严格保护的区域面积不小于总面积的25%[10]。	20分	核心资源保护区域面积不小于总面积的25%的得20分，其他得0分。
	3	保育规划科学，措施有效，环境监理到位。	20分	专家根据资料进行评价，从0到20分进行打分。
	4	资源权属清楚，不存在权属纠纷，国有土地、林地面积应占省立国家公园总面积的60%以上[11]。	10分	国有土地、林地面积应占省立国家公园总面积的60%以上的得10分。其他得0分。
开发条件	5	区位条件适宜，具备市场条件，景观空间组合完备，交通通达等。	10分	区位条件、市场条件、景观空间组合、交通条件等每项2.5分，专家根据资料进行评价分别打分之后相加。
	6	气候、空气、噪声、土壤等环境条件以及工程施工过程中就地取材条件适宜。	10分	专家根据资料进行评价，从0到10分进行打分。
	7	交通、通讯、服务设施、运营管理设施等基础条件满足科研、公众游憩的需要，内部功能分区合理。	10分	交通、通讯、服务设施、运营管理设施等基础条件每项2.5分，专家根据资料进行评价分别打分之后相加。

专家根据评价标准对各备选公园进行打分，在满足以下条件时，则具备建立省立国家公园条件：

1) 同类型自然景观或生物地理区中有典型代表性。

2) 具有高度原始性的完整的生态系统，生物多样性丰富程度位全省前列[12]。

3) 具有重大科研、教育价值的生态资源集中区。

4) 80%以上的专家赋分超过80分[13]。

5) 各单项指标未出现0分。

4.2　设立流程

目前，我国各类公园和保护区设立主要采取"申报审批制"制度，这一模式的优势在于地方政府反弹小，利于未来管理时与地方相关部门的协调；其缺点在于如果公园和保护区的品牌效应不足以抵消开发限制的影响时，地方政府便没有申报的积极性，这也是导致近年来各类公园和保护区数量的增长日益缓慢的原因之一。

广东省立国家公园的设立，可将"申报审批制"改为"各市申报、指定设立"。原则上，由省立国家公园管理机构负责省立国家公园的规划和布局，省域范围内重要的生态资源等必须要纳入省立国家公园体系，在此基础上，各地可结合自身情况自行申报。

4.3　首批省立国家公园示范区

依据广东省绿道网建设经验，省立国家公园建设应当采取"试点先行，成熟后全面推广"的发展策略。鉴于广东省风景名胜区建设已经取得了较为丰富的理论和实践经验，且综合而言，省级风景名胜区与省立国家公园所包含的内涵和功能较为相似，为便于先期工作开展，首批省立国家公园示范区可考虑选取若干省级以上风景名胜区，同时整合周边生态空间打造省立国家公园，为全面建立广东省立国家公园体制进行探索。

4.4　管理体制机制

4.4.1　管理体系

目前，世界国家公园的管理体制总体上可归纳为：中央集权型（如美国等）、地方自治型（如德国等）和综合管理型（如日本等）三大类型[14]，而我国省级以上各类公园和保护区管理体制主要还是属地管理和部门垂直管理相结合的方式[15]，即综合管理型，建议省立国家公园的管理体系可在此基础上，结合日本国家公园管理模式进行探索。

广东省风景名胜区的管理目前隶属于全省各级住房城乡建设主管部门，鉴于广东省绿道网建设管理的成绩斐然，且各级绿道工作办公室目前依旧运行，本着去繁从简原则、节约行政和人力成本的角度考虑，可依托现有绿道网管理体系代为管理广东省首批省立国家公园，首批试点的重点在于试行经管分离，实现省立国家公园的权、责、利的相互协调；随着试点逐步推广，在风景名胜区的基础上涵盖原有森林公园、湿地公园等，可将住建、林业、环保等系统相关部门人员进行抽调整合，由省人民政府设立省立国家公园管理机构（厅局级），从宏观层面负责省立国家公园的制度建立、申报审批、运行监督和资金协调；在地方，由市县两级分别设立对应的省立国家公园管理部门，对现各公园管理委员会进行整合，行使具体管理权限，并在省级机构的直管和监督下，根据区域实际施行差异化管理，确保省立国家公园的管理落到实处[15]。最后，在我国国家公园体系建立完成后，可将原有的省立国家公园管理机构并入国家公园管理机构下属的省级机构，整合行政资源，提高效率。

4.4.2　机构设置

建议建立由规划编制、财务及预算管理、科教宣传、执法监察、资源管理等部门组成的管理机构，统一行使省立国家公园的规划、执法、资源保护开发等职权。通过上层体制机制的建设，将原分散于各个部门的管理权限逐渐纳入这一统一的管理机构之中。

同时，加强与社会、科研院所和非政府组织的联系，完善"政府主导、多方参与"的管理模式。借鉴美国的志愿者制度，积极发挥公众和NGO的监督作用，广泛吸收专业人士、学生等人群担任维护人员和解说人员；建立科学决策咨询机制，成立了省立国家公园专家委员会，对省立国家公园的重大决策进行评估论证，避免在建设管理上出现重大事故[16]；同时要加强与科研机构的合作，委托专业机构对重要生态资源进行持续性研究，维护生态系统的安全与稳定。详见图1。

4.4.3　监督机制

首先，由省人民政府设立的省立国家公园主管机构牵头负责省立国家公园资源保护与管理评估制度，制定省立国家公园长效监督机制，统一对省立国家公园生态保护情况进行遥感监测和执法检查，对违法情况予以处罚。

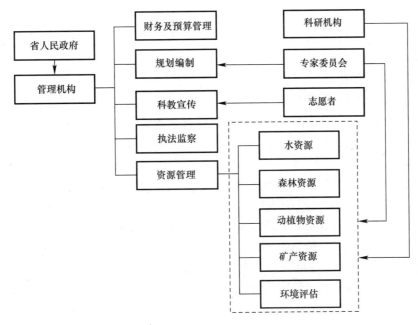

图 1　广东省立国家公园管理体系框图

其次，建立基层巡护员监管体系，基层巡护员不隶属于由市、县设立的省立国家公园管理部门，由全省省立国家公园主管机构垂直领导，实现遥感监测信息系统、执法检查与人工巡护监测相结合。

最后，积极打通与公众、科研机构、非政府组织的信息通道，由公众、专业机构和非政府组织对生态资源保护与开发进行监督。见图 2。

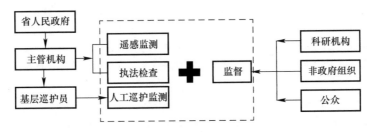

图 2　广东省立公园监督体系

4.4.4　经管改革

公益性是省立国家公园体系的基础，省立国家公园由省立国家公园管理机构按照省立国家公园管理相关法律法规的要求进行规范经营，门票收入上交省财政主管部门，公园管理人员按公务员标准发放工资，采取收支两条线，保证省立国家公园的公益性[17]。

但从实际情况出发，随着省立国家公园的增多，省级财政若难以拿出足够资金用于公园的保护与管理，无法满足省立国家公园的发展与资源保护管理的需要时，可根据国内外经验，通过特许经营制度将不涉及公园核心资源和重要自然人文价值的部分商业性服务以公开招标的方式委托给第三方机构进行经营，经营机构必须与公园管理主体没有直接利益关系，且必须接受省立国家公园管理机构的监督管理[18]。

4.5　保障措施

4.5.1　立法保障，统一标准

目前，省立国家公园在广东没有明确的法律地位，为提高管理质量，必须要有法律层面的保障，可借鉴绿道网管理经验，及时启动《广东省立国家公园管理条例》的立法编制和颁布实施，保证省立国家公园在建设和管理的每一个环节均于法有据。

在省级法律的框架内，每个省立国家公园都应制定相应的管理办法或条例，通过管理办法统筹原有不同管理标准，将其逐步纳入省立国家公园管理体系中来；同时，在省级层面编制省立国家公园体系规

划，指导省立国家公园的布局和建设规模。

最后，省立国家公园的立法工作应当持续推进更新，为国家公园立法积累经验，并在国家公园立法出台后，做好相关的补充和衔接工作。

4.5.2　资金支持，保障运行

建议省市级政府建立相关机制保障省级财政对省立国家公园发展建设的支持。建立专项基金，吸引科研、教育等公共基金投入；将省立国家公园管理经费列入省级年度财政预算，前期建设试点时，可先从每年的绿道专项经费中列支，后期条件成熟后设立国家公园专项资金，形成经费每年适度增长机制，并监督预算的实施。

其次，可以借鉴美国等国家的经验，委托第三方非盈利机构设立省立国家公园基金会，接收社会资金，用来弥补省立国家公园保护经费的不足[15]。

最后，在依托财政资金和省立国家公园门票收入的基础上，广泛吸收民营资本对公园基础设施与公共服务项目的投资，可以出让部分设施的冠名权或广告位，扩大融资渠道，推动省立国家公园的发展。需要注意的是，由于广东各地区发展不平衡，省级财政应加大对欠发达地区省立国家公园的财政支持，完善对省立国家公园所在主体生态功能区的转移支付和生态补偿等基础性资金机制，实现对该项工作的持续性推动。

参考文献

[1]　DB53/T 301—2009 国家公园建设规范 [S]
[2]　王红霞. 五泄风景名胜区资源评价与景观保护 [D]. 浙江大学，2011.
[3]　陈新. 美国的州立公园 [J]. 园林，2007 (2)：26-27.
[4]　丹霞山风景名胜区总体规划 (2011—2025).
[5]　高中旺. 广东森林公园建设管理现状及发展措施 [J]. 南方农业，2014 (7X)：98-99.
[6]　苏雁. 日本国家公园的建设与管理 [J]. 经营管理者，2009 (23)：222-222.
[7]　马盟雨，李雄. 日本国家公园建设发展与运营体制概况研究 [J]. 中国园林，2015，31 (2)：32-35.
[8]　蒋满元. 国外公共旅游资源的经营模式剖析及其经营经验探讨——以美国、德国、日本国家公园的经营管理模式为例 [J]. 无锡商业职业技术学院学报，2008，8 (4)：51-54.
[9]　刘锋，苏杨. 建立中国国家公园体制的五点建议 [J]. 中国园林，2014 (8)：9-11.
[10] [11]　王梦君，唐芳林，孙鸿雁，等. 国家公园的设置条件研究 [J]. 林业建设，2014 (2)：1-6.
[12]　唐芳林. 国家公园属性分析和建立国家公园体制的路径初探 [J]. 林业建设，2014 (3)：1-8.
[13]　唐芳林. 中国国家公园建设的理论与实践研究 [D]. 南京林业大学，2010.
[14]　唐芳林，王梦君. 国外经验对我国建立国家公园体制的启示 [J]. 环境保护，2015，43 (14)：45-50.
[15]　刘琼. 中美国家公园管理体制比较研究 [D]. 中南林业科技大学，2013.
[16]　光明日报. 积极推动国家公园建设. http://news.gmw.cn/2015-01/05/content_14391525.htm.
[17]　何小芊，朱青. 生态文明视角下中国国家公园体制建设的思考 [J]. 西部资源，2015 (4)：121-123.
[18]　张晓，张昕竹. 中国自然文化遗产资源管理体制改革与创新 [J]. 经济社会体制比较，2001 (4)：65-75.

生态文明视角下定位福建平潭岛"滨海国家公园环"

李金路　何　旭

（中国城市建设研究院风景园林分院）

【摘　要】　平潭综合实验区位于福建省，是大陆距离台湾最近处，是国家对外开放的窗口。本文从生态文明视角下的国家战略出发，国际、台海、省内视角定位，为平潭岛的未来发展提出了建设中国首个滨海国家公园环的建议，并给出"金角、银边、草肚皮"的岛屿结构发展模式。提出平潭滨海国家公园环应具备国家代表性，保证资源价值的科学性及确保公益性的特征属性。

【关键字】　国家公园；平潭综合实验区；滨海国家公园环；生态文明

1　高端定位

1.1　国际定位

平潭综合实验区是全国独创，作为"中国平潭岛"，要起到"国家对外开放窗口"的作用。在环境与发展的各个主要方面及核心竞争力都应达到或超过国际水平（表1，表2，图1）。尤其是在自然和文化遗产资源的挖掘、保护和利用方面，实现"国际旅游岛"的战略目标。

世界自然保护联盟（IUCN）对保护地的分类[1]（其中第2、5类适合平潭）　　表1

序号	类型	内容
1	严格的自然保护区和原野保护地（Strict Nature Reserve/Wildness Area）	为学术研究和原始性的保护管理的地区
2	国家公园（National Park）	为自然生态保护和娱乐活动而管理地区
3	自然纪念地（Nature Monument）	为保存自然的特征管理的地区
4	生境/物种管理区（Habitat/Species Management Area）	对经过管理调整以后的物种的栖息，保存进行管理的地区
5	风景/海洋景观地区（Protected Landscape/Seascape）	为保护陆地和海洋的优美的景观和娱乐活动而管理的地区
6	资源管理保护地（Managed Resource Protected Area）	为持续利用自然生态界而管理的保护地区

美国国家公园体系分类（第11、17、18类适合平潭）　　表2

序号	类别（英文）	序号	类别（英文）
1	国际历史地段，（International Historic Site）	7	国家湖滨，National Lakeshores
2	国家战场（National Battlefields）	8	国家纪念战场，National Memorials
3	国家战场公园（National Battlefield Parks）	9	国家军事公园，National Military Parks
4	国家战争纪念地（National Battlefield Site）	10	国家纪念地，National Monument
5	国家历史地段，National Historic Site	11	国家公园（National Parks）
6	国家历史公园，National Historical Parks	12	国家景观大道（National Parkways）

序号	类别（英文）	序号	类别（英文）
13	国家保护区（National Preserves）	17	国家风景路（National Scenic Trails）
14	国家休闲地（National Recreation Area）	18	国家海滨，National Seashores
15	国家保留地（National Reserve）	19	国家荒野与风景河流（National Wild and Scenic Rivers）
16	国家河流（National Rivers）	20	其他公园地 Parks（other）

图 1　美国第一个国家公园：黄石国家公园

1.2　台海定位

　　"平潭综合实验区是闽台合作的窗口，要继续努力探索，真正把平潭建设成为两岸同胞的共同家园。中国梦是两岸同胞共同的梦，需要大家一起来圆梦"。台湾和平潭同属中国五大岛屿之列。台湾率先成为"亚洲四小龙"，在经济上崛起，同时在国家公园规划和建设方面，也率先与国际接轨，并结合台湾岛的实际，探索自己的资源保护途径，为经济社会平稳发展和百姓福祉奠定了良好的生态和空间基础。平潭岛也必须针对自身的资源特征和国际、国内的市场需求，利用后发优势，探索超越台湾、具有平潭特色的资源保护和经济社会发展之路。

　　"国家公园"及"国家自然公园"是中国台湾"内政部营建署"依《国家公园法》所划定，是为了保护国家特有的自然风景、野生物及史迹。是不折不扣的"国土之美橱窗"。台湾地区共有 9+1 个国家公园，但是滨海的不多（表 3）。

台湾地区国家公园名录[2]　　　　　　　　　　　　　　　　　　　　　表 3

序号	名称	所在地	面积（hm²）	成立时间
1	垦丁国家公园	屏东县	33289.59	1984/01/01
2	玉山国家公园	南投县、嘉义县、花莲县、高雄市	105490.00	1985/04/10
3	阳明山国家公园	新北市、台北市	11456.00	1985/09/16
4	太鲁阁国家公园	花莲县、台中市、南投县	92000.00	1986/11/28
5	雪霸国家公园	苗栗县、新竹县、台中市	76850.00	1992/07/01
6	金门国家公园	金门县	3179.64	1995/10/18
7	东沙环礁国家园	高雄市（东沙群岛）	353667.95	2007/1/17
8	台江国家公园	台南市	39310.00	2009/12/28
9	澎湖南方四岛国家公园	澎湖县	35843	2014/10/18

台湾地区国家自然公园名录

序号	名称	所在地	面积（hm²）	成立时间
1	寿山国家自然公园	高雄市	1122.00	2011/12/06

1.3　省内定位

　　"栽得梧桐树、引得凤凰来，要把基础设施、人居环境和软环境搞好，吸引更多企业和人员来平潭干事创业。要抓住机遇，着力推进科学发展、跨越发展，努力建设机制活、产业优、百姓富、生态美的新福建（平潭）"。要吸引人才来到就业和定居，就必须实现软、硬环境条件好。从中央倡导建设"生态文明，美丽中国"的角度看，"梧桐树"就是平潭的生态环境、文化环境、优美景观环境和绿色基础设施建设。这棵"梧桐树"既要根深叶茂，还要在国内、省内木秀于林，招风、招凤，起到示范作用。

2 它岛之石，可以攻玉

2.1 平潭一国

学习城市国家新加坡结合自身特色发展的成功经验。"花园城市"的原创概念并非出自新加坡，但是新加坡结合小岛自身自然资源和历史文化后，落地生根，盛开出自己的发展之果，成为新加坡的城市品牌和国家标志（图2）。平潭也应当从一个"岛国"的全局角度审视 $300km^2$ 的小岛。既要有高层高密度的 CBD，也要有底层低密度的生活居住区；既要有严格的自然保护区，也要有生态健全、景观优美的风景名胜区和国家公园；既要有对居民服务的舒适休闲空间，也要有对外服务的旅游度假区。

图 2 花园城市新加坡城市景观

2.2 全市一岛

平潭也是独特的生态景观岛（图3）。虽然岛上气候和生态环境相对陆地较差，限制了福州地区许多植物的生长，但是 $300km^2$ 的海岛拥有 400 余公里长的海岸线和近 80km 长的优质沙滩。海洋生态系统、山林生态系统、荒漠生态系统、湿地生态系统、城镇生态系统、农田生态系统等类型丰富。深海、浅海、沙滩、滩涂、离岛、礁岩等地形地貌丰富。从远古到现代人类文化活动遗迹多样，构成平潭经济社会发展的物质和文化基础。平潭不仅仅要建成海绵城市，整体应当是海绵节水岛。充分利用雨水资源，实现全岛降水的分区域汇水、分高程截流、分地段下渗。分层隐性截流城市地表径流，利用面积广大的沙地条件，下渗、储蓄 1200mm/年降水，使之回补地下水，创造众多的湿地环境，丰富平潭的生态系统。而目前从城市道路断面看，路面标高仍低于地面约 30cm，道路上的雨水径流仍未能利用。

图 3 平潭岛景观

2.3　赶超他岛

台湾岛在社会经济高速发展的同时，学习发达国家，建立国家公园保护地体系；海南岛大力建设国际旅游岛，发展冬季旅游避寒度假（图4）；舟山群岛在发展海洋渔业的同时，突出滨海地带的自然保护和佛教文化的积极利用，带动旅游文化产业大发展（图5）；崇明岛在发展造船工业的同时，强调滩涂湿地的生态环境保护和生态旅游（图7）；香港岛高强度开发城市土地，同时大力度保护自然资源，建立郊野公园、湿地公园和城市公园等保护用地（图8），确保城市协调发展和市民的生活质量；鼓浪屿则构建了海上花园如诗如画的生活模式（图6）。平潭要追随、学习、消化、借鉴各岛的成功经验，更要潜心思考，如何利用后发优势，通过跨越式发展，超越和引领中国岛屿的发展。

图4　海南岛

图5　舟山群岛

图6　鼓浪屿

图7　崇明岛

图8　香港岛

3　平潭"滨海国家公园环"定位

3.1　国家战略

中共十八届三中全会提出：要建立"中国国家公园体制"。中共中央政治局2015年3月24日审议通过《关于加快推进生态文明建设的意见》指出：当前和今后一个时期，把生态文明建设融入经济、政治、文化、社会建设各方面和全过程，协同推进新型工业化、城镇化、信息化、农业现代化和绿色化，牢固树立"绿水青山就是金山银山"的理念。生态文明建设事关实现"两个一百年"奋斗目标，事关中华民族永续发展，是建设美丽中国的必然要求，对于满足人民群众对良好生态环境新期待、形成人与自然和谐发展现代化建设新格局，具有十分重要的意义。加强顶层设计与推动地方实践相结合，深入开展生态文明先行示范区建设，形成可复制可推广的有效经验。为推动世界绿色发展、维护全球生态安全做出积极贡献。平潭落实中央生态文明和国家公园战略具有得天独厚的资源条件和战略机遇。

3.2 中国首个滨海国家公园环

平潭岛不仅仅有海坛国家级风景名胜区（表4），而且平潭整个城市被围合在风景之中。海面、海下、海滨、内陆、山上都充满了丰富的自然和文化遗产。历史文化和现代化城市交融共生（图9），这是世界上难得的遗产景观和高层次的生活方式。平潭就应当敢为人先，寻求遗产资源保护与经济社会发展的平衡，将海洋、滨海、内陆，分别视为自然、人与自然、人工城市多层次的平衡。将在海洋上的自然探险和文化探秘、在滨海空间里的舒适旅游休闲度假、在城市中的安逸生活享受和工作效率统筹结合起来。

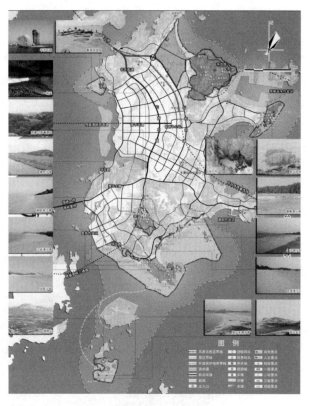

图9 海坛风景名胜区资源评价图

中国风景名胜区分类[3] 　　　　　　　　　　　　　　　　　　表4

（第6类，以及未来行业标准修编中可能出现的"海洋类"，都符合平潭的情况）

序号	中文名称	类别特征
1	历史圣地类	指中华文明始祖遗存集中或重要活动，以及与中华文明形成和发展关系密切的风景名胜区。不包括一般的名人或宗教胜迹
2	山岳类	以山岳地貌为主要特征的风景名胜区。此类风景名胜区具有较高生态价值和观赏价值。包括一般的人文胜迹
3	岩洞类	以岩石洞穴为主要特征的风景名胜区。包括溶蚀、侵蚀、塌陷等成因形成的岩石洞穴
4	江河类	以天然及人工河流为主要特征的风景名胜区。包括季节性河流、峡谷和运河
5	湖泊类	以宽阔水面为主要特征的风景名胜区。包括天然或人工形成的水体
6	海滨海岛类	以海滨地貌为主要特征的风景名胜区。包括海滨基岩、岬角、沙滩、滩涂、泻湖和海岛岩礁等
7	特殊地貌类	以典型、特殊地貌为主要特征的风景名胜区。包括火山熔岩、热田汽泉、沙漠碛滩、蚀余景观、地质珍迹草原、戈壁等
8	城市风景类	指位于城市边缘，兼有城市公园绿地日常休闲、娱乐功能的风景名胜区。其部分区域可能属于城市建设用地
9	生物景观类	以特色生物景观为主要特征的风景名胜区
10	壁画石窟类	以古代石窟造像、壁画、岩画为主要特征的风景名胜区
11	纪念地类	以名人故居，军事遗址、遗迹为主要特征的风景名胜区。包括其历史特征、设施遗存和环境
12	陵寝类	以帝王、名人陵寝为主要内容的风景名胜区。包括陵寝的地上、地下文物和文化遗存，以及陵区的环境
13	民俗风情类	以特色传统民居、民俗风情和特色物产为主要特征的风景名胜区
14	其他类	未包括在上述类别中的风景名胜区

3.3 整体构思

"国家公园是美国建国以来最伟大的构想"。"平潭滨海国家公园环"的构想将是平潭综合实验区的中国首创（表4），它将在平潭构建人与自然的和谐环带，要瞄准国际水准，力争国内首创。将资源整合，功能统筹，树品牌形象，保护资源环境，是平潭促进旅游产业，打造核心竞争力的重要举措。如果仅仅是单项绿道、慢行系统、国家级风景区、海滨沙滩、公园绿地的集合，或是慢行的交通、旅游、休闲和生活方式的组合，则其在独特性、竞争实力、综合效益等方面大大落后于许多城市的已有实践。可以预见，在不久的将来，平潭会取得经济社会的高速发展，迅速跨越小康社会，进入富裕阶段。到那时，我们更需要过去，即深深地沉浸在自然文化遗产和生态健全、景观优美的环境氛围中。平潭的发展不仅仅是立足现在，展望未来。更是立足当代，同时拥有过去——体验原始的渔猎生活、农村的田园农耕生活、传统手工艺制造生活。

4　"金角、银边、草肚皮"岛屿结构

4.1　"金角"

平潭岛在各个方向上的岛屿突出部分和山体制高点，是全岛的重点、高点和亮点。将资源与市场有机结合，充分利用重要节点，打造平潭的标志性景点。如澳大利亚滨海坐落的悉尼歌剧院，不但成为悉尼的标志，而且由于其自身的设计品质，早早成为高端的世界文化遗产（图10）。对普通大众而言，她可以构成日夜游、远近游、内外游、海陆游，大大拓展了一座歌剧院房子的内涵和外延，以及游览空间。

图10　悉尼歌剧院

4.2　"银边"

"银边"指滨海国家公园环上分布"两环九带"，两环为外圈的遗产保护环，内圈的创意建设环（图11）。

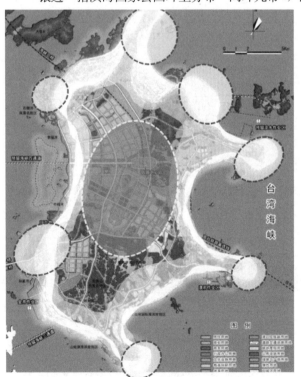

图11　"金角、银边、草肚皮"岛屿结构示意图

这两环虽有区别，但在一定的空间内可能有一定的交叉。外圈海陆交界带偏重"资源保护"。要确保遗产资源的真实性、奇特性、完整性，突出自然和文化遗产价值的挖掘、保护、展示；强调自然的生态和景观，人类从前的原生态生活体验；坚决防止滨海景观的"城市化、人工化和商业化"。紧邻的内圈偏重"创意发展"。突出文化创意、旅游开发等产业。用文化创意的手法，激活历史信息，释放出文化遗产的潜在价值；建设与风景相协调的休闲度假和旅游服务设施，如风景酒店和民俗度假村；积极开发旅游产品和旅游商品；开展现代的生态旅游、休闲度假和科学考察；各类人工建设及生产生活都要有利于田园风光的完善。与这"两环"伴生的是遗产资源带、生态景观带、科考科普带、文化体验带、考古探险带、阳光沙滩带、运动健身带、旅游产业带、休闲度假带。这"九带"交相辉映，彼此空间可能重叠，也可能不连续，但是相互促进。在这个区域中，机动交通为辅，非机动为主。游在其间，自行车、徒步、骑马、自驾电瓶车结合。

4.3 "草肚皮"

"草肚皮"指平潭岛中心腹地适宜城市建设的区域。要避免其他城市的弯路,建议采取适当集中、高强度开发的方式,切忌无节制填海造地,摊饼式扩张。要实行对外旅游、对内休闲和居住生活分开;交通型"道"、生活型"街"和休闲型"径"的功能区分;与城区的绿地系统规划建设相结合,在新区创新建设人、车完全分流的交通网络系统。现在建成的环岛路只是交通型干道,难以起到观光作用,在全岛的东北角处规划道路严重不合理,既不是最便捷,又破坏了资源环境,完全可以借用西侧道路系统(图12)解决。而且在君山的高架桥梁破坏了滨海地貌、遮挡了村落景观、干扰了传统和自然的氛围(图13)。从近期看,"金角"和"银边"中的自然文化遗产和文化创意属于软实力,可能会高值低价,而中心城区的"草肚皮"可能会高价低值。从远期看,滨海国家公园环的软实力一定会超过中心城区的硬实力,最有助于形成平潭的品牌形象及核心竞争力。

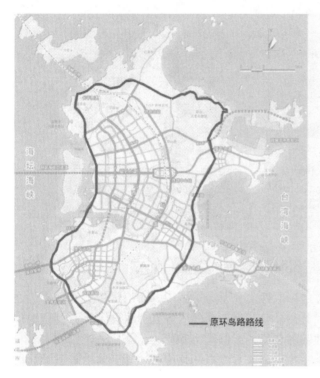

图12 环岛路调整建议

5 发展建议

5.1 转变观念,挖掘资源

平潭岛又名"麒麟岛""岚岛"。东沙滩,西滩涂;高山林,低湿地,平潭具有天然的资源禀赋优势。而不是坊间传说的:海岛面积小,风大不宜居;下海时间短,沙多树单一。要从市场决定资源配置的角度转观念,从国际视野看到平潭局部。视平潭为一个岛,一个风岛,一个风景岛。要把平潭的优势充分保护和发挥好,将缺点转变成为特点,再将特点转变成为优点。如同船帆借风力,各个方向都是好风。平潭岛应当突出"状似麒麟",世界

图13 君山的高架桥梁建设破坏了滨海风貌

一绝。突出常年多风,夏季低温气候,中国南方沿海避暑度假一绝。突出沙滩,木麻黄,花岗岩,石头屋乃岛上风景资源四绝。突出陆上、海下资源的科学、文化内在品质和多样性特征。

5.2 创意生活，突出重点

平潭要整体突出"中国麒麟文化岛"的概念。"麒麟岛"，不仅仅平面外形貌似麒麟，在景观风貌和生活体验上还可以突出"骑、林、岛""琪、琳、岛""憩、粼、岛""栖、邻、岛""奇、璘、岛"等不同次级主题内容。要在平潭的主要入口突出麒麟标志，在岛屿的不同分区中落实麒麟文化，在规划建设项目所在"麒麟"的各部位进行深度创意，对岛上各个景观要素进行创意整合。积极培育外向型资源，服务外部高端市场。麒麟这一中国古代传说中的瑞兽应当成为现代平潭的 LOGO。

5.3 应当避免的遗憾

1）失去自身品牌

三亚海滨拥有巴厘岛风格、夏威夷风格等各种风格的五星级酒店，但是在海滨沙滩资源几乎被开发殆尽时，仍然没有探索出自己"三亚风格"。三亚用自己的资源和财富，弘扬了别人的文化，失去了创造自己品牌的机遇，十分遗憾（图 14）。探索平潭的风格、品牌、形象，是我们的历史责任。

图 14   避免成为城市化沙滩，城市化酒店

2）粗放开发，短期效益

海口房地产曾经异常火爆，但是以住宅用地的方式一次性卖完了土地资源，政府再也无利可图。之后，海口逐渐转向度假式酒店公寓的可持续经营方式，使社会获得不断的服务就业机会。平潭的资源保护和开发必须多公少私，通过为社会提供持续的公共服务获得发展的动力和机会。

海南岛城市看上去热带风情浓郁，但实际上，由于滨海地区人类活动强度大，导致滩涂地被填，红树林大量减少，应当是热带生物多样性丰富的地区，反而生态简化严重。保护自然、文化、景观、地形地貌和生物多样性是平潭的首要目标。见图 15。

图 15   海南岛粗放型开发

3）产业调整和升级

不解决滨海居民的生产和生活方式，就会将高端资源低层次使用，就会使有游人和居民产生大量交叉干扰。因此，必须将滨海区域的传统农业和渔业转向观光农业和体验式渔业。将传统的农民和渔民妥善安置，逐渐转向服务游客田园观光和渔猎体验的第三产业人员。采用"公司＋农户"的方式，将农民的田地、房屋入股经营，将置换出的资源为旅游服务。见图 16。

图 16   产业升级滞后

4）环上断点

滨海国家公园环上的断点，如机场、码头、生产岸线、吹沙造地的城市建设等，其目前作为国家级风景名胜区，已造成了建设型破坏，造成这个环带不连续（图 16）。未来发展中一是要绕开断点，使环带尽量闭合；二是要建设近自然的绿化带，弥补缺憾；三是要将公共设施建成地标性的文化景观。

6   结语

平潭滨海国家公园环必须具备国家代表性（即不低于国家级水平），必须保证其资源价值的科学性（即真实性和完整性），必须确保公益性，即最大限度地为公众服务（最理想的情况是，除严格保护、限制游人进入的地区外，完全对公众开放）。

通过滨海国家公园环的创意、规划和建设，以遗产资源保护促进平潭经济社会的平衡发展，以软实力形成平潭新的增长点，增强国内外竞争力，成为海西经济区发展的示范。

滨海国家公园环体现出平潭人民在生态文明背景下的精神追求和生活向往。在平潭综合实验区的未来发展过程中，必然经历积累物质，沉淀文化，铸造文明，由初级低端逐步走向精神高层的过程。平潭滨海国家公园环建设是这一文化进程的重要目标之一。

参考文献

［1］ CNPPA/IUCN，WCMC. Guidelines for protected area management categories［M］. IUCN，Gland，Switzerland and Cambridge，UK：IUCN Publications Services Unit，1994.

［2］ 中国台湾国家公园网站［EB/OL］.［2015-09-04］. http://np. cpami. gov. tw/chinese/filesys/statistics/104/261_6f6ce715b70594edf0b8beddcce91305. pdf.

［3］ CJJ/T121-2008，风景名胜区分类标准［S］. 北京：中国建筑工业出版社，2008.

南海诸岛国家公园的建立——以西沙群岛为例

王亚民

（山东大学海洋学院）

【摘　要】 中国国家公园的建设正处于探索时期，其中多有曲折和争议。在第一批的国家公园试点中缺少海洋类型的公园。本文从南海现状出发，阐述了其特点和建设海洋型国家公园的必要性，为下一步国家公园的建设提出了建议。

【关键词】 国家公园；南海诸岛；西沙群岛

我国国土广袤，不仅仅涵盖 960 万 km^2 的陆地面积，还有海洋面积是陆地面积的 1/3。但在第一批国家发改委试点的国家公园中，缺乏海洋类型的公园。下一步国家公园的设立当中，南海的岛屿国家公园的设计和建设，是我们未来重要的方向之一。

我们为什么说西沙群岛的建设，主要是 2005 年发改委要搞国家公园的建设，这个事情我们原来也议论，因为国内有关环保的事情，曾经出现，我们也议论过，包括湿地这个概念，我们也争论过。国家公园最早出现我们也争议很久有没有必要建设，存在的价值何在。既然国家已经下发文件，我们现在就把这个包装，大家现在做的是包装工作，而对于存在的意义大家考虑比较早。国家公园之前是作为名词存在，跟现有的保护区没有本质区别，是很大问题。大家现在从人文的角度进行包装，跟现有的体系有不完全的地方，这就是存在意义所在。

首批试点的国家公园，很遗憾没有海洋类的国家公园。有必要提一下这个事情，这是为什么我从温暖如春的三亚和海南跑到上海的目的所在。因为一到冬天我就到海南，一到夏天就到威海。我总是在各地漂移，一看我的朋友圈就知道我哪好就上哪去。因为大学不用逼自己坐班，不用逼着自己做科研。南海有两个词汇大家分辨一下。一个叫南中国海和中国南海。南中国海是周边国家管辖的海域。中国南海是中国管辖的区域，他们的面积不一样。南海是 350 万 km^2，是其他几个海域面积是 3 倍，最深处有 5000 多米，平均深度是 1212m。我们中国管辖的区域是 210 万 km^2，南中国海和中国南海是两个不同的词汇。

那么南海诸岛是几个海岛。是指东沙群岛、西沙群岛、中沙群岛、南沙群岛。所以基本上中沙群岛是岛礁，所以那里不能去，除了黄岩岛以外。最多是南沙群岛是 230 多个岛礁，还有暗沙之类。南沙群岛有 50 多个岛礁可以住人。

我们国家在南沙的情况不是特别乐观，这些当中，我们国家占了 9 个，越南占了 29 个，菲律宾占了 8 个，马来西亚占了 3 个，文莱占了 1 个。

重点介绍西沙群岛，是 22 个岛屿，7 个沙洲，还有 10 多个暗礁暗滩。坐一个晚上的船就到西沙群岛，我们每年跑得最多，一般去 3、4 次，西沙群岛的浪高很大，一个月当中只有 1-2 天可以出海调查。原来很多人以为我们国家开发南海做一些项目，他们完全没有注意到在西沙群岛做项目的难度和难点。经常在岛上待一个月，才可以工作 1-2 天。而且还不能下岛，因为没有船，因为风浪太大，回不来。这就是很多人不在西沙群岛做调研的原因之一。这是七连屿，岛礁就是一个礁盘。

这是永乐群岛，是发育非常好的环礁，大家看是非常完美的环礁，是建设国家公园非常理想的实验地。南海的岛的面积都很小，最大是永兴岛是 2.1km^2。一共就是几百米当中，我们要在岛上走一个月，一个西沙群岛和南沙群岛，前三天像天堂一下，再后面一个月就是地狱的感觉。大部分的岛都特别小，但是永兴岛是三沙市。岛上所有东西都有，有网吧、卡拉OK之类，就是出不了岛。这是驻军，军队有一个班。我们可以上去，因为曾经发生过一段非常美丽的姻缘关系，我们的大学生，到岛上搞调查，跟他们的战士有了美丽的婚姻。这个岛是鸟类特别多，这是非常典型的样板地，大家知道军舰鸟，专门抢别的鸟的鱼来吃。

这是中建岛，大家看到这些都是非常重要的我们国家标志的地名，比如说宣德、永乐都有地名的文化在里面。这是赵述岛我去得比较多，我主要是做海龟调查，但是现在不是很多，海洋渔民盗挖海龟卵的问题很严重，因为渔民很穷，所以他们都在挖。我们知道有这个情况发生，但是不可能天天看着，岛上没有淡水、没有电，没有太多树，大家可以想象三天是天堂，三天后是地狱的问题，所以我们现在搞岛上的生活设施建设。

赵述岛的渔民最多，所以每次学生听到要跟我去西沙群岛的时候，都有非常痛苦的感觉，最近两、三年我不怎么去了，要考虑学生的心情。

西沙群岛是典型的珊瑚礁生态系统，如果做国家公园建设，我们大部分的国家海洋公园是珊瑚礁的系统，我们国家缺乏这方面的国家公园。

还有大量的稀有海洋野生动物，海龟特别多。西沙鱼类也特别多，各种热带鱼类，鱼跟人接触比较少，随便扔一个东西，马上鱼就上来了。所以他们都叫它傻瓜鱼。这是鹰嘴鱼，是吃珊瑚礁的。贝类也很多，海参和海鸟也很多。其他的植被也有很多。

南海是5000多米深的盆地，有各种所谓地质结构很丰富。这是七连屿，这是蓝洞，这是建设国家公园非常好的题材。这是三杀蓝洞。

西沙群岛有非常好的生态系统与生物多样性，独立地形地貌，宣誓主权与保护海洋，产权单一，便于管理，都是国家管理。所以第一批国家公园里面没有海洋公园，我建议在西沙群岛，因为完全是国家自己控制。

（根据嘉宾报告及多媒体资料整理，未经作者审阅）

附　　件

吴志强副校长致辞

非常高兴，首先代表同济大学钟校长，欢迎各位嘉宾、来宾、各位同事来到同济大学，这个会场每个周末都排满了会议，有很多好朋友，也认识很多新朋友，一并表示最衷心的欢迎，欢迎大家！

同济大学在1907年的上海成立，110年中我们经历了非常多的苦难，大家知道在30年代的时候，在全国还没有开始抗战的时候，1931年大学就被日本很有目的的轰炸。那个时候叫10个巅峰9个同济，因为最早的机械和军工全在同济，我们从1937年就开始转移，一直抗战14年，走到金华、赣州、广西的巴布，又走到贵州和四川，回到上海时，我们原来同济大学的校舍已经彻底被日本人炸光了，最后我们找到四平路这个地方来建我们的大学。

说这个是想呼吁一下，刚才吴承照教授说的那句话，"同舟共济"是我们同济大学留给我们最主要的思想，大家都应该意识到我们前面有困难，我们面临共同的挑战，就是我们如何传承我们中华民族的智慧，敬畏天地，开创我们新的生态文明，这是大家共同的历史使命。不管大家是来自哪个单位，不管是来自哪里，只要一个国家碰到一个生态的重大挑战的时候，才有国家的呼唤，需要我们同舟同济，必须把各方利益绑在一起，这是我们会议很重要的一点。

我们今天把那么多重要的领导都请到，实际上就是希望大家都到一条船上，同舟共济，我问过孟兆祯先生，我们的目标是什么，我们的目标就是建设所有人类共同体的百花园，这就是我们共同的目标，对任何部门都一样的。"同舟共济"就是建设人类共同体的目标，我们在这个基础上在同济大学，我们以后永远记住，同济大学告诉我们要坐在一条船上，向着人类共同的命运的百花园进发。每个人都来划一下，船就会驶向我们的新的生态文明，驶向着我们国家公园的最好的体制，所有的人都向前划，不管是出自哪个单位，这就是真正的同济大学给大家的，希望带给大家的目的和意义。同舟共济向着人类命运的百花园共同进发。

谢谢各位领导，谢谢各位专家。希望每个人都可以添砖加瓦，祝大会成功！

（根据嘉宾发言资料整理，未经作者审阅）

李振宇院长致辞

　　大家好，在我的记忆中，这是近年开会最早的一场，冬天来了春天还会远吗？所以我们风景园林学科是最勤奋的，我代表我们 125 位专职教授和职员，还有我们的本科生、硕士研究生向大家表示最热烈的欢迎。

　　同济大学建筑城规学院的特点有四个，在 2004 年吴校长担任院长的时候，就提出来了，发展交叉学科，我们一定会在这个方向上有新的成绩。

　　第二个是学术民主，我们学院现在有 ABCDE 五栋楼，每一个都有学术民主的故事，特别是我们的 C 楼。当年我们进行了一个比赛，最后入选的方案是最年轻的张斌老师，我们李德华教授亲自给他改图，但是最后的署名就是张斌。我们的 ABCDE 这五栋楼里面三代人都有了学术民主，在大学里面的讨论就是更加民主。

　　第三就是结合实践，我们的大大小小的实践很多，前几年的世博会等等，我相信我们最早的老师，都会把它作为我们的努力之一。

　　最后一个就是国际合作，我们学院已经有 72 门英语课程，另外我们有 17 个双向双学位硕士生项目，我们的双学位不仅是把我们的好学生送出去，还要把欧美的好学生引进来。通过一年的学习，让我们能够分享中外的优质教学资源。现在我们有 17 个合作伙伴，通过每年我们送出去有 95 个硕士生，收进 55 个硕士生，这样一来国际合作形成比较好的氛围。所以我们每年国际班会有 150 场左右。相信我们既能学习别人的经验，也是学习他人的成绩。最后我要说一句，我读硕士的时候本来是在风景园林学习的。我的老师有两句很经典的名言，第一他说园林就是诗情画意，第二绿化就是文化，谢谢大家。

（根据嘉宾发言资料整理，未经作者审阅）

国家社会科学基金重点项目
"生态文明与国家公园体制建设"学术研讨会

（第三轮通知）

十八届三中全会提出建设国家公园体制，至今已有三年多时间，国家公园试点至今也有一年多，中国国家公园建设从战略、研究与实践三个层面向前推进。新生伴随阵痛，转型伴随迷茫，在实践中总结、提升理论认识水平，集思广益提高集体觉悟水平至关重要。为此决定召开一次学术研讨会，邀请国内外国家公园研究与实践专家领导，共同研讨国家公园战略实施中的关键问题及其解决途径，建立正确的国家公园观，为国家战略决策提供学术支撑，为中国国家公园健康发展贡献智慧。

在第二轮通知发出后得到社会各界广泛响应，非常感谢大家支持，现发出第三轮会议通知，进一步征集高质量会议论文。

- **会议主题**

生态文明与中国国家公园体制建设

- **会议时间与地点**

报到时间：2016 年 11 月 25 日下午 14：00—20：00

会议时间：2016 年 11 月 26—27 日中午 12 点

会议地点：同济大学四平校区（四平路 1239 号）

- **会议日程**

11 月 26 日上午 8：00—12：00 开幕式及大会主题报告

1. 8：00—8：30 开幕式领导致辞　主持人　吴承照　教授

地点：同济大学建筑与城市规划学院钟庭报告厅（B 楼二楼）

2. 8：30—12：00　主题报告 1

主持人　吴承照　教授，同济大学

地点：同济大学建筑与城市规划学院钟庭报告厅（B 楼二楼）

时间	报告人	题目	职称	机构
8：30—9：00	孟兆祯	中国风景名胜区的特色	院士	北京林业大学
9：00—9：30	彭福伟	中国国家公园体制试点进展及展望	副司长	国家发改委社司
9：30—10：00	张希武	对中国国家公园体制的一些认识	司长	国家林业局
10：00—10：30	苏杨	国家公园体制试点与生态文明制度建设	研究员	国务院发展研究中心
10：30—11：00	杨锐	中国国家公园何处去	教授 主任	清华大学景观学系
11：00—11：30	欧阳志云 徐卫华	中国国家公园的空间布局	研究员 副主任	中国科学院生态环境研究中心
11：30—12：00	吴承照	中国国土保护管理模式的转型	教授	同济大学

11 月 26 日下午 13：30—14：50 大会主题报告 2

主持人　达良俊教授　华东师范大学生态与环境学院重点实验室主任

地点：同济大学建筑与城市规划学院钟庭报告厅（B 楼二楼）

时间	报告人	题目	职称	单位
13：30—13：50	朱春全	IUCN自然保护地管理分类应用指南	研究员	IUCN中国代表 中国林业科学研究院
13：50—14：10	王祥荣	国家公园生物多样性保护	教授	复旦大学
14：10—14：30	王明远	美国国家公园生物资源提取与共享的法律制度及科研机制	教授	清华大学
14：30—14：50	邓毅	自然资源国有资产管理体制改革	教授	湖北经济学院

11月26日下午15：20—18：00大会分论坛

1. 15：20—18：00 议题1　国家公园管理体制与机制
主持人　石金莲教授　北京联合大学
地点：同济大学建筑与城市规划学院D1报告厅（D楼五楼）

时间	报告人	题目	职称	单位
15：20—15：40	叶文	云南国家公园建设探索的反思	教授	西南林业大学
15：40—16：00	廖凌云	美国阿拉伯山国家遗产区域的保护管理对 中国东部国家公园体制试点的启示	博士生	清华大学
16：00—16：20	吴忠宏	台湾国家公园的管理模式	教授	台中教育大学
16：20—16：40	仙珠	三江源国家公园建设中社区参与的必要性与可行性分析	教授	青海省师范大学
16：40—17：00	张海霞	国家公园管理机构建设的制度逻辑与模式选择研究	教授	浙江工商大学
17：00—17：20	周世锋	沪苏浙协同共建江南水乡国家公园体制及流域生态保护机制研究	研究员	浙江省发展规划研究院
17：20—17：40	牛承禹	省立国家公园建设管理体制研究—以广东省省立国家公园为例	高工	广东省城乡规划设计研究院
17：40—18：00	曹越	美国国家公园荒野区管理研究及启示	博士生	清华大学

注：每位报告人15分钟演讲，5分钟提问环节。

2. 15：20—18：00 议题2　智慧公园与管理技术
主持人　张浪　教授　上海园林科学与规划设计院院长
地点：同济大学建筑与城市规划学院D2报告厅（D楼五楼）

时间	报告人	题目	职称	单位
15：20—15：40	罗鹏	山地生态系统服务与生态系统管理	研究员	中科院成都生物研究所
15：40—16：00	彭婉婷	生态系统文化服务评价方法研究	博士生	同济大学
16：00—16：20	林怡	基于遥感与GIS空间信息技术的智慧景区关键技术研究	教授	同济大学
16：20—16：40	何思源	如何实现国家公园管理目标—生态系统服务概念框架的下的研究	研究员	北京师范大学
16：40—17：00	叶属峰	国家海洋公园：旅游承载力评估的理论模式与应用实践	研究员	国家海洋局东海分局
17：00—17：20	陈尚 夏涛	海洋保护区生态资本评估：方法与案例	研究员	国家海洋局一所
17：20—17：40	刘广宁	国家公园社区管理的社会生态系统方法研究综述	博士生	同济大学
17：40—18：00	王蕾	国家公园体制建设的社会参与	研究员	WWF中国办事处

注：每位报告人15分钟演讲，5分钟提问

3. 15：20—18：00 议题3　管理规划与设计
主持人　李金路教授级高工　中国城市建设研究院风景园林院院长
地点：同济大学建筑与城市规划学院D3报告厅（D楼五楼）

时间	报告人	题目	职称	单位
15：20—15：40	张玉钧	中国应发展怎样的生态旅游	教授	北京林业大学
15：40—16：00	张朝枝	旅游供给模式转变与国家公园建设机遇	教授	中山大学
16：00—16：20	郭巍	中国国家公园旅游评估模型建设	讲师	苏州大学

续表

时间	报告人	题目	职称	单位
16：20—16：40	钟林生	钱江源国家公园管理规划编制方法	研究员	中国科学院
16：40—17：00	姚亦峰	风景区道路规划及其美学意义	教授	南京师范大学
17：00—17：20	杨海明	公众参与下的生态旅游规划方法	规划师	清华同衡
17：20—17：40	高峻	自然教育与环境解说规划设计研究	教授	上海师范大学
17：40—18：00	范圣玺 徐文娟	云南国家公园标识导向系统的分析与研究	教授	同济大学

注：每位报告人15分钟演讲，5分钟提问。

4. 19：00—21：00 圆桌论坛

地点：同济大学建筑与城市规划学院钟庭报告厅（B楼二楼）

论坛主持：苏杨　研究员

论坛嘉宾：官方代表（彭福伟、张希武）、学界代表（高峻、张朝枝、吴承照）、业界代表（贾建中）

东部代表（仙居国家公园王利民）、中部代表（神农架国家公园邓毅）、西部代表（三江源仙珠、大熊猫罗鹏）、云南代表（叶文）、台湾代表（吴忠宏）

11月27日上午8：00—12：00大会报告及闭幕式

8：00—10：00：大会主题报告　主持人　朱春全教授

地点：同济大学建筑城规学院中庭报告厅（B楼二楼）

时间	报告人	题目	职称	单位
8：00—8：20	韩锋	荒野国家公园与保护区体系	教授	同济大学
8：20—8：40	王亚民	南海诸岛国家公园的建立——以西沙群岛为例	教授	山东大学海洋学院
8：40—9：00	赵鹏	从社会的视角看国家公园如何建立、管理及TNC的实践	TNC中国项目副首席代表	TNC中国
9：00—9：20	王梦君	国家公园的功能区划与指标体系	教授级高工	西南林业勘察设计院
9：20—9：40	谢焱	国家公园管理分区方案	副研究员	中科院动物所
9：40—10：00	贾建中	国家公园管理规划	教授级高工院长	中规院风景分院

11：00—12：00 大会闭幕式：公园科学——会议总结与未来计划

地点：同济大学建筑城规学院中庭报告厅（B楼二楼）

会议成果

本次研讨会论文将出版文集，并推荐优秀论文在有关重要学术刊物以专辑或专栏形式刊出。

参会人员与论文提交

会议继续征集特色论文，特邀嘉宾不收取费用，会议正式注册代表的就餐费用由论坛主办方承担，但其交通和住宿费用自理。

欢迎正式代表以外的各界人士积极报名参与，不收取会务费。论坛期间非正式代表的交通、住宿、就餐费用自理。

主办单位与会务信息

主办单位与召集人

同济大学建筑与城市规划学院

保护地与绿色发展研究中心（吴承照教授工作室）

上海市生态学会

召集人：吴承照教授，博导，中心主任，重点基金项目负责人

会议地址

上海市四平路 1239 号同济大学建筑与城市规划学院

会议联系人

臧亭：18817879229　zangting@tjupdi.com

彭婉婷：18780164452　pengwanting@foxmail.com

学科汇聚　共商国是——2016 "生态文明与 国家公园体制建设" 学术研讨会在同济大学举行

2016 年 11 月 26 日至 27 日，国家社会科学基金重点项目 "生态文明与中国国家公园体制建设" 学术研讨会在上海同济大学建筑与城市规划学院举行。会议围绕三大主题：国家公园的体制机制、多学科融合的管理技术、基于生态系统的管理规划方法，开展为期一天半的研讨，共有 40 个报告和 1 个圆桌论坛，来自官方、学界、业界和媒体的 170 多位相关人士出席了此次会议。北京林业大学孟兆祯院士、国家发改委社会发展司彭福伟副司长、国家林业局野生动植物保护与自然保护区管理司张希武司长、清华大学景观系主任杨锐教授、国务院发展研究中心苏杨研究员、中规院风景园林分院院长贾建中教授级高工、世界自然基金会代表王蕾研究员、美国大自然保护协会代表赵鹏、IUCN 驻华代表朱春全研究员、保护地友好体系发起人中科院动物所副研究员解焱博士等嘉宾到会演讲。

同济大学副校长吴志强教授、同济大学建筑城规院院长李振宇教授分别在开幕式上致辞。吴校长说，如何传承我们中华民族的智慧，敬畏天地，开创我们新的生态文明，这是大家共同的历史使命。"同舟共济" 是同济大学的校训，告诉我们大家都坐在一条船上，每个人都向前面新的生态文明划。此次会议专门研讨国家公园，就是研讨研创扎根国土的最好体制，各口各专业同舟共济，向着生态文明集体进发，这也是本次大会在同济大学召开的目的和意义。

同济大学建筑与城市规划学院李振宇院长对来自全国各地的专家领导汇聚学院共商国是表示热烈欢迎，对学术民主、重视实践的学院精神做了生动风趣的讲解。

26 日上午大会主题报告先后有 7 位嘉宾开讲。中国工程院院士孟兆祯先生做了题为《中国风景名胜区的特色》的报告，孟院士从美学、功能、目的、所有制等方面对比分析了美国国家公园和中国风景

名胜区的差异性，提出中国风景名胜区体现天人合一宇宙观和文化总纲、科学和艺术、自然与人文的综合体，从来多古意，可以赋新诗，古为今用、继承发扬。国家发展与改革委员会社会发展司彭福伟副司长在《中国国家公园体制建设的进展与展望》的报告中分析了我国保护地存在的现实问题，概述了国家公园试点工作的组织与进展情况，强调国家公园必须坚持生态保护第一、坚持资源的国家代表性、坚持全民公益性优先、坚持鼓励社会参与，整合完善保护地体系，建立统一、规范、高效的管理体制。国家林业局保护司张希武司长在《对中国建立国家公园体制的几点认识》的报告中提出以保护自然生态系统及有关生物物种资源作为首要管理目标是世界各国国家公园的共同特点，从起源、起点、起步三个方面阐述了中国国家公园落地的要点，强调国家公园体制建设的 5 个关键问题，即坚持正确方向、完备立法有章可循、建立资金保障机制、构建自然资源资产产权制度、顶层设计统一规划。

　　国务院发展研究中心苏杨研究员报告是《在国家公园体制试点中率先建成生态文明制度》，强调国家公园体制建设必须放在生态文明体制建设的大局下统筹考虑，实现空间和体制的整合、实现保护方式的转变，国家公园体制试点的关键在"体制"，难点是"钱"和"权"。中国科学院生态环境研究中心欧阳志云、徐卫华研究员在《国家公园体系总体空间布局研究》报告中提出国家公园空间布局的 4 个原则：生态系统典型性、物种稀缺性、自然景观科学价值和生态系统服务，以森林、草地、湿地、荒漠生态系统优先区域为基础完成国家公园布局，兼顾物种多样性、自然景观及其他生态功能的特征和保护要求，考虑现有保护地的空间分布和人类活动的胁迫。

　　清华大学景观系杨锐教授的报告是《中国国家公园向何处去》，杨教授认为中国目前没有真正意义上的国家公园，中国没有形成完整有效的自然保护地体系。中国国家公园事业的推进要打破体制机制的弊端、突破固化利益的藩篱，建立国家公园价值共同体；未来国家公园体制改革中机构体制改革是核心和关键，必须走在最前面，才能保障改革的成功，必须建立国家公园与自然保护地管理局；要防止国家公园变形变质：防止保护区简单转化国家公园，防止国家公园转化成旅游区，防止国家公园简单地理解为荒野区或无人区。

　　同济大学吴承照教授在题为《价值体系重构与国土保护管理模式转型》的报告中分析了中国与世界保护地管理的差距，认为生物多样性与生态系统管理是世界保护地管理的主流，地方发展问题是保护地问题产生的根源，世界国家公园价值认知经历了四个阶段：自然与风景价值、精神与身份价值、生物多样性与生态系统价值、健康和经济价值；国家公园价值具有多层、多元和多时性，必须重新建构中国保护地价值体系，在生态文明、社会发展、经济和文化发展的国家战略下定位国家公园，建立保护、保存与传统延续三类保护地体系，建立以国家公园为中心的绿色区域发展模式，实现生态保护与区域发展的有机统一，要从根本上解决中国生态保护效率问题，必须建立中国国家公园管理局实行统一管理。国家公园不能替代自然保护区。

　　26 日下午大会报告由华东师范大学生态与环境学院重点实验室主任达良俊教授主持，4 位嘉宾分别做了精彩报告。世界自然保护联盟（IUCN）驻华代表朱春全教授《IUCN 自然保护地管理分类标准与

国家公园体制建设的思考》报告介绍了 IUCN 自然保护地的 6 大分类的特点，他认为我国建设国家公园将面临两个最大的问题，第一个是解决原住民和生态战略问题，第二个是当地政府的发展问题。

复旦大学王祥荣教授在《加强生物多样性保护助推国家公园绿色发展》的报告介绍了生物多样性的 3 重内涵，强调中国国家公园的绿色发展要以保育为先导，构建生态安全体系为宗旨，融入世界生态圈为导向。

清华大学王明远教授的报告《美国生物遗传资源获取与惠益分享法律制度介评——以美国国家公园管理为中心》分析了美国国家公园生物资源分享的相关法律制度，即对国外坚持合同机制，对国内在强调市场和合同机制的同时也强调政府监管。可以借鉴美国对国内生物遗传资源尤其是对国家公园资源的保护和惠益分享制度和经验，在资源保护、基础研究和产业发展之间寻找合适的平衡点。

湖北经济学院邓毅教授报告《国家公园资金机制国际案例比较与借鉴》提出必须明确国家公园为中央政府事权，建立以中央政府投入为主的国家公园资金机制，明确地方政府在国家公园管理中的事权，形成中央和地方合理的事权结构，按事权和支出责任相适应的原则，划分各级政府支出范围，构建转移支付体系，科学测算试点区运行成本，处理好需要与可能的矛盾，引入新的以环境质量为依据的税收分成机制，加强国家公园自营收入的管理，加强国家公园慈善捐赠的管理，加强志愿者组织和管理。

26 日下午大会报告之后，分别在建筑与城市规划学院的 D1、D2、D3 报告厅举行了 3 个平行的分论坛。3 个分论坛议题分别是国家公园管理体制与机制、智慧公园与管理技术、管理规划与设计，分别由北京联合大学石金莲教授、上海园林科学与规划设计院张浪院长、中国城市建设研究院风景园林院李金路院长主持。

D1 论坛掠影

D1 论坛上，西南林业大学叶文、青海师大仙珠、台中教育大学吴忠宏、广东省城乡规划设计研究院牛丞禹等教授分别介绍了云南普达措国家公园、青海三江源国家公园、台湾国家公园以及广东省国家公园体系在建设发展中的经验，并探讨了我国国家公园的价值认知、管理机构、经营模式、社区参与、协同治理、保障措施等问题；来自清华的廖凌云、曹越博士分别介绍了美国国家遗产区管理和美国国家公园荒野区的相关经验，认为合作伙伴制和资源整体保护、荒野地保护理念与方法对中国很有借鉴价值，浙江省发展规划研究院的研究员周世峰探索性提出沪苏浙协同共建江南水乡国家公园的体制和机制的设想，浙江工商大学张海霞教授就国家公园管理机构建设的制度逻辑与模式选择介绍了自己的观点。

D2 论坛掠影

D2 论坛上，中科院成都生物所罗鹏研究员、同济大学彭婉婷博士生、北京师范大学何思源博士后以生态系统服务为切入点，分别探讨了山地生态系统服务与生态管理、生态系统文化服务评价方法、国家公园生态系统服务管理等问题。国家海洋局东海分局叶属峰、一所陈尚两位教授分别就国家海洋公园旅游承载力的评估模型、海洋保护区生态资本评估方法做了生动讲解；同济大学林怡教授介绍了 3S 技术在智慧景区建设中的关键技术与方法，同济大学刘广宁博士生介绍了保护地社区协调发展的社会生态系统方法，WWF 中国办事出王蕾研究员以三江源国家公园体制建设为例介绍适应国情的保护地社会参与方法。

D3 论坛掠影

D3 论坛上，来自北京林业大学张玉钧教授、中山大学张朝枝教授、苏州大学郭巍讲师、清华同衡规划设计研究院杨海明规划师分别从旅游的视角分析了中国生态旅游的发展之路、国家公园体制建设下旅游的供给变化和国家公园的机遇与挑战，探讨了中国国家公园的旅游评估模型、公众参与下的生态旅游规划方法；中科院钟林生研究员介绍了钱江源国家公园体制试点区规划编制方法，上海师范大学高峻教授介绍了保护地户外环境解说规划设计方法，同济大学范圣玺教授、徐文娟博士介绍了云南省国家公园标识导向系统的调查情况和相关研究。

26 号晚上圆桌论坛在钟庭报告厅举行。国务院发展研究中心苏杨研究员主持论坛，来自东部、中部、西部、学界、业界、官方等不同地区、领域代表共 11 位教授作为论坛嘉宾就目前国家公园体制试点中的一些热点问题各抒己见，就国家公园管理模式、顶层设计、利益博弈、社区发展、政府权力、旅游发展、境外和本土经验等诸多方面展开了广泛的讨论。

27 日上午有 6 位专家分别在钟庭报告厅做了主题报告。

同济大学景观学系韩锋教授《荒野、国家公园与保护区体系》报告认为从全球范围来看，国家公园只是保护地体系的一个类别，它在中国保护地体系中的地位、份额值得思考。

山东大学海洋学院王亚民教授在报告《南海诸岛国家公园的建立——以西沙群岛为例》中谈到我国有 300 万平方千米海域，却没有岛屿和海洋类型的国家公园。他建议在西沙群岛设立国家公园，因为这里生态系统良好、生物多样性丰富，有独立的地形地貌；有利于宣誓主权与保护海洋，且产权单一，便于管理。

TNC 中国副首席代表赵鹏在《从社会的视角看中国国家公园》的报告中从社会视角切入，认为国家公园应当作为"政治任务"落实，数量可在 30-70 个之间，布局应综合考虑现有自然保护地体系、地方经济、土地权属和社区等问题。其管理应该以考核保护成效为导向，处理好国家、地方、社区、公众方利益，并做好国家公园产品，分赚钱与不赚钱模式。CAP（conservation action planning）是一个较好的应用于保护地生态系统监测与保护管理的工具。

昆明林业勘察设计院高工王梦君报告题为《国家公园功能区划及指标体系探讨》，报告以云南等省国家公园建设实践为基础，介绍了所采用的国家公园 4 大功能区划（严格/核心保护区、生态保育/恢复区、游憩展示区、传统利用区）的原则及依据、方法与技术、指标体系、区划流程和管理建议。

中科院动物所副研究员解焱《国家公园的定位》报告强调生物多样性保护的重要性，必须提升到人类生存基本条件的地位，自然保护地是国家的生态安全底线，提出"环境是否健康的最好标志什么"的科学命题，国家公园是通过大范围管理为人民和后代福祉保护生物多样性和生态功能最关键的区域。建议我国保护地可分为 4 类即严格保护类、栖息地/物种保护类、自然展示类和限制利用类。将国家公园发展成为大范围保护的一种重要手段，用国家公园带动生物多样性关键区域的保护和协调发展，积极用生物多样性来度量生态保护相关工作的成效。

中国城市规划设计研究院风景分院贾建中院长的报告《国际视野中国特色——建立中国国家公园体制思考》，总结了我国三位一体的保护地体系及风景名胜区过去三十多年实践的显著成效。认为风景名胜区在设立目的、法定地位、资源国家代表性等诸多方面与国家公园有共性，以国家级风景名胜区和自然保护区为依托创立国家公园有明显优势。

大会主题报告后，同济大学吴承照教授在闭幕式上做了总结发言和未来展望。

回顾国家公园近 150 年的发展历程，我们可以看出一个普遍规律，就是她的出现一定是这个国家生态环境面临困境的时候，一定是这个国家生态资源被大面积破坏的时候，上帝派她下凡来拯救这个国家拯救我们的地球。今天中国开始推行国家公园体制，同样也是这个问题，今天这么多学科专家聚集一起，是因为都在思考共同问题而走到一起，是因为我们这个时代所面临的生态和民族自身问题——环境、食物、水、精神、健康、栖居问题而相聚在这里，时代呼吁学科重组，时代逼迫我们重新定位自己，更新知识结构。

本次研讨会的特点是学科多、报告多、规格高、热情高、收获多，会议认为必须坚持正确的国家公园观，坚持三个一体化即自然与文化保护一体化、保护地体系一体化、保护地管理体制一体化，中国保护地目前面临 4 大问题：保护研究不深入、保护地分工不明确、保护责任与保护收益不对等不匹配、保护机制不健全。必须实施 4 大对策：一是加强国家公园核心价值与性质的深度研究，引导全社会建立科学的国家公园价值观；二是从国家生态安全、国民精神与健康安全的角度改革国土保护管理体制，建立结构合理、分工明确的国土保护体系，以及与之相适应的行政管理体系；三是积极探索中国国家公园管理的市场化、社会化机制，建立多元资金投入与社会参与保护机制；四是建立以国家公园为中心的绿色区域发展模式，发挥国家公园品牌与生态资本优势，促进区域社会经济发展，在区域层面形成保护与地方发展的良性互动机制。

国家公园保护管理是一项复杂的系统工程，需要建立一个独立的科学门类—公园科学，是在自然、人文、经济等多学科研究基础上以保护管理为目标的科学领域，有条件的大学设立相应的院系，培育国家公园保护管理专业人才，这是中国保护地走向科学管理、持续管理的基石。